马病
中兽医诊疗技术

张 敏 主编

中国农业出版社

北 京

图书在版编目（CIP）数据

马病中兽医诊疗技术/张敏主编 . —北京：中国
农业出版社，2021.10
ISBN 978-7-109-28675-7

Ⅰ. ①马…　Ⅱ. ①张…　Ⅲ. ①马病－中兽医学－诊疗
Ⅳ. ①S858.21

中国版本图书馆 CIP 数据核字（2021）第 160583 号

中国农业出版社出版

地址：北京市朝阳区麦子店街 18 号楼
邮编：100125
责任编辑：刘　玮　弓建芳　郭永立
版式设计：杨　婧　责任校对：刘丽香
印刷：北京通州皇家印刷厂
版次：2021 年 10 月第 1 版
印次：2021 年 10 月北京第 1 次印刷
发行：新华书店北京发行所
开本：787mm×1092mm　1/16
印张：18.25
字数：430 千字
定价：118.00 元

编者名单

主　编　张　敏

编　者（按姓氏笔画排序）

宁官宝　齐守军　杨世元　张　敏　张建业

张树方　陈义昌　周聪杰　柳月瑞　徐　鹏

郭妮娜　郭艳萍　雷宇平　裴建业

审　稿　李宏全　段智变　孙耀贵

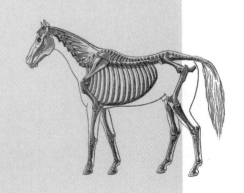

PREFACE / 序言

中兽医学是我国文化遗产中的一颗璀璨明珠。俗话说"南有江西，北有山西"。山西中兽医文化底蕴深厚，当代祖传兽医有三十余家。中国农业大学于船主编的《畜牧兽医与今人物志》前后二卷，录入山西名兽医有 20 名。近代山西著名中兽医有裴耀卿、高国景、杨茂斋等。传承与弘扬中兽医学是提升我国文化软实力的工程之一，还需一代又一代的人继续努力。

中兽医学著作继《司牧安骥集》和《元亨疗马集》之后，先后出版有《中兽医诊疗经验》第二集，《马牛病例汇集》《中兽医理论学》《中兽医治疗学》《中兽医针灸学》《兽医中药学》等。但是系统整理介绍，特别是总结前辈、继承下来的不多，如马的针灸、普通病中兽医治疗技术，本书从马病中兽医诊疗的角度出发，耗时七年先后翻阅细读多本中兽医学著作，又到明乐马场、东方马都等十几个马场进行走访，向在世的中兽医老先生 徐玉俊 、闫效前老师请教。多次易稿，反复修改，尽管还不很完善，但他把古今中兽医成果收集整合，传给后代，为其留下了继续研究的可贵的基础材料，所以，本书出版意义深远。

关于内容，作者分两大部分，前四章对诊断技术和针灸、中兽医的基础知识进行叙述，后五章主要介绍普通病、中毒、寄生虫病、产科病、护蹄等。张敏是我的小老乡，有道是"人不亲土亲"，加上 8 年前因借调与我在农业部一起工作过几年，其给我留下了"后生可畏"的良好印象。就此，我尽最大的努力，提笔写下了体会与感受，也作为推荐此书的理由。

"天高任鸟飞，海阔凭鱼跃"。在书即将出版之即，我衷心祝愿张敏同志牧医道路越走越广，更期待有新的大作问世！

中国畜牧业协会秘书长 何新天

FOREWORD / 前言

　　山西地处中原，历史悠久，是中华民族的发源地和文化发祥地之一。早在公元前770—公元前221年就有牛村、马村等古城址的记载。现今的娄烦县曾是唐朝战马重要补给基地之一。明正德元年（1504年）为《司牧安骥集》作序的车霆是山西离石县凤底人。1949年后党中央、国务院十分重视中兽医的发展，山西涌现出了"活马王"裴耀卿等一大批中兽医优秀人才，著有《中兽医诊疗经验》等。裴耀卿先生参加了《元亨疗马集选释》，晚年还历时七年，编撰《司牧安骥集语释》，50余万字，于2003年出版发行，2017年再版发行。

　　《马病中兽医诊疗技术》是在遵循理论密切结合实际的基础上，较为系统地收集了传统中兽医学对马病的诊疗良法、良方以及多年来作者在生产实践中积累的第一手资料。第一、二章分别介绍了诊断技术、治疗技术；第三章介绍中兽医基础知识，以中兽医学的哲学基础，研究八纲、六因、脏腑辨证；第四章详细介绍了针灸技术；第五至八章分别介绍了常见普通病、传染病、寄生虫病、产科病的诊疗技术；第九章重点介绍了蹄病防治和蹄的护理。学识水平所限，书中难免存在疏漏或不足之处，望读者指正。

　　为使本书更臻完妥，不致偏颇，编者邀请山西农业大学临床兽医学博士生导师李宏全教授、博士生导师段智变教授和孙耀贵副教授对本书内容进行了审阅。在本书撰写过程中多位中兽医专家给予了指导，在此谨致感谢。此外，对为本书出版发行做出贡献的各界人士一并致以谢意。

编　者

2021年5月

CONTENTS / 目录

第二篇　实　践　篇

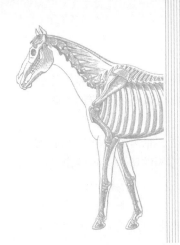

第一篇 基础篇

第一章 诊断技术

第一节 检查疾病的基本方法和顺序

一、检查疾病的基本方法

为正确诊断疾病，在检查病马时，须应用中兽医学望、闻、问、切的方法，通过问、视、触、听、叩五种最基本的检查，发现症状、综合分析，建立正确的诊断。

（一）问诊

对问诊的材料，必须结合现症检查的结果，进行综合分析。问诊时着重了解以下三方面。

（1）病马发病时间和发病后的主要表现，如咳嗽、腹痛、腹泻等，以及附近或本马场其他马匹有无类似症状表现。

（2）病马的饲养、管理、使役、训练等情况。

（3）病马是否经过治疗？用过什么药？效果如何？

（二）视诊

主要是观察病马所表现的各种异常现象，是认识疾病不可缺少的诊断方法。特别是从马群里发现病马，是一种切实可行的方法。

视诊时，检查者在距病马适当的地方，观察其全貌。检查者由前向后，边走边看，从马的头部、颈部、胸部、腹部、臀部到四肢，注意其体表有无创伤、肿胀等异常表现。当走到马正后方时应稍停留一下，观察尾部、会阴部，并对照观察两侧胸部、腹部及臀部的状态，再由另一侧转到正前方。如发现异常，可稍接近马体，进一步观察。最后进行牵遛，观察马的步样。

视诊时着重观察外形、查看口色，特别注意马的精神，眼、耳和被毛状态。马患病时，一般表现精神沉郁、头低耳耷、毛焦肷吊、咀嚼缓慢等症状。古人通过望诊，总结出"心连舌""肝连眼""脾连唇""肺主皮毛"以及"舌如朱砂心经热、眼不视物肝之疾、肺毒满身毛退落"等丰富的经验，即舌的变化可以反映心脏的机能状态；眼的变化可反映肝脏机能和血液某些成分的改变；唇不断挛缩、流涎，反映胃、肠有病、消化不良；皮毛的变化，除提示皮肤病和营养障碍外，还可反映肺经有病；伸腰举尾、腹痛、不断取排尿肢势者，为膀胱充满尿液；病马不断回顾腹部，是腹痛的表现，为肠胃有病；两侧鼻翼流脓样腥臭鼻液者，为肺脏有病，等等。通过这些眼观变化，可为诊断疾病提供重要的线索。

（三）触诊

1. 直接触诊　用手直接触摸马的体表，检查体表的温度、湿度、肌肉紧张性以及心搏动等。将手轻放于马的体表即可。如检查深部组织或肿胀，可施加不同的压力进行触摸。

2. 间接触诊　是利用某种器械进行触诊，如胃管探诊等。

（四）听诊

听诊是听取马体内外音响，根据音响性质推断内部器官病理变化的方法。临床上经常通过听诊对心、肺及胃肠进行检查。听诊可分为直接听诊和间接听诊。

1. 直接听诊　检查者耳朵直接贴附于马体表，进行听诊。适用于检查肺及胃肠，听肺脏前半部分时面向马头方向，一手放在鬐甲部或背部作支点；听肺脏后半部分和胃肠时，面向尾方，一手放在腰部作支点，以防马匹踢咬，保护自身安全。

2. 间接听诊　利用听诊器进行听诊（图1-1）。听诊器要密贴马的体表，以免影响效果。

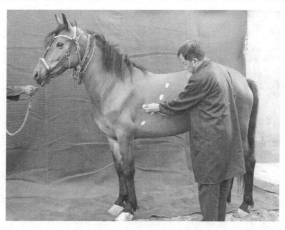

图1-1　肺脏听诊

（五）叩诊

主要是用叩诊器敲打动物体表（图1-2），多用于胸部检查，具体方法见呼吸系统检查。

图1-2　肺脏叩诊

二、临床检查顺序

临床检查病马通常按初步检查、系统检查和特殊检查的顺序进行。

（一）病马登记及病志书写

凡诊治的病马都要进行登记，如当时不能登记，要在诊治完成后进行补记。把问诊结果、病马症状以及具体治疗措施等重点记下来。兽医临床工作者必须认真书写病志，以便及时总结经验、积累科学资料、指导临床实践等。

（二）问诊

详见检查疾病的基本方法。

（三）初步检查

1. 容态检查 主要检查马的精神状态、肢势、被毛及营养等。

（1）精神状态 注意马的精神是兴奋还是沉郁。精神兴奋时，病马骚动不安，攀登饲槽或向前猛冲、向后急退，往往不顾障碍物，无目的地乱走，撞击墙壁或做圆圈运动等。精神沉郁时，病马反应迟钝，头低耳耷、眼半闭、呆立不动。

（2）肢势 患病马所呈现的各种异常肢势常可为诊断疾病提供重要的线索，如马患破伤风时，四肢开张、头颈发硬、尾巴上举、背直而紧张；患咽喉炎时，头颈伸展而避免运动，以便缓解呼吸困难和减轻疼痛；病马前肢刨地、后肢踢腹或起卧滚转是腹痛的表现。

（3）被毛及营养 健康马被毛平整，富有光泽，不易脱落。马患病后往往被毛逆立，失去光泽。患慢性疾病或长期消化障碍时，换毛迟缓、欣吊毛焦。患疥癣及湿疹时，被毛容易脱落。判定营养的好坏，主要根据被毛状态和臀部肌肉丰满程度分为良好、中等、不良三种。

2. 体温检查 马的体温在直肠内测定。先将体温计的水银柱甩至35℃以下并涂以润滑剂。检查者用右手拿体温计，面向马尾方由左侧接近马匹，从前到后轻拍马体，以免马匹骚动。左手提起马尾，右手将体温计斜向上方徐徐捻转插入马的直肠内，用体温计夹子夹在尾毛上固定。经5min取出体温计，先擦净体温计上的粪便或黏液，再看水银柱上升的刻度数。也可用手触摸马的口腔、耳根、鼻端等处，以舌、耳和鼻端的温度大致推测病马的体温。剧烈运动、暴晒、大量饮冷水都可使马的体温发生变化。对这样的马，检温时必须休息半小时，使其安静后再检测。

健康马正常体温为37.5～38.5℃。马的正常体温在一昼夜内略有变动。一般上午低、下午高，相差在1℃以内。故对住院病马应每日8:00—9:00、16:00—17:00两次检温，观察体温日差变化。有些传染性贫血病马，上午体温高、下午体温低，表现温差倒转。体温低于常温时，称为体温低下，常见于大失血和濒死期。

发热及热型：体温高于正常范围可认为是发热。体温升高到40℃以上的称为高热。将每日上、下午检温的结果记录下来，连成曲线，称体温曲线，根据曲线判定热型。

对诊断疾病意义较大的热型有：

（1）稽留热 体温日差在1℃以内，且高热持续时间在3d以上的称为稽留热。见于某些急性传染病，如胸疫等。

（2）间歇热 有热期与无热期交替出现的称为间歇热。见于马慢性传染性贫血、焦虫病等。

（3）弛张热 体温日差超过 1℃ 以上而不降到常温的，称为弛张热。见于支气管炎等。

3. 脉搏检查 检查脉搏必须在马安静的状态下进行，否则脉数偏多。如病马远道而来，要稍休息后再进行检查。

通常触摸颌外动脉检查马的脉搏。检查者站在马的左侧，右手抓住鬐甲部，用左手的食指、中指和无名指，在马下颌支的下缘血管切迹处前后滑动，发现动脉管后，用三指轻压脉管，感觉脉搏的跳动。一般计算 1min 的脉搏数。

检查马的脉搏也可触摸颈动脉，即双凫脉。检查时，站在左侧以左手切右脉，站在右侧以右手切左脉，食指、中指、无名指三指在胸浅肌前上颈静脉沟的深部（胸骨柄上方约 3cm 处的颈静脉沟内），用轻重不同的指力，触摸颈动脉的跳动，跳动一次，是一次脉搏。检查脉搏要注意脉数、脉性和节律，健康马的脉搏数为 26～42 次/min。

正常脉搏的脉性平和、强度相同、间隔相等，称为节律脉。在病理情况下，脉搏的强度或间隔发生改变，忽强忽弱、忽快忽慢，称为无节律脉。

切脉时，根据手指按压的轻重，把脉搏分为浮脉和沉脉；根据脉搏的数目分为迟脉和数脉；根据脉搏的力度大小分为洪脉和细脉；根据脉搏节律的改变，又分结代脉。

浮脉：脉似浮在表面，手指轻按皮肤就可摸到。多属表证，马外感风邪（感冒）时见之。

沉脉：脉似沉在筋骨之间，手指轻按皮肤脉搏不明显，用力重按才能摸到。多属里证，胃肠积滞（慢性消化不良、便秘）、劳伤过度（过劳、慢性肺泡气肿）等。

迟脉：脉搏比正常减慢，随检查者的一呼一吸，脉跳 2 次以下的为迟脉。多属寒证，见于马劳伤气衰（慢性过劳）、脾胃寒冷（慢性消化不良）等病。脉数显著减少的临床上少见，主要见于洋地黄中毒。

数脉：脉搏加快，脉数增多，随检查者的一呼一吸，脉跳 3 次以上的为数脉。多属热证，见于各种热性病和疼痛性疾病。马的脉数超过 100 次/min，表示疾病严重。

洪脉：脉搏宏大充实。为实热症，多于邪气较重而正气旺盛时出现，见于高热性疾病（如三焦积热）的全身机能亢进时。

细脉：脉搏细小如线、软而无力。多属虚证，病马久病体弱，气血两虚时，如瘦弱病，常见细脉。

结代脉：也称间歇脉，就是脉搏间隔不等，节律不齐。有的呈现规律的间歇，脉搏跳动二次或三次，间歇一次，特称二联脉或三联脉；有的呈现无规律的间歇。均见于心脏传导系统机能障碍或疾病的危重期。

脉搏的变化与心脏机能直接相关。病理状态下，随着病程的推移和病症的变化、心脏机能的改变，上述七种脉搏也不断发生变化。例如，在结症（肠便秘）经过中，初期脉搏"沉数"；以后由于机体脱水和自体中毒不断加重，心脏机能逐渐衰弱，则脉搏变为"细数"；随着病情的好转，脉搏又变为"沉数"或沉脉。马外感风邪（感冒）时，为表证，脉搏"浮数"；如果由于感冒机体抵抗力降低，脉搏可由"浮数"变为"洪数"。由于机体本身、外界环境以及疾病的发展变化是非常复杂的，临床上还可能出现脉与证不相符合的现象。所以，对脉搏的变化，必须结合临床症状，脉证兼顾，全面分析，不能单凭切脉做结论。病马全身症状重剧，脉搏不感于手的；病马体温降至正常或体温突然降至常温以下，而脉数猛增的，多是预后不良、临近死亡的象征，应特别注意。

4. 呼吸数检查 检查呼吸数时，必须使马匹处于安静状态，否则呼吸数偏多。检查呼吸数，通常是观察不负重后肢同侧的腹部起伏运动。腹部一起一伏，是一次呼吸。在冬季也可看呼出气流，呼出一次气流，是一次呼吸。检查者可以将手背放在马的鼻孔前边，感觉呼出气流。

健康马呼吸数的变化范围较大，受外界温度、湿度、海拔高度等因素的影响。因此，不同地区健康马的呼吸数有所差别，这种差异是机体适应外界环境的结果，如无其他临床症状，不能认为是病理现象。健康马呼吸数为 8～16 次/min。

据统计，在海拔 3 000m 左右、气温在 20℃ 以上时，马呼吸数增加 2～3 倍。南方马呼吸数较多。距海南岛统计，海南地区的马呼吸数平均为 30 次/min 左右。

5. 眼结膜检查 一切可视黏膜都应检查，初步检查时仅做结膜检查（图 1-3）。

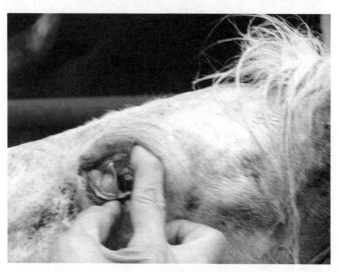

图 1-3　眼结膜检查

检查左眼时，检查者左手抓住笼头，右手的食指撑开马的上眼睑，大拇指翻开下眼睑，眼结膜和瞬膜即自然露出。检查右眼时，换手，按同样的方法进行。健康马眼结膜呈粉红色。可视黏膜的颜色变化是血液循环和血液某些成分改变的表现。

结膜颜色的病理变化有如下几种：

（1）结膜苍白　是贫血的表现。发生急速苍白，见于大失血、肝脾破裂等；逐渐发生苍白者，见于慢性消耗性疾病，如马慢性传染性贫血。

（2）结膜潮红　是血液循环障碍的表现。可分为弥漫性充血和树枝状充血。弥漫性充血时结膜普遍呈红色，见于肠炎及各种急性传染病等。树枝状充血，为结膜血管高度扩张，如同树枝状，常见于脑炎及伴有高度血液循环障碍的心脏病。

（3）结膜黄染　是血液内胆红素增多的结果。见于马焦虫病、马传染性贫血、消化不良、中毒及肝病等。

（4）结膜发绀（暗红色）　是血液中还原血红蛋白量增多的结果。主要见于肺呼吸面积减少、呼吸障碍和大循环淤血的疾病，如肺水肿、重剧胃肠炎等。

（5）结膜出血点或出血斑　结膜呈点状或块状出血是血管壁通透性增加的结果，见于马传染性贫血、马焦虫病及血斑病等。

6. 下颌淋巴结检查 检查者立于马头的一侧，一手抓住龙头，另一手四指在马下颌骨间隙进行滑动触摸。注意淋巴结的大小、硬度、疼痛性及活动性等。正常马的下颌淋巴结约拇指大，呈扁椭圆形，较肌组织稍硬，可移动（图 1-4）。

急性肿胀时，有热有痛，常见于马腺疫；慢性肿胀时，坚硬而缺乏移动性，是慢性鼻疽的特征。

初步检查除上述六项内容外，还要注意观察有无鼻液、咳嗽，呼吸是否困难，粪尿有无变化，以便找出系统检查的方向和重点。

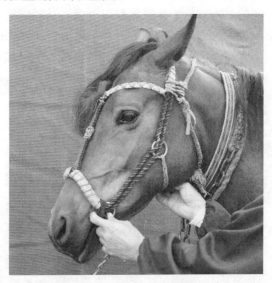

图 1-4 下颌淋巴结检查

（四）应用初步检查材料，确定系统检查的方向和重点

初步检查完毕，往往会发现病马各个系统都有变化。在这种情况下，应根据问诊和初步检查的材料，找出系统检查的方向和重点。如问诊了解到病马不断咳嗽、发喘，经初步检查，发现马咳嗽、流鼻液、呼吸数大大增加、体温升高，则该马可能为呼吸系统疾病，首先应着重检查呼吸系统；又如问诊了解到病马不爱吃，慢慢消瘦，排粪时干时稀，则应怀疑消化系统疾病，首先应着重检查消化系统，然后检查其他系统。对住院病马进行逐日复诊时，更要根据病情变化，灵活决定检查顺序和重点，切不可主次不分，以致抓不住疾病本质，拖延诊治的时间。

第二节 消化系统检查

马的消化系统疾病发病率、死亡率高，因此，掌握消化系统的检查方法，及时确定诊断，才能有效地进行防治，是保证马匹健康的重要措施。

一、口腔、咽及食管检查

（一）口腔检查

马口腔检查常用徒手开口法。检查者立于马头侧方，一手抓住笼头，另一手从马的口角插入口腔，用食指和中指握住舌体，将舌牵出口腔外，同时拇指顶住硬腭；然后抓住笼头的一手放开，扒开颊腔，即可观察。对骚动不安的马进行口腔深部检查时，可采用开口器。如以观察口腔黏膜色泽为目的，可以一手抓住笼头，另一手食指和中指伸入口角，食指和中指上下支开，即可观察。检查时，注意口腔黏膜的色泽、口温、湿度、气味、舌苔及牙齿状态等（图1-5）。

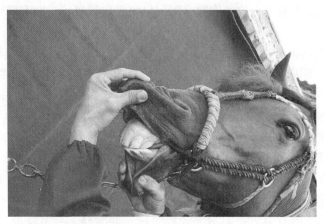

图1-5　口腔检查

1. 口唇　健康马上下唇紧靠切齿，口唇闭合良好。老龄、衰弱及大脑皮质机能高度障碍时，常见下唇下垂。"脾连唇"，上唇不随意运动（上唇挛缩）或"骞唇似笑"，多是胃肠病的表现。

2. 口色　"口色，验疾之所也"。口色的变化是体内气血盛衰的反映、辨证施治的重要依据。检查口色要注意舌、唇、卧蚕（舌下的两个肉阜）、齿龈和颊黏膜等处，其中以舌色为主。健康马的口色呈粉红色，有光泽，表示脏腑正常、气血调和。病理的口色变化主要有红、白、黄及青色四种。

（1）红色　口色潮红是热盛和血液循环障碍的表现，见于肺热（肺炎）。在黑汗风（中暑）、重性肠黄（严重的胃肠炎）及心风黄（脑炎）等病经过中，由于火热过盛、津液干枯、血液浓缩、循环高度障碍和缺氧，口黏膜呈红紫色。临近死亡时，口黏膜呈黑紫色。

（2）白色　是贫血的表现，分为苍白、白和枯骨样白色（白而带黄、无光泽）三种。苍白和白见于各种贫血性疾病。内脏破裂或病马临死期，口黏膜呈枯骨样白色。

（3）黄色　是血液内胆红素增多的表现。见于肝脏疾病、消化不良。

（4）青色　口黏膜微带蓝色，分为青白、青黄两种。口色青白，多见于寒证，如冷痛（肠痉挛）。口色青黄，多见于过劳及消化不良。

临床上判断疾病预后，常以口色的变化作为重要依据，"似胚血者危，白如豕膏者生；似枯骨者危，黄如蟹腹者生，似黄土者危"。就是说，尽管在疾病经过中，口腔的色泽可能出现红色、白色或黄色等变化，但只要黏膜发亮、有光泽，成红如鹤冠、白如猪油、黄如蟹腹，都表示脏腑有生气，病马有希望康复；反之，如果黏膜失去光泽，红如胚血（暗紫色）、白如枯骨、黄如黄土，都是疾病危重的表现，预后多不良。

3. 口温　口腔的温度和体温通常是一致的，在开口时，手在口腔内即可感觉口腔的温度。仅口温增高而体温不高，为口炎的表现。

4. 口腔湿度 口腔过分湿润或大量流涎，是唾液分泌增多或吞咽障碍的结果，见于口炎、咽喉炎、食管梗塞等。口腔干燥，多见于热性病及长期腹泻等。肠便秘时口腔多干燥，肠痉挛时口腔多湿润。

5. 口腔气味 检查口腔气味通常是嗅闻被唾液湿润的手指。健康马口腔的气味主要与草料种类有关，采食有味的草料后，一定时间内有相应的草料味。当食欲减少及口腔疾病时，由于饲料残渣及脱落上皮的腐败分解，口内发出异臭；口腔有腐败性炎症时，发出恶臭。

6. 舌苔 在舌面上有一层灰白色或黄色的附着物，称舌苔。舌苔薄，多表示病轻或病程短；舌苔厚，多表示病重或病程长。白苔常见于风寒侵入体表，如感冒及热性病初期。黄苔常见于热已入里，淡黄色热轻、深黄色热重，如胃肠病及热性病中期。

7. 牙齿 发现马有咀嚼障碍或槽内有残余饲料或粪便中有多量未消化饲料时，必须检查牙齿，主要注意牙齿的磨灭情况，其次注意检查牙齿有无脱落、损坏或活动。

（二）咽部检查

咽的外部视诊：若咽部肿胀，头颈伸展，脖子发硬，避免运动，为咽炎的特征。

咽的外部触诊：检查者站在马颈部的一侧，面斜向马头方，两手的指端放在颈静脉沟两侧的上端、下颌支的直后方，向咽部轻轻触压。健康马无异常反应，当咽炎或咽喉炎时，马感觉过敏，缩头抵抗并有吞咽动作，有时连声咳嗽（图1-6）。

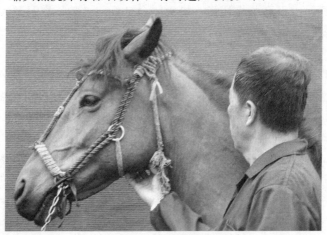

图1-6 咽部检查

（三）食管检查

食管检查常用视诊、触诊与探诊。视诊、触诊仅限于颈部食管。胸部食管必须用胃管进行探查。

1. 视诊 注意食管有无局限性的膨隆。当颈部食管梗塞时，可表现轻度的局限性膨隆。

2. 触诊 检查时，站在马左侧，面向尾方，左手放在马右侧颈静脉沟处固定颈部并轻轻托起，用右手指端沿左侧颈静脉沟由上而下直至胸腔入口处进行触诊。如食管被饲料团阻塞时，触摸有硬固物体。当食管炎时，有疼痛反应。

3. 探诊 用投药管或胃管进行检查。插入时操作不当或胃管插入动作粗暴，容易造成马鼻出血；药液误投入气管，则易造成异物性肺炎。

（1）胃管插入的步骤及注意事项如下：

①确实保定被检马，固定好头部，并把鼻孔擦拭干净。

②胃管用水湿润或涂润滑油。

③沿马下鼻道缓慢插入，到达咽部时感觉有抵抗，此时不要强行推进，待马有吞咽动作时，趁机插入食管。

④胃管从鼻孔插入，在通过咽部时要缓慢进行，同时应立即进行测试。检查者向管内吹气，吹得动，并在左侧颈静脉沟见有波动，而且用上唇吸管口（图1-7）吸得住，表示胃管在食管内；向管内吹气，左侧颈静脉沟看不到波动，而且用上唇吸管口，吸不住，则表示胃管插入了气管。

图1-7　胃管探诊

⑤如马的鼻黏膜损伤出血时，应拔出胃管，停止操作并将马头吊高，用冷水浇头，可自然止血。如不能止血时，应及时采取其他止血措施。

（2）胃管探诊的临床意义　胃管探诊不仅用于诊断，也是一种治疗的手段。如食管梗塞时，胃管到达梗塞部，遇到阻碍而不能继续向前插入，根据胃管插入的长度，即能确定梗塞的部位。对某些病例，可利用胃管推进的力量，将阻塞物送入胃内，达到治疗的目的。在胃扩张时，常将胃管插入胃内，排除胃内容物，达到诊断和治疗的目的。在临床治疗中，用胃管投药是常用的一种方法。

二、腹部检查

腹部检查主要是了解胃肠的状态，包括腹部的视诊、触诊和听诊。

（一）腹部视诊

主要是观察腹部大小及有无局限性肿胀。健康马由于品种和饲养方式不同，腹部大小差别很大，如经常放牧的蒙古马，腹围多数膨大，在判定时应考虑这些因素。

1. 腹围膨大　见于下列情况：

（1）积气　肠内蓄积大量气体。表现腹部上方显著膨大，肷窝平坦或突出。腹部紧张，见于肠臌胀等。

（2）积液　腹腔内蓄积大量液体（渗出液或漏出液）时，表现腹部下方膨大，见于腹

膜炎和腹水；局限性膨大见于腹壁皮下水肿、腹壁疝等。

2. 腹围缩小 又称腹围卷缩，见于长期食欲减退，或长期腹泻如消化不良性腹泻等；慢性消耗性疾病，如瘦弱病、慢性马传染性贫血等。

（二）腹部触诊

主要了解马腹壁的疼痛性和紧张性。

检查者站在马胸侧部，面向尾方，一手放在鬐甲部或背部作支点，另一手放在腹部，做间歇性触压动作；或以拇指固定作支点，其余四指进行压迫性触诊。为防止马惊恐，影响检查效果，应避免粗暴或突然触压。

腹腔内积气时，触诊弹性增强；积液时，触诊有波动感；腹膜炎时，触诊有疼痛感。健康马腹部比较敏感，触诊时不要误认为疼痛。

（三）腹部听诊

马腹部听诊主要是听胃肠蠕动音。在急性胃扩张时，可听到胃蠕动音。胃蠕动音听诊部位在左侧第 14～17 肋骨间、髋结节水平线上下。急性胃扩张时，可听到短促而强的沙沙声、流水音、金属音 3～5 次/min，多者可达十余次。

肠蠕动音的听诊有如下四个部位：左肷部主要听小肠音，同时也听大肠音；右肷部听盲肠音；左侧腹部下 1/3 处，听左侧的大结肠音；右侧肋下方听右侧的大结肠音。

1. 正常的肠音 小肠音如流水音或含漱音，大肠音如雷鸣音或远炮音。正常肠音 8～12 次/min。肠音在生理状态下，存在着各种影响因素，肠管运动机能、饲料质量、肠内容物的性状以及使役和训练强度都与肠音有密切关系。当肠管运动机能增强、肠内容物呈液状或肠内产生气体较多时，肠音增强；反之，肠运动机能减弱或肠内容物干稠时，肠音减弱。放牧及喂饲青草、麦麸等饲料，饮多量冷水以及运动之后，常出现生理性肠音增强。舍饲、运动不足及长期偏饲时，肠音减弱而稀少。因此，要掌握正常的肠音，分析具体情况，才能得出正确的判断。

2. 病理性肠音

（1）肠音增强 肠音高朗、连绵不断，有时离马数步远也能听到，多见于肠痉挛、胃肠炎及消化不良过程中。

（2）肠音减弱 肠音稀少、短促而微弱，多见于重剧肠炎及肠便秘等。

（3）肠音消失 肠音完全停止，为肠管麻痹、病情重剧的表现，见于肠便秘及肠变位后期等。

（4）肠音不整 肠音次数不定、忽快忽慢、时强时弱，多见于消化不良等。

（5）金属性肠音 如水点落在金属板上发出的声音，多见于肠臌胀及肠痉挛时。是因肠管充满气体或肠壁过于紧张，肠内容物或气体移动引起，冲击该部肠壁发生振动而形成的声音。健康马有时可在胃肠底部听到金属性的肠音。

三、排粪障碍及粪便检查

有助于推断马胃肠机能状态，及时发现消化系统疾病，特别是可以早期发现肠便秘。

（一）排粪障碍

1. 排粪减少 排粪次数少，粪量也少，粪球干硬、色暗，并常被覆多量黏液，见于慢性消化不良、肠便秘初期及热性病等。

2. 排粪带痛　马在排粪时表现疼痛不安、拱背努责，见于胃肠炎及直肠炎等。

3. 排粪失禁　马来不及采取正常排粪肢势而不自主地排出粪便，主要见于肛门括约肌弛缓或完全麻痹、持续性腹泻等。

（二）粪便检查

1. 色彩　因饲料种类及有无异常混合物而不同。放牧时粪便一般呈淡绿色；舍饲期为黄褐色；前部肠管出血时粪呈黑色，后部肠管出血时粪呈鲜红色；实质性和阻塞性黄疸时，由于粪胆素减少，粪呈灰白色。

2. 硬度　与饲料的种类、饲料含水量、脂肪及纤维素的含量有关。健康马粪便有一定的硬度，落地后一部分破碎。肠管受到某种刺激作用蠕动增强时，肠内容物通过迅速，水分吸收减少，粪便稀软，甚至呈水样，见于腹泻及肠炎等。肠管运动机能减退、肠内容物移动缓慢时，由于水分大量被吸收，粪便硬固、粪球干小，见于慢性消化不良及肠便秘初期等。

饲养人员的实践经验是：马排粪时，如粪便性状突然发生变化，或者粪便干硬、大小不均、附有黏液，或者粪便稀软粗松、含谷粒及长草秆，多为肠便秘初期的主要表现。

3. 混合物　正常粪便表面被有极薄的黏液层，黏液量增多表示肠管有炎症或排粪迟滞，如肠炎、肠便秘时，黏液往往被覆整个粪球。粪便含有多量粗纤维及未消化的谷粒，见于消化不良及牙齿疾病等。有时粪便中还可见有寄生虫及砂石等异物。

（三）粪便潜血检查

粪便潜血检查可提供诊断胃肠出血的可靠依据。粪便中含微量血液，肉眼观察不能发觉的，称为潜血。可用联苯胺试验检查。于试管中加入适量联苯胺冰醋酸饱和溶液，再加入少量过氧化氢液，然后加入预先煮沸放冷的粪便混悬液，如有绿色或蓝色出现，表明粪便中含有血液。粪便潜血，见于出血性胃肠炎等。

四、直肠检查

直肠检查是将手伸入马的直肠内，隔着肠壁对腹腔脏器和骨盆腔脏器进行触诊（图 1-8）。目前，直肠检查对腹痛病的病性判定和治疗是比较可靠的方法，但初学者较难掌握，且有时会引起直肠损伤。在实践中，应努力寻求对腹痛病诊断和治疗更有效的方法，如 B 超检查。

在直肠检查中，为能摸到患病主要脏器，必须根据需要使马取适当体位，要充分发挥人的主观能动性，如使被检马站立时，取前高后低的肢势；或用扁担上抬马腹部；或使被检马取半卧肢势等。

直肠检查除对消化器官触诊以外，还可用于肾脏、膀胱、子宫、卵巢、腹股沟管口及骨盆腔等部位的检查。

（一）直肠检查的主要脏器

1. 直肠　直肠膨大部空虚，说明肠内容物后送停止，见于肠便秘中后期或肠变位。若同时在直肠内蓄积大量浓厚黏液，更应怀疑肠变位；如同时伴有直肠内温度升高，则多见于直肠炎。直肠黏膜损伤出血时检手可能沾有血液。直肠破裂，多发生在直肠狭窄部的肠管上壁。

2. 膀胱 膀胱位于骨盆腔底部，母马须隔着子宫体方能摸到。膀胱无尿时，可触摸到如拳头大的梨状物；尿液充满时呈囊状，触摸有波动。如检手前进时遇障碍，可用检手轻压膀胱，或者导尿，让尿液排出后再进行检查。膀胱炎时，触压膀胱敏感性增高。

3. 小结肠 小结肠大部分位于骨盆腔前方，体中线左侧，少部分位于体中线右侧，内有鸡卵大粪球，呈串珠状排列。用手拨动粪球，可使该段肠管向各方向移动。小结肠便秘时，可摸到一两个椭圆形或长圆柱形拳头大的结粪，比较坚硬，结粪的肠段有较大的移动性。

4. 左侧大结肠 左侧大结肠通常位于腹腔左侧。当肠内容物过多时，其后段可达腹腔中线，甚至偏于右侧，内容物常呈面团样硬度。左下大结肠较粗，具有肠纵带和肠袋。左上大结肠后段较细，肠壁光滑无肠袋，有一条纵带，但感觉不出来，重叠于左下大结肠之上或在左下大结肠内上侧，与左下大结肠平行。左下和左上大结肠连接部为骨盆曲，两者之间有 10～20cm 宽的结肠系膜。骨盆曲呈游离状态，通常位于骨盆腔入口前方左侧或体中线处，也有稍偏右侧的，比左上和左下大结肠细，表面光滑。检查时只要稍向下伸延就可摸到左下大结肠，容易与小结肠区别。骨盆曲便秘时，呈弧形或长圆柱形，小臂粗，表面光滑。此时，左下大结肠多见有大量积粪，如过度充满时，骨盆曲可后退入骨盆腔或右移到盲肠底后方。

5. 腹主动脉 位于腹腔顶部，椎体下方，稍偏左侧，触摸时为有明显搏动感的管状物。检查腹主动脉本身意义不大，但可作为体中线的标志。

6. 左肾 在脊柱下方，腹主动脉左侧第二三腰椎横突下面可触摸到左肾后缘，呈半圆形坚实的物体。

7. 脾脏 在左肾前下方，紧贴左腹壁，可摸到扁平呈镰刀状的脾后缘，脾后缘一般不超过最后肋骨，但有些马的脾后缘有时可达髋结节下方。胃扩张时脾后移。但要注意，如无其他胃扩张症状，单纯脾后移，不能认为是胃扩张。

8. 前肠系膜根 沿腹主动脉向前，仔细触摸时，指尖可感觉到前肠系膜动脉的搏动。当有动脉瘤时，可摸到蚕豆大至鸽卵大的硬固物，并随动脉搏动。

9. 十二指肠 在前肠系膜根后方，上距腹主动脉约 20cm，有从右向左横行的十二指肠。触诊时可能在检手上方，若上方没有时，手掌翻转向下即可找到，呈扁平带状。十二指肠便秘时，形如香肠或鸭蛋大，表面光滑，位置较固定。

10. 胃 位于腹腔左前方，以胃脾韧带与脾脏连接，其后缘通常可达第十六肋骨。因位置靠前，正常情况下触摸困难，但使马体取前高后低的体位时可能摸到。直肠检查时沿胃脾韧带向前触摸，可摸到柔软呈囊状的胃。胃扩张时，其容积增大，容易摸到；食滞性胃扩张硬度如面团样，气胀性胃扩张有弹性感。

11. 胃状膨大部 在右侧腹部上 1/3 处，盲肠底的前下方，健康马不易摸到。当该部分积食时，则可感到有坚实的半球形内容物，随呼吸运动而前后移动。

12. 盲肠 在右骹部触诊盲肠底及盲肠体，呈膨大的囊状。其上部有气体，有轻微的弹性。触摸时有从后上方走向前下方的盲肠后纵带。气体不多时，检手感觉盲肠柔软。盲肠便秘时，在骨盆腔前方、右骹窝部可摸到排球大的结粪，其硬度随病程长短而不同，呈面团样或坚硬。

（二）直肠检查前的准备、操作方法及顺序

1. 准备

（1）检查者进行检查前要剪短和磨光指甲，穿着胶靴和围裙，戴上一次性长臂手套，或者手臂涂润滑剂用裸手直检。

（2）被检马要事先灌肠，可灌温肥皂水1 000～2 000mL，清除直肠内宿粪，使肠壁弛缓、黏膜润滑，或用少量植物油代替。

（3）被检马要确实保定。一般用六柱栏保定较方便，要特别注意腹带和肩部压绳的拴系，以防马卧倒或跳跃。

（4）对腹痛剧烈的病马应先行镇静。可静脉注射5％水合氯醛酒精液200～300mL。实践证明，以1％普鲁卡因液10～30mL行后海穴封闭，可使直肠和肛门弛缓。

（5）对腹围膨大的病马，应先穿刺放气，特别在横卧保定时更应注意，以免造成马窒息。对心脏衰弱的病马，应先强心补液。

2. 操作方法　马六柱栏内保定时，一般用右手进行检查。检者站在被检马的左后方，以防被马踢。马横卧保定时，检者取伏卧姿势，右侧横卧用右手，左侧横卧用左手。检查时，检手拇指低于无名指基部，其余四指并拢，并稍重叠成圆锥形，旋转伸入直肠。对膀胱积尿的病马，用检手压迫膀胱促使排尿；碰到粪便，手指微屈把粪球纳入掌心取出。病马骚动努责时，检手暂时停止前进，并用胳膊下压肛门；待其安静时，继续深入检查。检手抵达直肠狭窄部时，入手更要小心谨慎，用指端探索肠腔的方向，同时用胳膊下压肛门。如检手能通过狭窄部，则更便于检查。切忌检手未找到肠腔方向就盲目前进，或未通过狭窄部就急于检查。触诊时，用食指、中指和无名指的指腹轻轻触摸。触摸脏器的位置、大小、形状、硬度、有无纵带、移动性及肠系膜状态，从而判断是哪个脏器、病变性质和程度。手指无论何时均应并拢，决不允许岔开随意触摸，以免损伤肠管黏膜。检查完毕退出检手时应缓慢，如退出过快，紧套在手腕上的肠管黏膜容易被撕裂，黏附在手背上的粪渣容易擦伤肠黏膜（图1-8）。

3. 直肠检查的顺序　直肠→膀胱→小结肠→腹主动脉→左肾→脾脏→前肠系膜根→十二指肠→胃→胃状膨大部→盲肠。

 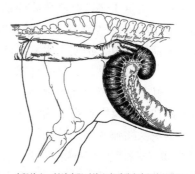

直肠检查。触诊盲肠时检查者手臂在直肠中的位置。
在盲肠背侧可触摸到纵向的盲肠系膜。

图1-8　直肠检查

第三节　呼吸系统检查

呼吸系统检查主要是检查上呼吸道、胸部，以发现疾病的各种表现和变化，并把这些病理表现和变化连贯起来，进行分析研究，从而得出正确的诊断。

一、上呼吸道检查

上呼吸道检查包括呼吸运动、鼻液、咳嗽、喉及气管检查。

(一)呼吸运动的观察

1. 呼吸式　马的正常呼吸式为胸腹式呼吸(或称混合式呼吸)，即呼吸时胸腔与腹壁的运动强度基本相等。马呼吸式的病理改变有胸式呼吸和腹式呼吸。

(1)胸式呼吸　胸壁运动较腹壁运动明显。见于阻碍膈和腹肌运动的疾病，如胃扩张、肠臌胀和腹膜炎等。

(2)腹式呼吸　腹壁运动较胸壁运动明显。见于阻碍膈运动的疾病，如胸膜炎和肋骨骨折等。

2. 呼吸困难　呼吸运动加强、呼吸次数增多，称为呼吸困难。临床上分为以下三种。

(1)吸气性呼吸困难　马病初鼻孔扩开，头颈伸展，前肢开张，肘头外转，肛门内陷，吸气时间长，并常听到类似口哨声的杂音。见于上呼吸道(鼻腔、喉及气管)狭窄。

(2)呼气性呼吸困难　呈明显的二段呼气，马脊背弓曲，肷窝变平，肛门突出，呼气时间延长，在肋骨和肋软骨结合部形成一条明显的凹沟，称为喘沟。见于慢性肺泡气肿、细支气管炎等。

(3)混合性呼吸困难　吸气和呼气都发生困难，主要表现为呼吸加快而浅表，是临床上最常见的一种，见于肺脏疾病、热性病及中毒等。

(二)鼻液的观察

鼻液由呼吸道黏膜的分泌物、渗出物及剥脱的上皮等组成。健康马一般没有鼻液，发现鼻液多为病理状态。观察鼻液时，应注意鼻液的量、性状及混合物等。

1. 鼻液量　多量鼻液见于上部呼吸道疾病及某些传染病，如颌窦炎、腺疫、开放性鼻疽等；少量鼻液见于慢性呼吸器官疾病。

2. 鼻液的性状　因炎症性质及混合物而不同。观察时着重注意其黏稠度、色泽与气味。浆液性鼻液为无色、透明、水样(清涕)，常见于呼吸道黏膜急性炎症过程的初期及感冒等。黏液性鼻液为黏稠、呈牵丝状、灰白色、不透明，见于呼吸道黏膜急性炎症过程的中后期。脓性鼻液呈黄色和黄绿色，是大量脓细胞混入鼻液的结果，见于腺疫、鼻腔鼻疽或肺脓肿破溃时。腐败性鼻液为污秽不洁灰黑色液状物，混有崩溃的组织块，有恶臭，见于坏疽性肺炎及腐败性支气管炎等。

3. 混合物　鼻液中混有血液，见于黏膜损伤、肺出血；铁锈色鼻液，见于胸疫；混有小泡沫的鼻液，见于肺水肿；混有饲料碎片及唾液的鼻液，见于咽喉炎和食管梗塞等；混有酸臭呕吐物的鼻液，见于胃扩张。

（三）咳嗽检查

咳嗽是一种保护性反射动作，能将积聚在呼吸道内的炎性产物和异物（尘埃、细菌等）排出体外。剧烈而长时间的咳嗽对上呼吸道和肺都是不利的。因为，每一咳嗽动作都伴有支气管内压骤然增加、支气管平滑肌痉挛和迷走神经兴奋，以及咽喉部的剧烈振动。这些都会促使呼吸道炎症的发展和肺泡气肿的形成。因此，剧烈而长期的咳嗽即为病理状态。当上呼吸道黏膜、胸膜及舌根等部位受到刺激时，都可以引起咳嗽。喉黏膜更为敏感，轻微刺激即发生咳嗽。

检查咳嗽时，应着重检查咳嗽的性质。一般分为干咳、湿咳与痛咳。

1. 干咳　咳嗽的声音干而短，是呼吸道内无渗出液或有少量黏稠渗出液时所发生的咳嗽。见于慢性气管疾病和急性炎症过程的初期。胸膜炎时可见反射性干咳。

2. 湿咳　咳嗽的声音湿而长，是呼吸道内有大量稀薄渗出液时所发生的咳嗽。见于支气管炎。

3. 痛咳　咳嗽的声音短而弱，咳嗽时病马伸颈摇头、前肢刨地，尽力抑制咳嗽。见于胸膜炎（肺痛）等。

（四）鼻腔检查

观察左侧鼻腔时，检者站在马的左前方，右手抓住笼头，左手的拇指、食指及中指抓住马的鼻翼软骨，使鼻孔扩开。观察右侧鼻孔时与此相反。检查中，应注意黏膜的色泽以及有无肿胀、出血斑点、结节、溃疡及疤痕。鼻腔检查在临床上对鼻疽的诊断有特殊意义（图1-9）。

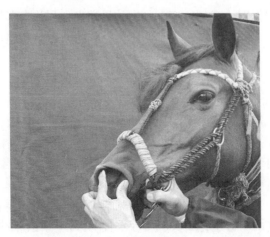

图1-9　鼻腔检查

1. 色泽　临床意义同眼结膜的色泽变化。

2. 肿胀　健康马的鼻黏膜湿润、有光泽，表面有许多颗粒状的红色小圆点（排泄管的开口），稍凹凸不平。鼻黏膜肿胀时黏膜表面平坦、光滑而发亮，见于急性鼻炎。

3. 出血斑点　马传染性贫血及血斑病经过中鼻黏膜常有血斑点。

4. 结节　鼻疽结节呈黄白色，米粒大到黄豆大，周围有红晕，界限明显，在鼻中隔及鼻翼软骨内侧面容易发现。

5. 溃疡　鼻疽性溃疡边缘隆突不整齐，溃疡较深，呈灰白色或黄白色，常见于鼻中隔黏膜上。

6. 疤痕 鼻疽性疤痕呈放射状或冰花状。

(五) 喉及气管检查

检查喉及气管一般用触诊。检查者面向马头方，一手放在马鬐甲部为支点，另一手的拇指、食指与中指触压喉及气管。检查时，应注意有无肿胀、增温和疼痛。

喉若肿胀、增温和疼痛表明喉有炎症，此时轻微用力触压，病马就表现抗拒不安，伴有咳嗽。在检查病马时，不能经常观察到马匹自然发生的咳嗽，这时必须人工诱导病马咳嗽，以确定咳嗽的性质。

人工诱咳法与喉及气管触诊基本相似，所不同的是用拇指与食指压迫第一二气管轮。健康马不发生咳嗽，或仅发生一两声咳嗽，如连续多次咳嗽，表示敏感性增高，是病理现象。

二、胸部检查

(一) 胸部触诊

胸部触诊主要是判定马胸壁的敏感性及肋骨状态。触诊时，检查者站于马胸侧，一手放在鬐甲部或背部作为支点，另一手的手指伸直而并拢，垂直放在肋间部，指端不离体表，自上而下连续地进行短而急的触压。

胸壁敏感，触压时病马骚动不安，见于胸膜炎、肋骨骨折等。佝偻病经过中，有时在肋骨与肋软骨结合部可摸到肿胀变形。

(二) 胸部叩诊

胸部叩诊主要是根据叩诊音的改变，判定肺界的大小和肺内有无炎症变化。

马常用锤板叩诊法。叩打时，一手拿叩诊板，顺肋间密贴纵放；另一手拿叩诊锤，以腕关节运动的动作，垂直地向叩诊板上做短而急的连续两次叩打。

叩诊的力量有轻重之别。轻叩诊振动深度为4cm，传播范围2～3cm；重叩诊振动深度可达7cm，传播范围4～6cm。

叩诊力量的大小，依胸壁的厚薄和病变部位的深浅而定。胸壁厚，病变深在，用重叩诊；胸壁薄，病变浅在，用轻叩诊。但进行比较叩诊时，必须用同样的力量。

1. 肺叩诊区 由于马的肺脏前部为发达的肌肉所覆盖，叩诊不能全部检查到，故肺叩诊区，只表示肺的可检查部分。

马正常肺叩诊区，上界为背中线下方一掌宽的水平线，前界于上界与肩胛骨的相交点开始，沿肩胛骨后缘向前下方至臂三头肌后缘垂直下行，与后下界相交（左侧须避开心脏叩诊界），后下界为一弓形线。此弓形线由第16肋骨与髋结节水平线的交叉点、第14肋骨与坐骨结节水平线的交叉点和第10肋骨与肩关节水平线的交叉点连接而成，并向下顺延，终于第5肋间下方距胸骨上方约13cm处。

（1）肺叩诊区扩大 是肺容积增大、肺泡内气体增多的结果，叩诊音较正常高朗或呈过清音，见于肺泡气肿（肺胀）等。

（2）肺叩诊区缩小 多为腹腔脏器膨大（如急性肠膨胀等）或腹腔积液，压迫肺脏的结果。

2. 肺叩诊音 肺叩诊音由三种音响所组成：①叩诊锤叩打叩诊板的声音；②胸腔受到冲击的胸壁振动音；③胸壁振动引起肺内空气的共鸣音。在判断叩诊音的性质时，必须考虑影响叩诊音的种种因素，即叩诊的力量、胸壁的厚度和肺内含气量。

（1）正常叩诊音　对健康马的肺部叩诊时，呈现清音。其特征是音响强、音调低、历时较长。由于肺组织各部位在生理情况下含气量不同，胸壁各处厚薄不一致，所以正常肺脏各部的叩诊音不完全相同，肺脏中部的叩诊音较响亮而长，上部和边缘的叩诊音弱而短，带有半浊音的性质。

（2）病理叩诊音　主要有下列几种。

①浊音、半浊音、水平浊音。浊音类似叩打马臀部肌肉时发出的声音，音调钝浊，当肺组织实变（如肝变、肉变）而形成无气肺时，叩诊即呈浊音。见于纤维素性肺炎等。半浊音类似叩打肺界后下缘的音响，音调弱而浊，稍带清音调，当肺泡内含气量减少时，叩诊即呈半浊音。见于支气管肺炎。水平浊音当胸腔内积有大量液体时，浊音上界呈水平。见于胸膜炎渗出液积聚时。

②鼓音。当肺泡内含气量减少，伴有肺泡弹性及紧张度降低时呈现鼓音，见于纤维素性肺炎的充血期及消散期；当肺组织崩解破溃形成肺空洞，并与支气管相通且靠近胸壁时呈现鼓音，见于坏疽性肺炎等。

③过清音或空盒音。音调较清音高，但低于鼓音，类似叩打空盒的音响。

（三）胸部听诊

马的肺听诊区和叩诊区是一致的。胸部听诊与叩诊都是了解肺和胸膜功能状态、诊断肺和胸膜疾病比较可靠的方法。

胸部听诊时，先从胸部的中 1/3 开始，由前向后逐渐听取，其次是上 1/3，最后是下 1/3。每个部位听 2～3 次呼吸音后再变换位置，直至全肺。如发现呼吸音有异常时，在该部的周围及对侧相应部位进行比较听诊或短时间闭塞马鼻孔后再行听诊。

1. 听诊音

（1）正常呼吸音　健康马肺泡呼吸音非常微弱，类似"夫"的音。只在吸气时能听到，呼气时更为微弱或听不到。听取时在胸部中 1/3 前部比较明显。肺泡呼吸音的形成，一般认为是空气进入肺泡内产生旋涡运动、振动肺泡壁的声音。呼气时的肺泡呼吸音是空气由狭窄的肺泡口被挤出、振动细支气管壁而发生的短而弱的声音。随后，气流从支气管呼出，逐渐减弱，不足以振动较大的支气管壁，故肺泡呼吸音很快消失。

（2）病理性呼吸音

①肺泡呼吸音增强分普遍性增强与局部性增强。

普遍性增强是全肺听诊区都能听到粗粝的"夫夫"音。为呼吸运动增强的结果。常见于热性病等。

局部性增强（代偿性增强）是病变部肺泡含气量减少或变为无气肺时，病变部周围的健康肺组织，发生代偿性呼吸增强，见于支气管肺炎、胸疫等。

②肺泡呼吸音减弱或消失，有几种情况：

进入肺泡内的空气量减少时，见于肺炎或胸膜炎等。

支气管黏膜肿胀、阻塞，空气进入困难时，见于支气管炎等。

空气完全不能进入肺泡时，肺泡呼吸音消失，常见于纤维素性肺炎的肝变期。

③支气管呼吸音类似"赫"的音。呼气时明显，吸气时微弱或听不到。空气经过喉头时，形成喉狭窄音，传到气管，形成气管呼吸音，再传到支气管而形成支气管呼吸音。健

康马由于肺泡内充满空气，声音传导能力差，胸部听诊听不到这种声音。当肺组织发生实变（如纤维素性肺炎肝变期）时，由于传音能力增强，胸部听诊可以听到支气管呼吸音。

④啰音有干啰音和湿啰音两种。

干啰音（或称笛音）：类似笛声或"咝咝"声，呼气与吸气时都能听到。干啰音的形成有两种情况，一种是支气管黏膜肿胀、管腔狭窄，呼吸时气流通过狭窄部形成的狭窄音；另一种是支气管壁附着黏稠分泌物，气流通过时发生的振动音。干啰音的出现，一般表明支气管的病变，见于支气管炎、支气管肺炎。

湿啰音（或称水泡音）：类似含漱、沸腾或水泡破裂的声音。吸气与呼气都能听到，但吸气时，特别是吸气末期比较明显；咳嗽后可能暂时消失，但短时间后又出现。湿啰音依其发生部位的支气管内径的大小不同，分大水泡音、中水泡音和小水泡音三种。因此，可根据水泡音的大小推断是大支气管的病变还是细支气管的病变。

湿啰音是当呼吸道内积有稀薄的液体，气流通过时形成水泡，水泡破裂而发生的声音。湿啰音的出现，表明肺或支气管的病变，广泛性湿啰音，常见于肺水肿等。

⑤捻发音是一种细小均匀、好像耳边捻头发的"噼啪"音。吸气时可听到，以吸气的顶点最明显；呼气时听不到。

捻发音是肺泡内积有少量黏液，肺泡壁互相粘连，吸气时气流进入肺泡，粘连的肺泡壁突然被分开所形成的声音。捻发音的出现，表明肺实质的病变。见于纤维素性肺炎的充血期和肺水肿等。

捻发音与小的湿啰音（小水泡音）相似，应注意鉴别（表1-1）。

表1-1 捻发音和小水泡音的区别

区分	捻发音	小水泡音
出现时机	吸气顶点最明显	吸气与呼气均可出现
性质	像捻头发的声音，大小一致，持续时间短	像水泡破裂的声音，大小不一致
咳嗽后	几乎不变	咳嗽后减少或暂时消失

（3）胸膜摩擦音　类似皮肤摩擦或粗糙的皮革摩擦发出的断续性的声音，吸气与呼气都能听到。正常胸膜滑润，呼吸时听不到音响。当胸膜发炎时，胸膜变粗糙，随呼吸运动粗糙的两层（脏层与壁层）胸膜互相摩擦而发生胸膜摩擦音。见于胸膜炎的初期和渗出液吸收期。

胸膜摩擦音容易与小水泡音混同，应注意鉴别（表1-2）。

表1-2 胸膜摩擦音与小水泡音的区别

区分	胸膜摩擦音	小水泡音
听诊器加压胸壁	增强	不变
性质	类似皮肤摩擦的声音	像水泡破裂的声音
咳嗽后	无变化	可有变化

肺部听诊和叩诊的变化既相互联系又有其内部规律性。肺部听诊出现异常时，叩诊也应有相应的变化，如听诊肺泡音消失、同时有支气管呼吸音时，该部位叩诊相应地呈浊音。因此，肺部检查时，听诊与叩诊必须结合起来进行。但必须注意，当病变部位深在或病变太小时，听诊有变化，叩诊往往不能发现异常变化。因此，不仅要掌握听诊、叩诊之间的关系，还要结合其他症状综合判定。

第四节　心脏检查

心脏活动和全身机能有密切关系。心脏发生疾病往往引起全身机能紊乱，其他系统疾病也常常影响心脏机能。因此，心脏检查不仅可以诊断心脏病，而且对了解全身机能状态、判定预后都有重要意义。

一、心搏动检查

心室收缩时，由于心肌紧张并稍向左旋，振动胸壁，而使心脏相应部位的胸壁发生振动，称为心搏动。心搏动与第一心音同时出现。检查心搏动主要用触诊法。检查者站在马的左侧，左手平放在马肘头后上方 2～3cm 的胸壁上，即可感到轻微的心搏动。心搏动的强度与马匹的营养状态、胸廓的构造及运动有关。

（1）心搏动增强　心肌收缩有力，振动面积增大，见于心脏肥大和热性病初期。

（2）心搏动减弱　心肌收缩无力，振动面积减小，严重时甚至触摸不到心搏动，见于急性病危重期、胸腔积液及临近死亡的马匹。

二、心脏听诊

（一）正常心音

听诊心脏时，可听到有节律的类似"咚-塔、咚-塔"的两个声音，称为心音。前一个声音的音调低、持续时间长、尾音也长，是心室收缩时两个房室瓣同时关闭发出的振动音，与心室驱出的血液碰击动脉管壁以及心肌收缩等声音混合而成，称为缩期心音或第一心音；后一个声音的音调高、响亮而短、尾音消失快，是心室舒张时两个动脉瓣同时关闭而发出的振动音，称为张期心音或第二心音。第一心音距第二心音时间短，而第二心音距下一次第一心音时间长。在正常情况下，两心音不难区别。但在马心跳增加，超过 80 次/min 时，两心音间隔几乎相等，不易区别。这时可一边听诊，一边感觉心搏动，与心搏动同时发生的心音便是第一心音，与心搏动不一致的心音是第二心音。

（二）心音最强听取点

在心脏区域内的任何一点，都可以听到两个心音。但是，由于心音发生的部位不同和部分心脏被肺脏覆盖的缘故，临床上把听取心音最清楚的地方，称为心音最强听取点。马的心音最强听取点是：

二尖瓣第一音：左侧第四肋间或第五肋间，肘头上方 1～2 指处。

三尖瓣第一音：右侧第三肋间或第四肋间，肘头上方 1～2 指处。

主动脉瓣第二音：左侧第四肋间，二尖瓣口前上方约 2 指处。

肺动脉瓣第二音：左侧第三肋间，肘头水平线稍下方。

但要注意，在病理情况下，往往由于心脏扩张，最强听取点可能相应地改变。

（三）心音的病理改变

心音的病理改变主要有心音增强与减弱、心内杂音和心律不齐。

1. 心音增强和减弱　正常情况下，听诊心脏第一心音在心尖部（第四或第五肋间下方）较强，第二心音在心底部（第四肋间肩关节水平线下方）较强。因此，判定心音增强或减弱，必须在心尖部和心底部同时听诊，两心音都增强或都减弱时，才能认为是心音增强或减弱。

但须注意，心音强弱和心搏动一样，受某些因素的影响，如营养良好、胸廓丰圆、胸壁肥厚的马匹，两心音都比较弱；反之，消瘦、胸廓狭窄的马匹，两心音都比较强。所以，当发现心音增强或减弱的症状时，必须具体情况具体分析。

（1）心音增强　两心音同时增强，多见于热性病的初期，但要注意，健康马在兴奋运动时，两心音也增强。

第一心音增强多半由于心室充实度不足或心肌收缩力代偿性加强所引起，见于贫血、过劳等。在马传染性贫血经过中，因血液稀薄、血流速度加快，心室充实度不足，心室内压降低，心室收缩初期心肌很快就达到最大的紧张度，房室瓣迅速关闭，引起第一心音增强。

第二心音增强是主动脉或肺动脉血压升高，心室舒张时半月瓣迅速而紧张关闭所致，见于慢性肾炎、二尖瓣闭锁不全。

（2）心音减弱　两心音同时减弱，见于渗出性胸膜炎和肺泡气肿等疾病经过中。

2. 心内杂音　心内杂音最强听取点与心音最强听取点相同。

心内杂音是在心内发生，并与心音保持一定的时间关系，按其发生的时期，分为缩期杂音和张期杂音。缩期杂音是发生在心室收缩期，跟随在第一心音后面的杂音；张期杂音是发生在心室舒张期，跟随在第二心音后面的杂音。按心脏瓣膜或瓣口有无形态学变化，分为器质性心内杂音和非器质性心内杂音（又称机能性杂音）。

器质性心内杂音是由于心脏瓣膜发生增生、肥厚等形态变化，致使瓣膜闭锁不全或瓣口狭窄所引起。瓣膜闭锁不全，如左房室瓣闭锁不全，在左心室收缩的瞬间，一部分血液经闭锁不全的缝隙逆流入左心房，产生旋涡运动，而发生缩期杂音；瓣口狭窄，如左房室口狭窄，在左心室舒张瞬间，血液通过狭窄的左房室口，振动瓣口和瓣膜而发生张期杂音。根据上述杂音产生的原理，按照血液循环的经路，可以得出：缩期杂音见于左右房室瓣闭锁不全、主动脉瓣口和肺动脉瓣口狭窄；张期杂音见于左右房室瓣口狭窄、主动脉瓣和肺动脉瓣闭锁不全。

器质性心内杂音特点：长期存在，声音尖锐、粗糙，如锯木音或咝咝声；运动或用强心剂后，杂音增强。

非器质性心内杂音的产生有两种情况：一种情况是瓣膜和瓣口无形态变化，但因心室扩张，造成瓣膜相对闭锁不全而产生杂音；另一种情况是由于血液稀薄，血流速度加快振动瓣口和瓣膜而引起的贫血性杂音。

非器质性心内杂音的特点不稳定，音性柔和如吹风音；运动和用强心剂后，杂音减弱或消失。

心内杂音在临床上比较多见。但心脏出现杂音，如无其他心脏衰弱症状，运动、使役能力也不降低，不能认为是心脏病，要具体情况具体分析。

3. 节律不齐 正常情况下，心脏的跳动是有节律的，心音的强弱和间隔一致。如果两心音强弱不定、间隔不等，就是心律不齐，如阵发性心动过速和心动间歇。心律不齐多见于心脏传导系统机能障碍和马重病后期。

第五节　神经系统检查

一、精神状态检查

正常时，马神经系统的兴奋和抑制是一对互相对立的矛盾，保持着动态平衡。一旦脑机能发生障碍，则兴奋与抑制失去平衡，临床表现为兴奋不安、沉郁或昏迷。观察马的精神状态主要注意其颜面部表情，身体姿态，眼耳的动作，踢、咬以及其他防卫性反应等。

（一）精神兴奋
大脑皮质兴奋性增高的状态（见初步检查）。

（二）精神抑制
对刺激的敏感性减弱、反应减退或消失。按其深浅程度，分为沉郁（嗜睡）、昏睡及昏迷三种。

1. 沉郁 见初步检查。

2. 昏睡 病马头部抵在墙壁或饲槽上，往往口中有食团而不知咀嚼，陷入睡眠状态，用针刺体表能觉醒，但反应迟钝，很快又陷入睡眠状态。

3. 昏迷 病马意识完全消失，仅有节律不齐的呼吸和心脏活动。

二、运动机能检查

（一）盲目运动
指不受意识支配，也不受外界因素影响的一种不随意的运动。最常见的是病马按一定的方向做圆圈运动，或无目的乱走乱撞，见于脑炎。

（二）体位平衡失调和运动失调
体位平衡失调常见的有：马站立时头部和体躯摇晃，偏斜；四肢挛缩屈曲，或将四肢叉开，力图保持体位平衡，甚至跌倒。运动失调常见的有运动时体躯摇摆，步样不稳，四肢高抬，过度伸向侧方，用力着地，状如涉水等。

马运动协调必须具备三个条件：皮肤和深部组织的感觉灵敏，感觉和运动传导径路完整无损，小脑、大脑机能正常。马的体位平衡和运动失调主要见于脊髓传导径路损伤和脑的机能障碍。在小脑和前庭神经（参与维持体位平衡的神经）疾病的经过中，经常出现体位平衡和运动失调。

（三）痉挛
肌肉不随意的急剧收缩称为痉挛，是由于大脑皮质和皮质下中枢兴奋的结果，分为阵发性痉挛和强直性痉挛。

（1）阵发性痉挛　是某一肌肉或集群的间歇性不随意的收缩，多少带有节奏性。见于中毒、缺钙等。

（2）强直性痉挛　是一定的肌群长期的痉挛性收缩，多见于破伤风。

（四）麻痹

当神经中枢或神经干受损伤，其传导机能发生障碍，受损伤以下部位的肌肉的运动机能完全丧失时，称为麻痹；运动机能不完全丧失时，称为不全麻痹。如面神经麻痹。

三、感觉机能检查

（一）痛觉检查

检查痛觉时，为避免干扰，应先把马的眼睛遮住，然后用针头分别以轻重不等的力量扎刺皮肤，观察马的反应。一般先由感觉较差的臀部开始，再沿两侧脊柱向前，直至颈部、头部。对于四肢，做环行针刺，较易发现不同神经区域的异常。健康马针刺后立即出现反应，表现相应部位的肌肉收缩、被毛颤动或很快回头、竖耳或踢人。感觉过敏（轻刺时呈现反应过强）见于脊髓膜炎，痛觉减退见于脊髓损伤，痛觉消失见于脊髓全横径损伤及意识丧失的疾病。

（二）视觉器官检查

检查视觉器官，着重检查瞳孔和眼球。

瞳孔反应：通常应用手电筒照射瞳孔，观察瞳孔有无反应。健康马在强光照射时，瞳孔迅速缩小，除去强光照射随即复原。脑病经过中，瞳孔反应呈不同程度的减退或消失。如果瞳孔扩大，对光反应消失，且用手压迫或刺激眼球不动，为重症之症。

眼球震颤：就是眼球不断地颤动，颤动方向可能是水平颤动、垂直颤动或回转颤动。在马的脑炎经过中经常看到。

（三）反射检查

反射就是马的神经系统特别是大脑皮质接受外界刺激后发生的一系列不间断地自行产生、自行调节的反应。通过各种反射活动，维持机体内部各器官机能的统一及与外界环境的相对平衡。所以，反射检查的结果是直接反映神经机能状态的可靠依据。反射检查着重如下两点。

1. 耳反射　用细棍轻触耳内侧皮毛，正常时马摇耳或转头。

2. 肛门反射　轻触肛门周围皮肤，正常时马肛门外括约肌收缩。

反射增强，表示中枢神经系统过度兴奋；反射减弱，表示中枢神经系统处于抑制状态、反射弧的感觉部分或运动部分损伤；反射消失，表示脑和脊髓机能高度抑制。

第六节　泌尿系统及尿液检查

一、排尿状态的观察

排尿障碍常见有以下三种：

1. 排尿带痛　排尿时，马呻吟、不安、回顾腹部、摇尾或后肢踢腹。多见于膀胱炎。

2. 排尿失禁及尿淋漓　排尿时不取正常的排尿姿势，而经常不自主地排出少量尿液，称为排尿失禁，见于腰荐部脊髓损伤；尿液不断呈滴状流出，称为尿淋漓，见于膀胱炎。

3. 尿闭　病马不断做排尿姿势而无尿液排出的，称为尿闭。见于膀胱麻痹。

二、排尿次数及尿量检查

排尿次数及尿量多少，只有通过问诊及深入马厩进行巡诊才能获得，单靠门诊是不易观察到的。

排尿次数增多，而每次排尿量不减少，是肾脏泌尿量增加的结果。见于胸膜炎的渗出液吸收期。

排尿次数增多，而每次排尿量很少，是膀胱及尿道黏膜兴奋性增高的结果。见于膀胱炎、尿道炎等。

排尿次数减少，总尿量也减少，是由于肾脏泌尿机能障碍，见于急性肾炎；或由于机体脱水所引起，见于重剧的腹泻等。

三、膀胱的检查

膀胱的检查是在直肠内进行触诊。膀胱空虚而有压痛，说明膀胱有炎症。膀胱充满，用手压迫时有尿排出，停止压迫，排尿即停止，称为尿潴留，见于膀胱麻痹。

四、尿液常规检查

尿液常规检查项目包括尿色和透明度、酸碱度、蛋白质、血液及血红蛋白和尿沉渣的检查。其中临床意义较大的为蛋白质和尿沉渣中上皮细胞的检查。

（一）尿色及透明度的检查

健康马尿呈黄白色、混浊。尿量减少时尿色加深，酸性尿时尿变透明。

（二）蛋白质的检查

健康马尿含极微量的蛋白质，用一般检查方法不能证明。尿中检出蛋白质时，称为蛋白尿。蛋白尿分为肾性蛋白尿和肾外性蛋白尿。肾性蛋白尿见于肾炎、肾病变；肾外性蛋白尿见于肾盂肾炎、膀胱炎及尿道炎。尿中检出蛋白质时，必须结合临床症状和尿沉渣检查，同时见肾上皮细胞或管型的，是肾脏的疾病；同时见膀胱上皮或尿路上皮细胞的，为膀胱或尿路的疾病。

检查尿中的蛋白质时，尿中必须事先加入10％醋酸溶液少许，使尿液酸化。常用的检查方法如下。

1. 煮沸法

（1）原理　蛋白质加热凝固。

（2）试剂　10％硝酸液。

（3）方法　盛酸化尿液约半试管，将尿液的上1/3处，于酒精灯上慢慢煮沸，煮沸的尿液白色混浊，下部未煮的尿液色不变。冷却后，滴加10％硝酸液1～2滴，混浊物不消失的，为阳性反应，证明尿中含有蛋白质。如尿液加热生成的沉淀是磷酸盐，则加硝酸后溶解。

2. 酒精法

（1）原理　酒精使蛋白质脱水而沉淀。

（2）试剂　95％酒精。

（3）方法　取酸化尿约5mL置于试管内，倾斜把持试管，将95％酒精1～2mL沿管壁轻轻加入其上，两液接触面生成白色轮的，为阳性反应，证明尿中有蛋白质。

（三）血液及血红蛋白的检查

尿中混有血液时称血尿。静置或离心沉淀有红细胞沉淀，见于肾脏、膀胱等出血。

尿中出现血红蛋白称血红蛋白尿，呈透明红褐色。静置后无红细胞沉淀，显微镜检查无红细胞，是红细胞崩解后血红蛋白游离于血浆中，随尿排出的一种现象。见于新生骡驹溶血病。尿中血液及血红蛋白检查的方法如下：

1. 联苯胺试验

（1）原理　细胞内过氧化物酶可以将联苯胺氧化成蓝色或者棕色产物，蓝色为中间产物联苯胺蓝，很不稳定。可自然转变为棕色的联苯胺棕，通过产物颜色间接显示出细胞内过氧化物酶的分布。

（2）试剂　冰醋酸，联苯胺粉末，3％过氧化氢液。

（3）方法　取联苯胺粉末少许，盛于试管内，加冰醋酸 2～4mL，振荡使之溶解，加入 3％过氧化氢液 2～3mL，然后将被检尿加入其上，两液接触面出现绿色环的，为阳性反应，证明尿中有血液或血红蛋白。

2. 氨基比林法

（1）原理　基本同联苯胺法。

（2）试剂　5％氨基比林酒精液与 50％醋酸液等量混合液，3％过氧化氢液。

（3）方法　试管内盛尿 3～5mL，加入 5％氨基比林酒精与 50％醋酸等量混合液 1～2mL，再加 3％过氧化氢液约 1mL，尿中有多量血液或血红蛋白时呈紫色；少量时，经 2～3min 呈淡紫色。

（四）尿沉渣检查

尿沉渣标本制作法：取新鲜尿液注入离心沉淀管内，离心沉淀 5min，倒掉上清液，吸取沉渣一小滴，放于载玻片上，盖以盖玻片，即可镜检。

1. 有机沉渣

（1）上皮细胞

①肾上皮细胞（图 1-10）。细胞轮廓清楚，呈多角形、圆形或圆柱形；细胞核大，呈圆形；细胞质内有颗粒。尿中出现多量上皮细胞，见于肾炎。

②膀胱上皮细胞（图 1-11）。表层上皮细胞大而扁平，细胞核小，胞质透明，中层膀胱上皮细胞呈纺锤形，深层呈圆形。尿中出现多量膀胱上皮细胞，见于膀胱炎。

③尿路上皮细胞（图 1-12）。为肾盂及输尿管上皮细胞，比肾上皮细胞大，表层上皮细胞呈多角形，细胞核较小；中层的呈纺锤形，往往一端或两端具有突起，特称有尾细胞；深层的为卵圆形，核较大。尿中出现多量尿路上皮细胞，见于尿路炎症。

（2）红细胞　健康马尿中一般没有红细胞，尿中出现多量红细胞见于肾、膀胱及尿路出血。酸性尿和浓稠尿中的红细胞边缘皱缩呈锯齿样，碱性尿中的红细胞边缘膨胀而色较暗。

（3）白细胞　健康马尿中可能有个别的白细胞，尿中出现多量白细胞，见于肾炎和尿路疾病。白细胞在酸性尿中颗粒明显，在碱性尿中则膨胀而变透明。

（4）管型　管型是肾脏发炎后，蛋白质等在肾小管内黏集而成的管状物，其粗细基本一致，长短不定，也有断裂成节的，见于肾炎（图 1-13）。由蛋白质在肾小管内自行凝集而

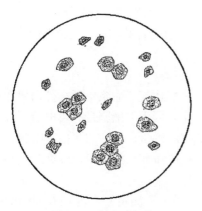

图 1-10　肾上皮细胞

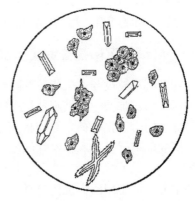

图 1-11　膀胱上皮细胞及磷酸铵镁

成的称透明管型；蛋白质与肾小管上皮细胞互相黏集而成的称上皮管型；蛋白质与变形的肾上皮细胞互相黏集而成的称颗粒管型；蛋白质与红细胞互相黏集而成的称红细胞管型。

2. 无机沉渣　马尿中的无机沉渣种类甚多，诊断意义较大的有如下两种：碳酸钙结晶为马尿的正常成分，形态多种多样，常呈球形或哑铃状、菊花状或粉末状（图 1-14）。大的球形碳酸钙结晶带黄色、有放射线条，小的常无色。如果马尿中缺乏碳酸钙结晶，为酸性尿之征，属于病态，常见于骨软症及胃肠炎等病经过中。磷酸铵镁结晶为无色三角或六角棱柱体，两端截面倾斜，有时为鸟羽状，是尿液在膀胱内发生氨发酵，尿中磷酸镁与氨结合的结果，主要见于膀胱炎。

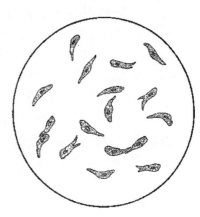

图 1-12　尿路上皮细胞

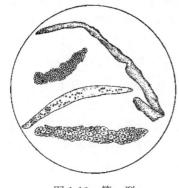

图 1-13　管　型

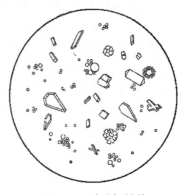

图 1-14　碳酸钙结晶

第七节　血液常规检查

马血液中各种成分是维持全身生理机能的重要组成部分，具有一定的数量。血液常规检查就是测定血液中几种主要成分的数量，供临床诊断、观察疗效、判定预后时作参考。检查项目包括：红细胞沉降速度测定，血红蛋白测定，红、白细胞计数和白细胞分类计数。

一、红细胞沉降速度测定（血沉测定）

红细胞沉降速度与血浆成分和红细胞数等有关。一般认为，血浆中纤维蛋白原和球蛋白增加时，血沉加快；红细胞数增多时，血沉减慢。这是因为红细胞带有负电荷，纤维蛋白原和球蛋白带有正电荷，红细胞具有吸附作用，能把纤维蛋白原和球蛋白吸附到它的周围，二者的电荷互相中和，使红细胞的电位降低，故抗凝血液在静置时，红细胞互相串集而下沉。

测定方法　常用的血沉测定管有两种，一种是三用血沉测定管，内径 0.8～0.9cm，高 17cm，容量为 10mL，上面有三种刻度：从上向下 0～100 刻度是测定血沉用的，从下向上 20～125 刻度是计算血红蛋白（％）用的，1～13 刻度是换算红细胞数用的。另一种"六五型"血沉管，内径 0.9cm，长 17～20cm，容量为 10mL，分为一百个刻度。

测定时，于血沉管内加入草酸钠 0.015～0.02g（或枸橼酸钠粉末 0.04～0.05g），由颈静脉采血至刻度 0 处，用胶皮塞或拇指堵住试管口，颠倒血沉管十余次，使血液与抗凝剂充分混合后，垂直立于血沉架上，经 15min、30min、45min、60min、2h 和 4h 各观察一次，分别读取相当于红细胞柱高的刻度数，即为各个时间的血沉值。

血沉测定要做到采血时流血必须通畅，防止血液凝固；血沉管必须干燥，防止溶血；静置必须垂直，倾斜时血沉显著加快，室温以 20℃ 左右为宜，低于 12℃ 时红细胞下沉缓慢。

血沉加快，主要见于贫血性疾病，如马传染性贫血、马焦虫病及营养性贫血等。血沉减慢，主要见于马传染性脑脊髓炎及血液浓缩的疾病，如重剧腹泻及大出汗等。

二、血细胞计数池法

1. 细胞计数器及血液稀释法　细胞计数器由两个血液稀释管和一块计数板组成。

（1）计数板　细胞计数板有两个计数池，每个计数池的总面积为 9mm²，分为 9 个大方格，每个大方格的面积为 1mm²。四角的四个大方格，又分别划分为 16 个中方格，供白细胞计数用。中央的大方格供计数红细胞用。此大方格纵横用双线划分为 25 个中方格，每个中方格再分为 16 个小方格，共计 400 个小方格，小方格每边长为 1/20mm，高为 1/10mm，每个小方格的面积是 1/400mm²，容积是 1/4000mm³。

（2）血液稀释管及稀释法　细胞计数器内有两个血液稀释管，都是两端细，中间有一个壶腹。其中一个是计算红细胞用的，壶腹里面一般有一颗红色小玻璃球，壶腹下端有 0.5 和 1 两个刻度，壶腹上端有 101 的刻度，血液为 200 倍稀释；吸血至 1 处，再吸稀释液至 101 处，则血液为 100 倍稀释。另一个计算白细胞的吸管，壶腹里面一般有一颗白色小玻璃球，壶腹下端有 0.5 和 1 的刻度，上端有 11 的刻度，吸血至 0.5 处，再吸稀释液至 11 处，血液为 20 倍稀释；吸血至 1 处，吸稀释液至 11 处，则血液为 10 倍稀释。

为简便操作，计算红、白细胞，也可采用试管稀释法，即先于小试管内加入生理盐水 3.89mL，然后用血红蛋白计的吸血管两次吸血至 20mm³ 处，分别吹入两个试管内，即得 200 倍（或 20 倍）的血液稀释液，分别取此液一滴，滴入计数池内，既可做红细胞和白细胞计数。

2. 稀释液 计算红、白细胞，常用 0.85％盐水，也可应用升汞食盐液，即升汞 0.5mL、硫酸钠 5mL、食盐 1mL。

3. 计数方法

（1）耳尖和静脉采血，用红细胞稀释管吸取血液至 0.5 刻度处，用纱布拭净管外的血液，立即吸稀释液至 101 刻度处。

（2）以拇指和中指堵住稀释管的两端，将稀释管上的橡皮管夹于中指与无名指之间，水平摇动十余次，充分混合。

（3）计数池上紧密盖上玻片，以倾斜计数板时盖玻片不致滑落为宜。

（4）将血液稀释管的液体再行混合，吹出 2～3 滴，迅速将稀释管的尖端靠近盖玻片的边缘，滴一小滴，则液体在盖玻片下迅速扩散，充满计数池。如计数池内发生气泡；或液滴滴到盖玻片上；或液滴太大、溢出计数池，充满计数池两侧的凹沟时，应洗净重做。

（5）将计数板平放于显微镜下，静置数分钟，待红细胞在计数池内全部下沉后开始计数。

（6）计数时，一般计数 80 个小方格，为减少因红细胞在计数池内分布不均造成的误差，最好在计数池的四角和中央，分别计数五个中方格内的红细胞。计数时，要按一定的顺序（图 1-15）进行，一般先从左至右，数完第一列四个小方格后，再从右至左数第二列四个小方格，再从左至右数第三列的四个小方格，最后从右至左数完第四列的四个小方格。再移动视野，计数另一个中方格。计数时，为了避免重复，压在画线上的红细胞，只能计数压在任一相邻的两边的红细胞，不能四边都数。计数完毕，任何两个中方格内的红细胞数，相差不能超过 20 个，超过了，表明红细胞在计数池内分布不均，必须重做。

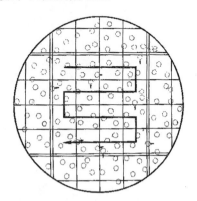

图 1-15 红细胞计数顺序

（7）红细胞计数完毕，计算每立方毫米血液内的红细胞数。

$$\frac{每立方毫米血}{液内的红细胞数}=\frac{计数的红细胞总数}{计数的小方格数}\times400\times10\times稀释液$$

为简化计算手续，如果是 200 倍稀释血液，共计数 80 个小方格内的红细胞数，则以 80 个小方格的红细胞总数，乘以 10000，即得每立方毫米血液内的红细胞数。

（8）洗涤稀释管和计数池，稀释管依次用蒸馏水、95％酒精及乙醚反复洗涤，至转动稀释管，其壶腹内的玻璃球不沾在管壁上，表示稀释管已经洗净。计数池用常水或蒸馏水轻轻冲洗，用纱布轻轻擦干即可。不能用酒精及乙醚洗涤计数池。

三、血沉管换算法

以三用血沉测定管计算红细胞数时，操作方法同血沉测定，就是当静置至 24h，读取与红细胞层高相应的刻度数，将此数乘以系数 216 万，即为每立方毫米血液内的红细胞数。

四、临床意义

健康马每立方毫米血液红细胞数平均约为 800 万，范围为 650 万～950 万。随着新陈代谢的机能不同，马匹活动和环境的变换，红细胞数有多有少。例如：壮年马比老年马多，营养好的马比营养差的马多，运动增强的马和高原地带的马其红细胞数也多。病理状态下，红细胞数的变化，主要受血液浓稠度及造血机能的影响，重剧腹泻、大出汗等严重脱水，血液浓稠时，红细胞数增多；贫血性疾病经过中，如马传染性贫血、营养性贫血及马血孢子虫病，或因红细胞生成不足，或因红细胞破坏增多，而使红细胞数显著减少。

第二章 治疗技术

本章主要介绍马病临床实践广泛应用的一些基本治疗技术。包括保定法，投药法，消毒法，注射法，麻醉法，组织切开、止血、缝合法，绷带法，穿刺法，圆锯术，气管切开术，食管切开术，剖腹术及肠管手术等。

第一节　保定法

主要介绍以人力和器械进行保定的方法，以便采用相应的控制马的措施。实施过程中要做到"安全、迅速、简单、确实"。

一、柱栏保定法

1. 单柱保定　用一绳将马颈部绑定在单柱或树上，以限制马的活动。在实施单柱保定时，颈绳必须用活结，以便在马骚动或发生倒卧等情况时，能迅速解脱（图2-1）。

图2-1　单柱保定

2. 二柱栏保定　二柱栏在我国民间保定马时常用，俗称"马桩子"。适用于某些手术、诊疗及装蹄、修蹄等（图2-2）。

3. 六柱栏保定　六柱栏虽然较复杂，但构造坚固，保定确实。保定时应注意：绳端打结要牢固、确实，但必须要系活结，以便随时可以解脱。马鬐甲、胸下及腹下，最好分别捆绑（图2-3）。

图2-2　二柱栏保定法

图 2-3　六柱栏保定

二、侧卧保定法

施行复杂的手术及其他需要确实保定才能
进行诊疗时，常用双侧横卧保定法。

1. 单侧横卧保定法

（1）提举右后肢右手推马，把重心转移到右肢，向前拉起左后肢。

（2）提举右后肢的姿势。

2. 双侧横卧保定法　一人牵马并保定头部。装蹄员站在马的右侧，将保定绳（直径16～18mm，全长8.5m，绳的一头附铁钩一个）有钩的一端由马的鬐甲部抛到左侧下方，经胸下回到右侧。再将绳钩的一端由颈部绕一圈，回到右侧颈基部钩住右侧的绳子（没有铁钩可系连马扣）。然后将鬐甲部的绳子从颈侧铁钩下面伸向前方，做一大绳套向后翻转套住马的臀部。此时，右手握紧绳子，左手做一绳套抛在左后肢的外方，推动马体后躯向左侧移步，套住左后肢的系部将左后肢提起。此时握住绳端转向马的左侧下压马体，马即倒向左侧。

具体方法与步骤见图2-4。

①绳打结

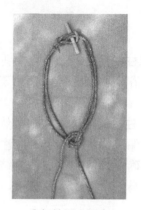

②打结用木棍套

③拴在马脖子上

④用木棍套上

⑤两端绳从马前肢中穿过

⑥从后肢中穿出

⑦从左右后肢折回

⑧套在前端绳环

⑨绳套后肢系部

⑩两侧拉绳，使马重心失去平衡

⑪马呈犬卧势

⑫推倒骈固定左右侧

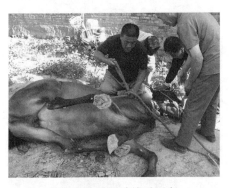
⑬用绳将马后肢拴系固定

⑭按压马头做好固定

图 2-4　双侧横卧保定法

侧卧保定时的注意事项：

①为了避免倒马时，马的皮肤、眼眶发生损伤，以及长时间倒卧压迫使马神经麻痹，应选择平坦的土质地面，清除碎瓦、石块并铺垫草。

②避免在坚硬地面上急剧倒马，防止发生骨折。

③马在侧卧保定前不宜饱食饱饮，防止发生胃肠破裂等。

④倒卧时，确实固定好马头，防止发生脑震荡。

⑤不要压迫胸壁和堵塞鼻孔，以免妨碍马呼吸。

三、鼻捻子

在完成一些简单动作，马又不听使唤时，就要用鼻捻子。鼻捻子是用两块夹板，用绳索将一头连接起来做成的。用时将马鼻前端放在两夹板之中，将另一头用绳子拴系紧（图 2-5）。

①木棍一端固定,将马上嘴唇夹在木棍中间

②拴系好木棍的另一端

③使马疼痛不顾及其他而失去自卫能力

④解除木棍绳放开夹子

图 2-5　鼻捻子

第二节　投　药　法

一、水剂投药及洗胃法

1. 水剂投药法　基本同食管探诊。在确实证明胃管插入食管中 1/3 以后连上漏斗并将水剂倒入漏斗内,高举漏斗超过马头即可将药液灌入胃内。灌完药液后,再灌少量清水冲洗胃管,然后拔掉漏斗,并吹出胃管内残留液体,用拇指堵住胃管管口,缓慢拔出。咽炎病马,尽量采取其他途径投药,以免刺激咽黏膜。水剂投药法适用于投入大剂量水剂。

2. 洗胃法　是临床治疗胃扩张、排出胃内容物(食糜或气体)常用的方法。首先用胃管量好从鼻端到第 14 肋骨的长度,并做标记。给胃管涂油后,插入方法基本同食管探诊。胃管插至胸腔入口及贲门处时阻力较大,应缓慢插入,以免损伤食管黏膜。必要时可以灌入少量温水,待食管弛缓后,再向前推送至胃。如是胃扩张病马,有酸臭味气体(气胀性)或食糜(食滞性)排出,若不能顺利导出胃内容物,可装上漏斗,灌入温水(36～39℃)1 000～2 000mL,利用虹吸原理或用抽气唧筒使胃内容物排出。这样反复多次,直到灌入的水再也吸不出来,并且病情好转,胃排空障碍解除为止(图 2-6)。

图 2-6 洗胃法

二、丸剂投药法

徒手开口后，用手或丸剂投药器将药丸迅速投至马的舌根部，立即松开舌头，高抬马头，马便可咽下。徒手投药时，药丸投送时离咽越近越容易引起马的吞咽动作，将药丸咽下。丸剂投药法适用于投入小剂量对口腔无刺激的药物。

三、舔剂投药法

一手徒手打开马口，另一手持舔剂板，将舔剂放在舔剂板前端，从马的一侧口角送入口腔，并迅速翻转舔剂板将舔剂涂抹到舌根部，立即抽出舔剂板，松开舌头，高抬马头，马便可咽下。舔剂投药，适用于投入小剂量对口腔无刺激性的苦味健胃药。

四、糊剂投药法

糊剂投药法是中兽医治疗病马常用的方法。病马常用柱栏保定。马保定后，先将吊口绳套在口内上切齿后方。另一人拉紧吊口绳，使马头稍仰，然后一手持盛药的灌角，顺马的口角插入口腔，送至舌面中部将药灌下；另一手拿药盆置于口下，收集从口角流出的药物。

五、深部灌肠法

深部灌肠法是治疗肠便秘的一种简易有效疗法。通常用于大肠便秘，对盲肠及胃状膨大部便秘疗效比较确实。

1. 操作方法及步骤

（1）保定　柱栏或徒手站立保定，用绳子吊起马的尾巴。

（2）麻醉　为使肛门及直肠松弛，可施行后海穴封闭，即以 10～12cm 的封闭针头，与脊柱平行刺入 10cm 左右，注射 1%～2% 利多卡因液 20～40mL。

（3）装着塞肠器　分为木质塞肠器和球胆塞肠器。

木质塞肠器呈圆锥形，长 15cm，中间有直径 2cm 的小孔，前端直径 8cm，后端直径 10cm，后端附两个铁环，塞入直肠后，将两个铁环拴上绳子，系在龙头上或颈部的套包上。球胆塞肠器，将排球胆剪两个相对的孔，中间加一根直径 1～2cm 的胶管，然后再胶合住，胶管两端各露出 10～20cm。塞入直肠后，向球胆内打气，胀大的球胆堵住直肠膨大部即自行固定。

（4）灌水　将漏斗上的胶管插入木质塞肠器的小孔或与球胆塞肠器的胶管连接，缓慢地灌入 1‰ 温盐水 10 000～40 000mL。灌水后，经 15～20min 取出塞肠器。

2. 灌水量　灌水量多少根据肠便秘的部位而定。小结肠便秘，一般不超过 10 000mL；胃状膨大部、左下大结肠及骨盆曲部便秘，可灌 20 000～30 000mL；盲肠便秘应灌 30 000～40 000mL。

第三节　消　毒　法

为了杀灭病原微生物通常用煮沸、高压、蒸汽和药物等进行消毒。只有做好消毒工作，尽力创造无菌操作条件，防止感染，才能保证手术和诊疗的良好效果。所以，在兽医诊疗工作中，必须根据具体情况，因地制宜地做好消毒工作。

一、器材的消毒

临床使用的器材，如器械、缝合线、胶手套、敷料、手术衣及创布等，在自然环境中经常被细菌所污染。因此，使用前要彻底消毒，杀灭各种病原菌，防止发生感染。

1. 器械的消毒　消毒器械前要做好准备工作，检查器械是否适用，其数量以保证临床处置能顺利进行为原则；彻底擦净器械上的油污；用布块或纱布包好刀刃，以免撞钝；若使用玻璃或金属（非一次性）注射器应拆开洗净，并用布包好，针头要畅通，插在布上或包在布内；缝合针要插在布块上。

（1）煮沸消毒法　将准备好的器械（刀、剪、镊、钳、针或注射器等）放入冷水中煮沸，持续 15～20min，达到消毒目的后，取出器械并有秩序地放入消毒过的器械盘内，盖以消毒纱布，供当天使用。

（2）药物消毒法　兽医常用的消毒药主要有洗必泰、度米芬、新洁尔灭等。洗必泰、度米芬为粉剂成品，新洁而灭为胶状成品（原液含量为 5%），使用时可用常水配制所需浓度。

器械消毒时，将手术器械、玻璃制品、搪瓷器械等分别洗净，用 0.1% 洗必泰、度米芬溶液浸泡 5～10min，或用 0.1% 新洁尔灭液浸泡 30min（1 份新洁而灭原液加 50 份水即 0.1% 浓度）。为防止金属器械生锈，可加 0.1%～0.5% 亚硝酸钠。

使用上述三种消毒剂时要注意三点：

①与肥皂相遇则影响效力，所以使用肥皂后要用清水洗净再进行消毒。

②与碘酊、高锰酸钾、升汞、碱类等配伍禁忌，应单独使用。

③用于浸泡消毒时溶液可重复使用，如溶液变黄则应更换。

三合液是常用的消毒剂，其配方为：甲醛液 20mL、碳酸钠 15mL、石炭酸 3mL、蒸馏水1 000mL，混合为溶液。手术前将准备好的金属器械放入三合液中，浸泡30min，即可应用。但为了杀死细菌芽孢，则应浸泡2h以上。使用时必须将器械上的三合液清洗掉，可用灭菌生理盐水冲洗、浸泡或用湿纱布擦净。配好的三合液可用两周。如果发现有沉淀，滤过后再用；若发现有絮状物则不能再用。金属器械不宜长期浸泡在三合液中，以免生锈。

在不具备上述药物的情况下，用75%酒精浸泡30～60min，或用3%～5%来苏儿液浸泡30min，也有良好的消毒作用。但浸泡之后，需用冷开水或冷盐水将器械上残留的消毒液冲净使用。

在时间紧迫的情况下，可将金属和搪瓷器械用酒精火焰消毒或涂以碘酊消毒，如用碘酊消毒，使用时须用酒精脱碘。

对接触过消毒剂的器械，可用酒精擦洗或用2%苯扎氯铵溶液、0.5%高锰酸钾液浸泡5～10min，擦干应用。

有条件时，用高压、流通蒸汽消毒器械效果更好。

2. 缝合线的消毒 非吸收性缝合线可采用高压蒸汽灭菌，但不能反复多次高压蒸汽灭菌；还可采用煮沸消毒，或用75%酒精浸泡。但不宜用浓碘酊消毒，以防缝线变脆和残留碘引起刺激。

消毒前将缝线缠在线轴、胶管或玻璃片上，缠时不易过紧过厚，数量依据需要进行准备。

肠线已经消毒处理，用时将装有缝线的安瓿瓶打开，取出肠线，放入温生理盐水中浸泡柔软后，即可使用。肠线在组织内经10～30d被吸收。

3. 胶手套的消毒 可用0.1%洗必泰液、0.1%度米芬液或0.05%～0.1%新洁尔灭液浸泡5～10min或用0.5%氨水浸泡30min。如用高压蒸汽灭菌时，必须将胶手套内外撒布滑石粉，用布包好。胶手套用完后要洗净晾干，撒布滑石粉，以利保存。

4. 敷料等棉制品的消毒 常用的纱布块、脱脂棉球、手术衣帽和创布等，最好采用高压蒸汽灭菌。将上述物品分别包好，或放入金属槽内，灭菌前将槽周围窗孔打开，灭菌后将其关闭保存。通常2个大气压20～30min，即可彻底灭菌。灭菌后的物品一般可保存两周。若条件不许可，可采用流通蒸汽消毒棉织品，一般常用蒸笼进行消毒。需要消毒的物品不宜包裹过紧，盖严蒸笼，煮沸后维持30min，即可杀死一般的细菌。

在紧急情况下，小纱布块和小创布可应用煮沸法消毒；创布也可用2%来苏儿液浸泡30min，拧干后应用；或用0.1%洗必泰、度米芬液浸泡5～10min，0.1%新洁尔灭液浸泡30min即可应用。

①被血液污染的敷料，放入0.5%氨水或冷水内浸泡，将血迹洗净。

②被碘酊浸染的敷料，放入沸水中煮或放到2%硫代硫酸钠液中浸泡1h，脱掉碘以后洗净。

③被脓汁污染的敷料，应放入0.25%苛性钠液内煮沸1h，彻底洗净。

经上述处理的敷料，再利用时必须严格消毒。

二、术部的消毒

马的被毛、皮肤上经常存在着大量的病原菌。在发生创伤或施行手术时，马抵抗力降低，这些细菌可侵入创内引起感染化脓。因此，对术部及其邻近部位进行消毒处理是非常重要的。

注射、穿刺的术部处理顺序：剪毛→5％碘酊涂擦→70％酒精脱碘。

术部消毒顺序：剪毛或剃毛（或脱毛剂脱毛）→1％～2％来苏儿液洗刷术部及其周围皮肤→灭菌纱布擦干→涂擦70％酒精→第一次涂5％碘酊→局部麻醉→第二次涂5％碘酊→术部隔离→70％酒精脱碘后手术。

如病马有窒息危险时，术部可行酒精、碘酊涂擦或不行消毒处理，迅速切开气管以抢救生命，之后再采取各种控制感染的措施。

三、手、臂的消毒

术者手和臂的皮肤表面遍及毛囊、皮脂腺和汗腺，并且存在着大量的细菌，特别是皱纹和指甲缝隙内存在的细菌更多。皮脂腺和汗腺在分泌皮脂和汗液的同时，也将细菌不断地带到皮肤表面。所以，防止感染的关键是在术前对施术人员手臂进行彻底消毒。

在对手术人员手、臂消毒之前，要检查指甲，长的要剪去，并磨光指甲缘，剔除甲缘下的污垢，有逆刺应事先剪除。在手术时应戴上灭菌的手术帽、口罩和手套。然后可进行手臂的消毒。手、臂消毒常用的几种方法是：

1. 氨水擦洗酒精浸泡法　手臂用氨水消毒通常按下列顺序进行：剪磨指甲→用温肥皂水刷洗→擦干→0.5％氨水洗涤（在两盆氨水中各洗3～5min）→灭菌的手术衣、帽、口罩→2％碘酊涂手指→70％酒精脱碘→手术。

2. 新洁尔灭溶液浸泡法　用肥皂水反复洗刷手、臂5～6min，然后用清水充分冲洗干净，并用无菌纱布擦干，后在0.1％新洁尔灭溶液中浸泡5min（浸泡后不必再用清水冲洗或用无菌纱布拭干，以免破坏药液在手臂上形成的薄膜）。这种方法临床使用较为广泛。用同样浓度的洗必泰或杜米芬进行手、臂消毒效果也不错。

手、臂消毒完毕后，即可穿灭菌手术衣和戴手套。穿手术衣时，要避免衣的任何部分触及未灭菌的物件。手术衣以从后面系结的短袖长罩褂（反穿衣）为方便，衣袖紧口并短至上臂的1/3处为好。因动物不习惯于白色，并且白色影响视力，所以兽医的手术衣以浅蓝色或浅绿色较好。

第四节　注射法

注射法主要指皮下、肌内、静脉注射，是防治马疾病的常用基本技术，虽然操作简单，但掌握不好容易发生事故。

一、注射前器械和药品的准备

1. 器械准备　注射器必须成套，各个零件衔接要严密、清洁、畅通，严格消毒。注射器有玻璃、金属、塑料三种，每种按容量不同又有5mL、10mL、20mL、100mL等规格，使用时根据需要选择。

注射用的针头有各种规格、长短不一，使用时根据需要选择。针头必须锐利、畅通，并要与注射器接合严密。

2. 药品准备　对注射药液要谨慎检查，药液是否对症，有无变质、混浊、沉淀；同时应用两种以上药品时，注意有无配伍禁忌。

二、注射方法

1. 皮下注射法 将药物注于皮下结缔组织内,使药物经毛细血管、淋巴管吸收,进入血液循环。因皮下有脂肪层,吸收速度较慢,一般注射药液后经 5～15min 出现效果。凡是易溶解、无强刺激性的药品以及菌苗等均可皮下注射。

(1) 部位 选择富有皮下组织,皮肤容易移动的部位。马多在颈侧。

(2) 方法 局部消毒后,一手提起皮肤,另一手将连接注射器的针头刺入皮下,深 3～4mm。

(3) 注射药液 注射多量药液时,应做多点注射。注射完毕,抽出针头,局部涂以碘酊。

2. 肌内注射法 肌肉内血管丰富,注射药液后吸收很快,仅次于静脉注射;又因感觉神经较皮下少,故疼痛较轻。一般刺激性较强、易吸收的药液如水剂青霉素、安乃近等均可采用肌内注射。

(1) 部位 选择肌肉多的部位,一般在臀部。

(2) 方法 先行局部剪毛消毒,然后将针头刺入肌肉,再连接注射器,回抽注射器内栓检查没有回血后,注射药液。注射完毕,拔出注射针,涂布 5% 碘酊。

(3) 注意 针头不能全长刺入肌肉内,以免折断;强烈刺激性药物如水合氯醛液、氯化钙等不能用作肌内注射。

3. 静脉注射法 将药液直接注于静脉管内,随着血流很快分布于全身,起效迅速,但排泄较快,作用时间较短。生理盐水、葡萄糖液、氯化钙液等或输血时多用静脉注射法。

(1) 部位 马多在颈静脉沟上 1/3 与中 1/3 交界处的颈静脉,也可选择其他体表静脉如胸外静脉等 (图 2-7)。

(2) 方法 局部消毒后,首先要看清马的颈静脉,以左手拇指横压于颈静脉沟上、中 1/3 交界处使静脉怒张;不明显时,可稍举马头或使马头稍偏向对侧,使静脉明显怒张。手拿注射器在压迫点的上方约 2cm 处,针斜面朝外,与颈静脉呈 45°,准确迅速地刺入静脉内。刺入正确时,可见回血,然后徐徐注入药液。

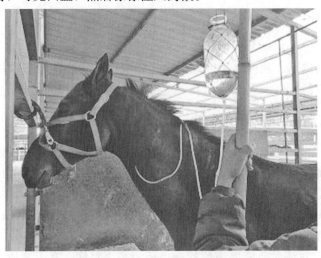

图 2-7 静脉注射法

注入大量药液时，一般采用分解动作，即首先刺入针头，见血液涌出，再将针头与皮肤呈 15°～20°，继续推进约 1cm，然后连接排净空气的输液瓶的胶管，将输液瓶举起，使与马头同高，药液便流入静脉内。

注射完毕，左手拿酒精棉球紧压针孔，右手迅速拔出针头。为防止血肿，继续紧压局部片刻，最后涂布 5％碘酊。

（3）注射中应注意事项

①确实保定，看准颈静脉后再刺入。

②针头确实刺入血管内后，再注入药液。

③注入大量药液时速度不能太快，以 30～60mL/min 为宜。药液应加温至与马体温（野外注射时，可用装备箱内的化学加热袋加热）。

④油类制剂不能作血管内注射。

⑤要排净注射器和胶管内气泡。

三、注射时容易发生的问题和处理方法

1. 药液外漏 由于针头刺入不确实，特别是将氯化钙、高渗盐水等强刺激性的药液漏于血管外，易造成局部组织发炎和坏死等。当发现药液外漏时，应立即用注射器将药液抽回一部分。如果氯化钙液漏于皮下，可注入 10％硫代硫酸液或 10％硫酸钠液 10～20mL，使其变为无刺激性的硫酸钙和氯化钠。如果大量药液外漏，应早期切开，用高渗液引流。

2. 针头折断 多见于肌内注射。主要是在刺针时用力不均或将针全长刺入组织内，或因马骚动及肌肉强力收缩等所致。处理办法：如针头浅在时，可用器械取出；如在深部时，应在局部麻醉下，切开组织取出。

第五节 麻 醉 法

根据麻醉的外在条件不同，分为针刺麻醉法、药物麻醉法。根据麻醉的范围不同，分为全身麻醉法、局部麻醉法。麻醉是临床处置不可缺少的一部分。麻醉效果的优劣关系着手术的成败。因此临床兽医必须切实掌握这一技术。

一、针刺麻醉

针刺麻醉分耳针麻醉和体针麻醉。

1. 耳针麻醉 操作简单，效果确实，无副作用，不受地区、条件和时间的限制，拔针后麻醉即可解除，对心脏功能不良、体温高而不能应用药物麻醉的病马，仍可进行耳针麻醉后施行手术。

（1）耳壳的部位名称 马的耳壳，前面凹，称舟状窝；后面凸，称耳背。舟状窝底部有三条与耳纵轴相平行的皮肤皱褶，从前向后分别称为耳褶（第一耳褶）、前耳褶（第二耳褶）、后耳褶（第三耳褶）。前、后耳褶向下延伸，汇合为一个褶，称总耳褶。前后耳褶间的纵行浅沟称褶间沟。

耳壳的凸凹面邻接处形成耳前缘和耳后缘。耳的前、后两缘向上汇合成耳尖，向下汇合为耳缘下联合。耳前缘向下延伸分为两支，一支转向内侧称为耳缘脚，一支继续向下延

伸称外耳缘脚，两耳缘脚间形成一个略呈三角形的脚间窝。

由舟状窝向下至外耳道口之间，形成一个漏斗状腔称为耳甲腔。耳甲腔底部被三个皮肤皱褶分成四个浅窝，以其位置分别称为前、中、后窝和外侧窝。其中，中窝较大，后窝最小。外侧窝紧靠中窝外侧，其下端为外耳道。

（2）操作方法　方法有两种，效果相同。其一是捻针麻醉法，其二是穴位注射药液麻醉法。前者仅用几根钢针刺穴，比较简单，但在麻醉过程中要不停地捻针，需占用一人；后者采用穴位注射 10％～15％红花液或当归液 2～3mL，注射之后不需捻针。二者相较，各有优缺点，应用时酌情选择。

①捻针麻醉法。

针具：宜用长 10cm 或 15cm 的兽医用新针。

保定：根据手术需要选择保定的方法。通常下腹部手术、阴囊疝手术、阴茎切断术、四肢手术、颈静脉切除术等，采用横卧保定；上腹部、胸背部、鬐甲部手术，肠变位、肠便秘剖腹治疗时，采用柱栏内站立保定。在各种保定中，均需将头部确实保定，以利耳针麻醉的顺利进行。

针法：由于手术的不同，穴位配方不一致，针刺的穴数不同。因此，针刺时要先难后易，将难扎的穴位先扎。扎时将针对准穴位斜着刺透皮肤，从穴位点的软骨上穿透达于对侧皮下而不刺透对侧皮肤。穴位如在耳甲腔底部，针可抵至骨部。要求着针则捻，捻则能进，进则能存，做到准、轻、稳、快。

针刺入穴位之后开始捻针诱导。捻针角度为 90°～180°，频率为 150～180 次/min。诱导时间一般是 20～30min，既做普遍诱导又做重点诱导。普遍诱导即用均等时间轮流捻转耳针，计 15min。如用 3 根针时，每针捻 1min，3 针为 3min，捻 5 遍为 15min。后 15min做重点诱导即主穴诱导，如主穴为神门和肺，则同时捻转 15min。实践证明，诱导时间长，则麻醉效果好。

麻醉之后，手术的全过程中仍需不断捻针，以保持麻醉效果，直到手术结束。

②穴位注射药液麻醉法。此法基本同捻针麻醉法。唯所用针具不是白针而是注射针头。按前述要领刺入穴位后，每穴注射 10％～15％红花液 2～3mL，抽针至皮下再注 0.5mL，诱导 20～30min，马出现麻醉。有时在注射药液之后，马表现空嚼、摇头、打喷嚏，个别马匹出汗、瞳孔微微散大。

红花液的制备：将红花 10～15g 加水煎熬、滤过，使得滤液为 100mL，灭菌备用。

实践证明，此法节省人力，效果理想，临床多用。

（3）常用的耳麻醉配方（表 2-1）。

表 2-1　耳麻醉主穴和配穴

适应证	主穴（双耳）	配穴（双耳）
胸部手术	神门、肺	胸
腹部手术	方一：神门、肺	腹
	方二：神门、腹	
	方三：群慧（单耳一血一针法），沿第三耳褶前缘皮下，穿过总耳褶，达耳夹腔部，进针约 6cm 深	

适应证	主穴（双耳）	配穴（双耳）
四肢骨折手术	神门、枕	肾
关节腔手术	神门、肺	
腮腺瘘手术	神门、肺	局部上下取穴（电麻）

（4）注意事项

①针具及穴位要消毒，严防感染。

②取穴力求准确，要精益求精，不可马虎大意。针刺出血时要压迫止血并重新刺入。

③捻针时，发现弯针或滞针时，应慢慢将针拔出再行针刺。

2. 体针麻醉 本法是根据手术部位的不同，在机体上选择适当的穴位先进行针刺，之后通以电流诱导，达到麻醉的目的。

（1）麻醉方法

①进针。术前根据需要选定穴位，按新针方法进针，见有针感即可。

②诱导。准备好电针机，将导线金属夹分别夹住各穴位的针柄，打开开关，逐渐加大频率和电流强度进行诱导，时间一般为10～30min。

③拔针。手术完毕，关闭电针机，除去电针金属夹，取出各穴新针，注意消毒，防止感染。

（2）几种常见手术的体针麻醉配方

①阉割术的麻醉配方百会、阴俞（公马在阴囊后上方的缝际部）。

②气管切开术的麻醉配方：

一组——前三里、下关（下颌关节下部）；

二组——肺攀、喉门；

三组——姜芽、冲天。

③开腹术及肠管切开术的麻醉配方：

一组——膊栏、阳陵；

二组——耳尖、合子（跗关节内侧，跟骨结节与胫骨之间）；

三组——抢风、神门；

四组——百会、阴俞；

五组——大肠俞、腰前透腰后；

六组——姜牙、分水。

（3）注意事项

①使用电针机时，频率及电流强度应由低到高、由弱到强，逐渐增加，使马逐渐适应。手术过程中，应视马麻醉程度加以调节。

②麻醉时要注意观察，防止掉针。在马的四肢取穴时，可用纱布条固定新针。

二、药物麻醉

马的药物麻醉分为全身麻醉和局部麻醉。

（一）全身麻醉法

应用全身麻醉剂，使马神经中枢呈现抑制，临床表现为某些非条件反射消失，骨骼肌松弛，对外界的声、光、电、热、触、刺等刺激不再发生反应，无痛作用遍及全身，但生命中枢仍然保持正常活动，此称为全身麻醉。如无成药，选水合氯醛做全身麻醉剂，其安全范围大，给药途径多，不显兴奋期，进入麻醉快，效果较确实，故临床多用。成品药氯胺酮可用作全身麻醉剂。水合氯醛溶液有溶血性，高浓度有刺激性，遇热分解后呈酸性反应，应用时必须谨慎。

因给药途径不同，麻醉方法有三种：静脉注入法、口服法、直肠灌注法。

1. 氯胺酮静脉麻醉法

（1）麻醉前检查　麻醉前必须对马进行详细检查，以确定可否进行麻醉和选择麻醉的方法。同一药物，由于马的个性不同，结果也有差异。患有心血管和呼吸系统或肝、肾疾病的病马，贫血、高热病马，年老瘦弱病马，以及妊娠马，用氯胺酮做全身麻醉，容易导致心脏及呼吸中枢麻痹或实质脏器损害以及其他不良后果，要注意药物剂量和给药方法，或改用其他药物或采用局部麻醉或用耳针麻醉等方法。

（2）麻醉剂量的确定　由于药量和机体反应的不同，临床呈现的麻醉状态有浅、中、深的区别。因此，必须根据具体情况和手术需要，恰当地选择药量。一般说来，公马比母马、烈马比驯马、青壮马比老幼马、肥胖马比瘦弱马需要较大的药量，才能达到同样的麻醉效果。

一般常用的麻醉剂量见表 2-2。

表 2-2　麻醉剂量

药　名	方　法	剂　量	效　果
水合氯醛	口服法	13～17g/100kg	镇静、浅麻
	直肠灌注法	8～10g/100kg	镇静，配合局部进行小手术
	静脉注入法	4～6g/100kg	浅麻醉
		6～9g/100kg	中麻醉
		9～10g/100kg	深麻醉，可行大手术
酒精水合氯醛	静脉注入法	150～300mL	镇静
		300～500mL	深麻
硫酸镁水合氯醛（醛糖镁）	静脉注入法	200～300mL	浅麻
		300～500mL	深麻

如手术需要延长时间，病马已近苏醒时，可追加麻醉。但给药量不可过大，一般水合氯醛不可超过 10g/100kg。其他制剂可斟酌追加。

（3）麻醉的实施及临床表现

①药液的配制。

溶媒：通常以生理盐水，最好以 5％～10％葡萄糖液或 5％葡萄糖硫酸镁液为溶媒（5％葡萄糖液 100mL 加硫酸镁 5g）。

浓度：高浓度会增加刺激性，引起溶血；低浓度会增加药液量加重心脏负担，故以5％～10％为宜。

配制：切记水合氯醛不可煮沸。配制时，可用高压蒸汽灭菌的容器，或将容器先装水煮沸15min进行器壁消毒后将水倒去，加入所需量的溶媒煮沸15min，待凉至60～80℃时，加入所需的水合氯醛充分振荡，使药品完全溶解，无菌滤过后应用。

药液配成后，应在2～3d内用完，不可久存。即使在有色容器内，放在凉的地方，水合氯醛也可自行分解呈酸性。最好现用现配。

②药液的注入。温驯的马，可牵至手术场地，切实保定后静脉注入。烈马，宜先在柱栏内或用其他方法保定，注入半量，使其朦胧不能自主时，牵至手术场地，再注入剩余药量。

药液太凉，可以水浴加温。

静脉注入时药液不得漏到血管外。开始时速度要慢，以减少对心血管系统的刺激。待开始出现麻醉时，可加快注入。以15min注完500mL的速度注入预定药量，使血液中药的浓度增加，加速麻醉进程。

注入时，一定要细心观察，掌握速度，控制剂量，注意马的心脏及呼吸变化，发现问题及时进行处置。

③麻醉的表现。可分为三期。

初期：随着药液量的增加，当注入150mL左右时，马有轻微的不安，瞳孔微微散大，眼球呈轻微痉挛震颤，四肢可能有轻微的抖动，出现不明显的兴奋现象。此期很短，如不注意，不易发现。

麻醉期：由于血中药液浓度增高，中枢神经抑制加强，马很快进入麻醉期。瞳孔缩小，瞬膜脱出，光反射、耳反射等均消失，舌伸出口外不能缩回，口腔干燥，阴茎脱出，有时股内出汗，发鼾声，全身肌肉松弛，疼痛反应消失，体温开始下降，有时下降1～3℃，脉搏稍慢而有力，呼吸深而缓慢。上述现象表明神经中枢已由兴奋转入抑制，深麻醉到来，手术应即刻开始。

麻醉时间因马的个体不同稍有差异，一般在2～4h。

醒觉期：随着血液中药物浓度的下降，马的神经中枢"抑制优势"逐渐减弱，"兴奋过程"逐渐增加，反射逐渐恢复，知觉及肌肉紧张度恢复，呼吸加快，脉搏增数，瞳孔复原，病马开始骚动，挣扎欲立。

④中毒和预防。

中毒：在实施手术中盲目增加药量，将使神经中枢过度抑制，呼吸、循环系统紊乱。病马呼吸浅、慢而有间歇，脉搏数少而细弱、节律不齐，最后瞳孔急剧散大、呼吸停止、心搏停止而死亡。

预防：做好术前检查，恰当选择麻醉方法及药量，药液现用现配，麻醉中注意观察马的呼吸、心跳和瞳孔的变化，发现苗头，立即停药。静脉注射可卡因0.2～0.3mg（皮下0.5～0.6mg）或安钠咖2～3mg（皮下4～5mg）。呼吸停止时，打开口腔，并以20次/min的频率牵拉舌头及压迫胸壁，以期使马呼吸恢复。

⑤麻醉后的护理。当马醒觉时，开始挣扎站立，此时容易摔倒发生骨折及脑震荡，应加强护理。麻醉时马的散热增加，产热降低，体热下降，需10～24h血中水合氯醛消失后，体温才能逐渐恢复，故要注意保温，预防感冒。为了防止误咽，麻醉后4～8h不给饮食。

2. 水合氯醛口服麻醉法　无静脉注入条件时，可经口内服。但因胃内容物多少不等，吸收情况不同，故麻醉效果不一样，不易达到深麻醉。用药量参照表2-3。

表2-3　水合氯醛口服麻醉用量

麻醉程度	用　量	麻醉时间	备　注
浅麻醉	马每100kg活重：8g	1h	适用于柱栏内保定
中麻醉	马每100kg活重：12g	2h	横卧保定
深麻醉	马每100kg活重：16g	3h	不常用，慎重

通常在口服水合氯醛后15～25min，马即安静，反射逐渐减弱或消失，肌肉张力降低，疼痛不完全消失，呈现浅麻醉状态，多用于镇静或配合局部麻醉进行手术。麻醉时间可达1～2h。

为避免对口腔黏膜及食管黏膜的刺激，需将药液用面粉等调成黏浆剂，用胃管投入。

3. 水合氯醛直肠灌注麻醉法　因直肠黏膜吸收较快，所以比口服法出现麻醉快，为了防止刺激，也需将水合氯醛用面粉调成黏浆剂。灌注前用水灌肠，消除肠内宿粪，灌注后压迫尾根，以免努责排出。经20～30min呈现麻醉作用，麻醉时间可达1～2h。本法多用于镇静及配合局部麻醉施行手术。

（二）局部麻醉法

应用局部麻醉剂使机体某一解剖区域内的感受器及其神经纤维或神经干暂时抑制而丧失传导作用，从而解除手术时的疼痛反应。

局部麻醉常用的方法有表层麻醉法、浸润麻醉法、传导麻醉法。

1. 表层麻醉　在口腔及鼻腔黏膜、咽黏膜等部位进行诊疗时，常将局部麻醉剂（如2％～3％可卡因液、3％～5％利多卡因液）涂敷、滴入或喷于创面或表面，使之产生麻醉。

2. 浸润麻醉　是将药液注入皮下、黏膜下或深部组织中，靠药液的张力弥散浸润组织，麻醉感觉神经末梢或神经干，使其失去感觉与传导刺激的作用。

注射时从预定切口的一端将针头刺入皮下，注射5mL药液；此时局部皮肤隆起，再向前推进针头，同时注射药液，直至整个预定切口的部位。如果手术切口要经过深层组织，应注意局部解剖情况，在所经各层组织之间，分次注射足量麻醉液。还可根据手术的需要，将针头呈对角"菱形"或"扇形"穿刺注射药液，使麻醉在"菱形"或"扇形"区域内出现，以适于手术。

也可在切口处，麻醉一层切开一层，边麻醉边切开。

常用的局部麻醉剂为0.25％～1％利多卡因溶液。

浸润麻醉要注意：①防止穿破大血管形成血肿。②如已有细菌感染或化脓组织，忌将针头穿过，以免扩大感染区域或增加细菌进入血液的机会。③按手术程序分层浸润组织，先浅后深。④凡是神经丛、神经干汇集的地方或经过之处，均列为浸润重点。

3. 传导麻醉　是将药液注射在神经干周围结缔组织内，药液弥散进入神经鞘内，使神经干失去传导作用，该神经支配区域即失去痛感，达到麻醉目的。

马腰旁神经干传导麻醉时，用 2％～3％利多卡因溶液，分 3 针注射，每针 20mL，15min 呈现麻醉作用持续期 1～2h（图 2-8、图 2-9）。

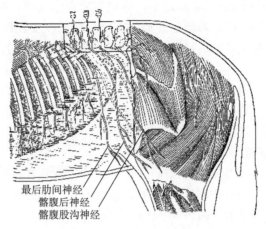

最后肋间神经
髂腹后神经
髂腹股沟神经

图 2-8　马腰旁神经干传导麻醉时刺针的位置

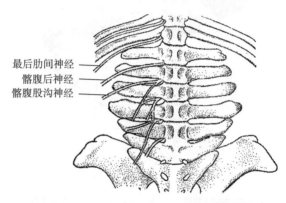

最后肋间神经
髂腹后神经
髂腹股沟神经

图 2-9　马腰椎横突与神经位置的关系

（1）第一针　麻醉第 18 肋间神经（最后胸神经的下支）。部位在第一腰椎横突游离端前角下方，瘦马可以摸到；肥马在距最后肋骨后缘 1.5cm、距背中线 12cm 处。垂直刺针，深达腰椎横突骨面；再将针由前角移开，沿骨缘深刺 0.5cm，注入 3％利多卡因液 10mL；然后将针头提至皮下再注射 10mL，以麻醉 18 肋间神经的背侧支。

（2）第二针　麻醉髂腹后神经（第一腰神经的下支）。部位在第二腰椎横突游离端的后角下方。如摸不到横突，可在最后肋骨后方 5～7cm 和距离背中线 12～15cm 处。垂直刺针达横突骨面，然后将针由横突游离缘后角移开，沿骨缘再深刺 0.7～1cm，注射药液 10mL，提针至皮下再注射 10mL。

（3）第三针　麻醉髂腹股沟神经。部位在第 3 腰椎横突游离端的后角下方。如摸不到，可在最后肋骨后方 9～12cm 和距离背中线 13～16cm 处。垂直刺针，其他方法同第二针。

第六节　阉　割　术

摘除公马睾丸的手术叫阉割术。在我国，阉割术由来已久。

阉割的目的在于使性情恶劣的马变得温驯，便于养、管、训、用；淘汰不良公马；治疗腹股沟阴囊疝、睾丸炎等疾病；提高经济价值。

一般公马2～4岁阉割为宜。年龄过小，体格发育尚未完成，阉割后影响发育，以致减低使用能力；超过4周岁时，习惯已养成，阉割后性情改变较慢，不利于养、管、训、用；年龄再大，因精索粗大，术后易发生出血和慢性精索炎。但为治疗疾病阉割时，不受年龄限制，应及时手术。

一年四季均可手术。但为了利于创口愈合，一般以温暖、没有蚊蝇时为宜。较寒冷地区以春末夏初为宜，较温暖地区以春季为宜、晚秋也可。手术最好选在无风晴朗的上午进行。但有传染病流行时，禁止施术。

（一）阉割前的马检查

1. 全身检查　首先要确定有无传染病（鼻疽、马传染性贫血）和内科病。如有传染病，应按防疫规程处理；若有内科病，应在治愈后手术。如果体温升高又查不出有何疾病，应待体温正常后再行手术（图2-10至图2-12）。

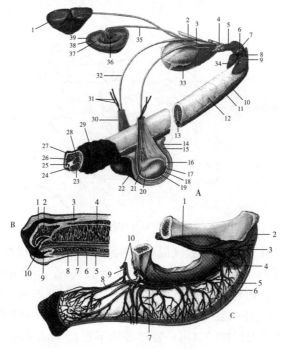

图2-10　公马生殖器官

A　1. 肾　2. 精囊腺　3. 输精管壶腹　4. 前列腺　5. 尿生殖道骨盆部　6. 尿道球腺　7. 球海绵体肌　8. 坐骨尿道肌　9. 阴茎脚　10. 阴茎退缩肌　11. 球海绵体肌　12. 阴茎体　13. 尿生殖道　14. 阴囊皮肤　15. 肉膜　16. 附睾韧带　17. 总鞘膜　18. 鞘膜腔　19. 固有鞘膜　20. 睾丸　21. 附睾　22. 阴囊缝际　23. 尿道海绵体　24. 尿道突　25. 龟头窝　26. 龟头海绵体　27. 龟头　28. 阴茎海绵体　29. 包皮　30. 精索　31. 精索内动脉、静脉　32. 输精管　33. 膀胱　34. 坐骨海绵体肌　35. 输尿管　36. 肾盂　37. 髓质部　38. 中间区　39. 皮质部

B　1. 龟头窝　2. 龟头海绵体　3. 白膜　4. 阴茎海绵体　5. 阴茎退缩肌　6. 球海绵体肌　7. 尿道海绵体　8. 尿生殖道　9. 尿道突　10. 尿道口

C　1. 闭孔动脉、静脉　2. 坐骨海绵体肌　3. 阴茎深动脉　4. 阴茎背后动脉　5. 球海绵体肌　6. 阴茎退缩肌　7. 阴茎背前动脉后支　8. 龟头动脉　9. 阴茎背前动脉　10. 阴部外动脉、静脉

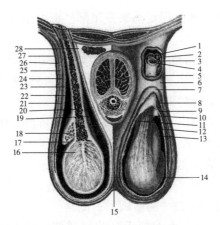

图 2-11 马的阴囊和精索

1.输精管 2.总鞘膜 3.固有鞘膜 4.精索内动脉、静脉 5.阴囊皮肤 6.肉膜 7.阴囊筋膜 8.睾外提肌 9.总鞘膜 10.精索 11.输精管 12.鞘膜腔 13.附睾 14.睾丸 15.阴囊中隔 16.睾丸 17.附睾窦 18.附睾 19.输精管 20.精索内动脉、静脉 21.鞘膜腔 22.固有鞘膜 23.总鞘膜 24.睾外提肌 25.阴囊筋膜 26.肉膜 27.阴囊皮肤 28.腹股沟浅淋巴结

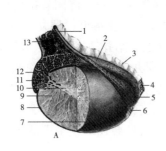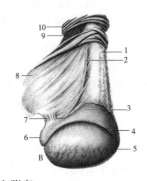

图 2-12 马的睾丸和附睾

A 1.输精管 2.附睾体 3.睾丸系膜 4.附睾韧带 5.附睾尾 6.睾丸固有韧带 7.固有鞘膜 8.白膜 9.睾丸中隔 10.睾丸纵隔 11.睾丸输出管 12.附睾头 13.精索内动脉、静脉

B 1.精索 2.输精管 3.附睾体 4.附睾头 5.睾丸 6.附睾尾 7.附睾韧带 8.总鞘膜 9.睾外提肌 10.腹肌沟管皮下环

2. 局部检查　应注意阴囊有无损伤和皮肤病，有无腹股沟阴囊疝和阴囊水肿。对于年龄较大和阴囊疝可疑的马，以及种马阉割时，可在手术前一天直肠检查腹股沟管内口的大小，从内口能插入三个指头为较大，阉割时肠管有从腹股沟脱出的危险。此时，应选用被睾阉割法或榨木法除去睾丸。

（二）阉割前准备

1. 马准备　手术前一天减少精料和干草，术前 12h 禁食，可饮水。清刷马体，让马倒卧后，清刷干净后躯股内侧和外阴部，以免污染创口。必要时，可按预防量注射破伤风抗毒素。

2. 器材准备　适当准备保定用具及消毒的手术器材。

3. 人员的组织和分工　实施手术之前，一定要分工明确、各就各位，切不可杂乱无章。特别是大群马阉割时，如不注意，容易造成事故。

4. 保定　将马左侧横卧保定，后肢向前方转位，使术部充分暴露。用卷轴绷带包扎马尾，防止污染术部。手术时确实保定马头及尾部。也可用栏栅内保定，将右后肢提起即可进行阉割手术。

5. 消毒及麻醉 术部进行常规消毒。根据具体情况决定麻醉的方法

（1）一般在局部麻醉下手术。左手固定精索，右手将针头分别刺入两侧精索，各注射3％～4％利多卡因液10mL，麻醉两侧精索。

（2）中兽医常用井水（冷水）冲击睾丸，不用药物麻醉，用冷水刺激，使睾丸及阴囊麻木，既可止痛也可减少出血。

（3）进行大批的马阉割时，也可不做麻醉。

（三）手术方法

手术时按下列顺序进行，先做一侧后做另一侧。

1. 固定睾丸 横卧保定时，术者位于马的腰臀部，左手握住一侧精索，右手辅助，将左侧睾丸挤向阴囊底，使之固定。此时，要注意让睾丸与阴囊缝际平行。

2. 切开阴囊露出睾丸 在阴囊底部距缝际2cm处，与缝际平行，一刀切开阴囊皮肤及总鞘膜，创口长度应与睾丸相等。此时睾丸自行脱出，如有粘连，可根据情况剥离。

要注意切口过小、偏高或歪斜，均会影响分泌物的排出、延长创口愈合时期。

3. 剪断鞘膜韧带 露出睾丸后，术者一手抓住睾丸，一手将阴囊推向腹壁，在附睾尾上方捏住鞘膜韧带，由助手剪断。然后术者顺着剪口向上撕开，睾丸即下垂不能缩回。

4. 除去睾丸 方法有几种，现将最常用的捻转法、结扎法、榨木法分述如下：

（1）捻转法 充分暴露精索，助手用固定钳在睾丸上方4～6cm处将精索牵住。钳嘴和精索垂直，此时注意防止马骚动，造成精索牵伤。助手用捻转钳在固定钳下2cm处，平行钳定精索，进行捻转，先慢后快，直至捻断。捻转钳和固定钳之间距离不能过短，过短迅速捻断容易出血；也不可过长，过长不容易捻断且会残留较多灭活组织，不利于愈合。捻转时也不可向外牵扯，自然捻断止血充分。

捻断精索，涂以5％碘酊或撒布5％的碘仿磺胺粉。缓慢地除去固定钳。

根据马场的经验，大批马阉割时，在固定钳下方切除睾丸之后，对精索断端进行烧烙即可止血，可预防感染，效果很好。

（2）结扎法 在暴露睾丸后，在睾丸上方4～6cm处，用10号缝线双套结扎精索；确实结扎后，在其下方2cm处剪除睾丸及附睾。为防止结扎松脱而出血，可行穿线结扎法，该法安全、迅速、止血确实，无需特殊器械。但消毒不严时，术后容易发生感染，甚至形成精索瘘。

（3）榨木法 此法是我国传统的阉割方法。目前仍然不失应用价值。

榨木是由长15～18cm、宽2～3cm，坚固质轻的木料制成（每对重量不超过70g），外面呈半圆形，一端有相对斜面和横沟，用前将横沟用绳扎住；另一端只有横沟，以便在系结榨木时固定结扎线。当露出睾丸后，于距睾丸5～6cm的精索上，装着消毒过的榨木（在榨木中间放些升汞粉或高锰酸钾粉），再用钳子将榨木的另一端闭合，并用结扎线结扎。然后在榨木下方2～2.5cm除去睾丸，涂布碘酊或撒磺胺粉。

（四）术后护理

手术后要防止马倒卧，适当牵遛运动。注意有无出血及直肠脱出。术后两天可以骑乘慢遛。由于创内血块或渗出物潴留，可能在术后1～2d内阴囊肿大，此时，可用严密消毒

过的手指加以清除，以加速创口愈合。注意马的体温、脉搏、呼吸变化，如有异常，及时处置。榨木一般在 1～2d 取下。

（五）并发症

1. 出血　多因精索断端捻转不充分；马骚动不安，固定钳上方精索裂断；年龄较大，精索粗大；精索结扎线松脱或过紧，将血管勒断等而引起。如出血呈点滴状，多为阴囊皮肤的动脉、静脉出血；如出血为细线状或喷射状，多为精索静脉、动脉出血。前者如持续出血时，应予以钳压止血；后者应重新结扎精索断端或用止血钳止血。如夜间不便操作，可用浸有青霉素、链霉素生理盐水的纱布填塞，皮肤做假缝合。为促进血液凝固，静脉注射 10％氯化钙液。

2. 阴囊及包皮水肿　多因切口不够大，总鞘膜切口小于皮肤切口或切口歪斜，渗出液排出不畅；运动不足，血液循环障碍；创口粘着，渗出液不能排出；创口感染，局部渗出液增加等引起。

皮肤及总鞘膜切口过小时，应加以扩大，以利渗出液排出；增加牵遛时间；清理阴囊创腔，排出渗出物；如水肿区很大，可外敷复方醋酸铅散；术部已感染可按感染创常规治疗。

3. 肠脱　是最危险的并发症。多因腹压过大、腹股沟管内过大；术后伏卧、打滚、蹶踢等引起。

处置时，立即全身麻醉，马半仰卧保定，对脱出的肠管以 37℃青霉素、链霉素生理盐水洗涤，但严防流入腹腔。然后还纳肠管。还纳困难时，可扩大腹股沟管外口后还纳（或剖腹还纳），随后缝合腹股沟管外口及皮肤创口，术后按肠管手术护理。

第七节　常用疗法

一、利多卡因封闭疗法

利多卡因封闭疗法是将低浓度的利多卡因液注射于组织或血管内的一种治疗方法。利多卡因能阻断或减缓各种内、外界烈性刺激向中枢神经系统的传导，从而保护大脑皮质发挥对组织的正常调节机能；利多卡因还能对神经系统产生微弱的良性刺激，恢复神经营养机能，使组织的新陈代谢旺盛，增强全身抵抗力而使疾病痊愈。应注意，个别马匹对利多卡因有过敏反应，注射时应注意观察，以便及时处理。

1. 静脉内封闭法　本法是将利多卡因液缓缓注入静脉内，使药物作用于血管内壁感受器，达到封闭目的。

适应证：蜂窝织炎、顽固性浮肿、久不愈合的创伤、风湿病、蹄壁真皮炎等。

注射剂量：一次注射 0.5％利多卡因液 100～200mL，隔 1～2d 注射一次。

2. 四肢环状封闭法　本法是将利多卡因液注射在四肢病变部的上方各层组织内（如掌、跖中或下 1/3 内、外侧，前臂部上 1/3 处，小腿部上或中 1/3 处）使药液与注射部骨骼周围组织内神经接触。注入筋膜下的药液能向周围或下部扩散，使四肢的周围组织都能得到药液的浸润，达到封闭的目的。

适应证：四肢蜂窝织炎初期、愈合迟缓的创伤等。

操作方法：术部剪毛消毒后，分 2～3 点与皮肤呈 45°或垂直刺入针头，直达骨面，然后连接注射器，边注射药液边向外拔针，直至注完所需剂量。

注射剂量：根据部位不同，每次注射 0.25％～0.5％利多卡因液 50～200mL，隔 1～2d 进行一次。

3. 病灶周围封闭法　本法是将 0.5％利多卡因液注射于病灶周围和下面的组织内，其用量以恰能达到浸润麻醉的程度为止。为了提高疗效，可于药液中加入青霉素或自家血液。

二、自家血液疗法

本法是将适量的病马静脉血液注射于自体皮下的一种疗法。注入皮下的自家血液是对机体的一种刺激物，刺激网状内皮系统，使网状内皮系统的细胞增殖，吞噬作用加强，从而使机体抵抗力增强，加速疾病痊愈。

1. 适应证　急性化脓性炎症如蜂窝织炎初期、鬐甲部化脓性坏死性疾病、眼病、风湿病、去势后创口的感染、腺疫的治疗和预防等。

2. 操作方法　用注射器于颈静脉采血，随后注入颈部皮下。为了防止血液凝固，可事先按 1∶9 比例用注射器吸取 5％枸橼酸钠液，再行采血。为了提高疗效，可将血液注射于邻近病变部位的皮下，如鬐甲部疾病可注射于肩部皮下，眼病可注射于上眼眼睑皮下，前肢疾病可注射于前臂部皮下。

3. 注射剂量　成年马一般为 50～150mL，每次间隔两天，病情严重者可延续至 4d，一般应用 4～5 次。临床常用递增量的方法进行注射，如第一次注射 50mL，第二次注射 75mL，第三次注射 100mL，第四次注射 125mL，第五次注射 150mL。

应用自家血液疗法的注意事项：

（1）应用 4～5 次不见疗效时，可改用其他疗法。

（2）病情严重，出现肝肾疾病症候时，应用较小剂量。

（3）化脓性疾病出现长期发热、可视黏膜呈现不洁黄色时，一般不宜应用此法，或最初应用小剂量，如不出现恶化现象并有好转迹象时，可继续应用。

三、补液疗法

应用补液疗法主要是调节体内水和电解质代谢、酸碱平衡，增加营养，维持血压、血液循环量等，为机体创造有利于康复的条件。

（一）补液的时机

（1）大失血、烧伤、休克、中毒、败血症、剖腹或肠管手术后伴发严重的并发症和有酸碱中毒迹象时，应早期补液。

（2）严重挫伤和蹄壁真皮炎等病势较重时。

（3）食欲减少或废绝的病马，可行补液。

为了正确掌握补液的时机，必须根据病马的临床表现、疾病的性质和程度，以及血、尿的检验资料等，掌握补液的时机，提高治疗效果。

（二）补液方法

对消化机能较好的病马，应尽量经口补充足量的水和盐水，如果尚感不足，可采用静脉补液和腹腔内补液的方法。在某些情况下，直肠内灌注也能起到补液的作用。

1. 静脉补液法　奏效迅速、确实，应用时注意下列问题。

（1）注射前，应将药液加温至与体温同高；

（2）防止心脏负担过重，注射速度要缓慢；

（3）严重病马，可行点滴补液。

2. 腹腔内补液法　是在马左髂部、髋结节下缘的水平线上，距最后肋骨 2~4cm 处，用普通针头与皮肤呈直角刺入，感到针头可以自由活动，证明已刺入腹腔时，即可高举输液瓶开始输液，速度约为 100mL/min。注入 2 000~4 000mL 药液（药液须加温），经 1~2h 即可全部吸收。在操作中应严格消毒，防止易引起腹膜炎。

3. 直肠灌注法　深部灌肠时，一次不要灌入太多，以免浪费药液，以少量多次注入为好。操作中避免粗暴，防止损坏肠黏膜。

（三）药液种类及用量

临床应用有：5%~25%葡萄糖液、生理盐水、葡萄糖盐水、复方氯化钠液、6%~10%右旋糖酐液等。药液种类的选择，应根据病马的需要而定。

补液的剂量：应根据马体大小、疾病的性质和程度确定。一般疾病每次补液 1 000~2 000mL，每天 1~2 次；较重的病马为 2 000~4 000mL，每天 2~3 次；重危病马每天分多次补给，其量可根据情况而定，可超过上述剂量。

四、输血疗法

输血疗法是利用输入血液，保持正常生理机能，达到补血、解毒等治疗目的的一种方法。但是输血不当会引起输血反应，甚至导致马死亡。只有掌握输血规律，才能保证输血疗法的正确进行，达到预期的效果。

（一）输血适应证及剂量

1. 急性失血　在马大失血时，必须进行大量的输血以挽救生命。为避免心脏负担过重，可分数次输血，第一次输入 2 000~2 500mL。根据病马的情况，再决定以后的输入量。

2. 预防和治疗休克　在手术等引起休克时，可进行输血，以增加循环血液量的渗透压。每次输血 2 000~3 000mL，隔 2~3d 进行一次。

3. 中毒的解毒　如化学剂中毒，有时先放血，再按放血量决定输血量。

4. 止血　由于输入的血液中含有凝血物质，同时能激发体内的凝血过程，故有一定的止血作用。利用小剂量（500mL）反复输入，常可达到止血目的，用于不能进行其他方法止血的出血。

5. 败血症　应早期输血，每次剂量为 1 000mL；或用小剂量（300~500mL），6h 一次，一天 3~4 次，间隔 24h 可重复输血。

应当注意，在有肾病或心脏疾病、肺水肿时，应考虑少输、慢输或不输。

（二）供血马与受血马血液相合性的判定法

在临床医疗中，经常在输血前进行血液相合性的试验，以防止发生输血反应。常用的有玻片凝集试验、生物学试验两种。两者结合应用，更为安全可靠。

1. 玻片凝集试验法

（1）由受血马（病马）的静脉采血 5~10mL 于试管内，放室温下静置，分离血清，或于试管内加 5％枸橼酸钠液（其比例为 9 份血液加 1 份 5％枸橼酸钠液）分离血浆。

（2）由预定供血马（壮龄健康马）3～5 匹，各采血 1～2mL。用全血时稀释 5 倍，用红细胞时稀释 10 倍。

（3）用吸管吸取受血马的血清（或血浆），于每一玻片（供血马选几批用几个玻片）上各滴两滴，立即用另一吸管吸取供血马血液稀释液分别加一滴于血清（或血浆）内。

（4）随后手持玻片轻轻地向两侧转动，使受血马血清（或血浆）与供血马血液稀释液充分混合后，经 10～15min，观察红细胞凝集反应的结果。红细胞不凝集为阴性反应，可用于输血；红细胞被凝集为阳性反应，不能用于输血。

（5）判定标准

①阴性反应（即为相合血液）。玻片上的液体呈均匀红染，无任何红细胞凝集现象。显微镜下观察，每个红细胞界限清楚。

②阳性反应。红细胞呈砂砾状凝块，液体透明。显微镜下红细胞彼此堆积在一起，分辨不清它们的界限。

（6）凝集试验时的注意事项

①凝集反应最好在 18～20℃的室温下进行。如温度过低（16℃以下），可能出现全凝集现象；温度过高（37℃以上）易发生假阴性结果。在上述情况下，可向血清与红细胞的混合液内补加一滴生理盐水，重新混合、转动，再检查。

②观察结果的时间不能超过 30min，以免血清蒸发，发生假凝集。

③凝集反应用血必须新鲜而无溶血现象。

④所用玻片、吸管等清洁。

2. 生物学试验法 本法是检查血液是否相合的最可靠的依据，在输入全剂量血液之前进行。在紧急情况下，为了抢救病马，来不及做凝集试验时，亦可用此法。

试验方法：先检查受血马体温、呼吸、脉搏、黏膜色泽，然后输血 200～300mL，停止 10min，观察受血马的表现，若无任何异常时，说明输入的血液是相合的，可继续输血。若受血马表现不安，呼吸及脉搏增数，黏膜呈蓝紫色，肌肉震颤，前肢刨地，肠蠕动加剧，排粪尿等，说明输入的血液是不相合的，应停止输血，更换血液再进行输血。出现的输血反应一般在 20～30min 内消失，一般不需要处理。

当输入大量不相合血液时，特别是 7d 后第二次输入不相合血液时，会引起溶血性休克。病马表现不安，呼吸困难，黏膜呈蓝紫色，肌肉震颤，不能站立，出现血红蛋白尿甚至死亡。在处理输血反应时，应及时采取急救措施，具体方法如下：

（1）立即停止输血。

（2）静脉注射安钠咖和葡萄糖液，然后静脉注射碳酸氢钠液。

输血后病马出现发热反应，多因容器及蒸馏水不洁所致。发热反应轻者仅发生短时间的体温升高；重症者肌肉震颤，食欲减少，体温升高持续 2～3d，此时，可静脉注射葡萄糖液等。

（三）输血方法

在临床实践中，最常用的为间接输血法。本法是先将需要量的抗凝剂置于消毒的贮血瓶内，随后进行静脉采血，边采血边轻轻摇动血瓶，使血液与抗凝剂充分混合，防止血液凝固。但不可摇动过剧，以免破坏红细胞和产生气泡。采出需要量的血液后，即可给病马输入，输入速度尽量缓慢。在输血过程中，要时时将贮血瓶轻轻摇荡，避免红细胞分离，给输入带来困难。

贮血瓶可用 500mL 生理盐水或葡萄糖液瓶代替，瓶塞上插 15cm 的封闭针头及短针头各一个，分别连接一根 1m 左右长的胶管，采、输血时各用一根。

临床常用的抗凝剂有：5％枸橼酸钠液，抗凝时间为 3d；10％氯化钙液，抗凝时间为 2h；10％水杨酸钠液，抗凝时间为 24h。

五、水针疗法

水针疗法是在穴位、痛点和解剖位置注射某些药液，进行疾病治疗的方法。此法操作简便，使用器材、药品少。应用于眼病、风湿病以及某些肢体病等的治疗。一般认为水针疗法有针刺和药物的双重作用。针刺，尤其是针刺穴位时，机体网状内皮细胞的吞噬机能增强，加速对细胞及坏死组织的清除；白细胞增多，促进抗体形成；调节血管运动和通透性；改善病灶的血液循环，加速肉芽组织生长，促进损伤组织的痊愈。药物的作用，一方面能提高针刺的效果，使针刺激保持较长的时间；另一方面药物在局部产生不同程度的急性炎症过程，促使局部新陈代谢旺盛，也呈现药物自身的作用。针刺与药物的双重作用，可增强机体的抗损伤和抗感染能力，促使疾病迅速痊愈。

（一）注射部位

1. 穴位注射 除血针穴位外，其余的穴位都可应用。

2. 痛点注射 按跛行诊断确定患部，找出痛点进行注射。

3. 解剖位置注射 慢性腰肢疼痛病马，痛点不明显，除采用穴位注射外，可于患部肌肉起止点注射（深度要达到骨膜或筋膜之间，疗效才确实）。

（二）应用方法

于剪毛消毒后，将 5％～25％葡萄糖液或者 0.5％～3％利多卡因液、生理盐水、25％硫酸镁液、30％安乃近、青霉素等。在选定的部位注入皮下或肌肉内。药液用量根据药物种类、注射部位和疾病程度而不同，一般用量每穴每次为 20～40mL，生理盐水和葡萄糖液有时可达 200mL。隔日注射一次，每 3～5 次为一疗程；必要时可休药 3～7d，再进行第二疗程。

随着水针疗法的迅速推广应用，注射药物的种类非常多，尤其是中药的应用更为普遍，如当归、红花、川芎、板蓝根、柳枝、双花、连翘、桑叶、菊花、防风、甘草等。一般制成 5％～10％的注射液，于穴位小剂量应用，每穴 5～10mL。有的按经络循经取穴、配穴，称为经络疗法。

（三）注意事项

（1）注射后局部常有轻度肿胀和疼痛，经 1d 左右即可自行消失，故以隔 2～3d 注射一次为宜。

（2）个别病马注射后当晚出现发热，第二天早晨消退。为慎重起见，对患热性病病马不用此法治疗。

（3）药液不宜注入关节腔内。

第三章 中兽医基础知识

中兽医学是我国劳动人民几千年来的经验总结，以朴素的唯物主义思想和辩证法观点为基础，确立了"整体观念"和"辨证施治"的医疗原则，创造了脏腑、经络、六因、八纲等独特的理论体系，并在临床实践中总结创造了中药、针灸、巧治（外科手术）和起卧入手（直肠检查与破结）等卓有成效的医疗技术。这些理论和技术，为我国畜牧业的发展做出了很大的贡献。它流传到现在，仍为我国广大的兽医人员所应用。

第一节 概 论

一、脏腑的含义

中兽医所说的脏腑，是指动物体内脏器官所表现在外的各种生理和病例的现象，而不单纯指解剖上所看到的内脏实质和它们本身所具有的现代医学所概括的生理功能。脏腑理论是在临床实践中，根据动物体所呈现的生理、病例现象，按它们的特点，整理归纳到各个不同的脏腑范围内而形成的一套独特的理论。脏腑指的是六脏六腑。

六脏是心、肝、脾、肺、肾、心包络；但心包络是心的外围，功能和心一致，所以，经常说五脏，把心包络省略了。

六腑是胆、胃、大肠、小肠、膀胱和三焦。

脏，古人写"藏"，就是说脏有收藏、贮藏的意思，是贮藏营养物质的器官，如肝能藏血、肾能藏经等。心、肝、脾、肺、肾都由营养物质所充实，所以脏含有静的性质，属阴。

腑，古人写"府"，有场所、住所的意思，就好像物质的转运站、集散地，能容纳也能转输。如胃能容纳和消化草谷料，并转送给小肠、大肠；大肠、小肠能容纳和消化水草谷料，并吸收营养，排泄糟粕。胆、胃、大肠、小肠、膀胱和三焦都是空腔脏器，有容纳、传送和排出的作用，所以腑含有动的性质，属阳。

二、脏腑的相互关系

脏和腑虽然各有不同的功能，但他们不是各自孤立的，不但脏与脏、腑与腑、脏与腑之间互相联系，而且脏腑与五官（眼、耳、唇、鼻、舌）、四肢、肌肉、骨骼、皮毛等也互相联系着。如心连着舌、肝连眼、脾连唇、肺连鼻、肾连耳，心主血脉，肝主筋爪，脾主肌肉和四肢，肺主皮毛，肾主骨髓等。

此外，五脏六腑还存在有表里配合的关系。就是说，一脏一腑、一里一表、一阴一阳，互相配合、互相联系，关系非常密切，简称为"表里"关系或"相合"。即心与小肠相表里（心合小肠），肝与胆相表里（肝合胆），脾与胃相表里（脾合胃），肺与大肠相表里（肺合大肠），肾与膀胱相表里（肾合膀胱）。

对于脏腑的表里关系，绝不能机械地理解为脏腑内外关系。如心经属心，联络小肠；

小肠经属小肠，联络心。其他表里配合的脏腑也是这样。其次，表里配合的脏腑所附属的经脉，在四肢内外对称的部位循行。如心经走行于前肢内侧后缘，小肠经走行于前肢外侧后缘，彼此内外相应，络属衔接。此外，它们在病理情况下，也相互发生影响。如马心经有热时，常见有尿血的症状；中兽医认为是："小肠尿血伤心热"，是心火亢盛下移小肠的缘故。治疗时，应清心火、利小便。由此可见，脏腑的表里关系，实际上是脏腑的阴阳、表里相互配合、相互制约、相互促进的概括。

三、阴阳、气血、津液和经络

马的生命活动是通过五脏六腑的功能共同实现的，而经络连接脏腑，通达内外，成为全身气血的通路，气血通畅、营卫协调、津液充足，各个脏腑互相联系、互相影响，形成一个有机的整体。当机体正气不足（抵抗力降低）又遭受病邪（外界致病因素）侵袭时，引起马体内营卫不和、气血失调，脏腑的阴阳发生偏盛或偏衰，而呈现种种病证。在治疗上，就要扶正祛邪、疏通气血、调和营卫，使脏腑的阴阳重新恢复相对的平衡，而治愈疾病。所以，在学习脏腑的功能以前，应先明确阴阳、气血、津液和经络的概念。

（一）阴和阳

中医把阴和阳当作事物对立统一两方面的综合代名词。凡具有活动、明亮、温热、上升、亢进等性质的都属阳，凡具有沉静、昏暗、寒冷、下降、衰退等性质的都属阴。例如，气体属阳，液体属阴；功能属阳，形体属阴；六腑属阳，五脏属阴；热证、实证属阳，寒证、虚证属阴，等等。

由于客观事物的复杂多样性，决定了它们的阴阳属性不是固定不变的。因此，就有阴中有阳、阳中有阴，阴阳之中再分阴阳的现象。同时事物的阴阳还具有相互促进、相互抑制和相互转化的规律。例如，功能属阳，而功能衰退属阴证，功能亢进属阳证。形体属阴，而体躯前部、背部、外部为阳位，后部、腹部、内部为阴位。水草谷料及其营养物质属阴，脏腑的功能属阳。但是马必须采食水草谷料，消化吸收其营养以后才能保持脏腑功能的正常，有了脏腑的功能才能将水草谷料转化成营养物质，所以二者是相辅相成、互相促进、互相转化的。又如寒属阴、热属阳，体内寒多则热被抑制，形成阴盛阳衰；反之，体内过热，耗损津液，也可形成阳盛阴衰。在临床上，还有体内阴虚阳亢而生内热、或阳虚阴盛而生外寒，以及寒极化热、热极转寒等复杂的现象。

（二）气和血

1. 气 气的含义非常广泛，可归纳为如下两方面。

（1）气指一定的物质 气是最微小的物质颗粒，眼睛虽看不到，但它是客观存在的。如大气（空气）、邪气（外界致病因素）、营气（体内的营养物质，简称营）等。

（2）气指机体的功能活动 古人认为事物是由气组成的，事物无时无刻不在发展变化，这种发展变化是由气推动的。气推动事物发生发展的作用，称为气化作用。五脏六腑的功能，也是通过气化作用呈现的，因此，气也泛指机体的功能活动。如全身总的功能活动力称为正气（真气），由于正气的存在，而保持畜体的生命活动和抵抗外在的病邪。正气循行于全身各部，而有不同的名称。行于体表，有保持体温、开闭毛孔、抵抗病邪作用的称为卫气（简称卫）。

2. 血 血就是血液，来源于营养物质，通过心的功能，行于血脉中，循环全身，才能发挥各个器官的作用。中医认为气和血互相联系又互相影响，所以有"气为血帅，气行则血行；血为气母，血至气也至"的说法。体内气血通畅，则营卫调和，脏腑功能正常，马保持健康。若气血不和，发生偏盛或偏衰，都会引起发病。如气血过盛可发热证或黄肿等，气血衰弱可发寒证、虚证等，气血凝滞可发生淤血、肿胀或疼痛等，所以有"痛则不通""通则不痛"的说法。

（三）津液

津液是体内一切正常水液的总称，也就是现代医学所说的体液。津液是由水分和营养物质转化而来的，有润泽皮毛、营养肌肉、滑利关节、滋养脏腑和经络的作用，因此能维持马的正常功能活动。津液进入血管可转化成血液的成分，此外，还可转化成汗、泪、涕、涎、唾、尿等排出体外。在病理情况下，津液的损耗可引起气血虚弱，气血虚弱也能引起津液的缺乏。如马大汗、大泻、大失血以后，都可引起津液亏损，表现心跳快、气短、耳鼻四肢发冷、口干、尿少、脉细等气血虚弱的症状。高热的病马可表现皮毛焦枯、口干舌燥、尿少、粪干硬等津液干枯的症状，在治疗上多饮水并给以生津、止咳、滋润的药物。

（四）经络

马体内有一个经络系统，它是内联脏腑、外联四肢关节、沟通表里内外、运行全身气血的通路。经是主干（又叫经脉），络是分支（又叫络脉），像网络一样错综连接，遍布全身，把马体内外、上下、前后连接起来，构成一个统一的整体。因此，经络具有运输气血、营养全身、调节机体各种功能的作用，使五脏六腑、四肢关节等各部分的功能活动，保持着相对的平衡和协调。

病邪侵入马体时，马体通过经络调整体内营卫气血等防御力量，来抵抗病邪。当马体正气虚弱、气血失调时，病邪可以通过经络由表及里，传入脏腑，表现种种病症。例如，风寒侵入体表可表现感冒、咳嗽等症；寒邪侵入脾胃，可见腹痛、泄泻等症。另一方面，脏腑有病时，也可以通过经络反映到体表。例如，马患心经热，可表现唇舌红肿、溃烂；马患肝经风热，可现眼睛红肿、睛生翳膜等。因此，我们可以根据外部的病变，来诊断脏腑内部的疾病，即"见其外而知其内"。不论用药物或用针灸等疗法治疗疾病，也都是依靠经络的功能而起作用。经络可以使药物或针刺的作用达到疾病所在的部位。如黄连泻心火，龙胆泻肝火，黄芩泻肺火，针刺三江、姜芽等穴治腹痛等。

经脉以脏腑为主体，五脏六腑各连属一条经脉，并有一定的循行部位。按脏属阴、腑属阳，阴经循行于四肢内侧，阳经循行于四肢外侧，而有前肢三阴、三阳经，后肢三阴、三阳经。它们是前肢肺经、前肢心包络经、前肢心经、前肢大肠经、前肢三焦经、前肢小肠经，后肢脾经、后肢肝经、后肢肾经、后肢胃经、后肢胆经、后肢膀胱经。这十二条经脉，在体躯上是对称存在的；此外，还有循行于背中线的督脉和循行于腹中线的任脉，共计十四条主干，总称十四经脉。

第二节　心和小肠

一、心主神明，主导全身

心有主管精神意识活动的作用。神明指的是精神意识，实际上指的是大脑功能。心的功能一旦发生变化或丧失，大脑的意识活动也就相应地发生变化或消失。如病马意识不清或惊狂错乱，就属于心病的症候。习惯上把心分为神明之心和血脉之心，神明之心主管精神意识活动，血脉之心主管血液循环。

在五脏六腑中，心脏是起主导作用的器官，能维持体内一切生理活动的正常进行。如果心脏有了病变，精神意识发生障碍，也就丧失了主导作用，体内其他脏腑也要随着发生病变。所以说，心主导全身。

二、心主血脉

心有主管全身血液循环的功能。血脉指的是全身的动脉、静脉、毛细血管及其血液循环。心和血管相连，推动含有营养物质的血液不停地循环运行，并分布到五脏六腑和全身各部位，使脏腑和各器官进行正常的生理活动。如果心脏发病，血液循环就会发生障碍而呈现各种病状。如心火炽盛、心血过旺，则出现发热、心搏亢进、气喘、出血、口唇鲜红等症；如心气虚弱、心血虚少，则出现怕冷、气短无力、心搏加快、淤血或贫血、口唇发绀或苍白等症。

由于黏膜具有丰富的血管，能较明显地反映血液循环的变化，因此，检查病马的口腔、鼻腔、眼或阴唇等部位黏膜的色彩，有助于诊断心脏或其他脏腑的疾病。如口腔黏膜粉红湿润、有光泽，是心脏功能正常的表现。

血液和汗液都是由津液转化而来的，出汗过多则津液耗损，也会影响心的功能；反之，心的功能发生变化，也会有出汗的症状。所以有"汗为心之液"的说法。

三、心连舌

"心连舌""心开窍于舌""舌为心之苗"等，都说明心脏的生理、病理变化，可以从舌质上反映出来。这也是因为心主血脉的缘故。如舌色粉红、润泽表明健康无病，舌色鲜红表明心经热盛，舌色苍白表明心血虚少等。

四、心和小肠相表里

心和小肠互相联系。

小肠主管消化而分别清浊　小肠能接受从胃传下来的已消化的食物，进一步进行消化，并分为营养与糟粕，营养物质由脾运输到全身，糟粕下送大肠成粪而排泄。糟粕中的废水经肾的气化作用，转入膀胱成尿而排出，这说明小肠是水道的上源。如果小肠分清浊的功能减弱，大量水分潴留肠内，则尿少粪稀；相反，如膀胱排尿太多，又会引起粪便干燥。因此，治疗腹泻时，常采用利水止泻的方法，水去则腹泻即止。

心与小肠的经脉相互络属，构成一脏一腑的表里关系。在生理情况下，心气正常，有利于小肠气血补充，小肠才能发挥分别清浊的功能；而小肠功能正常，又有助于心气的正常活动。在病理情况下，若小肠有热，循经脉上熏于心，则可引起口舌糜烂等心火上炎之症。反之，若心经有热，循经脉下移于小肠，可引起尿液短赤、排尿涩痛等小肠实热的病症。

歌　诀

十二脏腑主次分，五脏功能第一心。

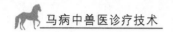

心有三主和一连，主血主神主全身。

一连就是心连舌，心和小肠表里亲。

小肠消化分清浊，粪尿成形要区分。

第三节　肝 和 胆

一、肝藏血

肝脏有贮藏血液的作用。马在休息时，一部分血液进入肝脏贮藏，当运动和使役时，全身各部器官和组织需要血液供养，此时肝有调节血量以备急需的作用。如果肝脏血液不足，会影响其他脏腑或器官引发疾病。

二、肝主筋爪

肝与全身的肌腱筋膜、爪甲（蹄甲）相互联系，而主管四肢的运动和关节的屈伸。若肝血不足，血液不能营养筋腱蹄甲，就会发生筋骨疼痛、四肢强拘甚至痉挛抽搐的症状，或者蹄甲出现干枯或裂缝。

三、肝连眼

"肝连眼""肝外应于目"，说明肝与眼睛有密切的关系。眼睛必须有血液的滋养才能看物，若心血不足、血不养肝，会发生慢性的两眼干燥和夜盲等症；若心火上扬、肝火旺盛，又能发生眼泡红肿、怕光、流泪、睛生翳膜等症。

四、肝和胆相表里

肝胆经脉络属，相互联系。马没有胆囊，但肝能分泌胆汁，经由胆管，注于小肠。胆汁清净无渣，不断排出到小肠，有促进消化的作用。

当体内湿热亢盛时，肝血发生淤滞，胆管闭塞，胆汁不能排泄，被迫走于血管，影响到其他各脏器，以致全身，出现黄疸。

胆附于肝，肝与胆有经脉相互络属，构成一脏一腑的表里关系。胆汁来源于肝，肝疏泄失常则影响胆汁的分泌和排泄；胆汁排泄失常，又影响肝的疏泄，出现黄疸、消化不良等。故肝与胆在生理上关系密切，在病理上相互影响，常常肝胆同病，在治疗上也肝胆同治。

歌　诀

肝的功能有四条，藏血连眼主筋爪。

肝胆关系相表里，促进消化胆为要。

第四节　脾 和 胃

一、脾主运化

运化是指运输和消化。

1. 运化营养物质 脾能够协助胃消化水草谷料，并吸收其营养物质，运输到其他脏腑和器官，以致全身各部。若脾的运化功能发生障碍，其他脏腑也会受到影响。胃容纳水草和消化功能就会减弱，脾胃功能减弱，出现食欲减退、消化不良、精神困乏等症状。

2. 运化水湿 脾还有运输体内水分和湿邪的作用。湿邪是指体内异常的水分，是病理状态的水分。湿邪可由体外侵入体内，也可以在其他病因作用下体内潴留过多的水分形成。脾的功能正常，体内水的代谢作用也能正常进行；脾的功能减弱（脾气虚弱、脾阳不振），会影响水的代谢，使湿邪加重。例如，水湿停留在胃肠内不能吸收排泄，会引起腹痛或腹泻；水湿停留在肌肤不能运输排泄，会引起浮肿。

二、脾统血

"统"就是控制、管理的意思。"脾统血"就是脾有控制血液在血管中运行的作用。血液是由津液转化而来，而津液又是水草谷料经消化吸收后通过脾的运输进入心、血管变成血液，循环于全身。同时，血液在血管中运行，又靠气的推动，而气是由水草谷料的营养，通过脾的运输，与肺吸入的空气相结合才能产生。因此，气和血的产生都离不开脾的功能，所以说"脾统血"。若脾的功能减弱（脾气虚弱），就可能控制不了血行，发生血液逸出于血管外面的现象。因此，对一些慢性出血性疾病，如便血、尿血等，常配合应用补脾的药物治疗。

三、脾主肌肉和四肢

脾与肌肉和四肢有密切的关系。因为肌肉的生长要靠血液供给营养，而营养必须靠脾的运化。马脾气充足，运化功能正常，肌肉就会非常丰满，体力强壮。若脾气虚弱，不能运化，肌肉得不到营养的及时供应，就会逐渐消瘦，而体力衰弱。

四肢的运动靠肌腱的屈伸活动，肌肉的充实靠血液来供应，而营养必须靠脾的运化。因此，四肢也和脾脏有密切的关系。同时，四肢下部属于身体的末端部位，离体中心较远，如果脾气不足，血液循环功能减弱，四肢末端部位首先会发生变化。常见四肢无力、运动不灵活、四肢末端发凉或浮肿等症。

四、脾连唇

"脾连唇""脾外应于唇"，说明口唇和脾互相联系。体力强壮的马，口唇丰满而紧闭，唇黏膜色彩红润、有光泽，这是脾气充足、运化正常的反映；如果脾气虚弱、运化失常，马的口唇就会松弛、下垂、发凉且黏膜色彩发白。

五、脾和胃相表里

脾和胃经脉相互络属，同位于身体的中焦部位，关系非常密切。胃主容纳、消化，脾主运化，脾胃分工合作，是马体生长发育的根源。脾胃经常相提并论，几乎成为不可分割的整体。

1. 胃主容纳和消化 胃有容纳和消化水草谷料的功能。机体的生长发育虽然有先天的遗传因素，但主要依靠后天的营养供给。水草谷料进入胃内，经过消化转化成营养物质，才能进一步供给各个脏腑器官，以维持生命活动的需要。所以，"胃为后天之本"的说法，说明胃是很重要的器官。

2. 胃和脾的特点 事物有同、有异，有共性、有个性。胃和脾虽然不可分割，但它们又具有各自的特点，不能混同。如胃主容纳消化，脾主运输消化；胃主降，脾主升；胃恶燥，脾恶湿等。

（1）胃主降、恶燥　胃气宜降不宜升，说明胃的功能是把进入胃内的水草谷料经消化后向下推送，而不应有向上反逆的现象。如胃气上逆会出现嗳气吐涎、呕吐反胃的症状；胃属阳，胃的阳气容易偏旺而转化胃火，呈现食少、口干渴、嗳气、粪干、尿少等症，治疗应多使用性质甘、润的药物，如石膏、知母、花粉、党参、甘草、二冬等，以清胃热、生津止渴；胃热盛可加苦寒清热药，但也不可过度使用，以免损害胃阳，反而降低胃的消化功能。

（2）脾主升、恶湿　脾能运输转化已消化吸收的营养物质，有升清（营养）降浊（糟粕）的作用，"升"指的是输送营养到全身各部的意思。脾属阴，易受湿邪的影响，而使运化功能发生障碍，呈现水湿停滞胃肠的消化不良、腹泻症状和水湿留存于肌肤的腹下浮肿和四肢浮肿等症，治疗应使用健脾、燥湿、利水的药物。

从脾胃功能特点来看，它们恰恰相反，事物有升必有降，有燥必有湿，脾升胃降，脾恶湿胃恶燥，相互联系、相互制约、相互转化，二者既相反又相成，既对立又统一，形成动态平衡，而保持机体的健康状态。

脾与胃都是消化水草谷料的重要器官，两者有经脉相互络属，构成一脏一腑的表里关系，二者一化一纳、一升一降、一燥一湿，相辅相成，共同完成消化、吸收、输送营养物质的任务。由于脾胃关系密切，在病理上常常相互影响。如脾为湿困，运化失职，清气不升，可影响到胃的受纳与和降，出现食少、呕吐、肚腹胀满等症；反之，若饮食失节，食滞胃腑，胃失和降，亦可影响脾的生清及运化，出现腹胀、泄泻等。

歌　　诀

脾胃功能相并论，脾主运化又连唇。

统血主肉和四肢，脾胃表里不可分。

胃主沉降并恶燥，脾气恶湿宜主升。

胃主容纳和消化，胃火过盛治宜清。

第五节　肺和大肠

一、肺主气

肺脏进行正常的呼吸活动，吸入清气（含有营养的气体）、呼出浊气（含有代谢产物或致病因素的气体），以维持机体的生命活动。而畜体的正气必须由采食水草谷料后转化的营养、与肺脏的吸清呼浊互相结合才能产生，所以说肺主气。在正常情况下，肺气宜降不宜逆；肺气下降，才能与其他脏腑的功能相协调；如果肺气上逆，就要发生气喘、咳嗽等。

二、肺主治节

"治节"就是管理、促进和调节的意思。心主血脉，脾主运化，肾主水的代谢，而肺脏在它们之中起着促进和调节的作用。

1. 促进血液循环　心主血，肺主气，"气为血帅，气行则血行。"肺有辅助心脏促进血液循环的功能；如果血液循环发生障碍，出现出血、淤血症状，既要用治心、治血的药物，也要用补气、行气的药物，如党参、白术、黄芪、甘草、厚朴、枳壳、砂仁、陈皮等。

2. 调节水液代谢　全身水液代谢主要是肾的功能，小肠分清浊，将废水下送膀胱，必须通过肾的气化作用。并且水的代谢也离不开脾的运化和肺气的调节，它是由肺、脾、肾三脏，通过三焦的气化功能实现的。当肺气阻滞或不足时，可发生尿少、泄泻、浮肿等症，治疗上在利水的同时，还应补气、行气，效果才显著。

三、肺主皮毛

肺与皮毛有密切关系。临床上，肺有病可影响皮毛，皮毛有病也可影响肺。这是因为"肺主气"，而卫气分布于体表，对体温的保持和汗液的排泄起调节作用。若肺的功能减退（肺气虚弱），则卫气也相应衰退，皮毛的正常作用就会受到影响，表现出汗、皮肤松弛或皮毛干燥焦枯等症状。此时，若受到风寒外邪的侵袭，就会出现发热、流涕、咳嗽、气喘等感冒或肺热的病症，治疗应从治肺入手。由于肺主皮毛，肺有病可治皮毛，皮毛有病也可治肺。

四、肺连鼻

"肺连鼻""肺开窍于鼻"，说明肺和鼻互相联系。肺有呼吸作用，而鼻是气体出入的门户，也经常是病邪出入的途径，肺病经常由鼻传入，而肺有病又可影响鼻，许多肺病从鼻部表现症状。如肺热可见鼻流白色黏液性鼻液，肺痈可见鼻流脓性鼻液，很多肺的疾病可见鼻孔开张、呼吸困难等。

五、肺和大肠相表里

肺和大肠经脉互相络属。肺有病往往见有粪便排泄的障碍；大肠有病往往又与肺气不畅通有关。临床上治疗肺病常配合通利大肠，用滑肠下泻药；治大肠病也常配合疏通肺气，用补肺、理气的药物。大肠主传送糟粕，大肠接受小肠送来的草谷糟粕，继续向下传送，并改变糟粕的形态，成为粪球，排出体外。大肠发病主要表现传送的障碍，如结症、泄泻等。

肺与大肠的经脉相互络属，构成一脏一腑的表里关系。在生理情况下，大肠的传导功能正常，有赖于肺气肃降；而大肠传导通畅，肺气才能和利。在病理情况下，若肺气壅滞，失其肃降之功，可引起大肠传导阻滞，导致粪便秘结；反之，大肠传导阻滞，亦可引起肺气肃降失常，出现气短、咳嗽等症。在临床治疗上，肺有实热时，常泻大肠，使肺热由大肠下泻；反之，大肠阻塞时，也可宣通肺气，以疏利大肠。

歌　诀

肺的功能是主气，肺主皮毛又连鼻。

促血调水为治节，更与大肠相表里。

大肠主要传糟粕，有病结症或拉稀。

第六节　肾和膀胱

肾脏位于腹内腰下，所以有"腰为肾之府"的说法，肾经有病常表现腰部的病状。

中兽医把肾脏称为内肾，把睾丸称为外肾。把肾脏的功能（肾阳）称为命门相火，命门就是生命之门，表示很重要的意思；相火是针对心的功能——心火（旧称君火）而说的；火是动力，心主导全身，所以心火是全身功能活动的主导力量；而肾的命门相火起着辅助的作用，也就是生命活动力的重要辅助力量。

一、肾藏精

精指体内的营养物质，可分两类；一是五脏六腑的精，一是肾脏本身的精。"肾藏精"说明肾脏是体内储藏营养物质的主要脏器。

1. 六脏六腑的精　也就是后天的精，是水草谷料经过胃肠消化吸收、脾的运化转输到五脏六腑以至全身的营养物质。这种营养一部分供全身功能活动的需要，一部分储藏在肾内，以备急用时的需要。

2. 肾脏本身的精　也就是先天的精，即有生殖作用的精。也有两种：一种有生育繁殖作用，如公母马的精与卵。一种能促进身体的生长发育，与机体的生长和衰老有密切关系，如睾丸、卵巢和其他内分泌腺等。

精属阴，肾所藏的精属于肾阴；而肾所表现的功能属于肾阳，也就是肾气。肾阴充足则肾气旺盛，机体的生长发育也就正常。如果肾阴不足、肾气衰弱，机体的生长发育就会受到影响，表现种种病态。年轻时肾阴足，肾气旺；到了老龄肾阴虚，肾气衰，表现衰老现象，这是自然界的发展规律。

二、肾主骨、生髓、通于脑

肾藏精，而髓是由精转化来的，所以说肾生髓。精气充足，生髓的功能才能旺盛，骨髓旺盛能够滋养骨骼，使骨骼发育坚实，所以说肾主骨。脑是由髓汇合而成，"脑为髓海"（海有多、丰富、聚会的意思），而髓是肾经所生，因此肾与脑的联系是非常密切的，所以有"神通于脑""肾壮则脑健"的说法。此外，牙齿也有骨和髓，同样与肾有密切关系，在临床上，遇到腰脊板硬、骨质疏松、四肢软弱、牙齿松动脱落、神智痴呆等都要从治肾入手。

三、肾连耳和二阴，主水，主生育

"肾气通于耳"，说明肾与耳有密切关系。在临床上，常见肾有病时，听觉发生障碍；反之，听觉有障碍的病马，用补肾药物治疗可以收效。

二阴即指泌尿生殖器（阴茎或阴门）和肛门。"肾开窍于二阴"，说明肾与生殖机能和粪、尿的排泄有关。肾有调节体内水液代谢的作用，小肠内的水分必须通过肾的气化作用，才能成为尿液进入膀胱排出，同时也保证了粪便的正常排泄。所以有"肾为水脏""肾主水"的说法。若肾阳虚，命门相火不足，则胃肠不能消化而清浊不分，脾不能运化水湿，尿液不能下走膀胱，水分过度集于肠内而发生腹泻，治疗时应温补肾阳为主。若肾阴不足，肾水亏乏，阴虚阳亢而生内热，可引起津液干枯、尿液减少、粪便燥结等。

除睾丸、卵巢外，公马的附睾、精囊，母马的子宫，也具有发情、怀胎生育繁殖作用，都受先天之精的支配，因此与肾有密切的关系，若肾阴不足、肾气衰弱，可使生殖机能减退，发生公马精少、滑精、阳痿，母马不孕等。

四、肾和膀胱相表里

肾和膀胱经脉相互络属。膀胱有储尿和排尿的功能。体内津液的营养经小肠吸收，对陈废的水液，经肾的气化变成尿液，输入膀胱而排出。若膀胱有病，多发生尿闭、尿淋漓等。

肾与膀胱的经脉相互络属，二者互为表里。肾主水，膀胱有储存和排泄尿液之功，两者均参与机体的水液代谢过程。肾气有助膀胱气化和主膀胱开合以约束尿液的作用。若肾气充足，固摄有权，则膀胱开合有度，尿液的储存和排泄正常；若肾气不足，失去固摄及主膀胱开合作用，则引起多尿及尿失禁等症；若肾虚气化不及，则导致尿闭或排尿不畅。

歌　　诀

肾主藏精是水脏，主育连耳和二阴。

主骨生髓又通脑，肾和膀胱表里亲。

膀胱储尿又排尿，有病尿闭或尿淋。

第七节　心包络和三焦

一、心包络保护心脏

心包络，简称包络，又叫心包。

心包络在心脏的外围，是心脏的包膜。当病邪侵犯畜体时，心包络起到保护心脏的作用，使心脏不受或少受病害，所以有心包络"代心受邪"的说法。一旦病邪侵及心包，其症状表现与心脏是一致的。例如，在发热的疾病中，心包病与心病的症状都以神昏、惊狂、抽搐等意识障碍和神经症状为主。

二、心包络和三焦相表里

心包络和三焦经脉互相络属，心包是心的外卫，三焦是脏腑的外卫。

1. 三焦的划分　三焦是前焦、中焦和后焦的总称，它是马体前、中、后三个部分，而不是一个单独的器官。三焦是脏腑的外卫。由于三焦的存在，把动物体各个脏腑和整个躯体联系起来；以三焦的气化作用综合全身各个器官的功能活动，体现了局部与整体辩证统一的观点。

前焦包括头和胸部，中焦包括脐以前的腹部，后焦包括脐以后的腹部。但是这种划分绝不是单纯的解剖部位的区分，而是依照内脏功能，结合体躯部位划分的。

（1）前焦　从前头至膈以前的胸部，即从口腔到胃上口（贲门），包括心、肺两脏在内。

（2）中焦　膈以后至脐的腹部前部，即从胃上口到胃下口（幽门），包括脾、胃、胰腺以及部分小肠在内。

（3）后焦　脐以后的腹腔后部，从小肠至二阴，包括肝、肾、膀胱和大肠在内。

2. 三焦的功能　主管全身的气化作用和调节水的代谢。但三焦也有它们各自的特点。

（1）前焦主纳　前焦有收纳水草谷料、通达卫气、推动气血循环的功能。胃上口开窍于前焦，水草谷料必经前焦接受以后，才能纳入中焦，食物营养进入心、血管成为血液，必须有心、肺功能的协同配合，才能在全身循环运行。卫气的产生必须有肺的呼吸作用，才能通达体表，起到卫外的作用。前焦的病状以心、肺的功能变化为主。

（2）中焦主化　胃主消化，脾主运化，中焦以脾胃的功能为主，水草谷料的消化，营养和水液的运输，气血、津液的产生和滋养全身的功能，是中焦脾、胃起着决定性作用。中焦发病，主要表现消化不良和气血虚弱等症。

（3）后焦主出　有分别清浊、调节水液、排出二便的功能。主要是肾、膀胱和大肠的生理作用。若后焦发生病变，常见便秘、腹泻、浮肿、排尿异常等症。

三焦虽然是三个部位，各有其主要功能，但它们是相互联系、相互制约并相互转化的统一整体。因此，在临床上我们一定要从整体观念出发，全面地认识它、理解它。比如，调节水分代谢的功能，不应仅看作是后焦肾和膀胱两个脏器的作用，全身水的代谢必须有三焦整体的气化作用，必须是前有肺气的畅通，中有脾气的运化，后有肾阳的气化，前、中、后三焦协同配合共同完成；其中若有一个环节发生障碍，就会影响水的代谢。

歌　诀

心包代心受病邪，包络三焦表里行。

三焦可分前中后，气化作用总功能。

主纳主化又主出，调节水液要协同。

第八节　八纲辨证

中兽医在长期的实践中，将疾病的复杂症状，综合归纳出表、里、寒、热、虚、实、阴、阳这八种类型，作为辨证的纲领，称为八纲（也称八证）。采用汗、下、温、清、补、吐、和、消八种治疗方法，进行治疗，称为八法。一般是表证用发汗法，里证用泻下法，寒证用温热法，热证用清凉法，虚证用滋补法，表里之间和寒热交杂证用和解法，积滞用消导法。

一、表证和里证

表证和里证是按机体的内外区分的，以区别病变部位。四肢及皮肤肌肉等组织为表，内脏为里。辨别表里，可了解病势的轻重。一般情况病在表较轻，病在里较重。表证是指病在体表,里证是指病在脏腑。里证的范围很广,除了表证以外的病症,都属于里证(表 3-1)。

(一)表证

表证大多是机体抵抗力减弱,外感风寒暑湿,大多数出现于出汗以后,汗孔开张或皮肤疏松,致使病邪乘虚而入,引起发病。

病马表现为精神沉郁,被毛粗乱,发热怕冷,连声咳嗽,流清鼻涕,口色红,脉浮。如感冒。治疗宜用汗法,可选用桑叶、菊花、麻黄、桂枝、防风、荆芥等发表解热的药物,以清除体表病邪。

运用汗发时应注意:一是服药后,最好牵于温暖的厩舍内或在病马背上覆盖麻袋加以保温,饮以温水。二是在大失血或剧烈下泻时,原则上禁止发汗,如确有表证须用汗法时,必须妥善配合补气、滋阴、养血等药物进行治疗。

(二)里证

里证主要是内伤于饥饱劳逸或表证未愈传入于里所引起的。

病马表现为精神不振,多卧少立,气喘,食欲减退,粪便干燥或泄泻,尿液短少或量多,脉象沉细或洪数等。

里证也有寒、热、虚、实等不同类型。

由于里证范围很广,症状也很复杂,必须辨证施治,如里寒证应温中散寒(见寒证);里热证应清热降火(见热证),里虚证应滋补(见虚证),里实证应泻下(见实证)。这里主要介绍和法。

和法是利用药物的疏通调和作用,以调整机体和脏腑的不平衡。和法治疗范围很广,在疾病尚未酿成大寒、大热、大虚、大实的情况,以及病在表里之间或寒热交杂的情况下,不适于汗、下、温、清、补、吐、消等单一治法的,均可使用和法进行治疗。如病马由于外感内伤表现精神倦怠、口鼻寒冷、腰弓毛立、颤抖,吃草慢或不食,粪干或软、尿少等症,在治疗时,一般首先采用和法。如用青木香、厚朴、半夏、茯苓、白术、肉豆蔻、陈皮、甘草等药物。

(三)表里证的变化

1. 表里同病　一个病既有表证又有里证,称为表里同病。在临床上对待表里同病,一定要仔细辨认。例如,当马既感冒又拉稀则可出现怕冷与腹痛、下痢。要根据二者的先病后病,分清轻重,而给以表里缓急不同的治疗。又如破伤风既是破伤外感风邪又是邪热入里的表里同病,治宜祛风镇痉(用防风、荆芥、羌活、独活、全蝎、蝉蜕、僵蚕、天麻等)、清解邪热(用菊花、黄芩、石膏、栀子、薄荷等)。

2. 表证入里和里证出表　在临床上辨别表里出入,是了解疾病发展趋势的过程。病有从外到内,也有从内到外的。从外到内,即由表入里,病情为重为逆;从内到外,即由里出表,病情为轻为顺(表 3-1)。

(1)表证入里　凡病表证,病马神志清楚,呼吸、粪尿变化不太大,可知邪未传里;若见躁动不安,发热气喘,粪干尿涩或下痢便血,即表邪已经入里。

(2)里证出表　如马患喉骨胀(腺疫)过程中,发热,食槽肿胀,唇舌鲜红,脉象洪数,属于里热证;一旦槽结成熟,破溃出脓,症状减轻,是由里出表的象征。

上述是表里二证临床辨证的一般情况,不论任何表证或里证的出现,都不是一个孤立的变化,根据病邪和机体抵抗强弱不同,往往呈现复杂多样的病状,应该加以注意。

表3-1 表证和里证鉴别

	表现									治疗	
	精神	体表	耳鼻	起卧	呼吸	口色	粪	尿	咳嗽	脉象	治则	用药
表证	精神沉郁	发热怕冷、被毛粗乱	鼻流清涕			红			连声咳嗽	脉浮	汗法	桑叶、菊花、麻黄、桂枝、防风、荆芥等
里证	精神不振	毛焦肷吊	无涕或脓涕	多卧少起	呼吸促迫		粪干或泄泻	尿液短少	气喘	洪数和沉细	①下法 ②和法	和法：青木香、厚朴、茯苓、白术、肉豆蔻、党参、甘草

歌　诀

病因外感是表证，发热流涕又怕冷。
精神沉郁连声咳，毛乱脉浮口色红。
典型病例是感冒，发表解热要记清。
表证除外病入里，精神不振卧难起。
气喘粪干或泄泻，尿液短少脉沉细。
里分寒热和虚实，温清补攻治当宜。

二、寒证和热证

寒与热是马体内正气与邪气斗争中，引起的阴阳偏盛、偏衰两种不同性质的病理表现。寒证是阴盛阳衰的表现，凡因寒邪引起或因机能衰退所产生的病症均称为寒证。热证是阳盛阴衰的表现，因热邪引起或因机能亢盛所产生的病症为热证（表3-2）。

（一）寒证

在疾病过程中，机体反应低沉，表现出一系列"寒象"，如怕冷、被毛竖立、耳鼻发凉、口色青黄或青白、口流清涎、脉象沉细、肠鸣如雷、腹痛起卧或泄泻等症状。

治疗寒证多用温法，就是使用温性或热性的药物，如肉桂、附子、茱萸、良姜、茴香等，以消除病马体内的寒邪，而起到温中散寒的作用。如胃火微弱、脾阳不运以致慢性腹泻、消化不良时，应采用白术、厚朴、肉豆蔻、炮姜、陈皮等健脾暖胃的药物，使脾胃的机能旺盛，则腹泻即止。

（二）热证

在疾病过程中，机体反应亢进，表现出一系列"热象"，如发热，精神倦怠，被毛粗乱，耳鼻发热，呼吸促迫，两眼生眵，粪便燥结，尿浓色黄，口干舌燥，口色鲜红、带有黄白色舌苔和臭味，脉象洪数等症状。治疗应用清法，就是使用寒凉性的药物，以达到清热泻火的作用；尤其在表邪全解、里热炽盛的情况下，使用清法最为适当。由于热证可分虚热和实热两种类型，治疗时应根据具体情况，选用适当方剂和药物。

1. 虚热 主要指阴虚发热，多系瘦弱马长期患病或发生于传染病的慢性发作及某些寄生虫病过程中。表现发热、咳嗽、微喘、鼻流清涕、精神倦怠、耳聋头低、行走无力、容易出汗、口色淡红、脉象细数等症状，见于马的肺痨（慢性鼻疽）、慢症（传染性贫血）、脑黄（脑炎）和焦虫病、锥虫病等疾病过程中，治疗宜滋阴降火为主。常用药物有知母、玄参、丹皮、麦冬、黄柏等。

2. 实热 多由于外感暑热或疫疠所致，病马精神倦怠、眼闭头低、行立痴呆、口内灼热或呼吸促迫、连声咳嗽、咽喉肿胀、鼻流脓涕、水草难咽，有的浑身肉颤、出汗如浆、口色红、脉象洪数等，多见于喉骨胀（腺疫）、黑汗风（中暑）等，治宜清热、泻火、解毒。常用香薷、黄连、黄芩、天花粉、栀子、连翘等药物。但要注意实热证候严格禁用温法，尤其是性大热的药物更不能用，如附子、肉桂等。否则如同火上加油，极易导致病情恶化（表3-2）。

表3-2 寒证和热证鉴别

	表现										治疗	
反应	体表	起卧	呼吸	口色	津液	舌苔	粪	尿	肠音	耳鼻	脉象	治则	用药
寒证	反应低沉	怕冷、被毛竖立	起卧或腹痛		青黄或青白	口流青涎		泄泻	尿清量多	肠鸣如雷	耳鼻发凉	沉细	温法	肉桂、附子、茱萸、良姜、茴香
热证	反应亢进	发热、被毛粗乱		促迫	鲜红	口干舌燥	黄白有臭味	燥结	尿浓色黄		耳鼻发热	洪数	清法	虚热：知母、玄参、丹皮、麦冬、黄柏　实热：香薷、黄连、黄芩、天花粉、栀子、连翘

歌　诀

寒邪侵袭是病因，阴盛阳衰是寒证。
被毛竖立又怕冷，耳鼻发凉肠雷鸣。
腹痛泄泻口流涎，口色青黄脉细沉。
热气熏蒸是病因，阳盛阴衰暑热证。
体表发热精神少，口干舌燥色鲜红。
脉象洪数呼吸喘，粪干苔黄眼眵生。
热证可分虚和实，滋阴清热要分清。

三、虚证和实证

虚证是指机体正气不足所表现的机能衰退的现象，实证是指体内邪气过盛所表现的机能亢进或结实的现象。一般体弱多病，多属虚证；体壮新病，多属实证。实证范围很广，在表证、里证、寒证和热证中，都有属于实证的内容。由于结实的部位不同，又有不同的名称；如结在皮肤生黄肿，结在肌肉多发疮，结在筋骨肿，结在肠胃成结症（肠便秘），见表3-3。

（一）虚证

虚证可分气虚、血虚、阴虚和阳虚等，治疗时宜用补法。如气虚宜补气为主，血虚以补血为主，如为气血两虚宜气血双补；阴虚应滋阴，阳虚应补阳。

1. 气虚和阳虚 多因劳伤过度所致或在久病重病的后期，表现为精神不振，毛焦体瘦，体表发凉怕冷，四肢无力，劳役时多汗或自汗，慢性腹泻，呼吸气短而促，动则气喘，鼻流脓涕，叫声低微，口色淡红，脉细无力，见于劳伤（心力衰竭）、肺胀（肺气肿）、子宫脱、脱肛等，治宜补气助阳，用党参、白术、茯苓、炙草、黄芪、附子、肉桂等。

2. 血虚和阴虚 多因外伤内损失血所引起。表现为毛焦体瘦，四肢无力，多卧少立，口眼黏膜苍白，脉细无力；阴虚还可见易出汗，发热咳嗽，动则气喘，粪便干燥，尿浓色黄，咽干口燥，舌红无苔，脉细数等症，见于慢性传染性贫血、母马产后衰弱、尿血、外伤出血等。治疗时，对血虚宜补血养血，用熟地、白芍、当归、川芎、阿胶等，对阴虚宜滋阴降火，用玄参、生地、寸冬、知母等。

用补法时，应运用补气和助阳、补血与滋阴相互促进、互相配合的方法。其次要区分六脏中哪一脏亏虚，有针对性地进行补益。如脾虚补脾、肺虚补肺等。此外，随着虚弱程度的不同一般又有峻补和缓补的区别，峻补法适用于极虚的病马和垂死的病症，如突然大出血引起虚脱时，治疗用大量党参、黄芪等。缓补法适用于一般的虚证或邪气还未全退，正气虽虚而不能大补的病症，应用气味较淡薄的药物缓缓滋补，使其逐渐恢复，治疗用党参、白术、茯苓、甘草等。临床上尽管疾病千变万化，补法也复杂多样。但必须抓住主要矛盾，一般采用补法时，首先应照顾脾胃，如果脾胃不能运化，给予任何补剂都不能起到补益作用，这是使用补法的关键。此外，补法虽然可以"扶正祛邪"，但在邪势正盛时，虽有虚象，也应以祛邪为主，或攻补兼施，邪去则正气就会逐渐恢复。

（二）实证

症状表现为体表各处发生黄肿，或食槽（下颌）胀满，口色红，舌苔黄厚，脉象洪数；或腹痛起卧，气滞臌胀，水草停滞，粪便秘结，尿浓色黄，口干，脉沉而不畅等。见于黄肿、喉骨胀、大肚结、结症等。治疗时，对胃肠结滞宜用泻下和消导法，对体表黄肿宜用清法（见实热证）。

1. 泻下法 就是应用通利下泻的药物，排除体内或肠内的结滞。适用于里证、实证。临床上常用的有攻下和润下两种：

（1）攻下 用作用猛烈的苦寒药物，如用芒硝、大黄、二丑等，治疗体质强壮病马的里实热证。

（2）润下 用作用缓和的润肠药，如用当归、肉苁蓉、蜂蜜、火麻仁、郁李仁等，治疗年老体弱或母马胎前产后肠胃结滞。

使用下法时应注意：①母马在妊娠期间，应当慎用下法；②年老体弱、阳气已虚的病马和产后血亏的母马，只宜润下，禁用攻下。

2. 消导法 具有消积导滞作用，凡由于停食、停饮所造成的积聚性、停滞性的慢性疾病，都适用消法。

消的方法很多，应针对病情分别选择使用。如因草料停滞、消化机能障碍等，应使用枳实、厚朴、大黄、槟榔、青皮、焦三仙等健脾消积的药物。如痰饮停于胸膈，采用消痰化饮的方法，如用桔梗、半夏、南星、桑皮、瓜蒌等药物治疗；如水湿内停，而形成粪稀尿少，应采用猪苓、茯苓、泽泻、车前子等利水药，使水湿有尿排出。

从气血方面着眼，实证还可分为气实和血实两种：

（1）气实（气滞） 就是气停滞不流畅的意思。表现为呼吸急促、肚腹胀满、粪便燥结、疼痛起卧、脉洪有力，见于胀肚等。治疗宜用枳实、槟榔、二丑、芒硝、三棱、莪术、乌药、莱菔子、木香等以行气导滞。

（2）血实（血瘀）　就是血流不畅或血液停滞、淤积的意思。多见于淤血及跌打损伤引起的疾病。表现为疼痛与肿胀部位随血瘀所在部位而不同，治疗宜用土虫、乳香、没药、血竭、当归、续断、南星等以活血散瘀止痛。

表3-3　虚证和实证鉴别

表现													治疗	
病情	精神	体表	耳鼻	四肢	起卧	呼吸	口色	舌苔	粪	尿	咳嗽	脉象	治则	用药
虚证 体弱多病	精神不振	毛焦胘吊易出汗	鼻流脓涕	四肢无力或虚肿	多卧	气短	苍白	白	泄泻	尿淋漓	动则气喘	沉细	补法	补气：党参、白术、茯苓、甘草； 补血：熟地、白芍、当归、川芎、阿胶
实证 体壮新病		红肿热痛		跌打损伤	腹痛起卧	促迫	红	黄厚	秘结	尿浓色黄		洪数或沉而不畅	①泻下法 ②消导法	攻下：芒硝、大黄、二丑； 润下：当归、肉苁蓉、蜂蜜、火麻仁、郁李仁； 消导：枳实、厚朴、大黄、槟榔、青皮、焦三仙； 消痰：桔梗、半夏、南星、桑皮、瓜蒌； 利尿：猪苓、茯苓、泽泻、车前

歌　诀

虚证主因气血虚，毛焦胘吊汗出易。
动则气喘四肢肿，口色苍白脉迟细。
呼吸气短舌苔白，粪便泄泻尿淋漓。
气虚血虚分两类，补气补血要记取。
邪气过盛是实证，停滞不动是实形。
体表各处生黄肿，粪便秘结尿黄浓。
口红苔黄脉不畅，呼吸促迫有腹痛。
气实血实分两类，治宜攻泻和消肿。

四、阴证和阳证

在阴阳、表里、寒热、虚实八纲中，阴阳两证是主要的，是其余六证的总纲，凡是里证、寒证、虚证，多属于阴证。表证、热证、实证，多属于阳证（表3-4）。

1. 阴证　病马表现为发病缓慢，精神不振，眼闭头低，鼻寒耳冷，喘咳轻微，粪稀下泻，口色青白，舌津滑利，脉沉迟细。见于冷痛、冷肠泄泻等。此外，疮黄不红、不热、不痛（或疼痛轻微），脓汁稀薄，也属阴证。

阴证的病性，主要属于阴盛或阳虚两方面。治疗时，对阴盛应祛阴（用桂枝、细辛、吴茱萸、茴香等），对阳虚应助阳（用肉桂、附子、党参、黄芪等）。

2. 阳证　病马表现为发病急速，狂躁不安，疼痛滚转，高热不退，气促喘粗，口色红，口干舌燥，脉浮洪数，粪便干燥，尿浓色黄。见于脑炎、中暑等。疮黄红、肿、热、痛明显，脓汁稠黄发臭，也属阳证。

阳证的病性，主要属于阳盛或阴虚两方面。治疗时阳盛应治阳（用黄连、大黄等），阴虚应滋阴（用当归、熟地、何首乌、枸杞、知母、玄参等）。

表 3-4　阴证和阳证鉴别

	表现								治疗	
	发病	精神	口色	津液	粪	尿	咳嗽	体表	脉象	治则	用药
阴证	多数发病缓慢	精神不振眼闭头低	清白	舌津滑利	粪稀下泄	尿清量多	喘咳轻微	疮黄不红、不热、不痛、脓汁稀薄	脉沉迟细	阴盛—祛阴、阳虚—助阳	祛阴：桂枝、细心、吴茱萸、茴香；助阳：肉桂、附子、党参、黄芪
阳证	发病急速	狂躁不安疼痛滚转	红	口干舌燥	粪便干燥	尿浓色黄	气促喘粗	疮黄红、肿、热、痛、脓汁稠黄	脉浮洪数	阳盛—制阳、阴虚—滋阴	制阳：黄连、大黄；滋阴：当归、熟地、何首乌、枸杞、知母、玄参

歌　　诀

里、寒、虚证都属阴，眼闭头低耳鼻冷。

精神不振喘轻微，　　舌津滑利口色青。

粪稀下泻脉沉迟，　　阴盛祛阴虚（阳虚）助阳。

表、热、实证都属阳，高热气喘有发狂。

口红舌燥脉洪数，　　粪便干燥尿浓黄。

阴阳盛衰须分辨，　　滋阴制阳要相当。

五、八纲和八法的相互关系

八纲八法有着密切关系。八纲辨证就是将四诊所搜集到的各种病情资料进行综合，对疾病的部位、性质、正邪与盛衰等加以概括，归纳为八个具有普遍性的证候类型，用八种方法进行对证治疗。八纲八法有着"互相连接、互相贯通、互相渗透、互相依赖"的密切关系。

阴阳二证在临床上不是孤立存在的，也不是固定不变的，往往夹杂出现，一个病既有阴证又有阳证，即阴中有阳、阳中有阴，也可能相互转化。

表里二证也有密切关系，表证可转化为里证，里证也可转化为表证，在既有表证又有里证时，一般先解表、后攻里。但在内外邪盛，表里俱急时，必须汗下并用。如病马既有发热怕冷、颈强背硬的表证，又有腹胀疼痛的里证，应以汗下并用、表里双解为治则；解表可用桂枝、芍药、生姜、大枣、甘草等，攻里可用芒硝、大黄、二丑等。

寒热二证虽是对立的病理过程，但随着阴阳虚实的转化，可发生前寒后热或前热后寒的夹杂症状。例如，外感风寒，肺中有热、脾胃有寒时，必须温清并用，就是用黄连、黄芩等清肺热，干姜、丁香、茴香等温脾胃。

虚实二证也可互相转化，实证久则伤元气，往往转为虚证，还有体质虚弱又感外邪，或体质强实受邪以后未适当处理，而使病邪深入，变成正虚邪实的状态。例如，气血虚弱，而胃肠结实时，应攻补并用，就是用党参、熟地、黄芪等补气血，以大黄、芒硝攻坚实。凡属内有积聚而又正气衰弱的病畜，可采取消补并用的方法，就是用党参、白术补脾胃，枳实、厚朴、山楂等导滞除胀。

综上所述，寒证用热药，热证用寒药，实证用泻药，虚证用补法，以及八法的配合应用，都是针对疾病情况采取与病性相反的药物进行治疗，所以称正治。但当某些疾病出现假象时，要采用顺从病象而施治的一种方法。如寒证外见热象（真寒假热）要用热药治疗，在风湿病、腹痛、内出血等疾病过程中可见；热症外见寒象（真热假寒）要用寒药治疗，在脑黄（脑炎）、恶黄（炭疽）等某些传染病过程中可见。从现象来看这与寒用热药、热用寒药的正治相反，所以称反治。

现象是标、实质是本，在临床上要分清病马各种症状的现象和本质，也就是明辨标和本的关系。一般说来，引起疾病发生的原因是本，所表现的症状是标，旧病为本，新病为标；原发症状是本，继发症状是标。治疗时首先要治本。因为标是在本的基础上产生的，也就是说现象是由本质决定的，解决了本标也就随即解决了。要根据病马与条件的具体情况，采取急时治标、缓时治本，或标本都急、标本同治的不同治法。同时，标与本，可以互相影响、互相转化，因而有时也可以本病治标、标病治本，这种辩证关系，不可忽视。

在疾病的发展过程中，自始至终贯穿着矛盾的发展变化，因此，疾病的证候有同、有异、有共性、有个性。在辨证施治上，就有"同病异治"和"异病同治"的区分。即同一种疾病，证候不同，治疗的方法也不同，叫同病异治。例如，同是消化不良（草慢或不食），由于胃火内盛引起的胃热不食，属里热证，治应清热为主（用生地、栀子、黄芩、玄参、石膏、知母、连翘等）；由于感受寒凉引起的胃寒不食，属里寒证，治应温中散寒为主（用陈皮、厚朴、肉桂、砂仁、菖蒲、干姜等）。不同的疾病，证候相同，治疗方法也相同，叫异病同治。例如，马由于跌打损伤而发生的关节、肌腱、腱鞘疾病，疾病不同，症状复杂，但病因、病机基本一致，属于气血凝滞、淤血作痛的实证，治应活血散瘀、通经止痛，都可用活血散瘀药治疗。

第九节　六因辨证

根据发病的原因（主要指六因，即风、寒、暑、湿、燥、火六种不正常的外界因素，旧称六淫）及其特有的症候进行辨证，称为六因辨证。

机体内、外环境的对立因素，可概括为"正气"和"邪气"。正气是指机体的生理机能和抗病能力；邪气是指外界的各种致病因素，如内伤饥饱劳役，外感六因，以及外伤、虫兽螫咬、毒物、疫病等。疫病是指一些具有传染性的病原，多伴随六因而发。

疾病的发生决定于体内正气的盛衰，而外在的邪气只是提供了发病的条件。当马正气充足、体力健壮时，即使遭到病邪的侵袭也不发病；只有马体正气虚弱、体力衰退时，邪气才能乘虚而入，使其发病。"正气存内，邪不可干""邪之所凑，其气必虚"就是这个意思。但在一定的条件下，外因也起着重要的作用。

一、风

凡因风邪引起发病的叫做风病，风邪常与六因中其他病邪结合致病，如风寒、风热、风湿等。

感受风邪后，发病的特点是发无定形、痛无定位、活动游走、发病急速、变化很快。如关节风湿或肌肉风湿病，发病较快，表现关节或肌肉的游走性疼痛。局部病变往往不太明显，而患肢跛行显著，运动后又减轻。

风有内风和外风的区别。内风与肝脏有密切的联系，这是因为肝藏血、肝主筋的缘故，肝血不足、血不营筋，而出现痉挛、抽搐等症，就叫肝风。

1. 外风 外感风邪叫做外风，如感冒、风湿病、破伤风等。治法以发表解热或疏散风邪为主，根据病性选用发表解热药（桑叶、菊花、薄荷、桂枝、防风等），或祛风胜湿药（羌活、独活、威灵仙、藁本、五加皮等）。

2. 内风 风从内脏发生叫内风，大多由于内脏积热、扰乱心神而热极生风。热盛耗伤津液或者心血虚少不能滋养肝脏，都可促使肝阳亢盛、肝风内动。内风表现神志不清、惊狂不安、痉挛抽搐、撞壁冲墙、转圈运动等症，如新风黄、脑黄（脑炎）等。治宜滋阴降火（用石膏、生地、知母、黄柏等）、镇惊熄火（用朱砂、天麻、钩藤、僵蚕、石决明、牡蛎等）。

二、寒

寒邪冬季多见，其他季节在气候急剧变化时也可见到。寒有外寒和内寒的不同。

1. 外寒 当马长久站立在阴冷的地方，或汗后突然被大雨淋湿，或卧于有霜雪的地方，受冷风吹袭等，致使寒邪由表入里，表现病症，属于外寒。外感寒邪在表时，宜用辛温发表药治疗。

2. 内寒 多因过饮冷水、过食冰冻草料等，致使寒邪直接侵入脏腑；或因马体虚弱，阳气不足，命门火衰，脏腑功能降低等所引起。内寒所表现的证候与八纲中寒症相同，纲治疗用和血调气、暖胃益脾药。

三、暑

暑邪和热邪一样，夏季多见，其他病邪都有转化成热邪的可能。凡因受热中暑而发病的称为暑病。多因在盛暑烈日下进行长时间的劳役和训练，或在闷热的车船内长途运输，或使役后乘热而喂草料，致使热积脏腑引起中暑，其证候和治法与八纲中热证相同。

四、湿

湿是潮湿、水湿、湿邪，盛夏雨季多见，有内湿和外湿的区分。

1. 外湿 当马久卧湿地，或厩舍潮湿，或久在水田中劳役，或常受雨淋，或久汗不得干燥等，都能受到湿邪侵袭而致病。表现为关节肿痛、肌肉麻痹、四肢肿胀、腹下浮肿、皮肤湿疹等症，治宜燥湿、利湿为主，如用藿香、苍术、厚朴、薏苡仁等。

2. 内湿 内湿是湿从内生，多由病马体虚、脾阳不振、运化功能减退所致，水湿积聚肠胃、皮下或其他组织，如临床上见到的黄肿、胸水、腹水、脾虚泄泻等。治宜健脾利湿为主，如用党参、白术、山药、大腹皮、猪苓、泽泻等。

湿邪中，内湿与外湿不是各自孤立的，往往相互联系、相互转化，而且湿邪多与风、寒、热等病邪结合而致病，如风湿、寒湿、湿热等。风湿见于风湿病，治宜祛风胜湿；寒湿见于腹痛肠鸣、泄泻如水的冷肠泄泻（消化不良），治宜温补脾胃、固肠止泻；湿热见于腹痛起卧、口鼻俱热、粪稀腥臭的急肠黄（胃肠炎），治宜清热解毒、消黄止痛。

五、燥

燥是指干燥，是缺乏水分的表现。燥邪秋季多见，也有内燥和外燥的区分。一般外燥病症较少，内燥症较多，燥症常与热症、火症同时出现。

1. 外燥　外燥是外界干燥的气候影响马体，使体内津液耗伤，表现咽干鼻干、唇燥干咳等各种燥症，如肺燥表现久咳、干咳、无痰，宜采用瓜蒌、花粉、贝母、杏仁、麦冬等润肺止咳药治疗；肺风燥热，表现瘙痒脱毛、皮破成疮，宜采用沙参、玄参、紫参、党参、蒌芜等清肺热、祛风湿的药物治疗。

2. 内燥　内燥多由于大出汗、大出血、大下泻之后，或由于脏腑热盛，或劳役之后不给饮水，或饲后饮水不足，以及不适当使用发汗、温燥、下泄等药物，使马体津液缺乏，精血亏损，表现皮毛干枯、口干舌燥、粪干尿少、精神迟钝等症，治宜滋阴润燥。如肠内粪结不通、腹内积热、灼伤津液，而表现唇舌干燥、口色红、回头看腹、起卧滚转的结症（便秘），治宜攻下通便，润燥滑肠。

六、火

火和热相同，一般说热盛化火，火邪多由于风、寒、暑、湿、燥等病邪侵害马体后转化而成。

火有向上、发热、红肿、干燥等特点，临床上见有发热眼红、口舌生疮、口干急饮、尿少粪干等，多属火证。

火分实火和虚火，与热证中的实热和虚热相同，治疗时也是清热泻火和滋阴降火，参见热证内容即可。

第十节　脏腑辨证

根据脏腑的功能，对复杂的症状进行分析归纳，明确疾病所在部位和性质，为治疗打好基础，就是脏腑辨证。疾病的症状极其复杂，每一脏或腑都有其寒、热、虚、实不同的临床表现。在这里，只列举常发病中多见的证候加以叙述。

一、心病证候（含心包络病证候）

1. 心热证　证见发热、出汗、口舌肿胀、生疮、流涎、口色鲜红、脉洪数，治应清热泻火、滋阴降火。重者邪入心包、神志昏迷、行立不稳、倒卧昏睡；或者惊狂不安、撞壁冲墙、转圈运动等，治应清热解毒、宁心安神。

2. 心虚证

（1）心阳虚（气虚）　心搏强盛、咳嗽气短、动则出汗、胸腹下浮肿、四肢无力、口唇发绀、脉沉细或结代，治应补气助阳、通经利水。

（2）**心阴虚（血虚）** 心搏强盛、易惊不安、经常出汗、瘦弱无力、口色苍白、脉沉细或细数，治应滋阴补血、宁心敛汗。

二、小肠病证候

1. 小肠实热证 尿少、尿淋、尿血，口舌生疮，口色红，脉数，治应清热泻火、渗湿利水、凉血止血。

2. 小肠虚寒证 肠鸣腹痛、泄泻、尿频而涩、口色青白、脉沉迟，治应温中散寒、渗湿利水。

三、肝病证候

1. 肝热证 发热、躁动不安、眼红肿痛、流泪难睁、睛生云翳、蹄叶淤血疼痛、尿浓色黄、粪便干燥、口色鲜红、脉洪而数。治应清肝泻火、明目退翳。重者神志昏迷、肌肉震颤、四肢拘挛、抽搐强直。治应滋阴降火、平肝息风。

2. 肝虚证 眼干、夜盲，内障，视力减退，口色红，脉沉细。重者四肢麻木、拘挛抽搐、蹄甲干枯。治应滋阴养血、明目退翳。

四、胆病证候

胆实热证 口温增高、有黏涎、黄疸、口唇红而带黄、尿浓色黄、粪便干燥、色淡而臭、脉数。治应清热燥湿、通便利胆。

五、脾病证候

1. 脾寒证 腹痛起卧、肠鸣泄泻、消化不良、鼻寒耳冷、四肢发凉、口唇松弛、口色青黄、脉沉迟，治应温中散寒、和血理气、渗湿利水。

2. 脾虚证 食欲减退、消化不良、肠鸣泄泻、毛焦欣吊、肢体消瘦、四肢浮肿、尿量短少、口色青白、脉迟细，治应健脾补气、渗湿利水；或见慢性出血、贫血、唇舌有淤血斑点、口色淡白、脉细弱，治应健脾补气、和血养血。

六、胃病证候

1. 胃热证 食欲减少，口腔干臭或有黏涎、齿龈肿痛、尿少粪干、口色鲜红、舌有黄苔、脉洪数。治应清热泻火、通便利水。

2. 胃实证 饮食停滞、肚腹胀痛、前肢刨地、起卧滚转、气促喘粗、嗳气酸臭、口色深红、脉沉不畅，治应消积导滞、化谷宽中、和血理气。

七、肺病证候

1. 肺热证 发热、气喘、咳嗽、鼻流脓涕、尿少粪干、口色鲜红、脉洪数，治应清热泻火、祛痰止咳。若高热、气促喘粗、鼻脓腥臭者，为肺实热证，治应清热解毒、降气定喘。

2. 肺虚证 皮燥毛脱、倦怠无力、易出虚汗、咳嗽气喘、动则喘重、鼻液稀薄、日渐瘦弱、口色如绵、脉细弱，治应滋阴补肺、止咳、祛痰、敛汗定喘。

八、大肠病证候

1. 大肠虚寒证 鼻寒耳冷、肠鸣腹痛、消化不良、粪便稀软、口色青黄、脉沉迟，治应温中散寒、燥湿利水。重者久泻不止、四肢发凉、气虚下陷而肛门、直肠或子宫脱出，治应补中益气、燥湿涩肠。

2. 大肠热证 发热、口内燥热、唇舌干燥、腹内疼痛、粪干或下痢带脓血、粪便恶臭、尿少、口色深红、脉洪数，治应清热解毒、凉血止痢、燥湿利水。

3. 大肠实证 食欲废绝、肚腹胀痛、回头观腹、起卧滚转、粪便燥结、排尿短少、口色燥红、舌苔黄白、脉沉而黏滞不畅，治应通便攻下、消积导滞、破气散结。

九、肾病证候

1. 肾阴虚证 腰部疼痛、腰胯无力、粪便秘结、举阳滑精、易出虚汗、口色淡红、脉沉细数，或见口舌生疮、心跳不安、咳嗽气喘、惊痫抽搐等。治应滋补肾阴、敛汗涩精、润肠通便、镇惊解痉。

2. 肾阳虚证 腰部冷痛、腰脊板硬、四肢无力、难起难卧、阳痿滑精、阴茎麻痹、口色淡、脉沉迟，或后肢腹下浮肿、消化不良、泄泻、咳嗽气喘、阴囊水肿、睾丸硬肿等。治应培补肾阳、温暖腰肾、壮阳涩精、燥湿利水。

十、膀胱病证候

1. 膀胱虚寒证 尿淋漓或尿失禁、尿液澄清、排尿无痛或疼痛轻微、口色淡、脉沉，治应补肾助阳、渗湿利水。

2. 膀胱实热证 尿闭或尿淋、排尿疼痛、蹲腰踏地、尿浊量少、尿中带血、口色深红、脉数，治应滋阴降火、和血理气、通淋利水。

十一、三焦病证候

前、中、后三焦发病的证候与它们所包含的主要脏腑的病证是一致的。前焦发病表现心肺的病证，中焦发病表现脾胃的病证，后焦发病表现肝肾的病证。但在辨证施治中，尤其对热性病的诊治，有一种按三焦辨证的方法，标志着疾病发展过程中三个不同的阶段，也代表着疾病的轻重深浅。一般外感初起，多发于上焦，病轻而浅；顺次传入中焦、下焦；病到下焦，病深而重。但病在上焦时，最初病在皮毛、在表、在卫分，进而心肺积热，病在里、在气分。再传中焦，则邪入心包，出现神志障碍、痉挛抽搐相当于营分的症状时，值得注意。治疗上，应分别不同的脏腑部位，施以不同的治疗方法。一般仍然是上焦治心肺，中焦治脾胃，下焦治肝肾。

卫、气、营、血代表热性疾病发展过程中的四个阶段。热病初起，病在卫分，病症较浅，主要为表证，治应发表解热。病在气分，病邪入里，为里热证，治应清热泻火。病在营分，病邪深入，出现高热、痉挛抽搐等，治应滋阴降火、安神镇惊。病在血分，病最深重，见有出血症状，如出血斑点、鼻出血、便血、尿血等，治应清热凉血止血。但应注意，这些病证是互相转化或相兼出现的，不是截然分隔的，在辨证中要善于抓主要矛盾。

十二、十四经脉的循环路线

1. 前肢肺经 起自中焦，后行络大肠，回绕胃上口（贲门），出胸，由肩后经肩前，上行至喉，又沿颈静脉下行绕至腋下，走桡骨第三掌骨前内缘，止于冠骨前内缘，入蹄。常用穴位有肺俞、肺攀、肺门、颈脉（鹘脉）。

2. 前肢大肠经 一支起于冠骨前外侧，沿第三掌骨、桡骨前外缘上行，经肩关节走肩胛冈前缘上行，至鬐甲再向下入胸络肺，下膈入属大肠。另一支沿颈部上行经颊至鼻侧。常用穴位有前蹄头、前三里、肩俞、血堂、鼻俞、降温。

3. 后肢胃经 一支起自鼻侧，入上齿龈，环绕口唇，连舌体再上颊部，沿喉循颈由肩胛下入胸过膈，属胃络脾。另一支沿胸腹侧后行，经膝关节，沿胫骨、第三跖骨外侧前缘，到冠骨外侧前缘，入蹄。常用穴位有姜芽、玉堂、通关、锁口、开关、三江、睛明、盲俞、下关、阴市、掠草、后三里、后蹄头。

4. 后肢脾经 一支起于冠骨前内缘，沿第三跖骨、胫骨的前内缘上行，经股内侧前缘，前行于胸腹下方。另一支由股直达腹内，属脾络胃，前行过膈，注于心中；另一支，上行咽喉部，散于舌下。常用穴位有带脉。

5. 前肢心经 起于心中，后行过膈络小肠，一支从心上行，经咽喉入舌体，上行经眼球后连于脑；另一支前行出腋下，沿尺骨、第二掌骨内侧后缘下行，到冠骨内后缘，入蹄。常用穴位有胸膛。

6. 前肢小肠经 一支起于前肢冠骨外后侧，沿第4掌骨及尺骨外侧后缘上行，出肘后，经肩胛冈至第7颈椎下缘，入胸络心，过膈至胃，再下行入属小肠；另一支沿颈静脉沟上行头部。常用穴位有明堂、前缠腕、冲天、肩贞、天宗、上关。

7. 后肢膀胱经 一支起于外眼角，沿头顶、颈、脊柱两旁后行，至腰入内络肾属膀胱，另一支继续沿腰荐旁后行，再沿后肢的外后缘下行，至冠骨外侧后缘，入蹄。常用穴位有太阳、垂睛、伏兔、九委、膊尖、弓子、膊栏、胃俞、大肠俞、关元俞、通肠、腰前、腰中、腰后、肾棚、肾俞、肾角、八窌、后缠腕。

8. 后肢肾经 一支起于后肢冠骨后内缘。沿第二跖骨、胫骨的后内缘上行，经膝关节内侧上行入腹达腰部，属肾络膀胱，从肾前行，经肝过膈入肺，再沿颈至头，入脑连耳通眼，另一支经络注入心中，常用穴位有肾堂。

9. 前肢心包络经 一支起于胸中，属心包络，后行出膈至腹，联络前中后三焦。另一支从胸出腋下，沿前臂内侧中线下行，止于蹄骨。常用穴位有膝脉。

10. 前肢三焦经 一支起于前肢蹄骨，沿前肢外侧中线上行，穿过肘及臂骨，经肩关节前入胸络心包，后过膈至腹，属于前、中、后三焦。另一支从肩前走颈，联耳后上耳尖、出耳前、达内眼角。常用穴位有过梁、乘重、抢风、肩外俞、肩井、膊中、风门、耳尖。

11. 后肢胆经 一支起于内眼角，经颈部至肩，入胸过膈，络肝属胆，另一支经胸腹侧绕髋结节和坐骨后，沿后肢外侧中线下行，止于蹄骨。常用穴位有睛俞、雁翅、丹田、巴山、路股、邪气、汗沟、大胯、仰瓦、牵肾、小胯、后伏兔、阳陵、丰隆。

12. 后肢肝经 一支起于后肢蹄骨内侧，沿后肢内侧中线上行，在股内侧绕阴部至腹，入属肝络胆，经膈分布于胸肋；另一支从肝过膈入肺，后上行连眼，入脑。常用穴位有肝俞。

13. 督脉 起于会阴部，沿脊柱正中线前行，至额入脑，再沿额前行至唇。常用穴位有后海、尾尖、追风、百会、鬐甲、大风门、分水。

14. 任脉 起于会阴部，沿腹、胸、气管的中线前行至唇。常用穴位有黄水。

十四经脉体表循行路线见图 3-1。

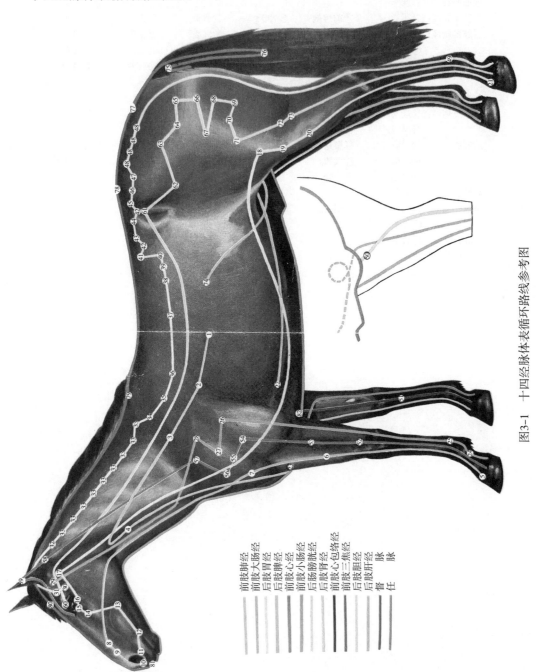

图3-1 十四经脉体表循环路线参考图

前肢肺经
前肢大肠经
后肢胃经
后肢脾经
前肢心经
前肢小肠经
后肢膀胱经
后肢肾经
前肢心包络经
前肢三焦经
后肢胆经
后肢肝经
督　脉
任　脉

前肢肺经：	①肺俞	②肺攀	③肺门	④颈脉		
前肢大肠经：	⑤前蹄头	⑥前三里	⑦肩俞	⑧血堂	⑨鼻俞	⑩降温
后肢胃经：	⑪姜芽	⑫锁口	⑬开关	⑭三江	⑮睛明	⑯盲俞
	⑰下关	⑱阴市	⑲掠草	⑳后三里	㉑后蹄头	
后肢脾经：	㉒带脉					
前肢心经：	㉓胸堂					
前肢小肠经：	㉔明堂	㉕前缠腕	㉖冲天	㉗肩贞	㉘天宗	㉙上关
后肢膀胱经：	㉚太阳	㉛垂睛	㉜伏兔	㉝九委	㉞膊尖	㉟弓子
	㊱膊栏	㊲胃俞	㊳脾俞	㊴大肠俞	㊵关元俞	㊶腰前
	㊷通肠	㊸腰中	㊹腰后	㊺肾棚	㊻肾俞	㊼肾角
	㊽八窖	㊾后缠腕				
后肢肾经：	㊿肾堂	(51)膝脉（前肢心包络经）				
前肢三焦经：	(52)过梁	(53)乘重	(54)抢风	(55)肩外俞	(56)肩井	(57)膊中
	(58)风门	(59)耳尖				
后肢胆经：	(60)睛俞	(61)雁翅	(62)丹田	(63)巴山	(64)路股	(65)邪气
	(66)汗沟	(67)大胯	(68)仰瓦	(69)牵肾	(70)小胯	(71)后伏兔
	(72)阳陵	(73)丰隆				
后肢肝经：	(74)肝俞					
督脉：	(75)后海	(76)尾尖	(77)追风	(78)百会	(79)鬐甲	(80)大风门
	(81)分水					
任脉：	(82)黄水					

第四章　针　　灸

第一节　穴位命名和分类

一、穴位命名

《千金翼方》有："凡诸孔穴，各不徒设，皆有深意"。说明每个穴位的命名都有一定的用意和原则，其主要依据有以下几点。

1. 以取类比象的方法命名

（1）以动物形象命名　如雁翅、鹿节、伏兔等。

（2）以植物形象命名　如莲花、姜牙等。

（3）以自然天象命名　如太阳、通天、阳明、冲天等。

（4）以地理形象命名　如山根、巴山等。

（5）以河流形象命名　如三江、滴水、分水、后海等。

2. 以脏腑命名　心俞、肝俞、脾俞、肺俞、肾俞。

3. 以治疗作用命名　如睛明、开天、顺气、通天、垂睛、苏气、锁口、开关。

4. 以解剖部位命名　如抢风、大胯、膊尖、鬐甲、尾根、尾尖、蹄门、骨眼。

总之，穴位命名要既便于理解穴位的功能，又便于临症选用和记忆。例如，经临床实践确定了在脐前四指（中等体型的马）正中线取穴，用圆针直刺入针 2～5cm，对调整胃肠机能疗效很好，在穴位命名上，按针刺的解剖部位，马定为"穿肠穴"。

二、穴位的分类

穴位的数目很多，随着时代的前进，新穴位不断发现，穴位数也不断增加。《伯乐针经》有马穴 75 个，《伯乐明堂论》为 125 个，《兽医针灸汇编》有马穴 133 个，《中兽医针灸学》有马穴 167 个，《兽医针灸学》中马穴达 180 个。由于人们从不同角度分类，分类方法并不一致，如《元享疗马集》中说："有八十一道温火之针，八十一道补泻之针，七十二道彻血之针，一十二道针法之针"。

1. 按针法分类

（1）火针穴位　如膊尖、膊栏、肺门、肺攀、风门、伏兔、巴山、路股。

（2）毫针穴位　睛俞、睛明、垂睛、乘重。

（3）血针穴位　眼脉、鹘脉、胸堂、带脉。

（4）针法穴位　骨眼、开天、云门、通天、滚蹄、抽筋、喉俞、千金、气海、姜牙、莲花。

（5）阿是穴　即无定名又无定位，以痛点为俞穴，在患部入针。

2. 按针穴部位分类

（1）头颈部穴位　如通天、开关、锁口、开天、风门、伏兔、九委、喉俞。

(2) 前肢部穴位　如膊尖、膊栏、肺门、肺攀、抢风、冲天、掩时、乘蹬。

(3) 躯干部穴位　如肺俞、肝俞、脾俞、膁俞、云门、带脉、后海、八窌、尾尖。

(4) 后肢部穴位　如巴山、路股、大胯、小胯、邪气、汗沟、牵肾、仰瓦。

《附》分类记穴歌词

三堂六脉，十二针法。添补八巧，合为二十。血堂三江，四关三睛。风门伏兔，九委大椎。四俞穿肠，腰七荐八。前肢八膊，后肢八胯。里合骨，外乌筋，攒筋板筋。前明堂，后劳堂，天白天平。肩井乘重，断血掠草，三禁三乱，三尖八门。

歌注：

三堂：玉堂、胸堂、肾堂。

六脉：眼脉、鹘脉、胸堂、带脉、肾堂、尾本；同筋、夜眼、膝脉、曲池、缠腕、蹄头。

十二针法：通天、骨眼、抽筋、开天、槽结、喉俞、云门、膁俞、尾端、莲花、垂泉、蹄甲。

八巧：姜牙、气海、鼻管、弓子、夹气、滚蹄、前槽、千金。

四关：上关、下关、通关、开关。

三睛：睛俞、睛明、垂睛。

九委：上上委、上中委、上下委、中上委、中中委、中下委、下上委、下中委、下下委。

四俞：肺俞、肝俞、脾俞、关元俞。

腰七：百会、肾棚、肾俞、肾角共七穴。

荐八：上窌、中窌、次窌、下窌两侧八穴。

前八膊：膊尖、膊栏、肺门、肺攀、抢风、冲天、掩肘、乘蹬。

后八胯：巴山、路股、大胯、小胯、邪气、汗沟、仰瓦、牵肾。

合子骨：乌筋、攒筋、板筋、明堂、劳堂、穿肠、天平、天白、肩井、乘重、断血、掠草、血堂、三江、风门、伏兔、大椎。

三禁：耳禁、夜眼、肚口。

三乱：五花、心俞、黄水。

三尖：两耳尖、尾尖。

第二节　俞穴功能及主治规律

一、俞穴的功能

"俞"有传输之意，"穴"有空隙之意。俞穴是脏腑经络之气聚集传输的部位，因俞穴分布在经络的通道上，所以俞穴可借经络的连属沟通和脏腑相联系，故脏腑的病理变化可通过经络反映到体表穴位上，而出现压痛与不快感等反应。当穴位接受针灸刺激后，可传导针刺感应以激发经络之气，而抗御内外之邪，调整脏腑功能，使机体恢复健康。所以，穴位就是通经调气、补虚泻实、治疗疾病的刺激点。

俞穴分布在经络的通路上，每一条经络上的穴位，有相同的治疗作用，"经络所通，主治所在"，而每个穴位都有自己的独特作用，这与穴位所在部位与经络的不同有关，谓之"俞穴专功"。由于经络的分布纵横交错、离合出入，且各经交会多在俞穴部位，所以俞穴以会穴为多（两经相交为会），该穴如有多经交会就能治多种病症，谓之"一穴多功"。相邻的穴位，其络脉多相互交会，彼此沟通，所以相邻的穴位有相同的作用，同一区域的穴位有共同的治疗作用，谓之"异穴同功"。

经现代医学研究证明，穴位有调整脏腑机能的作用，也就是说机体处于抑制、沉郁的状态时，针刺一定穴位可使之兴奋、亢进；相反，机体处于兴奋、亢进状态时，针刺同一穴位，又可使之抑制、沉郁。这一调整机能的抑制作用，是通过穴位的"双向"治疗作用实现的。古人虽未明确指出穴位的"双向"治疗作用，然而强调"补、泻"二法，其意已蕴其中。

二、俞穴的主治规律

从以上穴位的功能看，可归纳一下主治规律：

（1）同经穴位有相同的治疗作用，"经络所通，主治所在"。

（2）穴位有特异性，穴位与非穴位、此穴和彼穴作用不同，每个穴位都有自己的独特作用，为"一穴专功"。

（3）同一区域的穴位有相同的治疗作用，都可以治疗邻近组织的疾病，为"异穴同功"。

三、临症选穴规律

《伯乐明堂论》记载："针者有揭病之功，刺者须当应病"。又说"凡针血穴者，必须先于明堂经内穷究血道、穴孔，推评所治之则"。针灸与穴位，恰如方剂与药物一样，针必刺穴，方必有药，临症时一般是急病宜针、慢病宜灸；实证、热证宜针，虚证、寒证宜灸，必须辨证施治才能发挥针灸的作用。然而，不论病性虚实寒热，凡用针灸治疗，必须选择适应证的穴位来施针加灸。按照俞穴的主治规律选穴，就不会失去原则。其选穴规律是：

1. 循经选穴　由于"经络所通、主治所在"，所以有"本经有病本经求"的选穴方法。即某一脏腑有病，就在相关的某一经络上取穴，如肝热传眼针眼脉血（眼脉属厥阴肝经），肺热喘粗彻鹘脉血（鹘脉属太阴肺经），肠黄放带脉血（带脉属太阴脾经），胃热不食针曲池穴（属后肢阳明胃经）。

2. 邻近选穴　由于同一区域的穴位有相同的治疗作用，都可治疗所在组织的疾病。所以当病发体表，可直接在患部或患部周围取穴，如眼病选太阳、三江，攒经痛选膝脉、缠腕。所谓"外病局部取，里证按经求"就是这个意思。

3. 局部选穴　当病发体表某一区域时，该部位有穴时针之特效，该部位无穴时则"以痛为俞"。在病变部位扎针，所扎之处名为阿是穴。如马的混睛虫病，针开天穴属局部选穴法。

4. 经验选穴法　由于兽医古典中穴位归经的记载有限，现时记载的穴位归经还在试验探索阶段，故经验选穴法在兽医临床上尤为多用。临症时只选用对该病有显著疗效的穴位，这些穴位可能属经穴，也可能属经外奇穴；可能在病变的局部，也可能在病变的周围，只求疗效，不拘泥于其他。如"消化不良，通关玉堂""是结不是结，三江四蹄血，耳根直立，风门伏兔""牙关紧闭，锁口开关""大椎退热，关元治结""顺气退云翳，后海治拉稀"，这些都属于经验选穴的范畴。

第三节　定取穴位的方法

《伯乐明堂论》中说："……针皮勿令伤肉，针肉勿令伤筋伤骨，隔一毫如隔泰山，偏一丝不如不针。"说明针治时不仅要选穴应症，扎针时取穴准确是非常重要的。由于脏腑经络之气以穴位为据点，穴位以经络为通路，针穴不准，部位偏差，穴位就无针刺感应，不能激发经络之气，也就不能通经调气、补虚泻实，会直接影响针治的效果。因此，在针刺时，取穴定位必须准确，决不能偏差，临症取穴方法有：

1. 自然标志法　以解剖形态作标志来定取穴位，多以体表的骨骼、肌肉或天然孔的位置形态作标志，如大风门、伏兔、弓子、百会多以骨的突起作标志；开天、汗沟、抢风则以肌肉和肌腱之间的缝隙作标记；而耳尖、开天、血堂、后海、会阴穴是以眼、耳、鼻、肛门等固有的特征作标志。

2. 体躯比例取穴法　结合体表的特征标志，再画线分距定穴位，如巴山穴位于百会穴与大胯尖（股骨中转子）连线中点，路股穴在巴山穴与大胯尖连线中点等。这种取穴方法适用于体躯肥胖、不易看到肌沟、骨缝的动物局部。

3. 同体寸取穴法　此法比较客观而准确，由于病马个体不同，必须先测量换算，故临床应用较少，但为了准确而统一尺度，在科研定穴时可以应用。兽医常用同体寸取穴有两种方法：

（1）肋骨同体寸法　以病马肋骨上部的宽度为3cm。

（2）尾骨同体寸法　以病马尾椎一节（正对坐骨结节的一节）的长度为3cm。

4. 指量取穴法　此法是以医者手指第二关节的长度或宽度为尺度，即食指中指相并（二横指）为3cm，食、中、无名指和小指相并（四横指）为6cm。此法乃中兽医惯用方法，由于每个人的手指粗细不一，每个病马的个体有大有小，似乎衡量不准确。但有经验的兽医仅以此法定其大概，再以骨角、肌缝为标志弥补其不足，这样取穴还是比较准确的。概括起来说："是穴不离缝，不是肌缝，就是骨缝，筋前骨后不离指节左右"。就是准确应用指量法的说明。如耳后一指风门、二指伏兔，乃指离耳根后缘一指是风门穴，二指是伏兔穴。然而病马个体大小差异很大，不能拘泥其一指或二指作定穴的标志，仅以其做定位的大体方向，再以寰椎翼前上角的骨尖为指标，骨尖前的凹陷处取风门，骨尖后的凹陷处取伏兔，取穴才准确。

5. 配穴的方法　配穴法是研究俞穴配伍应用的方法，在临症治疗时，为了提高疗效，常常一次选用两个以上主治性能相似的穴位，同时施针治疗疾病，这种利用穴位协同作用治疗疾病的方法，就是配穴方法。配穴贵在简要，切忌庞杂，以免病马受多针之苦，且影响下一次针治选穴。在配穴时一定要注意有主有次，犹如药物处方一样，分清君臣佐使，主穴即治病的主要俞穴，配穴为照顾兼症或消除临床某些症状协同主穴发挥治疗作用。按此原则配伍穴位，即"配穴成方"或"俞穴处方"。

配穴方法常用者有：

（1）单侧配穴法　单侧配穴多用于局部病或四肢病，如抢风痛以抢风穴为主，配冲天、肘俞辅佐之。

（2）双侧配穴法　双侧配穴法多用于内脏病，两侧穴位并用，如肠黄以两侧带脉血为主，泻太阴脾经湿热，再配三江、蹄头止胃肠之疼痛。

（3）表里配穴法　阴阳两经、表里相贯，表里同用可增强穴位的协同作用，提高疗效。如肺热喘粗，彻鹘脉、太阴之血，配阳明大肠之血堂穴即是。

第四节　针　术

一、针具的种类与用途

作为一个兽医工作者，必须要有一套得心应手的针具，方可施针用灸。在中兽医界，除传统针具外，由于条件的限制和习惯性，各地针具各有不同。根据作者多年的临床实践和针灸的需要，在针具改革上创造了一整套独有特色的针灸用具，见表4-1及图4-1至图4-5,编成歌诀便于记忆：

歌　诀

针具带有盘龙柄，得心应手好使用。

取穴各有特殊性，要求针具也不同。

抽筋要用抽筋钩，专放盈高玉堂钩。

鹘脉放血大血绳，三弯针取混睛虫。

车条改制穿肠针，扎针能进九寸深。

竹条削成夹气针，骨眼姜牙用钩针。

顺气需要铅丝针，也可使用树条针。

三棱针来圆利针，寒证风证用火针。

"月牙"镰刀角刀针，外科用的缝合针。

深刺用的是毫针，艾灸用的艾灸针。

宽针可分三个号，大号中号和小号。

血针如果不好放，可用自动放血枪。

宿水管把云门放，远隔扎针用针杖。

拔火罐来不剪毛，糨糊涂口紧又牢。

烧烙用具种类多，骨瘤筋胀要烧烙。

各样针具有图表，种类用途要记牢。

表 4-1　针具及附属用具

针类	针名	规格	用途	附注
宽针	大宽针	针尖矛状，针头宽 0.9cm，身长 10cm	放鹘脉、胸堂、带脉血等	
	中宽针	针尖矛状，针头宽 0.9cm，身长 10cm	扎蹄头、胸堂、尾本等穴	

（续）

针类	针名	规格	用途	附注
宽针	小宽针	针尖矛状，针头宽 0.4cm，身长 10cm	扎缠腕、太阳等穴，可代替圆利针	
	穿黄针	形状同大宽针，针尾有孔，针身略长、呈弧形	胸黄、膝黄穿皮带线用	
	小角刀针	针头呈半个矛尖，头宽 0.3cm，身长 5～8cm，盘龙尾，全长 12cm	可扎血堂，能代替圆利针或小宽针	多用 14 号自行车辐条改制而成
三棱针	大三棱针	针尖三棱，如荞麦颗粒	刺三江、通关或散刺用	
	小三棱针	形同大棱针，仅针体稍细，有的尾端有孔	刺三江、通关或散刺用，也可代替缝合针	
圆利针	穿肠针	针尖呈小三棱针，针体光滑，直径 1.5mm，身长 23～27cm	专用于马属动物的穿肠穴	多以 14 号自行车辐条改制而成
	圆利针	针尖三棱，比火针细，直径 1.5～2mm，体长 5～7cm，长短不一，全部盘龙尾	用于白针或火针穴位，有持针方便、进针快、起针容易等优点	
火针	大火针	针身光滑粗长，直径 3mm，身长 8～12cm，长短不一，尖圆锐，呈锥状，有盘龙尾，尾长 2～3cm	扎巴山、抢风、汗沟等肌肉肥厚处穴位	
	小火针	针身光滑，直径 2mm，身长 3～6cm，尖圆利，盘龙尾	用于靠近内脏或骨节处的穴位，如掠草、断血、脾俞等	
	艾灸针	与小火针相同，唯盘龙柄短金属丝圈大而稀疏，便于嵌着艾绒	能针能灸，尤其艾灸体侧穴位，艾绒不会脱落	
毫针	毫针	不锈钢制成，针身光滑，针尖圆锐，针柄有盘龙式和平头式。针体长有 6cm、10cm、16cm、22cm 数种，针身直径 0.7mm	施补泻针，观察针感时多用，或眼部俞穴或扎透针穴等	
钩针	玉堂钩	针尖三棱，尖长 1cm，体长 10～13cm，身粗 3mm，盘龙尾	放玉堂血	
	姜牙钩	钩尖圆锐，钩呈半圆形，其他同玉堂钩	钩取姜牙	
	抽筋钩	针尖圆钝，钩的弯度小，其他同玉堂钩	扎抽筋穴	
	骨眼钩	钩尖细而圆锐，尖长 0.3cm。钩的弯度大，钩身长 8～10cm，盘龙尾	钩取闪骨	
三弯针	三弯针	针尖圆锐，尖长 0.5cm，弯呈直角，体长 8～10cm，尖粗 0.5cm，盘龙尾	针开天穴取混睛虫	
夹气针	夹气针	竹制成，针尖钝圆，身长 30～35cm，呈扁圆形，宽 0.5cm，厚 3mm，盘龙尾	扎里夹气、外夹气	
顺气针	顺气针	铅丝制成，尖钝圆，身长 15～30cm，直径 1.5mm，平头柄或圆圈柄，也可用同样规格的树条代替	专针马的顺气穴，留针不取者用树条代替	
缝合针	有柄缝合针	针尖似小刀状，距针尖 0.3cm 处有挂针沟	缝合皮肤用	
	小角刀缝合针	针尖似小角刀针，针身弧形，针尾有孔，穿线用	缝合皮肤用	

（续）

针类	针名	规格	用途	附注
泪针管	泪针管	原来用麦秆，现用 16 号兽用注射针头，磨去针尖代替	鼻泪管洗眼用	
宿水管	宿水管	用金属毛笔帽改制而成，管身钻满小孔，管口焊一铁圈	用于云门穴放宿水	
外科刀	三角刀	尖锐刃利，刀头呈三角形，大小不一，刃长 4～7cm，身长 4～5cm，盘龙柄长 5～6cm	用于外科手术，如开创、摘瘤等	
	月牙刀	全刀分三部分，刀头 3cm，刀刃圆凸，体长 6cm，盘龙柄 4cm	用于外科手术，如开创、摘瘤等	
	钩镰刀	形似镰刀，长 2～3cm，身长 8～10cm	多用于脓包开创	
	鹰嘴刀	凹刃、尖头，形似鹰嘴，柄呈波浪式	用于割姜牙等	
附属工具	针锤	硬木制成34cm，分头、身、柄三部分，头锯成两半至锤身 1/3 处，头间留有小孔，身套皮制活动圈。头大、柄细，身中间有棱圈，为身柄分界处	放胸堂、鹘脉、蹄头、带脉血或散刺黄肿时装针用	
	针杖	用长 1m、直径 1.5cm 的钢管制成，用时将宽针固定在管口一端留出针尖 0.8cm	放蹄头血	
	自动放血枪	无缝钢管制成，体长 15cm，内有弹簧和扁平带沟针心，可安装宽针	可代替针锤	
	止血夹	体温表用的保持器或用小纸夹子代替	针刺体表血管出血不止时用	
	大血绳	丝绳或尼龙绳一条，长 1.2m、直径 0.8cm，在绳的一端系上木制尖嘴小滑车	放鹘脉血时系勒颈部，可促使颈静脉怒张	

图 4-1　针具及附属用具

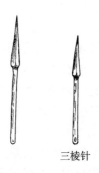  

三棱针　　　　　　　　　　　缝合针

图 4-2　三棱针

外科刀

图 4-3　针具及附属用具

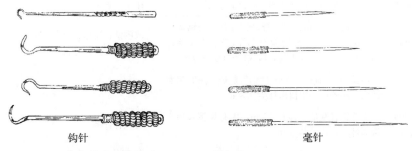

钩针　　　　　　　　　　　　　毫针

图 4-4　针具及附属用具

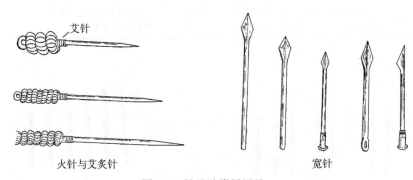

火针与艾灸针　　　　　　　　　　宽针

图 4-5　针具及附属用具

二、基本功练习及针前准备工作

(一) 基本功练习

针具的种类很多，使用方法各不相同，不论哪一种针具的使用，如没有相当的指力和腕力，操作时就不能得心应手，容易出现扎不进针、深浅失度、放血不出或流血不止，甚至发生滞针、弯针、折针等事故。如没有相当的准确性，就会扎穴偏离，影响针效。没有熟练的技术，也很容易引起病马疼痛而蹶踢骚动，甚至发生人马损伤事故。所以，学习针灸首先要练习基本功，为临床施针打好基础。

1. 练习指力的方法　施针时持针要稳健有力，进针时手指不能滑动松脱，用力要适当，针体不能弯曲，力要用在针尖上，运针要灵巧、敏捷、操作自如，初学者每天都要坚持练习，每次至少要坚持 10～20min 或以上。

（1）刺纸增张法

小小书本层层纸，毫针捻刺苦练习。

针身挺直不许弯，攻到千层能扎穿。

本法是练习刺毫针的方法。用旧书一本，平放在桌上，学者右手拇指、食指、中指三指持针，针尖刺入书本，捻转进针，指与腕同时用力，但针体一定要挺直、不能弯颤，开始用略粗而短的针练，继而用体长而细的针练。当练到能顺利刺穿 30～50 层纸，且针身挺直不弯、操作自如不觉费力时，临症即能顺利入针（图 4-6）。

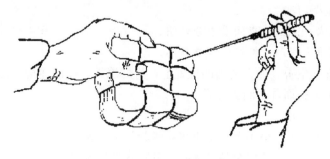

图 4-6　刺纸增张练习法

（2）卧床刺枕法

运用针灸非容易，寒热虚实须分析。

得气与否手下知，沉紧松滑分仔细。

如鱼吞饵气已至，手感空吞不得气。

左捻为补右捻泻，提插捣留有用意。

虚实滑紧细体验，卧床刺枕刻苦练。

自制小枕一个，上层装棉花，中层垫纸片，下层装马鬃或棕榈，持毫针刺入鬃中为虚，手下如入空谷感，谓"不得气"；刺纸片为实；刺入棉花练习捻针或搓针手法，棉绒缠绕针身则有沉紧感，体验"得气"。要注意的是，在练习时持针的手不要空悬，一定要以小指和无名指尖按压在"穴旁"作支点。练成这样的针刺素养，临症时就不会因病马骚动而把针拔出或刺入过深。所谓卧床刺枕，意欲要求学者在睡觉时、起床前抓紧机会练习。

亦可自制小棉球一个，外裹布内填以棉花，直径 8～10cm，随身携带，随时练习。

2. 练习腕力与准确性的方法　马皮厚进针困难，不但要有相当的指力，而且要有一定的腕力相配合，才能顺利进针。尤其放血针，要求快速准确、用力适当。《元亨疗马集》中说："血管犹如带中水，不可穿刺第二层"。要求进针快、准、用力适当。中兽医传统使用的针锤，使用时更要求准确的腕臂力量。为此，必须要刻苦练习，严格按照操作要领和姿势去做，按临床实际要求进行练习（图 4-7）。

（1）水中漂果练习法

盆中有水放上梨，能沉能浮滑似鱼。

急针刺准水中果，不须水溅水埋梨。

本法是练习臂力和腕力的好方法，将小果放入盛水的盆内，小果漂浮，学者手持针锤，"骑马蹲蹬式"站稳，将肘部紧贴于胸侧勿使离开这样用腕力甩动针锤准确性可靠，再以针尖对准水中果急刺。要求一针扎住小果，不能把盆中水打出飞溅。为此，用力要猛、幅度又不能过大，有严格的尺度限制，超过尺度则盆中水四溅；力量过小，刺不中水中之果。接着略微搅动盆水，使小果慢慢游动，继续练习，当针都能刺准水中果后，在临症放胸堂、蹄头、肾堂血时，尽管病马略有骚动，也会准确无误一针见血。

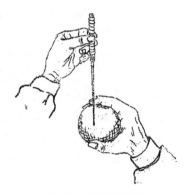

图 4-7　棉球练针法

（2）夜刺火星练习法

    小小星火一点红，夜间看着分外明。

    针尖瞄准火星刺，锻炼臂腕要意志。

夜间点燃几支卫生香，插在适当的位置上，将灯熄灭，按前述持针锤的要求，对准星火急刺，以刺着星火头而香不断为要求。

（3）连中金钱练习法

    小小金钱空中飘，银针好似一支镖。

    练就金镖要真功，针穿钱眼不落空。

"金钱"系指古时用的中间带孔的铜币，将钱拴线悬吊于空中，高低不一，学者持针对准钱眼速刺，练习进针的准确性。也可持针锤，用锋利的宽针猛刺其线，以线断钱落为准。

（二）针刺前准备工作

1. 检查针具　针刺前要选好适当的针具，详细检查有无生锈、弯裂、卷刀、针锋不利或盘龙柄松动等，发现问题要及时修理或废弃。

2. 注意消毒　"针好扎，风难防"。说明扎针要注意消毒，预防感染化脓或发生破伤风，消毒包括四个方面：

（1）穴位　先剪毛，然后用75%酒精棉球或5%碘酊棉球涂擦穴位皮肤。

（2）针具　要煮沸消毒，或用0.1%新洁尔灭溶液浸泡，或用75%酒精棉球消毒针身。

（3）刺手　针刺前术者以酒精棉球消毒手指。

（4）场地用消毒药喷洒，尤其传染病病马针后，要彻底消毒被脓血污染的场地。

3. 按不同的针法准备好所需用品　如消毒棉球、针具、止血夹、止血药、棉花、植物油、药膏、保定器材等。

4. 保定病马　根据病马情况、施术方法和要求，选择相应的保定方法。

三、针刺方法

针刺操作须有正确的方法和术式，才能得心应手顺利施针，提高疗效。针刺方法可概括为：

    扎针快，进针深，取穴准确不留针。

    放血多，强刺激，配穴处方要注意。

    术式精巧功夫深，一手能扎三个针。

一呼二拍三扎针，眼疾手快"走马针"。

扎针病马不觉痛，针完病马不会动。

再不老实也不怕，还有闪步"护身法"。

（一）独特的针法

1. 一呼二拍三扎针 本法用于扎圆利针，特点是进针快，辅助动作多，能分散病马的注意力，减少刺皮之痛。故入针完毕病马安然不动，或只稍有回避表现。由于进针快，故又名"飞针法"。三个步骤。呼、拍、扎必须紧密衔接，连贯而行，全面完成仅需一瞬间。

一呼：呼者，唤也。即当针者接近病马后，左手在马体适当的部位找一支点，握按固定以防不测。右手持针手心向上，并用该手的无名指或小指背侧抚摸马体，逐渐移向穴位，按照习惯口令高呼一声，山西习惯呼"得儿……"令病马安静，又提醒马主人抓紧笼头，这时病马把注意力集中于呼号，有为时短暂的安静。在持针的手抚摸并点穴的同时，医者调整好体位，掌握好步法姿势，测量好手臂运动的弧线，以利于保证安全和准确进针。

二拍：是指医者在一呼并点准穴位后，速用持针一手的指背轻拍穴位一下，由于高声呼号引起了病马的注意，随即轻抚轻摸使病马感到毫无恶意；接着拍击穴位，病马虽受到轻微振动，但无痛感，故不骚动。"二拍"这一辅助动作，既可分散病马的注意力，也对快速进针有一定的协助作用。以扎穿肠穴为例，在高声呼"得儿…"的过程中针者已经调整体位、摆好姿势、摸准穴位，随即以手背猛拍穴位，病马腹部自然向上收缩，紧接着反手进针，适值腹肌收缩后松弛、腹部下沉之时，针向上刺，两相配合即将 27cm 的长针很容易地刺入穴位，二拍的妙用就在于此，这一手法巧妙自然，轻而易举。

三扎针：在二拍动作后，针者已经准确地掌握了体位、手背摆动的弧度，随即翻手进针，刺入应达深度。由于病马得到呼、摸、拍等安慰性动作，精神紧张程度得以缓和，注意力得到了分散，而正在其无准备、不紧张的情况下，以速刺法进针能大大减轻进针的刺皮痛，故针进入穴位，病马一般都安然不动。这里需特别介绍，这样快的速度，如何掌握深度与准确度的问题，除摆好体位外，测试手臂弧线时，需测试好反掌打腕的位置，入针时必须挥臂打腕（手腕与事先测定的位置接触），即可准确入针；入针深度要靠持针手留出适当长度，中指有力固定。入针后根据病情需要，或运针、行针、留针行气，最后出针。如起针时病马骚动，仍可按一呼二拍三扎针的要领行之，不过二拍要在穴旁轻拍，随即轻巧敏捷而准确地捏握针柄拔针。按一呼二拍三扎针的要领施针，轻健敏捷，但要有一定的基本功，功到自然可操作自如。

2. 一手扎三针 一手扎两针或扎三针，多用于骚动不安不老实的病马，也只限于圆利针，常用的是前肢三针（抢风、冲天、肩宗）、后三针（邪气、汗沟、仰瓦或大胯、邪气、汗沟）、腰上三针（百会与两侧肾俞或肾棚）。方法是一手捏三针，每针按穴位之间的距离排列合适，三针呈直线或三角形，主穴直刺，配穴斜刺，一齐扎下，方向不同，各入其穴，这种独特的奇妙手法，对不老实的病马，可减少扎针的次数，保证人畜安全，还可利用俞穴的协同作用，提高针治疗效。

3. 走马针 本法用于火针。即烧一支针，连扎 2～3 穴，在临床上根据病马病症把穴位配成一组（配穴成方），以一针连扎 2～3 穴，配穴速刺速拔（走马针），最后刺入主穴留针。

4. "金蝉脱壳"扎针法 火针一定要烧透（火焰由大变小，棉球变黑缩小，黑烟已尽），扎针时动作要迅速，才能保持火针的速度，且容易入针，否则入针困难，且易感染化脓（图4-8、图4-9）。

图4-8 烧火针

图4-9 扎火针

"金蝉脱壳"是进针前一瞬间的飞速手法，完成的关键在于缠针方法。取棉花一小块，缠裹针尖和针身，针尖部缠粗些，用两手心搓揉几下，再以一手固定棉球，一手持针柄左右转动针身，使针身在棉球中能自由活动、里松外紧即可；然后浸泡于植物油中，浸透后取出点燃，针烧透后，其带火的棉球则松动。扎针时按一呼二拍三扎针的要领施针。

但一呼时是以左手点穴，二拍是针者用两手指自拍（右手小指侧掌面与左手拇指侧掌面相拍），在两手指拍撞的惯力作用下，带火焰的棉球即飞向远方（谓"金蝉脱壳"），立即入针，"扎针如钻木，出针如汲水"。意思是扎火针时入针或出针的同时，必须有捻转针体的动作，留针期间还要注意醒针。

（二）传统的针刺手法

持针、切穴、扎针、运针、出针都属于针刺手法的范畴，而手法是保证针治疗效的要领，应高度重视。

1. 持针法 右手拿针，拿针的手称刺手或持手。要求持手持针有力、灵敏准确。由于针具不同、施针穴位不同，持针的方法也不一样。

（1）毫针持针法 毫针身长而细，容易弯颤，持针时用拇指和食指捏持针柄，中指与无名指护住针身，辅助进针并掌握入针的深度，或以拇指、食指、中指三指捏握针柄捻转进针。如用长毫针时，可用拇指、食指、中指三指捏握针尖部，先将针头刺入穴位，再用上述方法捻转进针。

（2）全握式持针法 此法握针有力，多用于持宽针或圆利针，其法是以持手的拇指、食指捏持针锋，留出适当的长度，其余三指握针身，并将针柄抵于手心，如急刺血堂、蹄头等穴。

（3）执笔式持针法 即以拇指、食指、中指三指执针身，中指尖固定在针尖部，以控制入针深度，如执毛笔样，并将无名指指尖按压于穴旁，起支撑固定作用。这样操作准确性好，用于三棱针速刺小血管，如太阳、通关等穴。

（4）弹琴式持针法 用拇指、食指捏持针锋，留出适当长度，其余三指护住针身，针柄不能抵于手心，多用于串皮刺，如针三江、带脉、肾堂等穴。

（5）火针持针法 火针在点燃烧针时必须端平，如针尖向下火焰烧手，针尖向上则热油流于针柄之上，烫手难拿。扎针时的持针方法，依穴位而异，如针背腰或后八胯穴，可以持针手的拇指、食指、中指三指捏针柄，似"执笔式"针尖向下，垂直进针；若针锁口、开关、掠草等穴，仍以拇指、食指、中指三指持针柄，针尖向前，似"摇铃式"水平进针。

（6）手代针锤持针法 以食指、中指、无名指紧握针体，针尖固定在小指中节外侧，拇指抵住针尾末端，针尖留出适当长度，扎针时动摇手臂，大多用于宽针放鹘脉血。

（7）针锤持针法 先将针具夹在锤头针缝内，针尖露出适当的长度，推上锤圈，固定针体，针者手持锤柄，摇动针锤，使针锋刺入穴位。

2. 切穴位 针刺时，多以左手切穴，切穴的手称押手。押手具有固定穴位，协助进针，移动皮肤，防止出血泄气，减轻进针的刺皮痛，防止针体弯曲等作用。由于穴位所在体表皮肤紧张度的不同，切穴方法也不同。

（1）切押法（指切押手法） 以左手拇指尖切押穴位，右手持针，使针尖沿左手拇指甲刺入穴位，再以右手持针柄，左手辅助针体下部捻转进针。在扎火针时，押手可移动穴位皮肤后进针，起针后皮肤复位盖住针孔，有防止出血、预防感染和泄气的作用。注射水针用此法，还可防止药液外漏。

（2）并指押手法 用左手拇指、食指押住针尖的上部，右手持针柄，两手协同用力将针刺入穴位。长针进针时多用此法，可避免针体或针尖摆动和弯曲。

（3）舒张押手法 用左手拇指、食指贴按皮肤，向两侧推开，使穴位皮肤紧张，以刺进针，穴位皮肤松弛的地方常用此法，如脐旁四穴。

（4）夹持押手法 左手拇指和食指将穴位皮肤捏起来，右手持针，使针尖从侧面刺入穴位，如锁口、里夹气等穴。

3. 进针法（针刺法） 扎针时依据针具的不同、俞穴部位的不同，采用不同的刺法。

（1）捻转进针法 又名缓刺法。即以左手切穴，右手持针，针尖对准穴位缓缓捻转进针，毫针多用此法进针。该法取穴准确，尤为初学者应遵循之法，但在临床上遇到不老实的病马时，操作较为困难。

（2）速刺进针法　血针、火针、圆利针的进针多用此法，即以轻巧而敏捷的手法迅速刺入穴位。由于速刺可减轻刺皮痛，扎毫针刺皮时多用此法。但因病马皮厚难扎，尤其给老龄马扎毫针，可用"针头套针法"辅助进针，即先用一较毫针粗的注射针头，速刺入穴位，再持毫针顺针孔刺入捻转进针。

（3）飞针法　此法不用押手，只用刺手点穴并速刺进针。

4. 运针法　用圆利针、毫针施补、泻时，为了增强针感、提高疗效，而运用提、插、捻、颤、搓、捣、拔等推气手法，谓之运针法。如将针向浅、向外谓之"提"，向深、向内谓之"插"，快速提插谓之"捣"，左右捻动针身谓之"捻"，单向捻针谓之"搓"，针插入穴位指弹针柄谓之"颤"，手持针柄摇动针尖谓之"拔"。这些手法皆属运针法的范畴，按运针的时间长短间隔不同，可分为三种：

（1）直接运针法　进针达一定深度并出现针感后，随即均匀地提插捻转数次后出针，此谓"强刺激，不留针"。

（2）间歇运针法　针刺得气后，不立即出针，把针留在穴位内，隔几分钟再运针，如此反复数次，以增强针感，行气调气。

（3）持续运针法　针刺得气后仍持续不断地运针，直至症状缓解或病痊愈为止。

5. 留针　把针留在穴位内，停留若干时间，谓之"留针"。血针不留针，火针、补泻针多留针，留针的目的有：

（1）候气　当取穴准确入针无误，而无针感反应（不得气）时，可不必起针再刺，只需留针片刻再运针，即可出现针感，此目的留针谓之留针候气。

（2）调气　运针得气后不起针，留针一定时间以保持针感，或施间歇运针法以增强针感，行气调气，提高针效。

（3）温经散寒　火针留针期间要左右捻转数次，谓之"醒针"，醒针时不许提插，可防止起针后出血感染。

6. 退针法　又名起针、出针或拔针，常用的拔针方法有两种：

（1）捻转退针法　押手持酒精或碘酊棉球夹针身，并按压穴位皮肤，刺手缓慢地捻转针柄，将针退出穴位，押手揉按针孔消毒。

（2）抽拔退针法　押手食指与中指夹持针体，轻按穴位，右手持针柄把针拔出；或不用押手，刺手直接迅速拔针，然后消毒针孔。

（三）针刺角度、深浅和间隔

1. 针刺角度　针刺角度视穴位和治疗需要而定，所谓角度是指针体与穴位皮肤之间的夹角（图4-10）。

（1）直刺　针体与穴位皮肤呈90°，垂直刺入，多用于肌肉肥厚，距离内脏、骨骼远的穴位。

（2）斜刺　针体与穴位皮肤呈45°左右的角，斜刺而入，多用于肉薄和靠近脏器的穴位。

（3）平刺　又名横刺或串皮刺，针体与穴位皮肤呈15°左右的角，沿皮刺入，面部穴位多用此法。

2. 针刺深浅　针刺深浅以文献记载穴位所规定的深浅为标准，但可依马体大小肥瘦

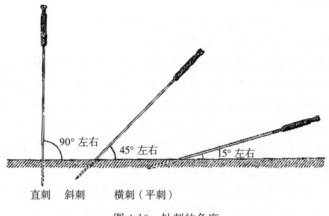

直刺　斜刺　横刺（平刺）

图 4-10　针刺的角度

不同、病位深浅不同、针具及手法不同而灵活运用，不能墨守成规。一般在肌肉丰满处宜深，胸腹部靠近脏器处宜浅；体大肥胖壮龄者宜深，体瘦小老弱者宜浅；血针以刺破皮肤和血管的外侧壁为度。一般宽针可入针 0.8～1cm，三棱针为 0.6～1.5cm，而火针穴位施毫针时可适当增加深度。

3. 针刺间隔　随针具不同针治间隔不同，毫针、圆利针可每天针一次，血针可隔 3～5d 一次，"急病急需针，勿差时与刻"。说明在急性病或特殊病例中，可不受其限制。火针在 5～7d 内，不能在同一穴位施针。

（四）针治注意事项

为了确保针治疗效，避免针治事故发生，应注意：

1. 注意气候变化　《元亨疗马集》中有："天气要晴时，风雨要停歇，…择令晴明日霁，禁忌风雨阴寒"。说明施针要注意气候变化，为了防止针后感染、提高疗效，风雨阴寒气候变化时，最好少施针烙。

2. 注意个体不同，分别对待　"先观肥与瘦，次辨寒与热"。说明个体不同，病症不同，要分别对待。一般对幼驹、孕马少针。"老不割姜牙，少不扎盈高""瘦弱者少放血，口色晦暗者不放血"。在临床上正确诊断，分别施针，应补则补，应泻则泻。如实热证血针泻之，虚寒证温针补之，虚实夹杂行针调之，所谓"扎针不灵，认病无能。"正是要求兽医分别对待疾病的发生，认清病证，正确施针。

3. 针具不同，注意事项不同　三棱针尖细而脆，要防止折断；宽针、放血针刃要与血管平行，切勿横断血管；火针要烧透；补泻针要注意针感；针法时要严格按照操作规程做，不可草率或鲁莽。

4. 注意针后护理　要注意针前针后的护理方法，因针前饮水，可导致流血不止；针后浸水或过河涉水，最易污染针孔，"三分治病七分养"，说明针治后护理的重要性。

5. 注意分清病情急缓，多方治疗　《元亨疗马集》中有："如其卒急暴病，外感内伤，三十六卧，十二脏结…一切时症等疾…不论阴晴，不拘时刻刺之，此谓六脉急救之针也"。说明针治与其他事物一样，既有一般性又有特殊性。遇重病、急病时，不能墨守成规，要根据病情，针药结合，慎重治之；必要时采取中西医结合的办法进行治疗，方能救之。

（五）针治事故的处理

1. 弯针 多因穴位局部肌肉紧张，病马骚动不安造成。此时以左手压穴旁皮肤肌肉，右手持针柄顺弯曲方向轻轻拔出，且勿强拔，以防折针。

2. 折针 多因针根腐蚀，针体裂损，进针过猛，用力不均，保定不力，病马蹶踢造成。如已经折断不必惊慌，先使病马安静，然后设法取出。若断端露出（皮肤以外），左手压紧断端周围肌肉，右手持镊子或钳子拔出；若断折在肌肉内，于进针部用外科手术取出。

3. 晕针 由于病马体质虚弱，保定时抬头过高、低头过快或扎针过猛造成。其表现为站立不安、痉挛、出汗、直视、昏迷等，甚至有虚脱、倒卧假死现象。遇此要立刻起针，使病马安静即可恢复；严重者针外唇阴、四蹄头、尾尖等穴，可促使病马苏醒。

4. 流血不止 多因针刃宽大入针过深或刺伤动脉血管造成。遇此可根据出血性质和部位的不同设法止血。"四肢绷扎，躯体钳夹，鼻眼用药，口舌火烙"，正是对不同部位止血方法的概括。也可用生石灰或消炎止血粉，撒布按压在出血处片刻止血。总之，要找出原因，区别对待，全身和局部分而治之。

5. 针孔化脓 多因消毒不严、针具不洁或烧针不透、针孔沾水污染而造成。遇此按一般外科处理。

6. 出血量 血针可泻热排毒、祛邪扶正。血色青而黏稠者宜多放，放至血色变红为止；邪实而正虚，血色暗淡者不宜多放。有些穴位见血即可，如内阴唇，但对脑黄、破伤风、肺热、中毒、五攒痛等宜大量放血。《元亨疗马集》中指出："如针六脉血，出血升合多寡及验血之荣悴，分调太过不及，此谓用针之道也"。实践证明，治疗时的泻血量达到体重的 1%，对病马有益无害。

四、针治补泻

关于针治补泻，前人早有记载。如"百病之生，皆有虚实，而补泻行焉""用针需依穴道，补泻相应""合补须于补，当泻即须泻，补泻要精明，非明勿浪说，此法若能通，金锁都开彻，治病显其功，有如汤浇雪"。这些都说明补泻是针治疗法的纲领。

万病不离虚实二证，万针不出补泻两法，补虚泻实为针治的总则，而针治就是利用补泻的手法，达到治虚疗实的目的。"补"可祛邪扶正，故可治虚；"泻"可清热泻实，故可疗实。针治疗法中有"温火、彻血、针法、补泻"之针的区别，各法皆有补泻之功。火针以温补见长，血针以清泻为主。针法属泻法，临床上把针刺入穴位，操作手法不同，有补和泻的不同效果。现将《元亨疗马集》中所提到的捻转、提插、迎随、开阖、呼吸、深浅等几种补泻手法的操作规程，简列于表 4-2，以供参考。

表 4-2 针刺补泻法简表

名称	补法	泻法	附注
深浅补泻法	浅刺	深刺	以入针深浅区别补泻
呼吸补泻法	呼气进针，吸气出针	吸气进针，呼气出针	以进出针时，配合病马呼吸，区别补泻
迎随补泻法	针尖顺（随）着经络走向进针	针尖逆（迎）着经络走向进针	以针尖指向和经络走向的顺逆关系区别补泻

（续）

名称	补法	泻法	附注
捻转补泻法	左捻针。即食指向前，拇指向后	右捻针。即食指向后，拇指向前	以针身转动的方向来区别补泻
提插补泻法	重插轻提	重提轻插	以针入穴位后，上下退进的速度快慢，区别补泻
开阖补泻法	起针后轻轻揉按针孔，使其闭合	起针时边摇边出，出针后不按压针孔	以出针后针孔的开闭，区别补泻
平补平泻法	入针出针不快不慢地捻转提插，用力均匀，出现针感为准		

从上表可以看出，补泻法虽多，但总离不开提、插、捻、转等运针手法。《内径》有"泻实补虚，泻有余，补不足"。同时在很多的《中兽医针灸学》中提到："我国古代将进针后的手法，定名为补泻法"，由此看来，针刺疗法中的补泻，只不过是一种操作手法，并不是真正的补泻。而真正的补泻是通过临床实践，把针刺后引起针感的反应，定为"得气"，即为补泻。"刺之要，气至而有效"，这充分说明了针刺后的疗效，关键在于"得气"。

在兽医临床上如何体现"得气"，在实践中可从两个方面体验。

其一，观察病马的反应，针刺后病马虽不会自诉有无酸、麻、胀、重等针感，但可以凹腰、举尾、肌肉收缩、皮肤颤动、排粪尿、提肢、屈曲等体征代诉针感，否则无针感。

其二，医者要认真操作，细心体验是否"得气"。《标幽赋》云："气速至而速效，气迟至而不效，气不至而不治"。这是强调针感的重要性。若入针后，手下有沉紧重坠、如鱼吞饵之感觉，同时病马随着运针出现某种体征，即为"得气"。若手下松滑无力、如刺空谷，同时病马未出现任何体征，则为"不得气"。这里特别要注意，病马的骚动不安与针感反应的鉴别，随运针而出现的体征为针感反应，否则为骚动表现。

在针治临床实践中，常出现诊断正确选穴应症，而针治后尚未达到疗效的现象，其原因有三：

（1）时机是否得当　《元亨疗马集》中曰："急病急需针，勿差时与刻……当针即针者，避凶化吉。当针不针者，化吉为凶"。说明针灸治病，宜早不宜晚。当正气未衰时施针，其针效确实；若正气已衰甚已绝，其针效必然不好。

（2）取穴定位是否准确　"隔一毫如隔泰山，偏一丝不如不针"说明取穴定位的重要性。如取穴定位不准，入针偏差，当然起不到行气调气之功，其效差也。

（3）补泻手法是否得当　针刺得气后，用轻微或缓慢的刺激，统称为补法；用重的、急的刺激，统称为泻法。手法不当，影响针效。

第五节 灸 烙 术

一、灸法

灸法是中兽医传统疗法之一。"针、灸、药三者备之为良"。灸和针药并立，是一种重要的治疗方法。"寒热虚实，均能灸之"，说明灸法虽以温补见长，但又有散泻作用。又如"凡病药之不及，针之不到，必须灸之"。更说明灸法有其独特的作用，是针药所不能代替的（表4-3）。

表4-3 灸的种类简表

灸术	艾灸	艾柱灸	直接灸	无疤痕灸
				疤痕灸
			间接灸	隔姜灸
				隔蒜灸
				隔桑、槐等灸
		艾卷灸		温和灸
				雀啄灸
	醋酒灸			
	醋麸灸			
	酒灸			
	温针灸			火针
				艾针
	拔火罐			

1. 艾灸法

（1）艾柱灸 艾柱由艾绒捏成圆锥形，灸时将艾柱点燃放在穴位上。烧一个艾柱叫"一柱"或"一壮"。艾柱的大小，按病马体质和病情而定，一般有大拇指或大枣大即可。烧完一壮除去灰烬，再换一壮，反复数次，则为直接艾灸法。若艾柱下垫以扎孔的姜片、蒜片、桑、槐树细白皮等，则为间接灸法。

（2）艾卷灸 为艾柱的改进方法，以艾卷代替艾柱，烧灼程度能恰到好处。艾卷成品市场有售，使用方便。点烧艾卷用艾火靠近穴位灼烧（开始距离远些，慢慢接近，以病马能耐受为度）给以连续不断的温和刺激为温和灸。以艾火和皮肤接触，刺激一下马上拿开，再刺再拿反复烫灼，即谓雀啄灸。

2. 醋酒灸法
保定病马，先以温醋洗湿患部被毛，上盖以醋浸过的2～3层布，上面洒白酒点燃之，火小加酒，火大浇醋，慢慢烧烤，直至病马耳根和腋下出汗为止，洒酒要均匀，勿烧着周围被毛。

烧完熄火后，患部覆盖麻袋或被毡，系暖厩内休养。由于本法多用于背腰部，故又名"火鞍法""火烧战船"。适用于寒伤腰胯痛、破伤风等。

3. 醋麸灸法
用麸皮10～15kg、陈醋4～5kg，先将麸皮的一半放入锅内炒，炒到麸皮发热（以手试之热而不烫手），加醋搅拌至麸皮手握成团、放之不完全撒开，迅速装入事先备好的布袋内（袋长由鬐甲到腰部，宽由背上两侧下垂至大胯尖的水平线），搭于病马背腰部，袋内麸皮要铺平。再用同法炒另一半麸皮，装袋备用。两口袋交替使用，稍凉即换，至病马耳根或腋下出汗为度。最后除去口袋，覆盖麻袋、被毡等，静养于暖厩。适应证同醋酒灸法。"醋炒麸皮腰上熨，汗沟邪气火针攒"，是《元亨疗马集》对马患寒伤腰胯痛治疗方法的记述。

4. 酒灸法 本法只用于百会穴，事先将备好的面碗（边厚底薄）粘着于穴位上，面碗内加少量酒点燃，酒尽再加。每次灸 20～30min 即可，适用于腰风湿、寒伤腰胯痛。

5. 温针灸法 包括火针和艾灸针。本法有针与灸的双重作用，为兽医最常用的方法之一。火针前面已经讲过。艾灸针即先将火针或圆利针刺入穴位后，针尾部再缠裹艾绒点燃，以增强和保持温热刺激，提高疗效。操作时如用平头针柄的针具，可取艾卷一节，用小宽针刺入艾卷中心，左右转动，使艾卷中心形成一个小孔，套在平头针柄上点燃。如用自制艾绒施灸，可用特制的艾灸针。将艾绒缠裹在针柄上，用手搓捏，艾绒则嵌附于盘龙针柄之内，然后施针点燃。这两种方法可用于背腰体侧的各种穴位，虽病马有灼痛感后皮肌不时抖动，艾绒也不会脱落，对背腰部或四肢的寒伤性疼痛疾病都可应用。

6. 拔火罐法 属淤血疗法的一种。俗话说："扎针拔罐，病好一半"。说明拔火罐疗效确实。古时用牛角做火罐，故又称"角法"。现今多用竹筒、陶瓷或玻璃制成火罐，通常可用玻璃杯或罐头瓶代替。施术时先将术部剪毛，或以温水涂湿，或于穴位周围涂一层黏附剂（如凡士林、糨糊）。把玻璃杯擦干，底部放一小块酒精棉球或往瓶内倒些酒精，再转动几下瓶子，使酒精均匀布满瓶罐内壁，多余的酒精倒出，马上点燃瓶内酒精和棉球，待火焰最旺时扣于穴位上；再以手指叩击瓶底，如为实音证明已吸附结实，否则罐即掉落。如病马过瘦或局部有凹陷，火罐不易吸附时，可在局部垫面圈，然后再扣火罐，一般 10～15min 便可起罐，起罐时一手按住罐下皮肌，一手横扳罐底，稍微进气即可脱掉，切不可硬拔或硬拽。

二、烧烙术

烧烙术又名火烙疗法，是针灸的重要组成部分，由灸法发展改进而来。从《伯乐画烙图歌》来看，我们祖先早就用烧烙术治病，至今仍然广泛应用于临床。烧烙术是利用强烈的热烙作用，透入皮肤深部以温通经络，促使气血流通，从而达到消肿破瘀，使疼痛逐渐消失，恢复功能，或虽不能使病痛痊愈但可达到限制病灶发展或跛而不痛的作用。本法适用于慢性顽固性肿胀，如骨瘤、关节硬肿，尤以肢蹄病多用（图 4-11）。

（一）术前准备

1. 人员 术者一人，助手二人（一人负责烧递烙铁，一人备酒精、醋协助术者），保定四人。

2. 病马 施术前 12h 内禁止饮喂，以免术时因骚动发生意外。

3. 器材 备烙铁（烧烙器）、火炉、小风箱、醋、酒、小笤帚、保定绳等。

4. 保定 用天平架站立保定或侧卧保定，固定患肢。

（二）烧烙法的种类

1. 直接烧烙法 用烙铁直接在患部烧烙，常用于顽固性四肢病及长期针药不效的肌

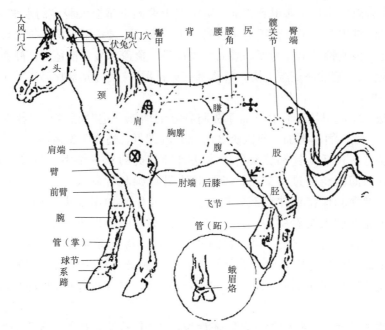

图 4-11　伯乐画烙部位

腱关节慢性炎症或骨瘤。

（1）烧烙步骤

①先以刀状烙铁画制烙图，烙铁要顺毛而行，制好图案后，再用条状烙铁加大火力，开始时力量轻一些，逐渐加重，烙铁接触皮肤要平稳，否则容易划破皮肤，切忌来回拉动。

②烧烙程度：以皮肤烧烙线金黄色为宜。在烧烙过程中，向烙线洒醋，洒上再烧烙，反复进行。临床上把烧烙程度分为轻、中、重三度。中度者烙线呈浅黄色且出现渗出液；轻度者，烙线呈浅黄色且无渗出液；重度者，将其渗出液再烙干。

（2）注意事项

①烙铁不要烧的太红。因为火力过大易烙焦皮肤，过小热度不够，二者均达不到烧烙的目的。

②烧烙要避开较大的神经干和血管。皮薄的部位也不宜烧烙。

③烧烙后因病马出汗，不可暴饮冷水或系留阴冷处等，预防感冒。

（3）护理和禁忌

①烧烙后要保持创面干燥与清洁。开放创面，病马拴系时头要高，防止啃咬创面。

②烧烙后适当休息和牵遛，忌涉水。

③阴雨风寒或酷夏不宜烧烙，老幼或妊娠后期也不宜烧烙。

④一般只烧一次。必须烧第二次者，待第一次创面愈合后，且避开第一次烙线烙之。

2. 间接烧烙法　又叫熨烙法。是将大方烙铁烧红在覆盖有醋浸湿过的毛巾或布的穴位或患部上熨烙。使该部受到间接的温热，以温通经络、通畅气血，而达消肿、化淤、治病的目的。常用于破伤风（熨大风门）、歪嘴风（烙锁口、开关、上关、下关等穴的连线）、低头难（烧烙九委穴）。

（1）熨烙法　以毛巾或布折叠，蘸醋湿透，平敷于患部或穴位。术者持烧红的大方烙铁，在湿布上慢慢熨烙。开始轻些，逐渐加重，烙铁要及时更换以保持热度，布干则加洒温醋。直至手摸马患部皮肤温热，周围皮肤有微汗为止，系于暖厩中休息。

（2）禁忌　患部有破伤不宜熨烙，幼马和妊娠后期的病马忌用。

（3）注意事项

①烙铁要热度适当（保持黑红色），过热易引起烧伤，不热则达不到熨烙的目的。

②烙铁要来回移动，勿常时在一处熨烙。

③烙后要保护术部，勿使受凉。

3. 垂泉穴巧烙法　《元亨疗马集·肾虚》中记载："四肢虚肿、后脚难移"。临床所见以两后肢虚肿者较多。本法用于消肿疗效确实。

（1）准备工作　先修蹄削甲，备旧钢铣两把（或两片厚铁也可）、长钳两把。病马柱栏保定。

（2）烧烙方法　将钢铣烧至黑红色，取一把放于柱栏内地面上，让病马后蹄踏立于钢铣上烧烙之。两把钢铣要及时更换，以保持热度。烧烙至两后肢内侧有汗、蹄外负缘上卷为度。

（3）注意事项　钢铣或铁片必须放稳；烧烙后 5d 内不能涉水，厩舍内一定要保持干燥。

第六节　头颈穴位

一、头部穴位

1. 大风门

（1）解剖部位　顶部，共三穴。其正中穴在鬃毛下缘正中处，顶骨外矢状嵴分叉部的皮下，另二穴在正中穴两侧下方约 3cm 处，三穴成三角形，皮下为耳肌，是颞浅动脉、颞浅静脉和耳脸神经分布区。

（2）针法　"绊马索"或"单柱"保定法，头项与脊柱呈水平线勿使摇动。火针向上沿皮斜平扎入 2～3cm，或用圆头烙铁直接轻度烧烙。

（3）注意事项　病轻者针，病重者烙。

（4）主治　脑黄、破伤风、脾虚湿邪、心热风邪。

2. 通天（针法）

（1）解剖部位　在额部，两眶上窝中部连线之间中点，1 穴。穴位皮肤由结缔组织连于骨，是额窦的背侧壁，有额动静脉和额神经分布。

（2）针法　加戴临时双缰笼头，六柱栏内保定，固定头部。穴位剃毛消毒，用利刀割破皮肤，用圆锯钻开额骨，取出骨片，每天早晚冲洗一次，洗净窦内脓汁至周围呈正常颜色，不再分泌异物时，彻底清理创口缝合皮肤，或用熨烙或艾灸法。

（3）主治　脑颞（额窦炎）者凿脑，脑黄者熨烙或艾灸。

3. 垂睛

（1）解剖部位　在颞窝内、冠状突前缘的颞肌中，即眉棱骨上缘约 3cm 陷窝中，左右侧各 1 穴。有颞浅动脉、颞浅静脉和耳脸神经分布。

（2）针法　"绊马索"保定，使马低头，针者左手切穴，右手持毫针或圆利针斜向下刺入 4～6cm。

（3）主治　肝经风热，肝热传眼，睛生翳膜。

4. 抽筋

（1）解剖部位　在两鼻孔内侧缘连线中点处，两鼻孔内角之间，1穴。切开皮肤，抽动上唇提肌腱，有鼻侧动静脉、鼻侧神经和颊上神经分布。

（2）针法　马站立保定，夹住下唇，妥善保定头部。针者一手拉紧上唇，一手持大宽针刺破皮肤，将抽筋钩或针把插进针孔内，将上唇提肌腱拉出，反复牵引数次不切断，取去钩针，前拉上唇，抽筋自然缩回。

（3）主治　颈风湿。

5. 气海

（1）解剖部位　在两鼻上缘（马在鼻孔上缘内侧），左右侧各1穴。切开鼻翼，皮下是鼻唇提肌，分布着鼻外动静脉、上唇动静脉、鼻前神经和颊上神经。

（2）针法　马站立保定，头与颈平，针者左手握马鼻孔，用一木棒塞入鼻孔6cm，把木棒靠鼻上缘贴紧；右手持圆刃刀，自下而上割3～4.5cm长的切口（马直），或将食指、中指插入鼻腔伸直叉开，即将穴位皮肤撑展，再利用剪刀由下向上剪开。

（3）注意事项　割时勿伤软骨，否则流血不止，割鼻后每天用碘酊2%～3%局部涂擦消毒刀口一次，防止愈合。

（4）主治　鼻孔狭窄，呼吸不畅。

6. 外唇阴

（1）解剖部位　在上唇外面，两鼻孔下缘正中点处，1穴。针刺口轮匝肌内，有上唇动静脉、上唇神经及颊上神经分布。

（2）针法　针者左手捏住马上唇向前拉，右手持三棱针或小宽针速刺出血。

（3）注意事项　针毕使马头稍低则流血量多。

（4）主治　脾热、唇肿、流涎、蹙唇似笑。

7. 分水

（1）解剖部位　在上唇外面正中旋毛处，1穴。皮下是口轮匝肌。有上唇动脉、上唇静脉、上唇神经和颊上神经分布。

（2）针法　针者左手握住马的上唇，右手持三棱针或小宽针速刺出血。

（3）主治　冷痛、伤水起卧、黑汗风。

8. 脑俞

（1）解剖部位　在颞部、下颌关节后上方，紧接耳根，在其前内侧的凹陷处，针刺耳肌及其深部的颞肌，是颞浅动脉、颞浅静脉和耳睑神经的分布区。左右侧各1穴。

（2）针法　"绊马索"保定，使头与项平。小火针向后平刺，扎入2～3cm。

（3）注意事项　针时切勿伤着耳筋，否则耳即下垂，扎时将耳筋提起。

（4）主治　脑黄、破伤风。

9. 上关

（1）解剖部位　下颌关节后背侧、颧弓下方凹陷处、颧弓下部与下颌关节突之间的关节囊内，左右侧各1穴。有面横动脉、面横静脉及颞浅神经的面横支分布。

（2）针法　用鼻捻子拧住上唇保定，小火针由上斜向下刺入2cm。

（3）注意事项　如果针扎不进去，用手切压马开关穴即可扎入；若扎后针拔不出来，把马的上下颌来回摇动几下，即可顺利拔出。切不可硬拔，否则有断针的危险。

（4）主治 破伤风、牙关紧闭、歪嘴风。

10. 下关

（1）解剖部位 在下颌关节前外侧，咬肌深部，下颌关节与软骨板之间，即上关穴斜前下方约 3cm 的凹陷中，左右侧各 1 穴。血管及神经分布同上关穴（图 4-12）。

（2）针法 鼻捻子保定，将马头抬起，小火针扎入 2cm。

（3）注意事项 与上关穴同。

（4）主治 同上关穴。

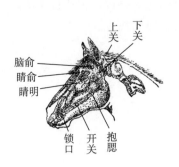

图 4-12 马头部侧面穴位

11. 锁口

（1）解剖部位 在口角后上方约 3cm 处，口轮匝肌外缘，颊肌与口轮匝肌相接处，一穴。有颊肌动静脉、颊肌脉和颊上神经分布。

（2）针法 马单柱头部固定，用耳夹子夹住耳朵。针者左手拇指、食指捏持穴位皮肤，右手持火针向后平刺 3～5cm，或将食指直接插入颊内，向外垫于颊内侧，拇指夹持穴位皮肤，右手持圆利针或毫针向开关透刺（图 4-13）。

（3）注意事项 切勿刺入口内，如刺透口腔，可引起化脓或形成瘘管。

（4）主治 同上关穴。

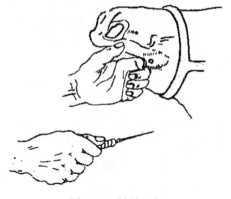

图 4-13 针锁口穴

12. 牙关

（1）解剖部位 在颊部咬肌前缘、上下臼齿间的颊肌内，口角后上方约 15cm 处，即第四槽牙的外侧面凹陷中，左右侧各 1 穴（用两手拇指沿口角延长线向后滑动，当有阻力时，两侧同时用力切押口即张开，其切押部是穴）。有面总动、静脉和颊下神经分布。

（2）针法 鼻捻子保定，马头抬平。火针向后平刺扎入 3～5cm。

（3）主治 同上关穴。

13. 抱腮

（1）解剖部位 在下颌咬肌部，口角沿线与内眼角至下颌颈角连线的交点处，左右侧各 1 穴。刺入咬肌内，是咬肌动脉、咬肌静脉、上唇神经和颊下神经分布区。

（2）针法 鼻捻子保定，马头抬平。火针斜向上刺入 3cm 或毫针扎入 4～5cm。

（3）主治 颊黄、歪嘴风。

14. 太阳

（1）解剖部位　在颧弓下咬肌部，外眼角后方约 3cm 处的面横静脉上，左右侧各 1 穴。腹侧有面横动脉和颞浅神经面横支并行，深部为咬肌。

（2）针法　"绊马索"保定。针者以"弓箭步"站于马正前方，针左侧时左手拧马耳下压，右手持针；针右侧时右手拧马耳下压，左手持针，即谓"泰山压顶"之术势，以大三棱针或小宽针直刺出血。如治脑黄病，需大量出血者，在颈上部系"大血绳"。需止血时，松开"绊马索"，突然拍击其口鼻，马猛然仰头血即止。

（3）注意事项　针后出现皮下淤血肿胀者，不必做任何处理，很快自然消散。

（4）主治　肝热传眼，肝经风热，中暑，月发眼，眼起灰皮。

15. 眼脉

（1）解剖部位　在太阳穴后、外眼角后方约 4.5cm 处、颧峰下部、咬肌外面的面横静脉上，左右侧各 1 穴。并行动脉和神经分布同太阳穴。

（2）针法　同太阳穴。

（3）注意事项　同太阳穴。

（4）主治　同太阳穴。

16. 大脉

（1）解剖部位　在内眼角下方约 4.5cm 处眼角静脉上，左右侧各 1 穴。有眼角动脉并行于背侧，是眶下神经及面部神经的分布区。

（2）针法　"绊马索"保定，使马血管怒张，针者左手切穴，右手持大三棱针或小角刀针向上平刺，如果血管不明显，用中指在穴上弹几下，血管即可怒张。

（3）主治　冷痛、肚胀、肝热传眼。

17. 三江

（1）解剖部位　在内眼角下约 3cm 处的眼角静脉上，左右侧各 1 穴。有眼角动脉并行于背侧，是滑车下神经的分布区。

（2）针法　同大脉穴。

（3）主治　同大脉穴。

18. 血堂

（1）解剖部位　在鼻侧壁鼻颌切迹前下方约 3cm 处，即鼻梁两侧、鼻孔上方、距鼻孔上缘约 6cm 处，左右侧各 1 穴。穿通鼻侧壁及鼻中隔软骨，皮下是鼻侧肌，有鼻侧动静脉和眶下神经分布，鼻中隔有蝶腭动脉、蝶腭静脉和鼻后神经分布（图 4-14）。

（2）针法　针者左手提起马的笼头，右手持圆利针或小角刀针垂直刺透鼻中隔。扎后加"绊马索"保定，迫使低头血自然流出，流至血色鲜红为度。如流血不止，将马头吊起止血。

（3）注意事项　持针要牢固，手法要敏捷，若向上刺有流血不止的危险，向下二指即

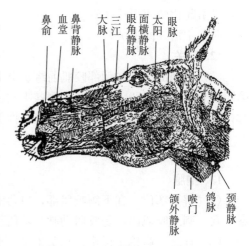

图 4-14　马头颈部穴位（静脉）

为鼻俞穴，二穴异穴同功，如病轻需少量出血者，可针鼻俞。

（4）主治　肺热（火鼻子）、肺热喘粗、鼻肿痛。

19. 鼻俞

（1）解剖部位　在鼻侧、鼻颌切迹前下方约 6cm 处，即鼻颌切迹至鼻孔上连线之间、血堂穴下 3cm 处，左右侧各 1 穴。针刺穿透鼻侧壁及鼻中隔，血管和神经的分布同血堂穴。

（2）针法　同血堂穴。

（3）注意事项　同血堂穴。

（4）主治　同血堂穴。

20. 鹘脉（颈脉）

（1）解剖部位　在颈静脉沟颈静脉上、中 1/3 交界处，颊下约 6cm 的大血管上，左右侧各 1 穴。背侧是臂头肌，腹侧是胸头肌，深部是肩胛舌骨肌，有颈总动脉并行，是颈神经腹支分布区。

（2）针法　马头高吊，颈础部系"大血绳"，使静脉怒张。针者一手抓笼头，令马头稍偏对侧，另一手持振锤（装大宽针）打刺出血。根据病情放够血量，高声呼号，叫"醒"病马。一手猛拍病马背部，同时一手速松颈绳，出血定止。

（3）注意事项　①颈绳勒紧，血管看准，方向稍斜，一针见血。②"一寸鹘脉二寸喉（脉），三寸大血往下流，"为异穴同经治一病，临床上应用只选 1 穴。

（4）主治　五脏积热，黑汗风，脑黄，中毒。

21. 喉门

（1）解剖部位　位于喉部，在腮腺颈角上部的颌内静脉起始部，即鹘脉穴上方颈静脉上端分叉中间向前 2cm 处，左右侧各 1 穴。前侧是腮腺，后侧是臂头肌，有颈动静脉的分支和颌神经腹侧支分布。

（2）针法　马站立保定，头与颈平。针者左手切穴，右手持小火针扎入 1.5cm，或用圆头烙铁轻烙。

（3）注意事项　此穴在颈静脉上下分叉的中间，扎时勿伤血管，病轻者针，病重者烙。

（4）主治　喉门肿胀。

22. 睛俞

（1）解剖部位　在上眼睑正中、眶上突下缘，左右眼各 1 穴。刺入眼鞘与眶骨之间，有额动脉、额静脉和额神经分布。

（2）针法　马站立保定。针者左手切穴，下压眼球；右手持毫针沿眉棱骨斜向上刺，入针 4～6cm，或翻转上眼皮、小三棱针点刺出血。

（3）注意事项　勿向下刺，否则易刺伤眼球。

（4）主治　肝热传眼，肝经风热，睛生翳膜。

23. 睛明

（1）解剖部位　在下眼睑上，两眼角内中 1/3 交界处外侧的皮肤褶上，左右眼各 1 穴。针沿泪骨上缘刺入眼鞘与泪骨之间，有颧动脉、颧静脉和颧神经分布。

（2）针法　马站立保定，针者左手切穴，上推眼球；右手持毫针沿泪骨上缘向内下方刺入 3.5cm。

（3）注意事项　勿向上刺，免伤眼睛。

（4）主治　同睛俞穴。

24. 转脑

（1）解剖部位　在外眼角上部、眶上突下缘，距外眼角约 1.5cm 处，左右侧各 1 穴。沿额骨颧突下缘刺入颧突与眶骨膜之间，是额动脉、额静脉和颧神经的分布区（图 4-15）。

（2）针法　"马鼻夹子"保定。针者左手切穴，下压眼球；右手持毫针沿眶上突下缘刺入 4~5cm。

（3）注意事项　切勿直刺，免伤眼球。

（4）主治　脑黄、心热风邪、癫病。

25. 大眼角

（1）解剖部位　在内眼角、第三眼睑的

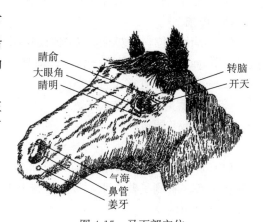

图 4-15　马面部穴位

基部凹陷处，左右眼各 1 穴。是滑车下动脉、滑车下静脉和滑车下神经的分布区。

（2）针法　马站立保定，针者左手固定眼部，右手持圆利针或毫针顺眼角向内后方刺入 3~4cm。

（3）主治　冷痛、肝风、暴发火眼。

26. 开关

（1）解剖部位　在眼球角膜下缘正中与巩膜交界处，即眼内黑白睛交界处，左右眼各 1 穴。是睫前动脉、睫前静脉和睫状神经的分布区。

（2）针法　马单柱头部固定，使头与项平。用冷水冲马眼或丁卡因液点眼，至眼球转动不灵活时，针者以左手拇指、食指、中指三指掰马眼的上下睑，并略加压力固定眼球，右手持三弯针，对准虫体靠近黑白交界处（不拘于黑睛下缘正中），轻手急针刺入 0.3cm，则虫体即可随眼房水流出。其针法特点是急刺急出，在出针时要稍加拨挑，以扩大针孔。因针尖圆细而锐利，角膜稍有弹性，故挑拨时针孔扩大（可至 0.2cm），虫体易随眼房水流出。但出针后针孔收缩不会撕裂再扩大，有利愈合，如正直出针，因针尖极细虫体不易随房水流出。

（3）注意事项

①用小三棱针扎易造成眼球内出血，创口大不易愈合，应少用。

②针后禁止涂眼药膏。

（4）主治　混睛虫病。

27. 鼻管

（1）解剖部位　位于鼻前庭，鼻腔入口的下外侧，距鼻孔外缘约 3cm，皮肤接近黏膜处的鼻泪管口处，左右侧各 1 穴（位于鼻腔底部）。

（2）针法　马单柱头部保定，不老实者再加耳夹子。针者掰开鼻孔找到鼻管开口，右手持泪管针慢慢捻转插入穴位，进入后一手将针柄与鼻翼捏紧固定，助手用注射器注入黄连水，则水由大眼角流出，轻揉眼睑彻底洗净即可。

（3）注意事项

①泪管针一定要把针尖去掉磨光，否则会刺伤鼻管。

②切不可用鼻捻夹鼻，以免影响操作。

③掰开鼻孔后，在鼻管开口处多有黏液性分泌物覆盖，拭去即可见鼻管。

（4）主治　睛生翳膜、肝经风热、肝毒。

28. 姜牙

（1）解剖部位　在鼻外翼、鼻翼软骨顶端处，即鼻孔外缘的姜牙骨上，左右侧各1穴。皮下是犬齿肌及鼻唇提肌，肌下是鼻翼软骨，有上唇动脉、上唇静脉、鼻前神经及颊上神经分布。

（2）针法　马站立保定，夹住上唇，割左侧时鼻夹子向右侧歪，割右侧时鼻夹子向左侧歪，使姜牙骨尖突起。手法是左手固定姜牙基部，右手持凹刃刀隔开皮肤，再用姜牙钩把软骨勾出割去尖部，或以小宽针刺入姜牙骨中挑拨数次破碎姜牙亦可。

（3）注意事项　治后5～7d内在盆中饮水，水深不能超出3cm，边喝边加，防止水进入伤口。

（4）主治　冷痛。

29. 承浆

（1）解剖部位　在下颌骨外面正中与颏之间的凹陷处，距唇缘约3cm，1穴。皮下是口轮匝肌和颏肌，有下唇动脉、下唇静脉及颏神经分布（图4-16）。

（2）针法　针者将马头平举，左手握住马的下唇，右手持小宽针向上刺入出血为度。

（3）主治　唇肿、口疮、歪嘴风、龈肿。

30. 槽结

（1）解剖部位　在颌下淋巴结处，即槽口内，颊下6cm处，1穴。该处有舌下动脉、舌下静脉、舌下神经和前二对颈神经腹侧支分布（图4-16）。

（2）针法　马站立保定，将头吊高，使术部露出。剪毛消毒后，根据疙瘩（即槽结）大小切开创口，用钩针钩起皮肤，以刀柄或手指将疙瘩剥离摘除。如疙瘩已化脓，用大宽针刺破排脓，按脓液情况进行外科处理。病轻只肿无破者，用圆利针刺入疙瘩0.3cm或散刺亦可。

（3）注意事项　病轻者针刺，病重者刀割排脓，割时勿伤两旁额眉血管。

（4）主治　槽结。

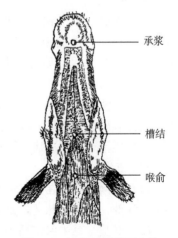

图4-16　马头颈部腹面穴位

31. 喉俞

（1）解剖部位　在颈上第三气管轮的腹侧，即胸骨舌骨肌和胸骨甲状肌的正中腱质部，1穴。切开气管，有颈动脉、颈静脉的分支、颈神经的腹支和迷走神经分布。

（2）针法　马戴双缰临时笼头，六柱栏内站立保定，头高抬。穴位部剪毛消毒，先将皮肤切开，再把气管轮切成月牙创口，装以竹筒（筒长6cm、内径0.9cm，以线绳系于颈部）或气导管，至病愈呼吸畅通时取出。

（3）注意事项　创口不宜一次封闭，否则会引起气窜皮下。

（4）主治　一切喉头疾患、呼吸困难、有窒息危险时。

32. 骨眼

（1）解剖部位　在第三眼睑的边缘处，即内眼角内闪骨上，左右眼各1穴。有滑车下动脉、滑车下静脉和滑车下神经分布。

（2）针法　马站立鼻捻子保定。针者左手翻开马上下眼睑，右手持骨眼钩，钩出闪骨片；然后左手拉钩，右手用利刃刀刺破闪骨，取出其中的部分脂肪，最后用食盐末揉于大眼角内。

（3）注意事项　闪骨外露，方令钩割，否则戒之。用于急救者，可用小圆利针顺大眼角斜向下刺入 3cm，肚痛起卧、破伤风等严禁钩割。

（4）主治　黑汗风、骨眼症。

33. 耳尖

（1）解剖部位　在耳尖背侧，耳大静脉内、中、外三支汇合处，即耳尖背面血管分叉处，左右耳各 1 穴。有耳动脉并行，深部为耳郭软骨，有耳后神经分布（图 4-17）。

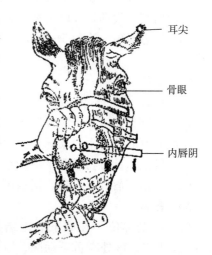

（2）针法　针者左手握紧马耳，右手持三棱针斜刺出血。如不出血者，用手指弹耳尖数下，使血管怒张便于出血。或左手将两耳尖重叠捏紧，右手持小角刀针 1 次刺穿两耳使其出血。

（3）主治　冷痛、感冒、中暑。

34. 内唇阴

（1）解剖部位　在上唇与齿龈之间，唇系带两侧凹陷处，上唇内面距中线 1.5～2cm 的两侧血管上，左右侧各 1 穴。黏膜下为唇腺及切齿肌和口轮匝肌，有上唇动脉、上唇静脉和上唇神经分布。

图 4-17　马头部唇内穴位

（2）针法　针者左手将马上唇翻起，右手持三棱针速刺出血，或散针点刺，若唇上有疱，用针刺破流出黏液，以白酒喷之。

（3）主治　伤水冷痛、阴火、鼍唇似笑。

35. 玉堂

（1）解剖部位　在硬腭第三腭褶，距正中线约 1.5cm 处，左右侧各 1 穴。针刺两侧腭黏膜深部，达腭静脉丛，是腭大动脉、腭大静脉和腭大神经的分布区。

（2）针法　畜主保定马头。术者以"弓箭步"式站于马头左侧，左手拇指顺齿槽间隙伸入马口，拇指尖紧贴上腭，另四指压住鼻梁骨，五指用力握捏使马口自然开张，并有固定马头的作用，右手持玉堂钩，钩尖向前，顺第三棱平刺出血，再用拇指向切齿方向挤压数次，以保证出血量，放完后消毒针眼部。

（3）注意事项　点刺出针要快，否则易撕裂针孔，流血不止。若发生流血不止时，将马头吊高，撒止血药止血或火烙止血。

（4）主治　舌疮、五脏积热、慢草。

36. 通关

（1）解剖部位　在舌的腹面，即舌体底面舌系带两侧的静脉上，左右侧各 1 穴。针刺舌系带面两侧黏膜下舌静脉，深部为舌肌，是舌下动脉、舌下静脉和舌下神经的分布区。

（2）针法　马站立保定。术者站于马头左侧，右手的食指、中指、无名指三指并拢，由齿槽间隙伸入马口腔将舌拉出口外，翻转舌体，将食指屈曲，顶于舌面，拇指与其他三指握紧舌体，则血管自然怒张而显露，右手持三棱针，以"执笔式"点刺出血。

（3）注意事项　针时观察马的口色，如口色苍白不洁、气血两亏者，禁针，以防流血不止。

（4）主治　心经热、口舌生疮、木舌、慢草。

二、马颈部穴位

1. 小风门

（1）解剖部位　在耳根后部，寰锥翼前缘上、中 1/3 交界处，即耳后 3cm，距鬃下缘 6cm、伏兔骨前上部凹陷中，左右侧各 1 穴。刺入臂头肌、夹肌腱膜深部的头前斜肌内，是枕动脉、枕静脉和耳后神经的分布区。

（2）针法　"绊马索"保定，头与项平。针者左手切穴，右手持小火针直向下扎 2～3cm；或用槐树皮间接灸之，灸至马摇头摆尾为止；或火烙，将皮烙至黄褐度。

（3）注意事项　病轻者针，重者灸，甚者烙。针时勿偏前，因前边有血管，否则流血不止。

（4）主治　破伤风、风邪症。

2. 伏兔

（1）解剖部位　在耳后寰锥翼背侧、椎间孔和翼孔之间的凹陷处，即耳后 6cm、距鬃下缘 4.5cm、伏兔骨后缘凹陷中，左右侧各 1 穴（将病马头下低向右扭，左侧伏兔骨尖突出，骨尖后凹陷处是穴，反之取对侧穴）。刺入臂头肌、夹肌深部的头后斜肌内。有枕动脉、枕静脉和枕神经分布（图 4-18）。

（2）针法　"绊马索"保定，使头与项平。针者左手切穴，右手持小火针向下直刺 2～3cm，或用圆头烙铁轻度烧烙。

（3）主治　项强硬、破伤风、风邪症。

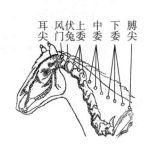
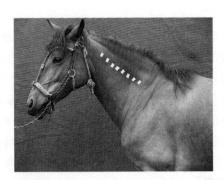

图 4-18　马颈部侧面穴位

3. 九委

（1）解剖部位　位于颈侧上部，在寰锥翼前缘的后方，即小风门、伏兔、上上委 3 穴连线，距离相等，从上上委（伏兔穴后 3cm）到下下委（膊尖穴前 3cm），分为 8 等分，每点 1 穴，一侧 9 穴，两侧 18 穴。沿着项韧带索状部的下缘，刺入颈斜方肌深部和菱形肌等，下有颈深动脉、颈深静脉和颈神经的背支分布。

（2）针法　马单柱头部保定。针者左手的拇指和食指提起马项韧带索状部，右手持火针，垂直皮肤向对侧刺入 3cm，或透刺对侧穴，扎后放下使皮肤和针孔错开，一般多用醋温熨法，沿九委穴连线沟中熨灸之，至病马耳根出汗为度。

（3）注意事项　针时将韧带索状部提起，一是免伤韧带，二是皮肤复位封闭针孔，免受感染。每次可取 3～5 穴，病轻者针，重者熨。

（4）主治　低头难、破伤风。

第七节　前肢穴位

1. 膊尖

（1）解剖部位　在肩胛骨前角和肩胛软骨结合部的凹陷处，即弓子骨前角的凹陷中，左右两侧各 1 穴。刺入斜方肌深部、菱形肌与颈下锯肌之间的肌隙内，有颈横动脉、颈横静脉和颈神经背侧支、肩胛背神经分布。

（2）针法　马站立保定，将病马头颈弯向健侧，患侧穴明显，易于入针。针者左手切穴，右手持火针向后下方刺入 3～5cm，毫针 6～10cm。

（3）主治　膊尖痛、寒伤肩膊痛。

2. 膊栏

（1）解剖部位　在肩胛骨前缘、膊尖穴与肺门穴连线的中点上，左右侧各 1 穴。皮下为斜方肌、菱形肌、冈上肌和颈下锯肌的交界处。有颈动脉、颈静脉、颈神经背侧支、肩胛上神经分支和第二胸神经背侧分支分布（图 4-19）。

（2）针法　同膊尖穴。火针刺入 3～4cm，圆利针 6～8cm。

（3）主治　同膊尖穴。

3. 肺门

（1）解剖部位　位于颈后部、肩胛前缘、肩胛软骨与肩胛骨后角相接的凹陷处，即膊尖穴和下膊穴连线的中点上，左右侧各 1 穴。刺入胸深肌与臂头肌上缘之间的间隙内，穴部下缘有浅淋巴结，有颈深动脉、颈深静脉和颈神经的腹侧支及胸神经背侧支的分布。

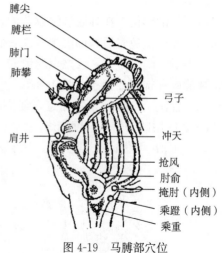

图 4-19　马膊部穴位

（2）针法　毫针向后内侧刺入 10cm，火针刺入 4～5cm。

（3）主治　寒伤肩膊痛、肩膊麻木、肺寒咳嗽。

4. 肺攀

（1）解剖部位　在臂头肌上缘、胸前深肌和颈下锯肌的肌沟中，即肩胛前缘，肺门穴和下膊尖穴连线的中点上，左右侧各 1 穴。向上有冈上肌、肩胛下肌、肩胛上神经分布。

（2）针法　马站立保定，针者左手切血穴，右手持火针向后下方刺入 4～5cm，圆利针 6～8cm。

（3）主治　同肺门穴。

5. 下膊尖（肩井）

（1）解剖部位　位于肩端，在臂骨大结节上部凹陷处，即臂二头肌上缘、冈上肌与冈下肌之间的肌间隙内，左右侧各 1 穴。是肩峰动脉、肩峰静脉和肩胛上神经分布区。

（2）针法　马站立保定，为使针易进，扎左侧将马头推向右侧，反之亦然。针者以左手切穴，右手持火针针尖向内下方刺入 3cm。

（3）注意事项　未拔针前，勿使马摆动，否则有折针的危险。

（4）主治　前肢风湿、抢风痛、前肢麻木。

6. 弓子

（1）解剖部位　在肩胛冈结节后方冈下窝内，左右侧各1穴。刺入皮肤与肩胛皮肌，向浅肌膜深部灌注空气，有肩胛下动脉、肩胛下静脉和肩胛上神经分布。

（2）针法　马"鼻捻子"保定，穴位剪毛消毒。针者左手提起皮肤，右手持大宽针将皮肤刺透，以消毒纱布盖住针孔，连同纱布捏起周围皮肤，向外牵拽数次后，左手捏紧针孔，右手由针孔向肘头方向推挤气体，再牵拽、再推挤，如此反复进行四五次，则肩部皮下组织充满气体，然后封闭针孔即可。

（3）注意事项　病轻者用火针，针尖向下刺入 3cm。

（4）主治　肩部麻木、肩膊肌肉萎缩、脱膊。

7. 冲天

（1）解剖部位　三角肌深部、冈下肌后缘、臂三头肌之长头内，即抢风穴斜后上方约 6cm 处的肌沟中，左右侧各1穴。有胸背动脉、胸背静脉及肩胛下神经分布。

（2）针法　马站立保定。针者左手切穴，右手持小火针垂直刺入 3～6cm，圆利针 6～8cm。

（3）主治　肩膊风湿、肩膊麻木、肩膊闪伤、抢风痛。

8. 抢风

（1）解剖部位　在臂骨三角肌隆起后上方的凹陷处，即抢风骨节后下方约 15cm 处，肩端与肘头连线中点处的凹陷中，左右侧各1穴。刺入三角肌深部，臂三头肌长头与外头之间及间隙内，有胸背动脉、胸背静脉和腋神经分布。

（2）针法　马站立保定，火针垂直刺入 5～6cm，或圆利针刺入 6～8cm，或小宽针刺入 4～6cm，或采用中宽针扎"走马针"——急刺不留针，刺入 3～4cm，针后拽皮补气或"拔火罐"。

（3）主治　抢风痛、肩膊风湿、肩膊闪伤、肩膊麻木。

9. 肘俞

（1）解剖部位　在臂骨外上髁上缘与尺骨肘突前缘之间凹陷处，即肘头前凹陷处，左右侧各1穴。针刺臂三头肌的外头，是臂深动脉、臂深静脉和桡神经的分布区。

（2）针法　马站立保定，屈曲患肢。针者左手切穴，右手持火针，针尖由后向前下方刺入 3～5cm，或毫针刺入 4～6cm，针尖必须扎到臂骨最近端凹陷处。

（3）注意事项　针入体内勿让病马摆动，在未拔针前勿将腿放下，以免折针。

（4）主治　肘头肿胀、肘部风湿、前肢麻木。

10. 掩肘

（1）解剖部位　在尺骨肘突内上方约 4cm 处，前臂筋膜张肌后缘内侧，于胸深肌臂部之间的肌间隙内，左右侧各1穴。有胸外动脉、胸外静脉及胸腹神经分布。

（2）针法　马站立保定，提举患肢。针者左手切穴，右手持小火针，针尖向前上方斜刺入 3cm。

(3) 主治　肘部风湿、扭伤。

11. 乘蹬

(1) 解剖部位　在尺骨肘突后下方约 4cm 处，胸浅肌、胸肋部深层的肌间隙内，即带脉下方的凹陷中，左右侧各 1 穴。是胸外动脉、胸外静脉和胸廓前神经的分布区。

(2) 针法　马站立保定。针者左手切穴，右手持小火针，针尖向前上方平刺 3cm。

(3) 主治　同掩肘穴。

12. 乘重

(1) 解剖部位　在前臂部桡骨上端外侧、韧带结节的下部，指总伸肌与指外侧伸肌起始部的肌沟内，桡尺间隙中，即在外乘重骨尖下方的肌沟中或距腕关节外侧上方约 20cm，左右侧各 1 穴。有桡侧副动脉、桡侧副静脉及桡神经分布。

(2) 针法　马站立保定。针者左手切穴，右手持毫针或圆利针垂直缓缓刺入 6～10cm。本穴必须刺入桡尺间隙中，再捻转运针，留针行气，患肢随运针而提放，谓"得气"，针效甚佳。

(3) 注意事项　针时不可提举患肢，由于针刺骨缝，不宜扎"飞针"。

(4) 主治　前肢麻木、乘重肿痛。

13. 膝眼

(1) 解剖部位　位于腕关节背侧，上、下列腕骨稍偏外侧，腕桡侧伸肌腱与指总伸肌腱之间的凹陷处，即中间腕骨与第 3 腕骨之间的列间关节部，左右肢各 1 穴。深部为关节囊，为腕背动脉、腕背静脉网和肌皮神经的分布区。

(2) 针法　马站立保定。针者左手切穴，右手持中宽针向后刺入出血。

(3) 主治　腕部肿痛、腕关节扭伤。

14. 攒筋

(1) 解剖部位　在掌骨上端外侧，指深屈肌腱前外侧的掌心浅外侧静脉上，即腕关节外侧下约 6cm 筋前骨后的血管上，左右肢各 1 穴。有掌心浅外侧动脉并行和掌外侧神经分布（图 4-20）。

(2) 针法　马站立保定，健肢抬起。针者左手握患肢系部，右手持小宽针顺血管平刺出血。

(3) 注意事项　小心不要扎到肌腱和掌骨，伤腱则腿痛，伤骨则针尖易折。

(4) 主治　攒筋肿痛、膝部（腕关节）肿痛。

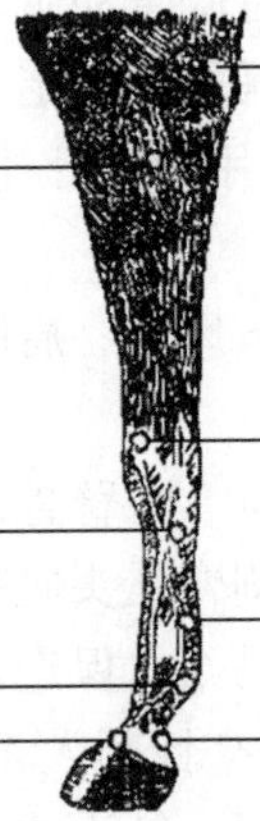

图 4-20　马左前肢穴位

肘俞

乘重

膝眼

攒筋

前缠腕（外）

明堂

前蹄头（外）

前白

15. 前缠腕

(1) 解剖部位　在球节上部两侧，指深屈肌腱与骨间中肌之间的凹陷中，指向外侧静脉血管上，每肢内外侧各 1 穴。其深部为滑液囊，有掌心内、外侧动脉和掌心内、外侧神经并行。

(2) 针法　马站立保定。针法有二：

①助手提举患肢，针者左手拇指、食指掐切两侧穴位，右手持小宽针直刺，一针穿透两穴，为急刺出血。

②助手提举前肢，针者左手切穴，右手持小宽针顺血管刺入出血。

（3）注意事项　如缠腕部有软肿（水葫芦胀）者，则直刺软肿，放出积液，针后 3～5d 勿浸水，保持厩舍干燥清洁。

（4）主治　缠腕痛、水葫芦肿、板筋胀痛。

16. 明堂

（1）解剖部位　在掌部球节后下面，近侧籽骨下的凹陷处，左右肢各 1 穴。皮下为指深屈肌腱，有指掌侧动脉、指掌侧静脉及指掌侧神经分布。

（2）针法　马站立保定，助手提举患肢。针者左手切穴，右手持小宽针，针尖向上刺入 1cm。

（3）注意事项　扎时不宜过深，否则伤骨。

（4）主治　缠腕痛。

17. 前蹄头

（1）解剖部位　在蹄背侧稍外方，蹄缘与皮肤交界处，即前蹄毛边上约 1cm，从正中间外旁开 2～3cm 处的血管上，左右肢各 1 穴。皮下是蹄冠动脉、蹄冠静脉丛和肢背侧神经的分布区。

（2）针法　用针锤或自动放血枪，装上中宽针，针者以"弓箭步"，一手按住马的鬐甲略向外推，使马体重心移向对侧；另一手持针锤在前腿前方探向对侧（隔山探海，或持自动放血枪直接针站侧肢蹄头，再转到对侧针之），轻针急刺外前侧的蹄头，被刺蹄必然提起，这时顺手收锤急刺靠近针者的蹄头，取外侧前方蹄头。

（3）注意事项　切勿扎到蹄壁上，否则易发生针尖断内，形成异物性跛行，甚至化脓。

（4）主治　毛边漏、冷痛、结症、五攒痛。实践证明，针蹄头穴可在蹄前毛边上正中或两侧，任取一点，针刺出血，都能奏效。尤其治五攒痛，需大量放血，可同时针 3 点，故针蹄头，不必局限于正中或外前方取穴。

18. 天平（前臼）

（1）解剖部位　在内外蹄软骨之间，蹄球内侧系凹处，即前蹄后面正中陷窝中，左右肢各 1 穴。刺入屈腱内，皮下有指枕动脉、指枕静脉和指掌侧神经分布。

（2）针法　马站立保定。针者提举患肢，一手紧握患肢系部，以"弓箭步"肩部紧抵于病马肩胛部；另一手持中宽针向蹄头方向急刺 1cm 出血，或小火针急刺 2～3cm。

（3）注意事项　此穴易污染，应注意护理，针后 3～5d 忌涉水、入泥，保持厩舍干净。急性炎症期用血针；慢性、风湿性施火针。

（4）主治　天平痛、蹄胎痛。

19. 心俞

（1）解剖部位　在胸前部、胸骨柄两侧的皮肤上，1 穴。是肩横动脉、臂头静脉、颈神经腹支和胸廓前神经的分布区。

（2）针法　马单柱保定。针者站于病马右侧，左手抓住病马鬐甲，右手持装有大宽针的针锤，散刺局部，排出淤血毒水即可。

（3）主治　胸黄。

20. 胸堂

（1）解剖部位　在胸前两侧，胸外静脉沟下部，桡骨上端水平位处，皮下的臂头静脉上，左右侧各1穴。深部有肩横动脉并行、肌皮神经的皮支分布（图4-21）。

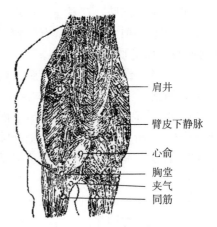

图4-21　马肩部、胸部前面穴位（肌肉）

肩井
臂皮下静脉
心俞
胸堂
夹气
同筋

（2）针法　让病马站于前高后低的坡形地上，令头高抬使血管显露。针者站于患肢一侧，以"弓箭步"式，一手抓住鬣毛，一手持装有大宽针的针锤，挥动速刺出血，待血色由暗红变鲜红时可突然拍打病马口鼻部，使之速动，局部收缩流血立止。如止血不彻底者，可牵遛。

（3）注意事项　如遇"卧槽筋"（血管位置稍深，穴处不易见到），入针应深些（可刺入1～1.2cm）。若出血不止者，可用钳夹夹住止血。

（4）主治　前肢闪伤、胸臂痛、心肺积热、五攒痛。

21. 内夹气

（1）解剖部位　位于腋部，前臂上部内侧正中与躯干相接的肌肉沟内，即腋窝正中，左右侧各1穴。针刺时穿通胸浅肌胸肋部，达肩胛下肌与胸下锯肌之间的肌间隙的疏松结缔组织内，是胸外动脉、胸外静脉及胸廓前神经的分布区。

（2）针法　马"鼻捻子"站立保定。针者先用大宽针刺透皮肤，再用夹气针插入穴中，斜向上方缓缓刺入30cm，即达胸壁和肩胛骨之间的疏松结缔组织内。将针柄前后摆动数次后出针，速用圆利针或中宽针刺抢风穴3～4cm。针者站于患肢外侧，两手抓住马的鬐甲和项部，用右脚蹬住抢风穴（垫纱布），用力摆动病马，直至病马弓腰屈腿为止，随后手提患肢寸腕，向前方牵拉，上下提举数次即可。

（3）注意事项　竹针刺入时勿偏内，竹针紧贴胸侧，防止针尖刺入胸膛，针时竹针上涂油，以利进针。

（4）主治　里夹气。

22. 同筋

（1）解剖部位　在前臂上部内侧皮下的正中静脉上，胸堂穴下7.5cm处，即夹气穴下方6cm处的血管上，左右肢各1穴。有肌皮神经并行。

（2）针法　马头高抬，健肢"打拐腿"保定。针者站于患肢的对侧，左手切押血管的近心端，右手持三棱针或小宽针向上平刺出血（隔健肢，针患肢，针尖向上平刺的术式，名曰"隔山点火法"）。

（3）注意事项　不可直刺，以防折针。

（4）主治　小肠痛、乘重骨痛、心经积热、草噎（治疗时采取鞋底巧击同筋穴）。

23. 夜眼

（1）解剖部位　在前臂下内侧，腕关节上部的跗蝉上，即在前腿腕内侧上方的夜眼上，左右肢各1穴。

（2）针法　马站立保定，用艾灸或火烙。

（3）注意事项　此穴禁针。

（4）主治　前肢肿痛，前肢肿胀。

24. 膝脉

（1）解剖部位　在掌骨上中 1/3 内侧，指深屈肌腱内侧、掌心浅内侧静脉上，即在腕关节内侧下方 6cm 筋前骨后的血管上，左右肢各 1 穴。有掌心浅内侧动脉并行和掌内侧神经分布（图 4-22）。

（2）针法　马站立保定。针者站于健侧，一手将患肢由健肢前拉起，并将其系凹部按压在健肢管部的前方固定；另一手持大三棱针或小宽针顺血管平刺出血。

（3）注意事项　取穴要准，勿伤筋骨。

（4）主治　同攒筋穴。

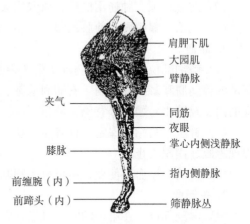

图 4-22　马右前肢内侧穴位（肌肉、静脉）

25. 垂泉

（1）解剖部位　在蹄叉尖部，深部为蹄叉真皮（肉叉），前蹄底正中间，左右前蹄各 1 穴。有蹄底静脉丛和掌跖侧神经分布。

（2）针法　前肢痛，由助手提举固定患肢；后肢痛，用二柱栏固定，患肢后方转位固定。针者以利刀在患部剜割，排出脓血异物，用碘酊洗净。病轻未化脓者，适当修蹄，针蹄头即可。

（3）注意事项　处理后勿涉水或立泥中。厩舍垫炉灰或干土，以防感染。

（4）主治　漏蹄。

26. 前蹄门

（1）解剖部位　在蹄球上缘，蹄软骨后端的凹陷处，即前蹄后面、蹄踵部后上缘，每蹄内、外侧各 1 穴。皮下是蹄冠静脉丛，有指枕动脉和指掌侧神经分布（图 4-23）。

（2）针法　马站立保定。助手提举患肢，针者手持中宽针从上向下刺入 1cm 出血，或健肢"打拐腿"保定，用针锤装针，刺之出血为度。

（3）主治　蹄门肿痛、蹄胎痛。

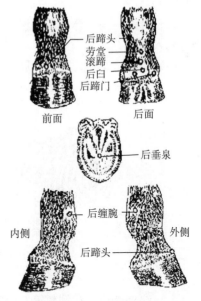

图 4-23　马后蹄部穴位

第八节　躯干穴位

1. 鬐甲（梁头）

（1）解剖部位　第 3～4 胸椎棘突顶端之间的凹陷处，即鬐甲最高点前方（弓子骨正

113

上方）的凹陷中，1穴。刺入项韧带索状部深层的棘间韧带内，有颈横动脉、颈横静脉和胸神经的背侧支分布。

（2）针法　马低头保定。针者左手切穴，右手持火针向前下方刺入3～4cm，毫针或圆利针刺入6～8cm。

（3）注意事项　肿痛用白针，风湿用火针。注意此穴在骨缝中，断针不易取出。

（4）主治　鬐甲肿、前肢风湿症。

2. 断血

（1）解剖部位　在第17胸椎至第2腰椎棘突顶端之间的凹陷处（共3穴）、棘上韧带深部的棘间肌和棘间韧带内，有肋间动脉、肋间静脉背支、腰动脉、腰静脉、胸神经背侧支的内支及第1对腰神经背侧支分布。

（2）针法　马站立保定。针者左手切穴，右手持圆利针对准椎骨缝刺入3cm，待病马出现瞪眼、摆尾为止。

（3）主治　尿血、便血、鼻出血、阉割后出血、腰部肿胀。

3. 关元俞

（1）解剖部位　在第18肋骨（最后肋骨）后缘与第1腰椎横突顶端之间，背最长肌与髂肋肌的肌沟中，左右侧各1穴。是最后肋间动脉、肋间静脉及最后肋间神经的分布区（图4-24）。

（2）针法　马"鼻捻子"保定。针者左手切穴，右手持圆利针向内下方刺入3cm，或毫针刺入6cm。

（3）主治　结症、冷痛、肚胀、泄泻。

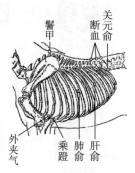

图4-24　马前躯部穴位

4. 肺俞

（1）解剖部位　在倒数第9肋间，胸腹皮肌深部，胸下锯肌最后肌齿后缘与肋间肌的肌沟中。即倒数第9肋间与肩端至臀端的连线相交处，左右侧各1穴。是肋间动脉、肋间静脉及胸外神经和肋间神经的分布区。

（2）针法　同脾俞穴。

（3）注意事项　同脾俞穴。

（4）主治　肺热、咳嗽、劳伤气喘。

5. 肝俞

（1）解剖部位　在左侧倒数第5肋间，肩端至臀端连线与第13肋间相交处，左侧胸腹皮肌深部与肋间肌的肌沟中，1穴。有肋间动脉、肋间静脉及胸神经背侧支的外支分布。

（2）针法　同脾俞穴。

（3）注意事项　同脾俞穴。

（4）主治　黄疸、肝虚眼肿、脾虚胃弱。

6. 外夹气

（1）解剖部位　在肘突内侧，前臂阔筋膜张肌内侧，与胸深肌臂部之间的肌间隙中，左右侧各1穴。是胸外动脉、胸外静脉和胸腹神经的分布区。

（2）针法　马站立保定。针者左手拇指、食指捏起穴位皮肤，右手持大宽针刺透皮肤，再插入涂油的竹针至胸壁和肩胛之间的疏松结缔组织中。针尖由下向上刺向颈础中部，入针约20cm，摇拔针后，屈曲患肢，前后左右摆动数次即可。

（3）注意事项　竹针紧贴胸侧，以防刺入胸腔。

（4）主治　难移前脚、蹄尖向内、肘突外展。

7. 脾俞

（1）解剖部位　在第15肋间（左侧倒数第3肋间）、背阔肌深部、背最长肌与髂肋肌的肌沟中，1穴。是肋间动脉、肋间静脉和胸神经背侧支的外支分布区。

（2）针法　马站立保定。施针时，针者押手的指尖先切压在穴旁皮肤上，再次滑向穴位押切，助手持火针沿押手指甲向下方刺入3cm，白针可垂直刺入3～5cm。

（3）注意事项　火针勿直刺，免伤内脏，入针时必须移动皮肤，针后皮肤自动复位，以防气泻、污染或受风等。

（4）主治　脾胃虚弱、肚胀、结症、泄泻、冷痛。

8. 膁俞

（1）解剖部位　在右侧肷窝内，髋关节至最后肋骨之间水平的中央处，或取膨胀部的最高点，1穴。针刺时穿通皮肤、腹外斜肌、腹横肌及腹膜，入盲肠底部。腹壁有旋髂深动脉、旋髂深静脉及髂腹下神经分布。

（2）针法　六柱栏内保定，针部剪毛消毒。针者先用利刀或大宽针将皮肤切一小口，把皮肤移向上方；将套管针插入切口内，针尖对准对侧肘头方向用力猛刺入针；感到无阻力时，以左手固定套管，右手拔出针芯，即有气体排出。在排气过程中，必须用手指堵塞半个针孔，使气体徐徐排出。待气体排完后，将针芯插入套管，一手压住针部，一手缓缓拔出套管针。然后消毒针孔，用火棉胶封口。

（3）注意事项　排气不能太快，以防马虚脱或影响消化道功能的恢复。如在排气的过程中，套管被内容物堵塞，可将针芯插入套管内疏通。气体排完后，可经套管将预先配制好的制酵药液注入盲肠内。

（4）主治　肚胀、结症。

9. 百会

（1）解剖部位　在腰荐十字部，两侧荐结节间，最后腰椎棘突和第1荐椎棘突顶端之间的凹陷中，1穴。是腰动脉、腰静脉背支和腰神经背侧支的分布区。

（2）针法　马站立保定。针者左手切穴，右手持针垂直刺入，火针刺入4～6cm，圆利针刺入5～8cm。

（3）注意事项　因腰间7穴针孔向上，最易污染化脓，故针前、针后要严格消毒。

（4）主治　寒伤腰胯、肾虚、肚胀、脾虚泄泻、不孕症、破伤风等。

10. 肾俞

(1) 解剖部位　在臀部，百会穴至髋骨外角最高点连线 2/5 与 3/5 交界处的臀中肌内，即百会穴旁开 6cm 处，左右侧各 1 穴。是臀前动脉、臀前静脉及臀前神经的分布区。

(2) 针法　马站立保定。针者左手切穴，右手持针垂直刺入，火针刺入 4～6cm，毫针或圆利针刺入 6～7cm。

(3) 注意事项　同百会穴。

(4) 主治　肾冷、腰胯风湿、腰萎。

11. 肾棚

(1) 解剖部位　在腰部，肾俞穴正前方 6cm 处，距背中线 6cm 处，左右侧各 1 穴。肾棚穴与肾俞穴的距离相等于百会穴与肾俞穴的距离，入臀中肌内。是腰动脉、腰静脉和腰神经背侧支的分布区。

(2) 针法　同肾俞穴。

(3) 注意事项　同百会穴。

(4) 主治　同肾俞穴。

12. 肾角

(1) 解剖部位　在臀部、肾俞穴后 6cm 处，左右侧各 1 穴。肾角穴与肾俞穴的距离等于百会穴与肾俞穴的距离，入臀中肌内。血管和神经的分布同肾俞穴。

(2) 针法　同百会穴。

(3) 主治　同肾俞穴。

13. 八窌（上、次、中、下窌）

(1) 解剖部位　在臀部，第 1～5 荐椎棘突间各引一垂线，各相交于尾根两侧的延长线上，其交点为每两荐椎之间的凹陷处是穴，由前向后依序排列为上、次、中、下窌，左右侧各 4 穴，两侧共 8 穴，分别入臀中肌、股二头肌、半腱肌内，有臀前动脉、臀前静脉、臀后动脉、臀后静脉和臀前神经、臀中神经分布（图 4-25）。

(2) 针法　同肾俞穴。

(3) 注意事项　同百会穴。

(4) 主治　鹘骨把胯、腰胯风湿、腰萎、腰挫伤。

14. 尾端

(1) 解剖部位　在尾根前，第 1～5 尾椎之间的两侧，距背中线约 5cm 处，左右摆动尾根、在两侧出现的凹窝中，左右侧各 1 穴。入半腱肌内，深部为荐尾上内侧肌。是臀后

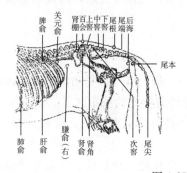

图 4-25　马后躯部穴位

动脉、臀后静脉及臀后神经背侧支的分布区。

（2）针法　马"穿裤衩"保定，助手将病马尾巴左右摆动。针者选好穴位，左手切穴（让助手向后拉直马尾巴），右手持火针或圆利针向前下方刺入 3cm。

（3）主治　尾歪不正（病轻者针，病重者烙）。

15. 后海

（1）解剖部位　在肛门与尾根之间的凹陷处，1穴。入肛门外括约肌与尾肌之间隙内。有尾动脉、尾静脉及直肠后神经分布（图 4-26）。

（2）针法　马"穿裤衩"保定，针者左手将病马尾巴提起。右手持火针向前上方刺入 6～10cm，或毫针刺入 10～15cm。

（3）注意事项　针体与荐椎平行，切勿向下刺入，以免刺穿直肠，易形成瘘管。

（4）主治　肚胀、腹泻、冷痛、脱肛、直肠麻痹。

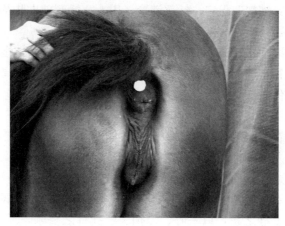

图 4-26　后海穴位

16. 尾本

（1）解剖部位　在尾根腹面正中，距尾根约 6cm 处皮下静脉上，1穴。有尾动脉并行及尾腹侧纵神经分布。

（2）针法　马"穿裤衩"保定。针者站于病马左侧后方，左肘抵压肠骨外角部，左手提揭马尾，右手持中宽针由下向上顺血管直刺，撒尾血自出，举尾血不流。

（3）注意事项　左臂一定要用力抵压，以防马蹴踢伤人。

（4）主治　闪伤腰胯、腰胯风湿、肠黄、肚痛、尿闭。

17. 尾尖

（1）解剖部位　在尾尖部，1穴。有尾外侧动脉、尾外侧静脉及尾背侧纵神经分布。

（2）针法　针者左手把马尾拉向一侧，右手持宽针刺入出血。如需出血量大，可将尾尖十字割开；若卧地不起，可用圆利针顺尾尖刺入 4～6cm，急起者可治，不起者难医。

（3）主治　冷痛、感冒、黑汗风。

18. 穿黄

（1）解剖部位　位于胸前部、胸前中沟两侧约 1.5cm 处，胸前正中下缘的皮肤褶上，2穴。经皮下把两穴穿通，是肩横动脉、臂头静脉、颈神经腹支和胸廓前神经的分布区。

（2）针法　左手捏起穴位皮肤，用带有马尾的穿黄针穿过。马尾绳两端各系一适当重量的螺丝帽或铁环，病马活动则赘物摆动，创口不会封闭，可引黄水流出。

（3）注意事项　如疾患速愈者，可剪断马尾，或一直保留至该部皮肤撕裂，马尾自落为止。注意消毒，以防感染。

（4）主治　胸黄。

19. 肚口

（1）解剖部位　在脐痕正中，1 穴。血管和神经的分布同云门穴。

（2）针法　此穴禁针，宜用艾卷灸之。

（3）主治　冷痛、慢阴痛。

20. 云门

（1）解剖部位　在脐前约 9cm，距白线两侧 1.5cm 处。左右侧均可取穴。穿通腹壁放出腹水。有腹壁后动脉、腹壁后静脉及肋间神经分布。

（2）针法　马"穿裤衩"保定。针部消毒，用大宽针刺破皮肤及腹横膜，随之将宿水管插入穴内，宿水即可流出，放至适量为度。

（3）注意事项　取宿水管时，要用食指、中指紧压管傍皮肤，慢慢抽出。如若快速拨出，带动管傍皮肤，宿水继续顺针孔流出，会窜入皮下形成黄肿（局部水肿）。

（4）主治　宿水停脐。

21. 穿肠

（1）解剖部位　在脐前约 4.5cm，距白线两侧约 1.5cm 处，左右侧各 1 穴。有腹壁后动脉、腹壁后静脉及肋间神经分布。

（2）针法　马站立保定。针者站于病马左侧，面向马头，"拉弓步式"，腰往下弯，头歪向腹下观看穴位。右手拇指、食指持针，其余三指触摸穴位，如病马不老实时，用"穿裤衩"保定。趁病马安静之机，以一呼、二拍、三扎针之要领，反手垂直向上扎入腹腔25～27cm。

（3）注意事项　进出针时，速度要快，针刺入可留针片刻。

（4）主治　肚痛。

22. 袖口（肾尖）

（1）解剖部位　在阴囊前端正中缝际部，马包皮入口腹侧正中部，一穴。入包皮内，有阴部动脉、阴部静脉和精索外神经分布。

（2）针法　马站立保定，将右后肢拉向前方。在马左侧施针，把针装在针锤上。针者左手托住马胯部，右手持针锤挥动刺入 1.5cm。若肿胀不消，可用火针向袖口刺数针，使黄水流出即可。

（3）注意事项　3～5d 内勿饮冷水。若遇生殖器在外不能收者，不宜施针。

（4）主治　阴肾黄，袖口肿。

23. 阴俞

（1）解剖部位　公马在阴囊缝际后上部，即公马在外肾后上方中心缝上，1 穴。皮下为筋膜和阴茎缩肌，深部为球海绵体肌与尿道海绵体，有阴部外动脉、阴部外静脉及精索外神经分布。母马在肛门与阴门背侧角之间，即肛门与阴门之间交界处中缝上，1 穴。入阴门外括约肌与肛门外括约肌之间的凹陷处，有会阴动脉、会阴静脉及阴部内神经分布。

（2）针法　马"穿裤衩"保定。针者站于马的左后侧，左手提尾，右手持火针刺入3cm，或毫针刺入4～6cm。

（3）注意事项　病轻者针，重者温针灸艾。

（4）主治　公马垂缕不收、阴肾黄，母马子宫脱。

24. 莲花

（1）解剖部位　脱肛时的直肠黏膜上，即肛门头脱出肿胀部是穴，1穴。有直肠中动脉、直肠后动脉、直肠中静脉、直肠后静脉和直肠后神经分布。

（2）针法　马"穿裤衩"保定。针者先以手入谷道，取出积粪。用花椒、杨树花煎水洗净莲花。以两手指或垫布挤压水肿瘀膜，再用剪刀除去坏死瘀膜，最后用5％白矾水，温洗或涂擦，缓缓纳入肛门。

（3）注意事项　切勿剪伤肠管；送入时百会穴以毫针捣刺或捶打腰部，以减轻努责，有利于送入；整复后病马腰胯部用新绳系紧，以减少或阻止努责。

（4）主治　脱肛。

（5）注解　莲花是指母马的外阴部（莲花只有1穴）。

25. 五花

（1）解剖部位　在胸侧壁第7～8肋间胸外静脉上方，即带脉上方马鞍下方的患处，1穴。散刺皮肤筋膜与胸腹皮肌，有肋间动脉、肋间静脉、肋间神经及胸外神经分布。

（2）针法　马站立保定。针者左手抓马，右手持装有大宽针的针锤，避开大血管散刺，但不宜深刺。

（3）主治　局部黄肿。

26. 前槽

（1）解剖部位　在胸侧壁，左侧在第6肋间，右侧在第5肋间，胸外静脉上方，即带脉上缘1.5～2cm处，左右侧各1穴。沿肋骨前缘穿通胸壁，有肋间动脉、肋间静脉和肋间神经分布。

（2）针法　马站立保定，拧住唇，针部剪毛消毒。针者左手将穴部的皮肤提起，右手持大宽针刺入皮肤，然后用套管针顺针孔刺入胸腔内，抽出针芯，胸部蓄水即可流出，放至适量时，将针芯插入套管内一并拔出。

（3）注意事项　针勿偏刺、深刺，否则损伤心肺。

（4）主治　胸腔积水、胸腔蓄脓。

27. 带脉

（1）解剖部位　在胸侧壁，肘突后胸深肌臂部上缘与第7肋骨相接（肘后约6cm）的胸外静脉上，左右侧各1穴。有胸外动脉并行、胸腹侧神经分布。

（2）针法　马站立保定。针者以"弓箭步"站于病马胸侧，右手以"全握式"持大宽针，拇指、食指捏住针尖部控制深度。食指中节靠近肘部（近心端）横压血管，使其怒张，这时急滚转对准怒张之静脉速刺出血。也可用针锤。

（3）主治　肠黄、结症、黑汗风、冷痛。

28. 黄水

（1）解剖部位　在剑状软骨部和阴囊前白线的两侧至胸外静脉延长线之间，为左右带脉之间的胸腹下部，1穴。散刺皮肤筋膜及胸腹皮肌。有腹壁前动脉、腹壁后动脉、腹壁前静脉、腹壁后静脉及胸腹侧神经和肋间神经分布。

（2）针法　马站立保定。用装有大宽针的针锤避开大血管和白线，散刺或密刺数十针即可。

（3）注意事项　妊娠后期不宜施针，施针不宜过深，以防刺透腹壁。

（4）主治　肚底黄。

第九节　后肢穴位

1. 巴山

（1）解剖部位　在臀部、百会穴与股骨大转子连线的中点处，左右侧各1穴。入臀中肌肉，是臀前动脉、臀前静脉和臀前神经的分布区，深部为坐骨神经。

（2）针法　马六柱栏内保定。针者左手切穴，右手持火针垂直刺入9～10cm，圆利针或毫针刺入9～12cm。

（3）注意事项　寒湿症施火针，闪挫施白针。

（4）主治　腰胯风湿、后肢麻木、闪伤腰胯。

2. 路股

（1）解剖部位　巴山穴与大转子连线的中点，左右侧各1穴。入臀浅肌与股二头肌之间的肌隙内。是臀前动脉、臀前静脉和臀后神经的分布区。

（2）针法　马站立保定。针者左手切穴，右手持针垂直于皮肤刺入，火针4～6cm，圆利针或毫针6～8cm。

（3）注意事项　同巴山穴。

（4）主治　同巴山穴。

3. 雁翅

（1）解剖部位　在腰后部背侧，肋骨外角前缘，与背中线连接的中、外1/3交界处，左右侧各1穴。刺入臀中肌肉，是腰动脉、腰静脉和腰神经背侧支的分布区（图4-27）。

（2）针法　同路股穴。

（3）主治　腰胯风湿、腰胯痛、不孕症。

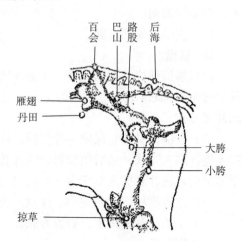

图 4-27　马臀部穴位

4. 丹田

（1）解剖部位　雁翅骨尖斜后下方约4cm的凹陷中，左右侧各1穴。股阔筋膜张肌与臀浅肌的肌沟中，有臀前动脉、臀前静脉及臀前神经分布。

（2）针法　马站立保定。针者左手切穴，右手持火针垂直于皮肤刺入4～5cm，圆利针5～6cm。

（3）注意事项　寒、湿、慢证施火针，闪挫诸疾扎白针。

（4）主治　腰臀肌肉风湿、雁翅痛。

5. 大胯

（1）解剖部位　在股骨中转子直下方，臀浅肌深部与股四头肌外头肌间隙内，即大胯骨尖前下方约 6cm 凹陷中，左右侧各 1 穴。是臀前动脉、臀前静脉和臀前神经的分布区。

（2）针法　同路股穴。

（3）注意事项　同巴山穴。

（4）主治　同巴山穴。

6. 小胯

（1）解剖部位　在股骨第三转子后下方的凹陷处，股头二肌前缘的肌隙内，即大胯骨下尖斜后下方约 3.5cm 处的凹陷中，左右侧各 1 穴。有股骨后动脉、股骨后静脉及神经近侧支的分布，深层有腓神经和胫神经通过。

（2）针法　同路股穴。

（3）注意事项　同巴山穴。

（4）主治　同巴山穴。

7. 掠草

（1）解剖部位　在膝关节前外侧，膝外、中直韧带之间的凹陷处，即掠草骨前下缘稍扁外方的凹陷中，左右侧各 1 穴。皮下有脂肪、滑液囊，有腘动脉、腘静脉和胫神经关节支分布。

（2）针法　马前肢互拉保定，助手把马头高举，其尾拉向患侧，使重心移位，针眼张开有利于进针。针者以火针或圆利针向后上方刺入 3～4cm。

（3）注意事项　健肢前拉不要离地。临床体验直针进、弯针出，疗效甚佳；直针进、直针出，疗效不高。

（4）主治　后肢风湿、冷拖杆。

8. 邪气

（1）解剖部位　在坐骨弓上方约 6cm 处，股二头肌与半腱肌之间的肌沟中，即尾根旁开约 9cm 处的肌沟中，左右侧各 1 穴。有臀后动脉、臀后静脉和臀后神经分布。

（2）针法　马"穿裤衩"保定，同路股穴。

（3）注意事项　同丹田穴。

（4）主治　股胯闪伤、后肢麻木、后肢风湿。

9. 汗沟

（1）解剖部位　在股部大转子后下方，股二头肌与半腱肌的肌沟内，即邪气穴下方约 6cm 处的肌沟内，左右侧各 1 穴。是股动脉、股静脉和胫神经近侧支的分布区。

（2）针法　马"穿裤衩"保定，同路股穴。

（3）注意事项　同丹田穴。

（4）主治　同邪气穴。

10. 仰瓦

（1）解剖部位　在股骨第 3 转子后上方，股二头肌与半腱肌的肌沟中，即汗沟穴下约 6cm 处的肌沟中，左右侧各 1 穴。是股深动脉、股深静脉及胫神经近侧支的分布区。

（2）针法　同邪气穴。

（3）注意事项　同邪气穴。

（4）主治　同邪气穴。

11. 牵肾

（1）解剖部位　在股骨第3转子后下方，股二头肌与半腱肌的肌沟中，即仰瓦穴下方约6cm处的肌沟内，左右侧各1穴。有股后动脉、股后静脉及胫神经近侧支分布。

（2）针法　同邪气穴。

（3）注意事项　同邪气穴。

（4）主治　同邪气穴。

12. 合骨

（1）解剖部位　在跗关节内侧中部的皮肤上，即合子骨内侧，左右肢各1穴。深部为筋膜、趾长肌屈肌腱和跗关节囊，是胫后动脉、胫后静脉和跖内侧皮神经的分布区（图4-28）。

（2）针法　病轻者，马站立保定，健肢转位，用软烧法治之；病重者，横卧保定，患肢在下，另行固定，采用直接烧烙法（硬烧）治之，画烙"川"字或方块图。

（3）主治　合子骨肿大（飞节内肿）。

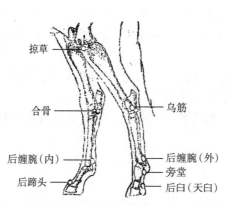
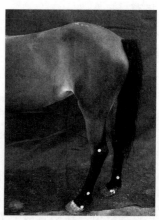

掠草

合骨　　　　　乌筋

后缠腕（内）　　　后缠腕（外）
后蹄头　　　　旁堂
　　　　　　　后臼（天白）

图 4-28　马后肢下部穴位

13. 乌筋

（1）解剖部位　在跗关节外侧中部的皮肤上，即合子骨外侧，左右肢各1穴。深部为趾外侧伸肌腱及滑液囊，是跗背侧动脉、跗背侧静脉和腓浅神经的分布区。

（2）针法　除横卧保定时患肢在上外，其他同合骨穴。

（3）主治　筋骨肿痛。

14. 劳堂

（1）解剖部位　在跖部球节后下，近侧籽骨下的凹陷处，即后肢羊须下陷窝中，左右肢各1穴。皮下为趾深屈肌腱，有趾跖侧固有动脉、趾跖侧固有静脉和趾跖侧神经分布。

（2）针法　马"鼻捻子"保定。助手提举患肢。针者左手抓住小腿固定，右手持小宽针向前上方急刺出血。

（3）主治　水葫芦肿、板筋痛。

15. 后蹄门

（1）解剖部位　在蹄球上最高处，即后蹄后面、弹子头上缘，每蹄内外侧各1穴。皮下是蹄冠静脉丛，有趾枕动脉和趾跖侧神经分布。

（2）针法　马"穿裤衩"保定或健肢前拉。针者左手托住马后躯骼部，右手持装有中宽针的针锤急刺出血。

（3）注意事项　同前蹄门穴。

（4）主治　同前蹄门穴。

16. 后天臼

（1）解剖部位　在内、外侧蹄软骨之间，蹄球内侧系凹内，即后蹄后面正中陷窝内，左右肢各1穴。刺入屈腱内。皮下有趾枕动脉、趾枕静脉和距侧神经分布。

（2）针法　马"鼻捻子"保定。助手提取患肢。必要时，用绳索提举患肢并固定。针者施针方法同天平穴。

（3）注意事项　同天平穴。

（4）主治　同天平穴。

17. 后缠腕

（1）解剖部位　在球节上部两侧，近侧籽骨上缘处的趾跖内外侧静脉上，即后寸腕骨后上缘内、外侧筋前骨后血管上，每肢内外侧各1穴。深部有跖趾浅内外侧动脉和足底内外侧神经并行。

（2）针法　同前缠腕穴。

（3）注意事项　同前缠腕穴。

（4）主治　同前缠腕穴。

18. 肾堂

（1）解剖部位　在股内侧隐静脉上，（股内侧膝水平线上），左右肢各1穴。穴前深部有隐动脉并行和隐神经分布。

（2）针法　马前肢绳拉保定。针者站于健肢侧，一手握住尾根，以"弓箭步"式，另一手持大三棱针向上斜刺出血（即隔山点火）。或针者站于患侧后方，一手拉尾，一手持装有中宽针的针锤急刺出血（图4-29）。

（3）注意事项　流血不止时，用钳夹止血。

（4）主治　闪伤腰胯、外肾黄、五攒痛、后肢风湿痛。

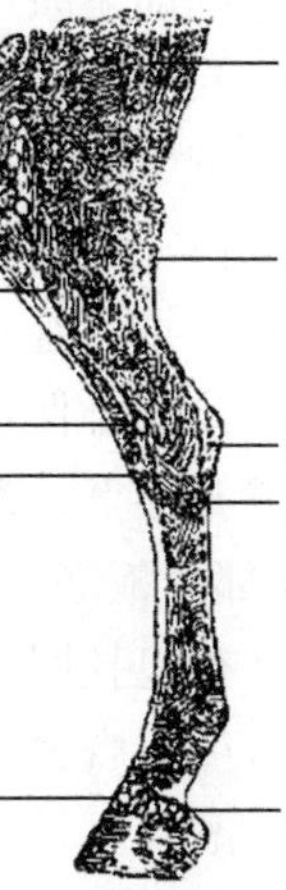

19. 交当

（1）解剖部位　在股内侧隐静脉上，即大腿内侧大腿褶下约6cm的血管上，左右侧各1穴。穴前深部有隐动脉并行和隐神经分布。

（2）针法　同肾堂穴。

（3）注意事项　同肾堂穴。

（4）主治　同肾堂穴。

20. 督穴

（1）解剖部位　在胫骨内侧，肾堂穴下约6cm处的隐静脉上，左右肢各1穴。穴前有隐动脉并行和隐神经分布。

（2）针法　同肾堂穴。

交当　股静脉
肾堂
督穴
腘静脉
隐静脉
曲池
跖底外侧浅静脉
跖背内侧静脉
鹿节（外侧）
后蹄头（内）
蹄静脉丛

图4-29　马右后肢内侧穴位（静脉）

（3）注意事项　同肾堂穴。

（4）主治　同肾堂穴。

21. 曲池

（1）解剖部位　在跗关节背侧、中横韧带下，趾长伸肌腱内侧凹陷处的跗背侧中静脉上，即合子骨前稍内侧的血管上，左右肢各1穴。有跗背侧动脉分布，并有浅胫神经并行。

（2）针法　马"穿裤衩"保定。针者左手切穴，右手持中宽针顺血管点刺出血。

（3）主治　曲池肿胀、乌筋肿、合子骨肿、胃热慢草。

22. 鹿节

（1）解剖部位　在跖部外侧，上、中1/3交界处的趾深屈肌腱前外侧缘的趾底线外侧静脉上，即鹿节骨后缘，鹅鼻骨下方约18cm处，筋前骨后的血管上，左右肢各1穴。用同名动脉和足底外侧神经并行。

（2）针法　马站立保定，健肢前拉，针者手持小宽针沿血管刺入0.6cm出血。

（3）注意事项　万勿平刺，否则刺入根结节内，针尖易折。

（4）主治　鹿节肿、板筋肿痛。

23. 后垂泉

（1）解剖部位　在后蹄底正中间，左右蹄各1穴。在蹄叉尖部、深部为蹄叉真皮（肉叉）有蹄底静脉丛和趾跖神经分布。

（2）针法　同前垂泉穴。

（3）主治　同前垂泉穴。

24. 滚蹄

（1）解剖部位　在前、后肢系部，掌（跖）侧正中，皮下为指（趾）浅、深屈肌腱。有指（趾）动脉、指（趾）静脉和神经并行。

（2）针法　马横卧保定，留出患肢用"推磨式"固定。病轻者，局部剪毛消毒，用大宽针顺柱蹄骨劈开板筋，装鹰嘴铁掌即可。病重者，针刺入穴后横转针体用力推动"磨杆"，即可刺断部分板筋，如滚蹄仍不能伸直者，横向拨动针刃，继续划割，以蹄板筋伸直为度，后用纱布包扎即可。

（3）注意事项　厩舍垫干，防止感染，割前修蹄，割后装鹰嘴掌。

（4）主治　滚蹄。

25. 后蹄头

（1）解剖部位　在蹄背侧稍外方，蹄缘皮肤交界处，即后蹄毛边上约1cm处，从正中向外旁开1cm的血管上。左右蹄各1穴。皮下是蹄冠动静脉丛，有趾背侧神经分布。

（2）针法　同前蹄头穴。

（3）注意事项　同前蹄头穴。

（4）主治　同前蹄头穴。

26. 后板筋

（1）解剖部位　在跗关节下方掌侧稍大处，每肢内外侧各1穴。皮下为趾浅屈肌腱、趾深屈肌腱和系韧带，有趾心浅内外侧动脉、趾心浅内外侧静脉和趾内外侧神经分布。

（2）针法　固定患肢，在板筋肿胀处，直接线状烧烙或间接烧烙。

（3）主治　板筋肿胀。

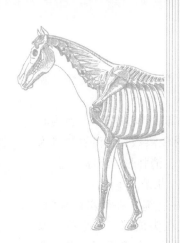

第二篇 实践篇

第五章 普通病

第一节 被皮系统疾病

被皮系统疾病主要包括口炎、舌伤、牙齿磨灭不正、咽炎及食管梗塞等，是马较常发的疾病。以流涎、咀嚼、吞咽障碍等为特征。如不注意检查，容易混同。

一、口炎

马的口炎通常多为口腔表层黏膜的炎症，偶尔有发生水疱性或溃疡性口炎的。

1. 原因 为过于粗硬的饲草及尖锐的异物，直接刺伤口腔黏膜继发感染而发生口炎，如尖锐的麦芒、草茎、水勒粗糙不良，或尖锐牙齿。如有的养殖场户喂马过分粗硬的饲草，在一个冬季就有数匹马驹发生口炎，且由于治疗不及时，护理不当引起死亡。也有因经口投服刺激性药物或误食毒物，损伤口腔黏膜继发感染而引发口炎的。预防本病主要在于合理调制饲料，及时修理病牙，防止对口腔黏膜的机械损伤，防止经口投服刺激性药物及误食毒物。

2. 症状 病马采食、咀嚼缓慢，甚至咀嚼几下又将食团吐出。由于炎症的刺激，唾液分泌旺盛而流涎，唾液为白色泡沫状附于口唇边缘，或呈牵丝状流出。严重的病马，流出的唾液污染饲槽或厩床。口温增高，有多量灰白色舌苔，干臭或腐败臭，口腔黏膜潮红、肿胀，常于上颌切齿后方的硬腭处肿胀明显，俗称蛤蟆肿。有的在唇、颊、硬腭及舌等处有创伤或烂斑。发生水疱性口炎时，口腔黏膜上有水疱；发生溃疡性口炎时，口腔黏膜有溃疡。

3. 治疗

（1）原发性口炎只要加强护理、注意治疗，多于数日内痊愈。治疗不及时或护理疏忽，可能转为溃疡性口炎，或继发咽炎及消化不良，甚至可引起死亡。

（2）主要应根据病情变化，选用不同的药液洗涤口腔。一般可用 1% 食盐水或 2%～3% 硼酸液，一天数次洗口；口腔恶臭时，可用 0.1% 高锰酸钾液洗口；唾液分泌旺盛时，可用收敛剂如1‰明矾液或鞣酸液洗口。如果口腔黏膜及舌部发生烂斑或溃疡，洗涤口腔后可在溃疡面上涂布碘甘油。

（3）中兽医辨证施治　口炎是由于外伤刺激或因脏腑内热所引起。"心连舌""舌为心之苗"。心经有热，则口舌肿胀。病马初期口温增高、口色发红、脉象洪数、口流黏涎等为主症，属于热证。治疗用清法（清心火），可口服青黛散，能清心火、消肿胀、清凉止痛。

【处方】青黛30g　黄连30g　黄柏30g　薄荷25g　桔梗20g　儿茶20g

上药共研为细末，装入长约81cm、宽3cm的白布袋内，两端扎绳，在热水内浸湿，衔于病马口内，恰似带上水勒。然后将两端的绳拴在龙头上或拴在头顶部，马吃草时取下，吃完再带上。饮水时不必取下，通常一天换一个新药袋，轻微的一袋药即可治愈，严重者3～4袋药可治愈。

二、舌伤

1. 原因　舌伤常因马匹骚扰不安时，猛力牵拉水勒而引起；有时锐齿也可引起舌损伤。因此，对马匹要加强训练，使之驯服。在使用中要耐心，不要粗暴对待，防止发生舌伤。

2. 症状　病马流涎，往往混有血液，影响咀嚼。检查口腔时，可发现舌有不同程度的创伤或舌系带撕裂。舌尖断裂时，咀嚼困难；于舌系带处发生舌断裂时，则咀嚼和食团后送都困难（图5-1）。

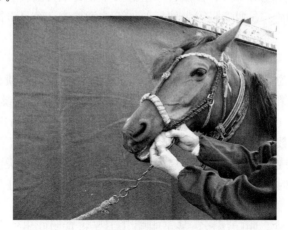

图5-1　舌　伤

3. 治疗

（1）小创伤可用0.1‰高锰酸钾液洗涤口腔，创面涂布碘甘油，对于锐齿要进行修整。

（2）较大的开裂创可施行舌的修整术。施术时，装着开口器，用0.1‰高锰酸钾液洗口腔，局部用1‰普鲁卡因液浸润麻醉，进行纽扣状缝合。

（3）在护理上，饲喂柔软的青草、湿润的优质干草、麸粥等，饲喂后用1‰温盐水或0.1‰高锰酸钾液冲洗口腔。病马完全不能咀嚼时，用胃管灌入流质饲料。

（4）对舌断裂或严重裂伤不能吞咽的病马，应精心护理，给予人工营养，并常喂给一些软饲料，锻炼其吞咽机能。实践证明，这样的病马治疗后经过一段时间护理，可以基本恢复。

三、牙齿磨灭不整

1. 原因　牙齿磨灭不整是因牙齿咀嚼面磨灭不均而出现锐齿、过长齿和波状齿的现象。牙齿磨灭不整，主要见于软骨症、齿质不良和老龄马，及某些牙齿疾病的经过中；其次见于先天性下颌间隙狭窄和一侧性咀嚼肌萎缩，也可由口腔疼痛性疾病而引起。

2. 症状　锐齿、过长齿、波状齿的共同特征是咀嚼缓慢，口内常蓄积唾液，有时呈牵丝状流出，咀嚼过程中往往将咀嚼不完全的食团吐出，有时因疼痛而头偏斜于一侧。颊腔内常有食块蓄积，有酸臭味。掌握上述共同症状，还必须注意各自的特点。

（1）锐齿　是上臼齿外缘和下臼齿内缘显著尖锐，形似剪状。上臼齿外缘尖锐时，常发生颊黏膜的损伤；下臼齿内缘尖锐时，常发生舌侧面的损伤。

（2）过长齿　是在齿列中某一牙齿突出于咀嚼面，相对的臼齿凹陷。临床上较多发生于第1或第6臼齿，常引起齿龈和齿槽的炎症，若不及时治疗，可形成瘘管。

（3）波状齿　上下臼齿的齿列咀嚼面由于臼齿齿质的硬度不同，磨灭快慢不一，出现凹凸不平的波浪状，通常为两侧同时发生。一般下颌第4臼齿最短，上颌第4臼齿最长；也有的上颌第1臼齿最短，下颌第1臼齿最长。经过较久时，短齿可磨至齿龈部，甚至更短，常引起齿龈炎、齿槽骨膜炎和颌窦炎。

3. 治疗　对牙齿磨灭不整的，要根据各自的特点，用锉、剪、拔等方法进行修整。

锐齿、波状齿可用齿锉对尖锐部分和突出部分进行修整。过长齿先用齿剪或绳锯、铁锯、凿子除去过长部分，再用齿锉进行修整。发生坏疽时，可用齿钳将病牙拔除，于创内撒入碘仿磺胺粉，再用浸防腐消毒药液的纱布、棉球填充。

术后应用0.1%高锰酸钾液洗涤口腔。若口腔内有损伤，可涂碘甘油或涂龙胆紫液等。对引起口腔炎症的可参看口炎的治疗。

四、咽炎

咽炎是指咽部黏膜及其深层组织的炎症。马常有发生。

1. 原因　马受寒冷、粗硬饲料和尖锐异物的刺激，有蝇蛆寄生，粗暴插入胃管以及吸入刺激性气体等，是发生咽炎常见的原因。在这些不良因素的作用下，咽部黏膜屏障机能减退，咽部常在菌大量繁殖而发生咽炎。也可继发于腺疫、血斑病、口炎等。因此，防止异物损伤咽部黏膜，加强耐寒锻炼，及时治疗原发病，即可预防本病。

2. 症状　咽炎的特点是病马头颈伸展，咽下障碍，流涎，局部敏感，两侧鼻孔流出混有食物和唾液的鼻液，采食、咀嚼缓慢。吞咽时，病马摇头，或将食团吐出，或于咽下的同时，部分食物由鼻孔呛出；饮水时往往由鼻腔逆出。由于咽下困难和唾液分泌增多，口腔内往往蓄积多量黏稠唾液，呈牵丝状流出或于开口检查时突然流出。触压咽部，马匹抗拒，表现疼痛，并引发咳嗽。下颌淋巴结肿胀。

轻病例，全身症状多不明显，但因咽下障碍、采食减少而迅速消瘦。重病例，尤其是继发性咽炎，体温升高，呼吸、脉搏增数。炎症蔓延到喉部时，则呼吸促迫、频发咳嗽。

3. 治疗　本病的治疗原则主要是加强护理，消除炎症。

（1）护理　厩舍通风要良好，避免对咽部黏膜的刺激，给予容易消化的柔软草料，勤给微温盐水。对不能咽下的病马，可静脉注射10%～25%葡萄糖液1 000～1 500mL，每天1～2次。避免经口、经鼻投药，以防误咽。

（2）消除炎症 病的初期，可在咽部冷敷，以后改用温敷，每天3～4次，每次20～30min。也可局部涂擦刺激剂，如10％樟脑酒精、复方醋酸铅散等。还可口服磺胺明矾合剂。

严重的咽炎，可配合静脉注射头孢噻吩（每次注射量15～35mg/kg），每天1～2次，或肌内注射青霉素1 000万～2 000万U，每天2次。

（3）中兽医辨证施治 咽炎多由于饲养失调，咽部黏膜受到刺激，或因脏腑内热而引起，表现为咽部肿胀、水草难咽、口色潮红、脉象洪大等症，属于里热证。治宜清内热、收敛、消肿、止痛。口服口咽散，虽是外用，实属内治。

【处方】青黛30g 冰片10g 白矾20g 栀子20g 黄连30g 黄柏30g 硼砂10g 柿霜20g

上药共研为极细末，装在瓶内，放阴凉处备用。临用时，装入布袋内，放于病马口内，每天更换一次。

五、结膜炎

结膜炎是指眼睑结膜、眼球结膜的炎症，是马常发的眼病。

1. 原因 有多方面：在结膜抵抗力和防卫机能减退的情况下，泥沙、灰尘、谷皮、石灰和某些药物（酒精、碘酊等）对结膜的伤害；刺激性气体如烟、氨水对结膜的刺激；邻近器官和组织炎症（颌窦炎、眼球内的炎症、眼睑外伤等）的蔓延；还可继发于腺疫、胸疫、流感、血斑病等的经过中。中兽医认为本病属于肝经风热，多因过劳、过热或料伤引起，首先心肺积热，传于肝经，肝热生风，外传于眼。

2. 症状 结膜炎的一般症状表现为怕光、流泪、结膜潮红、肿胀、疼痛和眼睑闭合等，临床上常根据分泌物的性质，分为黏液性结膜炎和化脓性结膜炎两种。

（1）黏液性结膜炎 一般为结膜表层的炎症。病初结膜轻度充血、呈红色，眼睑结膜稍肿胀，分泌物较少，呈浆液性。随着病程的发展，症状逐渐加重，分泌物由浆液性变为浆液黏液性。重症时，眼睑闭合，有时可见到出血点和出血斑。分泌物常为黏液性，量也增多。分泌物蓄积于结膜囊内或附于内眼角。当炎症波及角膜时，可见角膜周围有新生血管。病程较久时，内眼角下方的皮肤受分泌物的刺激常发生湿疹，患部脱毛，出现痒感。

某些疾病经过中出现的症候性结膜炎，两眼多同时发病，分泌物多为浆液黏液性，也有呈黏液脓性的。

（2）化脓性结膜炎 眼病的一般症状重剧，结膜囊内蓄积并从睑裂流出大量黄白色脓性分泌物，肿胀明显，疼痛剧烈，睑裂变小。本病经过中常因炎症侵害角膜，使角膜发生溃疡，甚至造成穿孔而继发全眼球炎。病马常伴有轻度体温升高现象。

当炎症侵害结膜下组织时，结膜显著肿胀、疼痛剧烈，有时结膜于睑裂隙露出，呈紫红色（图5-2）。

3. 治疗 本病治疗原则是除去病因、消除炎症和加强护理。

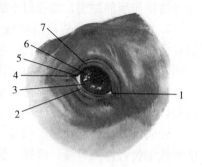

图5-2 马 眼
1. 外眼角 2. 下眼睑 3. 角膜 4. 内眼角 5. 第三眼睑 6. 瞳孔 7. 上眼睑

（1）除去病因、清洗患眼　针对发病原因，采取有效措施，防止继续对结膜的损害。除去结膜囊内异物时，选用无刺激性的微温药液，如2％～3％硼酸液、1∶5 000高锰酸钾液、生理盐水或1％新洁尔灭液等洗眼。洗眼时不可强力冲洗，也不可用棉球来回摩擦，以免损伤结膜。

（2）消炎、镇痛　温敷时，用数层纱布浸以加温至40℃左右的上述眼药液，敷于患眼，装着眼绷带，每天交换3～4次；点眼时，用硝酸银0.5％溶液或用10％～25％弱蛋白银溶液滴眼；盐酸左氧氟沙星眼药水、0.25％氯霉素滴眼液或红霉素、四环素、金霉素、多西环素、林可霉素、多黏菌素B；镇痛时，可用1％～3％丁卡因液点眼。

（3）中兽医辨证施治　在对症治疗的基础上，应用中草药疗法效果较好。治应清热祛风、平肝明目。

【处方1】苍术30g　菊花30g　柴胡30g　栀子25g　黄连30g　草决明30g　旋覆花30g　青葙子30g　白药子30g　木贼25g　生地30g

共为末，开水冲，候温一次灌服。

【处方2】龙胆草30g　生石膏30g　大黄30g　菊花30g　旋覆花20g　石决明30g　草决明30g　蝉蜕30g　木贼30g　枳壳30g　甘草20g

共为末，开水冲，候温一次灌服。

【处方3】千里光100g　叶下红、叶下珠各30g　谷精草50g　草决明50g

水煎，候温灌服，每天一次。此方也可用于周期性眼炎的治疗。

此外，还可应用眼针疗法、自家血液疗法，参见角膜炎治疗。

六、角膜炎

角膜炎是马眼病中较多发的一种疾病。

1. 原因　常因外伤、鞭打、笼头压迫和摩擦、眼睑内翻或闭锁不全，在结膜炎、周期性咽炎和某些传染病的经过中，以及温热性或化学性烧伤等都可引起本病。中兽医认为角膜炎属于肝热传眼，皆因过热或过劳，使热毒积于心肺，传入肝经；由于肝经积热，外传于眼，与肝经风热都属于肝经热证。

2. 症状　本病主要特点是在角膜上出现伤痕，以睛生赤脉、黑睛混浊或生翳膜为主症。脉洪，口色赤红者属里热证；有的伴有两眼红肿流泪。由于角膜损伤的部位、性质、程度和有无感染的不同，临床症状有所区别。

（1）角膜外伤　角膜表层损伤时，侧望可见上皮剥脱及伤痕。角膜全层穿透时，房液流出，有时虹膜经创口脱出，极易感染化脓。经久，虹膜可与角膜发生粘连。化脓后，患眼非常怕光，触压眼球疼痛剧烈，有多量脓性分泌物，角膜混浊、常呈灰黄色。角膜有时出现溃疡或穿孔，往往继发化脓性全眼球炎或败血症。

（2）角膜混浊　是角膜炎的主要症状，是由于外伤或其他原因引起炎症导致。侵害角膜表层时，角膜上皮肿胀、粗糙不平、透明度减退，新生血管（来自结膜）呈树枝状，可看到血管的来源。炎症侵害角膜深层，触诊眼球疼痛。病初角膜面有光泽，以后角膜上皮被破坏变得粗糙不平，呈淡蓝白色半透明或灰白色、白色不透明的混浊。新生血管有巩膜缘伸入角膜内，呈密树枝状稍带蓝紫色，看不到血管的来源。

3. 治疗　角膜炎的治疗原则是消除炎症，促进混浊的吸收、消散。中兽医治以清热泻火、滋阴降火、明目退翳为主。

（1）消除炎症　为了除去分泌物和异物，首先要洗眼，然后用消毒液棉球轻拭吸干。如穿孔较大，对脱出的虹膜须进行整复，必要时用5％利多卡因液点眼后，对角膜进行缝合，然后于结膜囊内涂擦0.2％～1％软浸膏，也可撒布青霉素粉、装着眼绷带。

角膜炎初期，如炎症较剧烈，可用0.5％～1％阿托品液点眼，每天2次。若化脓感染时，除做局部处理外，必要时可适当配合全身疗法，如应用抗生素等。

（2）消散混浊　为了促进角膜混浊的吸收，临床上常向眼内吹入甘汞或外用磺胺粉（研成细末），每天1～2次。也可用自家血液眼睑皮下注射：即由病马颈静脉采血3～5mL，立即注射于病马的眼睑皮下（上下眼睑均可），每隔1～2d注射一次。

（3）眼针、中药疗法　眼针对消除角膜混浊有很好的效果。取睛俞、睛明、盲俞、垂睛等穴，分成两组，每天选一组交替进行针刺。也可针刺与水针交替进行，每次每组选一穴，应用水针，注射10％～20％葡萄糖液10mL，其他穴用针刺，5d为一个疗程，休息3d之后，转入第二疗程。另外，也可选太阳、眼脉穴，先扎太阳，隔3d再扎眼脉，每次放血量300～1 500mL。

根据从业经验，对角膜混浊，使用下述方法疗效显著。

【石决明散】石决明40g　草决明30g　龙胆草30g　栀子30g　大黄30g　白药子30g　蝉蜕30g　黄芩30g　白菊花30g

共为末，开水冲，候温灌服。

加减：翳膜浓厚者，可酌加旋覆花、青葙子、木贼、刺蒺藜等。

里热炽盛、脉洪舌赤者，重用栀子、黄芩、胆草，加黄连、玉金、黄药子亲。

眼泡红肿、风热盛者，重用栀子、胆草、蝉蜕、菊花，加防风、荆芥、薄荷、桔梗等。

疼痛显著者，加没药、赤芍等。

【明目散】硼砂20g　炉甘石30g　朱砂10g　冰片10g　硇砂（氯化铵）10g

共为细末，过箩，装瓶待用，外用点眼。

七、周期性眼炎

周期性眼炎是反复发作的一种翳瞕遮睛的疾病，也称月盲、月发眼。马发病初期主要表现虹膜、睫状体及脉络膜炎，后期波及全眼球，表现化脓性全眼球炎的症状。其特点：开始常突然发作，以后呈周期性反复发作，最后失明，以至眼球萎缩。

1. 原因

由钩端螺旋体引起，低洼潮湿、环境卫生不良、饮水不足或喂霉败饲料等，都有可能诱发本病。

中兽医认为，气候炎热、潮湿，厩舍闷热不洁，久则热毒淤于肝经，湿热不能疏泄，外传于眼，遂发本病。由于反复发作，阴液耗损，肝阴不足，眼目失于滋养，疾病难愈。初期脉洪数、口色微红，以后脉色变化不显著。病初症似肝热传眼或肝经风热，中期发作则现黄风内障（黑睛之内黄晕遮瞳），以后则见乌风内障（黑睛之内有青灰色翳障遮睛），久则黑睛塌陷失明。

2. 症状　本病在临床上分为急性发作期、慢性期和再发期。

（1）急性发作期　病马突然发病，表现结膜炎的症状，怕光、流泪、增温、眼睑肿胀闭合、结膜潮红肿胀、角膜周围充血。

经过1～2d后，虹膜发生纤维素性出血性炎症，在虹膜上被覆淡黄色或红褐色的纤维素薄膜，虹膜无光泽、线纹不清。在眼前房底出现灰白色或红褐色絮状渗出物，眼房液混浊。瞳孔缩小、呈裂隙状，感光迟钝。

在发病初期或经3～4d后，由角膜周围开始发生混浊，逐渐波及全角膜面，此时由巩膜缘新生血管，并向角膜中央呈放射状伸展，重症经5～6d后，角膜完全混浊。上述症状通常于发病后1周左右达到顶点，以后逐渐减轻，角膜恢复透明，眼房液内的渗出物大部分被吸收。急性发作期一般为2～3周，也有达1.5个月的。

（2）慢性期（间歇期）　慢性期由急性期转来，但其病理过程并未完全终止。若用反光镜检查眼内部，往往看到虹膜粘连、撕裂，瞳孔边缘不整；晶状体常常附有大小不等的虹膜色素斑点；玻璃体内有时可看到絮状或线状的混浊；视网膜部分剥离，视神经乳头萎缩，视力减退。慢性期的长短不定，短的经1～2周、长的经数月甚至1年以上，多数病例经1～6个月即再发。

（3）再发期　即经过一个间歇期后，突然又表现上述急性炎症期的症状，眼内病变一次比一次严重，经多次反复发作，终至眼球萎缩失明。

3. 治疗　本病的治疗原则是消除炎症，促进渗出物吸收，防止虹膜粘连，加强机体抗病能力。

（1）急性炎症期，为了促进渗出物的吸收和消散，可用生理盐水温敷。或用0.5%醋酸可的松点眼液点眼，每天2～3次。

（2）防止虹膜粘连，用1%～2%阿托品液点眼，每天2～3次；同时补充体液，10%葡萄糖（右旋糖）1 000mL静脉注射，每天两次，连用3天即可治愈。

（3）中兽医辨证施治　病初以清肝利湿、滋阴降火为原则。可内用石决明散或退翳散，外用明目散点眼。中期以后则应以滋补肝肾、明目养血为主，方用明目地黄散。

【退翳散】菊花40g　胆草35g　川连30g　防风3g　木贼30g　蝉蜕30g　苍术30g　甘草25g　青葙子30g　草决明30g　旋覆花25g　木通20g　郁金20g　龙衣25g　大黄30g

以上药共为末，开水冲，候温灌服。

【明目地黄散】熟地60g　山药25g　山茱萸30g　丹皮30g　当归30g　柴胡30g　五味子30g　茯神25g　泽泻30g

共为末，开水冲，内服。

【经验良方】石决明40g　草决明40g　郁金30g　蒺藜30g　青葙子30g　谷精草25g　蜈蚣25g　黄连藤25g　生地20g

煎服，每天1付，直至治愈。

针刺：睛明、盲俞、太阳等穴。

水针：在睛俞或垂睛等穴注射15%葡萄糖液10mL。

针刺、水针每天交换进行一次，各3次为一个疗程。

护理：应将病马系于暗厩或装眼绷带，避免光线刺激。有条件的隔离饲养，多喂青草，夏天多饮水，搞好厩内及环境卫生。

八、混睛虫病

1. 原因　混睛虫是由于眼房内寄生了一种丝虫而引起。虫体呈白色丝状，长 3～5cm。多侵害一眼，同时侵害两眼的很少。

2. 症状　由于丝虫体不断刺激眼房，病马表现怕光、流泪，结膜及巩膜血管充血，角膜和眼房液轻度混浊，瞳孔散大，影响视力。病马时时摇晃头部，并在马槽及系马桩摩擦患眼。检查眼房发现虫体即可确诊。

3. 治疗　混睛虫病的根本疗法是应用角膜穿刺术，取出虫体。手术方法：将马行横卧或站立保定，确实保定头部。用 3％毛果芸香碱液点眼，使瞳孔缩小，防止虫体退回眼后房。再用 5％丁卡因点眼麻醉，开张眼睑，固定眼球，用固定出 0.3～0.5cm 长度的小号尖头外科刀的刀尖、或小宽针、或静脉注射针头在角膜下缘 0.2～0.3cm 处，先斜向穿刺角膜，并使刀与虹膜面平行（如用静脉注射针头时，斜面向内）刺入眼房内，此时，虫体可随眼房液流出；如虫体未随眼房液流出，可用小镊子将虫体取出。

中药疗法：应用硇砂化虫散点眼。

【处方】硇砂 10g　冰片 10g　煅石膏 30g

共为细末，吹入眼内。每天早晚各一次，每次 2～3g。

护理：将患马静养于暗厩。穿刺的伤口一般在 1 周左右即可愈合。术后如分泌物多时，可用硼酸液清洗。

九、脓肿

脓肿是由化脓性炎症引起脓汁积聚于组织内、形成完整腔壁的蓄脓腔。脓肿的主要病原体是葡萄球菌，其次是链球菌。漏入皮下的刺激性注射液（如氯化钙）也可引起脓肿。

1. 原因　脓肿的形成，最初在局部出现急性炎症，以后炎灶内的白细胞死亡，组织坏死、溶解液化形成脓汁，充满整个脓腔。脓汁的周围由肉芽组织形成脓肿膜，将脓汁与周围组织隔开，防止脓汁向四周扩散，阻止细菌继续侵入周围组织，减少炎性有害产物的吸收。较小的脓肿，脓汁可被逐渐吸收或钙化。较大的脓肿，脓汁可侵蚀表层组织，自行破溃，流出脓汁；或向深部组织扩散，引起新的脓肿或蜂窝织炎。如果细菌经血行或淋巴转移到其他组织，则形成转移性脓肿。

2. 症状　脓肿形成时，全身症状往往不明显。局部症状比较突出。局部热、痛、肿及机能障碍的轻重，因脓肿的大小和发生部位而不同。

（1）浅在性脓肿　常发生于皮下组织内，初期呈急性炎症现象，局部增温、疼痛及肿胀比较明显。肿胀初期呈弥漫性，以后逐渐局限化，界限逐渐清楚，形成坚实的分界线。在肿胀中央逐渐软化，出现波动。急性浅在性脓肿有自溃的倾向，在自溃部脓腔壁软化、皮肤变薄、被毛脱落，最后皮肤破溃，流出脓汁。常因皮肤破口过小，不能完全排尽脓汁，而需手术扩创排脓。脓汁排尽后，借助肉芽组织的生长，填充空腔而取第二期愈合。

（2）深在性脓肿　由于脓肿位于深部，被厚层组织覆盖，症状不很明显，仔细检查时，患部皮肤和皮下组织有轻微的炎性肿胀，用手压迫有指压痕，并有疼痛，但不出现明显的波动。此时，为了确诊，可行穿刺，观察有无脓汁。

必须注意脓肿与血肿的鉴别，因为血肿也有相似的肿胀和波动，但脓肿发生慢，有明显的炎性分界区，能自溃，穿刺放出的内容物为脓汁；而血肿发生快，无自溃现象，穿刺放出的内容物为血液。

3. 治疗 一是炎症一出现，就想办法使其吸收消散；二是促进炎症发展，让其迅速形成脓肿，然后切开排脓。

（1）消散炎症 在脓肿形成的初期，可应用冷却疗法。可用氯胺-T 1%～2%溶液冲洗。也可用碘酊 2%～3%涂擦，尽快其熟化。

（2）切开脓肿 脓肿一旦成熟，应立即切开排脓，可缩短病程，防止扩散和转移。不可等待脓肿自行破溃，以免组织遭受更大的破坏。在某些情况下不能切开时，可穿刺排脓和灌注防腐药液。

（3）切开 局部剪毛消毒，对深在性脓肿于切开前可行麻醉。为了准确地判定脓肿的位置和深度，以及避免切开时脓汁向外喷射，可先用针头穿刺，排出一部分脓汁，然后于脓肿最软的部位切开。切口的方向和长度要便于排脓，但不要超过脓肿的界限。以免损伤健康组织并引起扩散。如脓肿过大，可做对口引流。

（4）排脓 切开脓肿后，应彻底排出腔内脓汁，但不可挤压和擦拭脓肿膜，以免损伤脓肿膜上的肉芽组织。脓腔内发现有异物或坏死组织时，应小心除去；脓腔内的索状长条物，可能是血管和神经，应加以注意。

（5）冲洗 浅在性脓肿，可用防腐液冲洗，以便洗出腔内脓汁、达到防腐消毒的目的。对残留于脓腔内的防腐液，可用棉纱吸出。深在性脓肿最好用高锰酸钾液或双氧水洗涤。

（6）引流 除尽脓汁后，用浸有松碘油膏或磺胺碘仿甘油的纱布条引流，以保证脓汁通畅排出和防止切口过早愈合。为保护切口下方皮肤不受分泌物的刺激，可涂布氧化锌软膏或凡士林。以后对引流物的更换，可视脓汁的多少而定，脓汁多时可每天更换 1～2 次，脓汁少时可 1～2d 更换 1 次。肉芽组织填充脓腔且分泌物甚少时，可不再用引流物，按肉芽创治疗，直至治愈。

十、蜂窝织炎

蜂窝织炎是皮下、筋膜下和肌间等处的疏松结缔组织弥漫性急剧进行性炎症。本病较常发生，特别以四肢部为多见。病原体为链球菌和葡萄球菌，一般多经皮肤的小创口感染。蜂窝织炎可继发于脓肿和化脓创。

1. 原因 蜂窝织炎的发生是由于机体抗感染能力降低，链球菌或葡萄球菌等侵入机体，并在患部大量繁殖、呈现破坏作用所引起，以发病迅速、蔓延广和组织破坏严重为特征。蜂窝织炎蔓延的范围和组织破坏的程度，主要取决于机体的抗感染能力，也与局部解剖特性和病原菌的种类有很大关系。一般说来，链球菌感染常引起弥漫性蜂窝织炎，葡萄球菌感染常发生局限性蜂窝织炎。发生蜂窝织炎时，最初在疏松结缔组织内出现浆液性浸润，随后因白细胞大量渗出，渗出物变混浊，而转变成为化脓性浸润。之后感染迅速蔓延，一方面因机体的防卫能力继续降低，给细菌的繁殖和感染扩散提供了机会；另一方面，链球菌能产生大量的透明质酸酶和激酶，加速了结缔组织基质的崩解和渗出的纤维蛋白的溶解，因而细菌及毒素迅速地沿疏松结缔组织向邻近组织扩散，呈现急剧的弥漫性进行性炎症。

当机体抗感染能力逐渐增强时，病变逐渐趋向局限化，以后形成蜂窝织炎性脓肿。反之，如机体抗感染能力继续减弱，则病情逐渐恶化，甚至由局部急性化脓性炎症转变为全身急性化脓性炎症（败血症），而危及病马生命。

2. 症状 蜂窝织炎的临床症状比较明显，局部症状主要是增温、疼痛、肿胀、机能障碍、组织坏死和化脓；全身症状如体温升高、精神及食欲不振、白细胞增数等有时也很明显。由于发病部位不同，其临床症状各有特点。

（1）皮下蜂窝织炎 主要特征为浅在急剧进行性肿胀和病马体温升高。病初局部呈急性炎症现象，出现有热有痛的急性肿胀。触诊肿胀部初呈捏粉样，数日后变为坚实感。患部皮肤紧张、无移动性、水肿呈堤状。肿胀的大小不等，界限清楚。四肢下部的蜂窝织炎有时引起全肢大面积的肿胀，机能障碍明显。

当上述症状出现后，如不及时治疗，则随着炎症的发展，患部出现化脓性溶解，肿胀变得柔软而有波动。病程经过良好时，则化脓被局限化，该部皮肤变薄、被毛脱落、皮肤破溃，流出脓汁；病程严重时，则脓汁向深部组织扩散引起深部蜂窝织炎；炎症为腐败性感染时，则病情骤然恶化，组织坏死、皮肤破溃，流出腐败恶臭脓汁。

（2）筋膜下及肌间蜂窝织炎 筋膜下蜂窝织炎最常发生于鬐甲部的棘横筋膜下、背部的背腰筋膜下、胫部的小腿筋膜下、股部的股阔筋膜下和前肢的前臂筋膜下疏松结缔组织。病初患部肿胀不显著，局部组织呈坚实炎性浸润。感染沿整个筋膜下蔓延，局部温度增高，疼痛剧烈，机能障碍显著，体温升高。随着病程的进展，炎症顺着有血管和神经干行走的肌间或肌群间疏松结缔组织蔓延，患部肌肉肿大、肥厚、坚实、界限不清，疼痛剧烈。以后，疏松结缔组织化脓和坏死，但由于筋膜高度紧张，化脓后的波动现象常不明显，诊断时应加注意。病程继续发展时，可出现广泛的肌肉组织坏死，如果向外破溃，则流出大量灰色及常常为血样的稀薄脓汁；有时伴发血管、淋巴管及淋巴结的化脓性炎症；甚至引起败血症。

3. 治疗 治疗蜂窝织炎病马，不仅要减少炎性渗出、抑制感染蔓延、减轻组织内压，而且要改善全身状况，增强机体抗感染力。采取全身和局部综合疗法来帮助机体康复。

（1）局部疗法 根据炎症发展过程的不同时期，及时采用不同的治疗方法。

①消散炎症。首先对患部剪毛、清洗，并涂布碘酊。

在发病早期（1～2d内），未出现化脓症状时，为了减少炎性渗出，可应用碱式醋酸铅溶液（醋酸铅50mL、明矾2.5g、水100mL）冷敷。

急性炎症稍有缓和以后，为了促进渗出物的吸收，用阿莫西林肌内注射4～11mg/kg，每天2～3次；外敷雄黄散；内服连翘败毒散。

【雄黄散】雄黄30g 大黄30g 白芷30g 天花粉30g 川椒20g 天南星20g

共为细末，醋调涂之，可解毒消肿。

【连翘败毒散】连翘30g 金银花30g 天花粉30g 紫花地丁30g 蒲公英30g 黄药子25g 白药子25g 薄荷20g 黄芪30g 甘草20g

共为细末，开水冲调，候温灌服。

②手术切开。当上述方法无效时，应早期切开患部组织，以便减轻组织内压，便于炎性渗出物及脓汁的排出。对于急剧进行性蜂窝织炎，不必等待组织内出现化脓现象，应于炎症最明显处切开，特别是对筋膜下及肌间蜂窝织炎，切开过晚易使脓汁蔓延到邻近关节和腱鞘，甚至引起败血症。

切开时，对浅在的蜂窝织炎切开皮肤即可，对深在的蜂窝织炎需要切开筋膜及肌间组织。切开应有适当的长度，以便于脓性渗出物的排出。当炎症蔓延很广时，可行多处切开，必要时可做对口引流。必须注意，手术中不要损伤大血管、神经干、关节腔或腱鞘。

尽量排出脓汁，清洗创内，然后选择适当药物引流，每天换 1 次，持续 4～5d。如出现体温再度升高、肿胀又增大、全身症状恶化，应考虑有新的组织化脓，组织内有脓腔、异物或引流物堵塞妨碍排脓等。此时应除去引流物，检查患部，必要时做补充切口或对口引流。

(2) 全身疗法　临床实践证明，治疗蜂窝织炎时，除进行积极的局部处理以外，早期使用全身疗法能增加疗效，其中以抗生素疗法，头孢唑啉（先锋霉素）静脉注射 20～25mg/kg，每天 3～4 次。另外也可采用磺胺疗法、利多卡因封闭法和自家血液疗法等。治疗中要加强病马的饲养管理和护理，促进疾病痊愈。

十一、鞍挽具伤

鞍挽具伤是由于鞍挽具对马体组织的过度压迫、摩擦引起的种种损伤。其发生原因主要是马体缺乏锻炼，鞍挽具不适合，汗屉不洁或过硬，不按要领备鞍和套车，不遵守骑乘规则，以及跛行马继续使用等。

1. 原因

(1) 鞍挽具不适合　鞍挽具的大小必须适合马体。新鞍挽具在使用前，必须进行适合试验，并编号固定马匹使用。鞍挽具应经常保持完整、清洁与干燥。如有损坏、变形应及时整修，皮革部件应定期擦油保持柔软。

(2) 正确装载　备鞍前，检查鞍挽具是否配套、适合，鞍架有无变形损坏，鞍褥、汗屉、鞍具是否清洁、干燥。同时检查马背是否干净，被毛是否平顺，有无污物、泥沙等异物，必要时进行刷拭。

备鞍时，应注意汗屉、鞍褥是否平整，避免折叠及皱褶，鞍架放置要正确，不可前后移动。装鞍后要求：鬐甲部不受压挤，背中线不负担重量，肩胛骨的活动不受妨碍，腰部不受压挤。

装好使用后经过 0.5h 左右，应停下检查鞍具、肚带和前靷、后鞧装着是否合适，如有不适合的情况应立即纠正。休息时应卸下鞍具，检查鞍架、鞍褥及革带等有无破损、变形，并及时修整。上坡时紧前靷，下坡时紧后鞧，乘骑时要防止鞍具前后移动；上下坡后，必要时应重新调整鞍具。

(3) 合理训练　实行"四固定"。为了使骑驾人员熟悉马匹习性，加强对马匹、鞍挽具的爱护与管理，应实行"定人、定马、定鞍挽具、定驮载物"。训练时应掌握一定速度，不可忽快忽慢，一般情况下应掌握两头慢、中间快的原则。前后马应保持一定的距离，以免拥挤或掉队追赶。正确掌握骑乘与驾驭要领，骑乘姿势要正确，驭手要熟练各种复杂地形条件下的驾驭技术，防止伤病事故的发生。训练完后，松开乘马肚带，充分牵遛，汗干后，再下鞍屉进行刷马，并用草擦鞍部及四肢，促进马体血液循环，消除疲劳，保持清洁。

（4）早期发现与及时处理　不论在运动中、大休息和训练后，均应注意检查有无鞍挽具损伤，以便早期发现，及时处理。在运动途中发现马匹步样不稳或表现不安等情况时，应注意检查装鞍是否不当或已发生了鞍伤。因为鞍挽具伤的肿胀，卸鞍时往往不明显，须经一定时间，才逐渐增大。发现肿胀后应及时治疗，并检查鞍挽具，找出原因，及时修整。

2. 症状　由于受伤部位和组织损伤程度不同，鞍挽具伤的临床症状及其病理变化也不一样。

（1）皮肤擦伤　轻度擦伤，患部被毛的一部或全部脱落，表皮剥脱。创面有浆液性微黄色透明的渗出物，干燥后形成黄褐色痂皮。重度擦伤，多伤及皮肤的深层，露出鲜红色的创面，热痛明显，如不及时治疗，常感染化脓。

（2）鞍肿　鞍肿分为炎性水肿、血肿及淋巴外渗、浅在性黏液囊炎等，临床上都有明显的肿胀。

①炎性水肿。通常于揭鞍 0.5h 后，患部皮肤和皮下组织逐渐发生局限性或弥漫性水肿，局部温度增高、有疼痛。

②血肿及淋巴外渗。多发生在鬐甲部，呈局限性肿胀，柔软而有波动。血肿在揭鞍后立即发现，并迅速增大，穿刺物为血液；淋巴外渗形成较缓慢，疼痛较轻微，穿刺物为淋巴液。

（3）皮肤坏死　是由于鞍挽具的压迫，局部皮肤血液循环障碍的结果，多为干性坏疽。局部皮肤失去弹性，被毛逆乱，温度降低，感觉减退或消失。坏死的皮肤逐渐变为黑褐色或黑色，硬固而皱缩。经 6～8d，坏死的皮肤与周围健康皮肤界限明显，并出现裂隙。坏死皮肤脱落时，创面边缘干燥、呈灰白色，中央为鲜红色肉芽组织。若不及时除去坏死皮肤，则因压迫而影响上皮的生长，治疗时必须注意。

3. 治疗

（1）皮肤擦伤　首先除去原因，防止感染，可应用 1%～3% 甲紫溶液（紫药水）或 5% 高锰酸钾溶液反复涂布。也可在创面用 5% 碘甘油溶液局部涂擦。

（2）炎性水肿　可用饱和食盐水纱布于患部湿敷，用食盐以少量水调和涂于患部，用硫酸镁、硫酸钠等盐类按上述方法治疗，用复方醋酸铅散加卤水调敷于患部，用花椒水温敷，用食蒜捣碎敷于患部。

（3）血肿及淋巴外渗　如果肿胀内液体过多不能吸收时，可抽出内容物，注入加有青霉素 200 万～500 万 U 的 2%～5% 利多卡因注射液 10～20mL，然后再涂盐类糊剂；若仍不见效，则可切开排液，用纱布浸以稀碘酊填塞于创内，2～3d 后取出，再按创伤治疗。

（4）浅在性黏液囊炎　黏液囊内渗出物过多时，可抽出内容物，注入 1% 高锰酸钾溶液反复抽洗 3～4 次，4～5d 后再用 1%～3% 过氧化氢溶液清洗。无效时可行黏液囊摘除。感染化脓时，要尽早切开，防止引起肩胛上韧带或筋膜坏死。

（5）皮肤坏死　要尽早除去坏死皮肤，促进上皮新生。初期可用热砂袋、热灰带或热水壶热敷，促使坏死皮肤干燥脱落。当坏死皮肤干固，而与健康组织分离时，应及时剪除。创面可塗松碘油膏或氧化锌软膏，促进上皮新生。

中药"鞍伤散""松柏散"等对鞍伤有较好的疗效。

【鞍伤散】松香、铜绿、甘石粉、黄丹、轻粉、枯矾各 30g 小茴香 20g 胡椒 15 个

共为极细末，装瓶备用。涂药后即可运动。

【松柏散】松叶、侧柏叶、棕树叶各等份

将各药炒焦成炭，加冰片少许，共为细末，装瓶备用。

对鞍伤、创伤有效。

【处方】儿茶 30g 轻粉 30g 冰片 20g 雄黄 20g 海螵蛸 30g 炉甘石 20g 黄米 500g（炒黄）

共为细末，用醋调敷于鞍伤部（化脓者也可应用），效果较好。

第二节 消化系统疾病

马通过消化系统将摄入的饲料转化为自身生命活动所需物质，饲料从口腔进入，经过一系列消化吸收过程从肛门排出。消化器官主要包括口、食管、胃、小肠、大肠等，消化腺有胰脏和肝脏。成年马的消化道长达 30m，马的胃容积很小，大部分饲料在肠道中消化吸收（图 5-3）。

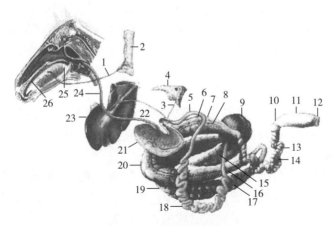

图 5-3 消化系统模式图

1. 腮腺管 2. 腮腺 3. 胰管 4. 胰 5. 十二指肠 6. 右上大结肠 7. 胃状膨大部 8. 右下大结肠 9. 盲肠 10. 直肠狭窄部 11. 直肠 12. 肛门 13. 骨盆曲 14. 小结肠 15. 回肠 16. 左上大结肠 17. 左下大结肠 18. 空肠 19. 胸骨曲 20. 膈曲 21. 胃 22. 肝管 23. 肝 24. 食管 25. 咽 26. 口腔

一、食管梗塞

食管梗塞是食管被草料或异物所堵塞以咽下障碍为特征的疾病，马常有发生，也称草噎。

1. 原因 过度饥饿的马采食时狼吞虎咽，或饲料调剂不当，用未泡开的豆饼喂马，或采食了大块的块根饲料（如萝卜、薯类、甜菜等），易发生食管梗塞。

2. 症状 食管梗塞最引人注意的症状是马突然停止采食，摇头缩颈，骚动不安，背腰拱起，不断做吞咽动作，但饲料进入食管后，又很快从口及鼻腔逆出，屡屡咳嗽。

口腔、鼻腔残存或流出多量唾液，病程较长时，唾液逐渐减少，往往在虚嚼或咽下时由鼻腔流出鸡蛋清样液体。喝水时水从鼻腔流出。

颈部食管梗塞，触诊食管可摸到梗塞物，并有疼痛反应；胸部食管梗塞因梗塞部上方食管积满唾液，触压有轻微波动感。食管探诊时胃管插至梗塞部有抵抗感觉，推进困难，并表现剧烈疼痛。

根据病马咽下障碍、局部变化及胃管探诊结果，可初步诊断。但必须注意与食管炎、食管痉挛、食管狭窄、食管扩张等病相鉴别。

（1）食管炎　触诊发炎局部高度敏感，胃管插至发炎部位时，病马剧烈骚动不安。以1％普鲁卡因液30～50mL经胃管缓慢灌入，使药液浸润于发炎部位后，再插胃管时、则疼痛减轻，胃管可插入胃内。

（2）食管痉挛　于左颈静脉沟部可见到自上而下或自下而上的波浪式收缩，触摸食管呈索状。发生快，消失也快。胃管探诊，当痉挛时不能插入，如给予水合氯醛等镇静剂，使痉挛缓解后则胃管可顺利进入胃内。

（3）食管狭窄　饮水或液状饲料可以通过，而采食草料至一定量，在狭窄部上方积满食物时，病马苦闷不安，食物从口、鼻逆出，食物逆出后病马又复安静，常反复发作。以粗细不同的胃管进行探诊，粗管达狭窄部时，不能通过；细管达狭窄部时虽感到抵抗，但可插入胃内。

（4）食管扩张　包括食管扩张和食管憩室，食管的一段两侧均匀一致的膨大称食管扩张，一侧管壁膨大的称为食管憩室。颈部食管扩张时，采食后常于同一部位发生同样膨大，触诊呈面团样，可因食团入胃或经口、鼻排出而膨大物消失。胸部食管扩张时，则采食后由于停止的食物压迫气管、肺和大血管，而发生呼吸困难。胃管探诊，有时可以顺利到达胃内，有时由于胃管进入膨大部的盲囊或憩室中而不能插入胃内。常反复发作。

3. 治疗　中兽医治疗食管梗塞有丰富的经验，方法是将缰绳拴于病马左前肢凹部，尽量使马头下垂，然后驱赶马匹快速前进，往返运动20～30min，借助颈肌收缩，往往可将梗塞物送入胃内而治愈。

经以上处置无效时，可插入胃管，小心向胃内推送，或用橡皮球、注射器吸出食管内积滞的唾液、饲料后，灌服植物油200～300g、水100～200mL，然后高吊马头，使油水浸透、软化食团，经1～3h后，借助食管收缩，有时梗塞物可送入胃内。

如因颗粒精料梗塞食管，可插入胃管，灌入适量温水，再将胃管轻轻前后移动，随即放低马头，梗塞的颗粒精料可以被洗出；也可先灌入液状石蜡或植物油100～200g，然后皮下注射3％毛果芸香碱注射液30～200mg，通常经3～4h可治愈。

也可应用打气方法，马确实保定后，插入胃管，灌入少量植物油，随后连接打气筒，有节奏地打气，趁食管扩张时将胃管缓慢推送，有时可将阻塞物推到胃内。

如以上处置仍然无效，可行手术治疗，切开食管，取出梗塞物。

对食管梗塞病马必须专人护理，适时注射葡萄糖液以维持机体营养。为了补充水分，可反复用1％盐水深部灌肠。

二、消化不良

消化不良是胃肠黏膜表层的轻度炎症，有急性、慢性之分。如诊治不当，容易转成胃肠炎。

1. 原因

（1）草料质量不良　如饲料腐败、发霉或虫蛀，草料内泥沙太多，过度粗硬的干草、霜冻饲料等。用这些饲料喂马，容易损伤胃肠黏膜，发生胃肠黏膜的轻度炎症。

（2）饲养管理不当　如突然变换草料或采食精料过多；饲养方法、饮喂顺序骤变；饲喂后立即运动或运动后立即饲喂。由于胃肠机能不易适应，胃肠道血液供应不足，消化液分泌减少，饲料在胃肠内腐败发酵，刺激胃肠壁而发病。

（3）运动及饮水不足　长期休闲、劳逸不均的马，其胃肠的消化机能相对降低，容易发生消化不良。饮水不足，会使消化液分泌减少，促进本病发生。

（4）继发性消化不良　常见于胃肠道寄生虫病、腹痛病、过劳、骨软症等经过中。

上述各原因是促进发生消化不良的重要外因。实践证明，在同样饲养管理、训练条件下，只是那些长期休闲、营养不良、衰老、幼驹、重病恢复期、牙齿疾病及环境骤然变换（如北马南调）暂时不能适应的马，才容易发生消化不良；而经常训练，常年出赛的马，胃肠消化机能旺盛，身体强壮，很少发生消化器官疾病。

2. 症状　胃和肠在结构和机能上，紧密相关。胃机能发生障碍，势必影响肠；肠管机能紊乱，也可反射地影响到胃。因此，胃和肠的炎症多同时发生或相继发生。其共同症状是：

①食欲减退，吃草少，常在采食中退槽。

②口腔湿润或干燥，舌面被覆舌苔，口腔发臭。

③肠音多数不整，时快时慢、时强时弱，蠕动增强时连续不断，数步之外也能听到。肠内气体多时，还可以听到金属性肠音。

④排粪迟滞，粪球干小，表面被覆多量黏液；或腹泻，粪便稀软呈泥状或水样。粪内夹杂有未消化的谷粒及粗纤维，有难闻的臭味。

⑤全身症状不明显，体温、脉搏、呼吸通常变化不大。有的有轻微的腹痛，刨地喜卧，表现不安。

（1）胃机能紊乱为主的急性消化不良

①病马食欲大大减退，精神显著沉郁，常打哈欠，"赛唇似笑"，有的病马发生异嗜。

②口腔变化明显，口腔多干燥，发臭，有多量舌苔。可视黏膜不洁、黄染，这是由于炎症波及十二指肠，其黏膜发炎、肿胀，阻塞胆管口，胆汁淤滞的结果。

③肠音减弱，初期粪球干小而色暗，表面被覆黏液。这是由于胃及小肠黏膜发炎，黏液分泌增多，胃蠕动减弱，粪便在大肠内停留时间长，炎症轻微的大肠仍能吸收水分的缘故。时间持久的，腐败发酵的内容物进入肠管，对肠壁的刺激增强，使肠蠕动增快，发生腹泻。

（2）肠机能紊乱为主的急性消化不良　口腔多湿润，黄疸较轻微。肠音多增强，有不同程度的腹泻，粪便稀软或呈水样，甚至排粪失禁。这是由于各种炎性产物的刺激，肠液分泌增多，蠕动机能亢进的结果。

（3）慢性消化不良

①异嗜，采食平时不愿吃的东西，如墙壁石灰、煤渣、泥土和有粪尿的垫草等。

②肠音不整，有时便秘，有时腹泻，便秘和腹泻交替发生。一般认为是因肠壁的兴奋性减退，分泌、蠕动机能减弱，而发生排粪迟滞；由于排粪迟滞，肠内积滞的内容物腐败

发酵，刺激肠壁，蠕动加快，而发生腹泻；排出肠内积滞的腐败发酵产物，肠管又变弛缓，排粪又迟滞。

③由于长期消化、吸收机能障碍，病马逐渐瘦弱、贫血，转化为瘦马病。

3. 治疗 原则是清肠制酵，调整胃肠机能，除去原因，加强护理，防止复发。

（1）加强护理 护理对治疗消化不良、特别是巩固疗效具有重要意义。护理不周、治疗不及时，容易转成胃肠炎。临床常见马因患消化不良住院治疗，病刚好就立即出院，不出三五天，旧病复发，重来住院的例子。因此，在护理上，首先要除去原因。病初减饲1～2d，给予柔软易消化的草料，如青草、麸粥、米粥等。充分饮微温盐水。条件许可时，最好放牧。病马腹泻时，可灌服各种糊粥或淀粉浆，每天1～2次，每次3～5L，以保护胃肠黏膜。病马治愈后，仍需减轻运动，分槽饲喂1～2周，再转为正常饲养。要检查口腔，牙齿磨灭不整的应进行修整，黏膜损伤处可涂布碘甘油。

（2）清肠制酵 为了减轻炎性产物对胃肠黏膜的刺激，应清理胃肠。常用食盐200～300g，常水4 000～6 000mL，一次内服。对清理胃肠效果好，同时可驱除胃肠道寄生虫。或碳酸氢钠150mL、常醋250mL、温水1 500～2 000mL，以胃管先投服碳酸氢钠，再投常醋，最后灌入温水，此方对清肠制酵效果确实。

（3）调整胃肠机能 清理胃肠后，可应用各种健胃剂。龙胆酊（酊剂，由龙胆末100g、40％酒精100mL混合制成）内服，每天1～2次。

病马口腔干燥、肠音减弱、排粪迟滞、粪球干小，表现胃机能紊乱为主的消化不良时，内服干酵母120～150g，每天1～2次。

病马口腔湿润、肠音增强、不断腹泻，表现肠机能紊乱为主的消化不良时，可应用人工盐或碳酸氢钠50～80g，或健胃散80～150g，一次内服，每天1～2次。病马水泻不止、粪便无明显臭味时，可用矽炭银40～80g一次内服，连服几天。也可服用药用炭，一次内服100～300g。

（4）中兽医辨证施治 由于内伤外感种种原因引起脾和胃肠为主的功能失调，表现草慢或不食、草谷消化不良、粪干或泄泻等主症。虽属里证，但有寒、热、虚、实的不同类型。发病中一般不见其他脏腑显著变化，重症病例可因命门火衰、脾肾两虚而久泻不止。本病后期，病马逐渐消瘦衰弱。常见的类型如下：

①胃火（胃热不食）病初多见。由于胃内火盛，阳盛阴衰，胃肠津液减少，而有口腔干燥、口渴、舌带黄苔、粪干、尿少等特点；一般脉色变化不太显著。属里热证。治应清热降火为主，方用黄芩散。方中以苦寒清热药为主，健胃理气、滋阴生津药为辅。

【处方】黄芩50g 连翘30g 石膏30g 花粉20g 桔梗20g 玄参20g 知母20g 大黄30g 神曲30g 陈皮20g 甘草20g

共为末，开水冲，候温灌服。

②胃寒（胃寒不食）病中、后期多见。由于外感或内伤于寒邪，体内阴盛阳衰，胃肠功能减退，而表现鼻寒而冷、口腔湿润、粪便稀软、脉沉迟、口色清白、舌苔薄白等特点。属里寒证。治应温中散寒、和血顺气，方用桂心散。

【处方】桂枝30g 青皮30g 白术30g 川朴30g 益智30g 干姜25g 当归30g 陈皮30g 砂仁25g 炙草30g

共为末，开水冲，候温灌服，细盐25g、葱3支、白酒100g为引。

③寒湿（冷肠即泄），胃肠感受寒邪，阴盛阳衰，水湿不能运输转化，营养与糟粕混杂不分，表现鼻寒耳冷、肠鸣、泄泻、脉沉有力、口色青黄等特征。属里寒带湿证。治应温脾暖胃、渗湿利尿为主，方用猪苓散。

【处方】猪苓 30g　泽泻 30g　木通 30g　茵陈 30g　瞿麦 30g　青皮 25g　川朴 30g
苍术 30g　枳壳 30g　当归 30g　木香 20g　藿香 30g　官桂 25g

共为末，开水冲，候温灌服。

④脾虚（脾虚泄泻），脾胃功能衰退，草谷、水湿不能正常运输转化，表现久泻不止、四肢浮肿、逐渐瘦弱、脉迟细、口色白或带黄等特征。属里虚证。治应补中益气、燥脾渗湿为主，方用健胃散。对久治不愈的瘦弱病马，并有腰肢痛、腹下及后肢浮肿等症者，多是命门火衰、肾阳衰弱所致，治应加用补肾药物。

【处方】当归 30g　党参 50g　陈皮 40g　厚朴 30g　白术 30g　五味子 30g　赤芍 30g
焦三仙各 20g　茯苓 30g　泽泻 30g　砂仁 30g　木通 30g

共为末，开水冲，候温灌服。

久泻不止，肾阳衰弱者，加破故纸、吴茱萸、肉豆蔻、肉桂等，效果较好。

三、胃肠炎

胃肠炎是指胃肠黏膜及其深层组织的出血性或纤维素性坏死性炎症。可分为原发性胃肠炎和继发性胃肠炎。在临床上有重剧的胃肠机能障碍和自体中毒症状。

1. 原因

（1）原发性胃肠炎　发病原因与消化不良的原因基本相同，但其致病作用更为强烈，引起胃肠黏膜重剧的炎症。

（2）继发性胃肠炎　常见于肠便秘等腹痛病的经过中。主要是用药不当，如芦荟用量过大，蓖麻油不经煮沸，硫酸钠浓度过高（8%以上）；其次是护理不周，秘结粪便刚疏通后就喂多量精饲料或粗硬饲草，或饮大量冰冻的水。此外，肠便秘病马发现过晚，秘结部肠壁持续受压迫，腐败发酵产物强烈刺激胃肠黏膜，也是继发胃肠炎的原因。

2. 症状　胃肠炎开始多表现急性消化不良症状，以后逐渐或迅速表现胃肠炎症状。继发性胃肠炎病初表现原发病症状，以后才出现胃肠炎症状。病马精神沉郁，食欲废绝，饮欲增进，大量喝水，结膜暗红并黄染，口腔干燥、恶臭，舌面皱缩，被覆多量污秽不洁的舌苔，皮温不整，耳和四肢发凉；常伴有轻微的腹痛，病马表现不安，喜卧或回顾腹部，也有腹痛剧烈的。体温大多突然升高至40℃以上。少数病马直到病的中后期才见发热，也有个别体温始终不高的。

持续性腹泻是胃肠炎的主要症状，不断排出稀软粪便或水样粪便，恶臭或腥臭，并混有血液及坏死组织片。腹泻时肠音增强。病至后期，肠音减弱或停止，肛门松弛，排粪失禁；或病马不断努责，但无粪便排出。

自体中毒明显，全身症状重剧。心搏动增强，脉搏初期增数，以后变为细弱急速，每分钟可达百次以上。随着病程的进展，自体中毒及脱水的程度加剧，全身症状也很快加重。病马高度沉郁，全身无力，眼球下陷，毛焦肷吊。末期，病马极度衰弱，全身肌肉战栗，出汗，甚至出现兴奋、痉挛或昏睡等神经症状。

（1）胃炎、小肠炎为主的胃肠炎　口腔症状及黄疸明显，肠音往往减弱或消失，多数病马排粪迟滞，粪球干小而硬、色暗，且表面被覆有大量胶冻样黏液。后期才出现腹泻，也有始终不腹泻的。在小肠炎时，往往继发胃扩张，插入胃管能喷出多量微黄色的液状胃内容物。

（2）最急性胃肠炎　经过急剧，往往未及腹泻，就在24h内因自体中毒而死亡。仔细检查，口腔症状明显，齿龈部往往有2～3mm宽的蓝紫色淤血带。全身中毒加剧，精神沉郁，结膜暗红色，体温多数升高，脉搏细弱增数，呼吸促迫。

（3）霉性胃肠炎　因饲喂发霉的草料而引起，南方马匹多发，且同厩或同槽的马多同时或相继发病。病初表现急性消化不良症状，常被忽视，甚至照常训练，而使症状突然加重。病的后期和严重病例，神经症状明显，多数精神高度沉郁，有的狂躁不安、盲目运动；体温一般39℃左右，有的后期升至41℃以上，呼吸加快、脉搏增数；排污泥样的恶臭稀便，也有不断排淡红色腥臭水样稀便的。病情发展迅速，如治疗不及时多在1～2d内死亡。

3. 治疗　应根据病马的个体特点和疾病发展的阶段，从当时当地的实际情况出发，制定具体的治疗方案。在治疗中，应当抓住一个根本（消炎）、掌握两个时机（缓泻或止泻）、贯彻三早原则（早发现、早确诊、早治疗）、把好四个关口（护理、补液、解毒及强心）。集中全力消除炎症，实时控制脱水和缓解自体中毒，保证消炎措施得以充分发挥作用，促使病马彻底痊愈。

（1）杀菌消炎　控制炎症发展是治疗胃肠炎的根本疗法，应贯彻于整个治疗过程，适用于各种病型。

一般可以内服0.1%～0.2%高锰酸钾液2 000～3 000mL，每天1～2次；磺胺甲噁唑内服，首次量50～100mg/kg，维持量25～50mg/kg，每天1～2次。

（2）缓泻和止泻　分别用于胃肠炎的不同阶段，掌握用药时机十分重要，用药恰当，既能减轻炎症、缓解自体中毒，又能防止机体过度脱水。否则，会引起不良后果。排粪迟滞时不缓泻，刚刚腹泻就急于止泻，有毒产物会在胃肠内积滞，刺激胃肠壁并大量吸收，加重胃肠炎症和自体中毒。反之，积滞的粪便已排出，粪的臭味不大而仍腹泻不止，还不用止泻剂，甚至盲目地服泻药，病马可因剧烈腹泻不止、高度脱水而死亡。

缓泻是排出有毒物质、制止胃肠内容物腐败发酵、减轻炎性刺激、缓解自体中毒的重要措施。适用于排粪迟滞或排出粥样恶臭粪便的情况下，可用液状石蜡油等。

止泻可以防止机体因持续腹泻而严重脱水。当积滞的粪便已基本排出，粪的臭味不大而仍腹泻不止时应用。常用鞣酸蛋白20g、碳酸氢钠40g内服，每天1次；或用矽炭银一次内服40～80g。

（3）护理　与消化不良的护理相同。

（4）补液、解毒及强心　脱水和自体中毒引起的心力衰竭，往往是致死的直接原因，故应及时补液、解毒及强心。三者是相辅相成的，所以常常并用，但通常以补液为主。因为补液不仅能调整水盐代谢、补充机体丧失的水分和盐类，而且能够调节心、肾功能，改善血液循环，稀释血中毒素，促进毒素排出，因而兼有解毒和强心的作用。在实施补液前，根据病马情况，可静脉放血1 000～2 000mL。实施补液时，应当注意以下事项：

①药液选择。腹泻时的脱水是混合性脱水，水盐同时丧失，故常输给复方氯化钠液。静脉注射5%葡萄糖1 000mL和0.9%氯化钠1 000mL，兼有补液、解毒和营养的作用，效果好。

②补液时机。开始腹泻时就补液，疗效显著；若等到大泻之后才实施补液，疗效差，

病马恢复慢。

③补液速度。根据心脏机能状态而定，在输液开始时，一般 30～40mL/min 的速度为适宜。当输至一定数量而病马全身机能有所好转时，输液速度可控制在 25mL/min 左右。输液过快，会增加心、肾负担。

④补液数量。必须根据脱水的程度而定，一般根据皮肤的弹性、口腔湿度及眼球凹陷程度，大致推断脱水的程度。当脱水不超过体重 3％时，无明显的临床症状；脱水占体重6％时，眼球凹陷，皮肤显著干燥而且弹性减退，可视黏膜和角膜面干燥；脱水达体重的20％～25％时，多数病马死亡。在冬季休闲时，体重 300kg 的马，如不自饮，每天必须静脉注射 5％葡萄糖液 4 000～7 000mL，才能维持其水分的平衡。重症胃肠炎一般每次静脉注射 2 000～4 000mL，每天 2～4 次。当病马精神显著好转，心律变整齐，脉数逐渐恢复，且脉搏较充实，并开始排尿时，可以少量输液。

当病马严重脱水而心脏极度衰弱时，较快而大量的静脉输液，心脏耐受不了，而少量较慢的静脉输液又不能有效地阻止病情的发展。在这种情况下，可用 5％葡萄糖盐水或复方氯化钠注射液实施腹腔输液。

大量输液不易办到时，可静脉少量输液，结合胃肠道补液，即以 1％温盐水内服或灌肠，每次 3 000～4 000mL，4～6h 一次。为了维护心脏机能，一次静脉注射黄夹苷 0.08～0.18mg。当急性心力衰竭时，为了急救，可于输液时加入毛花苷丙 0.3～0.6mg。

为了增强解毒机能，可在输液时加入 5％碳酸氢钠液 300～500mL。

此外，对伴有明显腹痛的病马，可针刺三江、水分等穴，肌内注射 30％安乃近液20mL。炎症已经基本消除时，为促进机能恢复，可内服各种健胃剂。

胃肠道出血时，可用 10％氯化钙液 100～150mL，一次静脉注射；或 1％仙鹤草素液20～50mL，一次肌内注射。

对霉性胃肠炎，应着重保肝解毒，可应用碳酸氢钠 50g、面粉 200g、木炭末 100g 加温水适量，一次内服，每天 2～3 次；同时配合静脉注射 25％葡萄糖液 500～1 000mL，每天 1～2 次。

治疗过程中，配合针灸法，针刺脾俞、小肠俞、关元俞、大肠俞、后海等穴，效果更好。

（5）中兽医辨证施治　本病是热毒积于胃肠之中的重剧腹泻病。病马脉象洪数，口色潮红或红紫，下痢带脓血。属里实热证，治应清热解毒、消黄止痛为主，方用三黄加白散或郁金散。对疾病后期热毒已退、久泻不止者，应适当加用收敛止泻药。

【三黄加白散】黄芩 30g　黄柏 30g　黄连 30g　白头翁 30g　枳壳 20g　砂仁 20g　泽泻 20g　猪苓 20g　厚朴 20g　苍术 25g

煎汤去渣灌服。

【郁金散】郁金 30g　诃子肉 30g　酒黄芩 25g　枳壳 30g　厚朴 30g　朴硝 40g　茵陈30g　酒黄柏 25g　酒大黄 30g　酒白芍 25g

煎汤去渣灌服。

加减：腹痛剧烈者，加乳香、没药各 30g；里热过盛者，加双花、连翘各 30g；口腔干燥、眼窝深陷者，加玄参 30g、生地 30g、鲜石斛 30g；下痢脓血较重者，加瞿麦 30g、地榆炭 20g、阿胶 30g；尿色赤黄或尿少者，加木通 30g、泽泻 30g；毒热已除，泄泻不止者，减朴硝、大黄，加乌梅25g、石榴皮30g；发病后期，气血两虚者，减苦寒药，酌用党参、黄芪、白术、甘草、当归、白芍之类补养药。

四、瘦马病

1. 原因　瘦马病是由于胃肠机能长期障碍而发生的高度消瘦的疾病。常继发于慢性消化不良及胃肠道寄生虫病。在特殊情况下，马由于长期过度运动，体力消耗过多，草料供应不足，容易发生此病。

2. 症状　由于胃肠消化吸收机能障碍，吸收的营养物质不足以维持机体的需要，因而体内糖原、脂肪、蛋白质分解多、合成少，不断被消耗，病马逐渐消瘦。病马精神高度沉郁，毛焦欣吊，结膜苍白，眼球凹陷，下唇弛缓，胸前、腹下及四肢浮肿，口腔干燥，食欲减退、异嗜。病的末期，病马往往用嘴尖触地，不吃不喝，脉搏细弱无力，体温低，往往在35℃左右，最后倒地，全身发抖，出冷汗，很快死亡。

过劳引起的瘦马病，常伴有四肢肌肉疼痛，有的病马长期咳嗽，流浆液性鼻液等。根据营养不良、高度消瘦以及体温低等特点，瘦马病不难诊断。关键在于找出原因，原因不除，往往疗效不大。瘦马病与慢性心脏衰弱的病马容易混淆，应注意鉴别。

慢性心脏衰弱病马主要表现为心律不齐，脉搏增数而细弱，全身性血液循环障碍，黏膜淤血，静脉怒张，胸前、腹下及四肢发生对称性浮肿等，且由于肺及胃肠淤血，常伴有慢性支气管炎及消化不良等。

3. 治疗　瘦马病的主要特点是营养高度不良、病程长、恢复慢。因此，治疗原则以护理为主，积极改善病马营养，同时配合必要的药物治疗，以增强机体机能。

（1）护理　因地制宜，及时把瘦马病马集中起来，统一组织复壮。实行舍饲、放牧、喂青草与药物治疗相结合。特别是放牧、喂青草，效果更显著。对马料，应尽量设法加工调理，如泡软、蒸熟或发芽，适当加些食盐。

（2）中兽医辨证施治　本病属于虚劳，由于长期运动过度、饲养不当，引起五脏六腑发生不同程度的耗损和功能障碍，尤以脾、胃、心、肺的变化最为显著。中兽医说："劳伤心血，虚伤元气"。病马毛焦体瘦，行走无力，消化不良，口色淡白，脉象细弱，属于气血两虚之症。治应温补气血、健脾养胃为主，方用精简七味散。

【处方】党参50g　白术40g　茯苓25g　炙黄芪30g　山药25g　炒枣仁30g　当归30g　陈皮30g　秦艽20g　川楝子20g　醋香附25g　麦芽30g　炙草30g

共为末，开水冲，候温灌服。

加减：气喘咳嗽者，加知母30g、贝母40g、天冬30g、麦冬30g、杏仁30g；鼻液量多者，加白及30g、雄黄30g、桔梗30g、枯矾30g；背腰发硬者，加破故纸40g、牛膝30g、木瓜30g、肉桂30g；四肢疼痛者，加乳香30g、没药30g、羌活20g、红花20g、牛膝25g、川断25g等。

民间验方：应用马胎盘内服，效果很好。即将产驹后的胎盘收集起来，洗净风干后，用微火焙焦，碾碎为细末，每天用100～150g，拌于饲料中饲喂。

根据条件，可灌服各种含蛋白质多的营养品，如狗肉汤、牛肉汤、鱼肉汤等，每次3 000～5 000mL，连灌2～3次，效果良好。据报道，灌服2～3d，即见病马食欲增进。或应用自家血液疗法。对调整胃肠、维护心肺机能效果显著。根据胃肠机能和心脏情况，也可适当应用健胃剂和强心剂。

五、肠便秘

肠便秘是由于肠管运动和分泌机能减退，粪便停滞引起的某段肠腔完全阻塞或不完全阻塞，也称结症。肠便秘是马的多发病，最常见的是小结肠便秘（占50％～60％），其次是骨盆曲和胃状膨大部便秘（占20％～30％），盲肠便秘较少，小肠便秘最少。

（一）原因

1. 饮水不足　充足的饮水是保证马正常消化的重要条件。饮水不足时，消化液分泌减少，胃肠蠕动减弱，饲料在胃肠内得不到充分消化，逐渐停滞而发生肠便秘。水的质量不好或有异味，马不愿喝，也易发生肠便秘。

2. 饲喂不当　不按时饲喂而使马过度饥饿，好抢食的马通槽饲养，以及过早地成堆地向槽内添加精料等，往往使马大口采食、匆忙吞咽，以致未充分咀嚼且未充分混合唾液的草料迅速进入胃肠，妨碍消化吸收，使胃肠机能减弱，食物逐渐停滞而发生便秘，有的反复发生。

饲喂不当的另一种常见情况，是饲喂之后立即运动，或大运动之后立即饲喂。在这种情况下，由于重剧运动时交感神经高度兴奋、汗液大量分泌，使胃肠弛缓，消化液分泌减少，进入胃肠的大量草料得不到充分消化而引起肠便秘。

3. 饲草粗硬　饲草过粗过硬、铡得过长，或长期大量给以花生藤、蚕豆秸、小麦秸、地瓜蔓等含粗纤维多而难以消化的饲草料时，也易引起肠便秘。

4. 气候突然变化　每当气候骤然变化时，肠便秘病马发生较多。天气突然变冷使消化系统的大、小肠冷结收缩，致使肠蠕动缓慢、肠内容物堆积而发生便秘。

实践证明，在上述不良的饲养管理条件下，并不是所有的马都发生肠便秘，这说明发生不发生肠便秘主要取决于马内在的机能状态。易发生肠便秘的内在因素是：长期休息、运动不足所引起的肠壁肌肉紧张性减退；牙齿不良，咀嚼不全，胃肠弛缓；消化机能紊乱。这样的马在上述外在条件作用下，特别是在天气骤变时易发生肠便秘。

（二）症状

1. 肠便秘的共同症状

（1）腹痛　按其程度可分为轻微的、中等的和剧烈的三种。轻微腹痛，病马前肢刨地，后蹄踢腹，伸展背腰，回顾腹部，经常卧地，但很少滚转，腹痛的间歇期较长（一般在30min以上）；中等程度的腹痛，除具有上述腹痛表现外，病马常碎步急走，或缓慢的起卧，或滚转，或前肢跪地等，腹痛间歇期较短（一般为10～30min）；剧烈的腹痛，间歇期很短（一般为几分钟），病马频频起卧、急起急卧，甚至猛然摔倒，左右滚转或仰卧姿势，吆喝鞭打也不愿站起。

（2）排粪变化　初期排粪减少，排零星粪球，粪球干小或松散，覆有黏液，以后则停止排粪。

（3）肠音变化　初期肠音不整，以后逐渐减弱，最后完全消失。

（4）口腔变化　初期口腔稍微干燥，病程越长脱水越严重、口腔干燥越显著，并出现舌苔，有时带有恶臭。

（5）全身症状　食欲减少或废绝，结膜由潮红到暗红，排尿减少到停止，体温、脉搏及呼吸初期无明显改变，中后期脉搏显著加快而细弱，心搏动增强，振动胸壁。继发胃扩张时呼吸促迫，继发肠臌胀时腹围膨大，继发胃肠炎或腹膜炎时体温升高、腹壁紧张。

直肠检查　多半可以摸到有一定形状、大小和硬度的便秘肠段。

2. 不同部位肠便秘的临床特点

（1）小肠便秘（完全阻塞）　多于采食中或采食后数小时突然发病，腹痛较重剧，肠音减弱并很快消失，全身症状明显且迅速增重，常继发胃扩张。导胃排出大量酸臭气体和黄绿色液体后，腹痛可暂时减轻，但几小时后又加重。

直肠检查　小结肠便秘部如手腕粗，表面光滑，呈圆柱形（如香肠）或椭圆形（如鸭蛋）。位于前肠系膜根后方（约 10cm），距腹上壁 5～10cm，横行于右肾及左肾之间，且位置固定而不能移动的是十二指肠便秘；如位于耻骨前缘，由左肾后方斜向右后方，左端游离可被牵动，右端连接盲肠、位置固定，且空肠积气膨胀的，是回肠便秘。

（2）小结肠便秘和骨盆曲便秘（完全阻塞）　发病较急，呈中等程度或剧烈的腹痛（个别病马腹痛轻微），初期全身症状比较轻微，很快（数小时）继发肠臌胀，全身症状也随之加重。

直肠检查　小结肠便秘部呈椭圆形或圆柱形，一到两个拳头大，比较坚硬，通常位于耻骨前缘的水平线上和体中线的左侧，但移动性很大，往往由于继发肠臌胀而被挤压到左肾前下方或沉于腹腔下部。

（3）骨盆曲便秘　呈弧形或椭圆形，如小臂粗，一般不很坚硬，表面光滑，与膨满的左下大结肠相连，牵拉时虽有一定的移动性，但感到费劲。常位于耻骨前缘、体中线左右，当左下大结肠过度膨满时，往往被挤入骨盆腔或向右移到盲肠底的后下方。

（4）盲肠便秘及左下大结肠便秘（不全阻塞）　发病缓慢。腹痛轻微，有的呈中等程度的腹痛。排粪减少，粪球干硬，有的不断排恶臭的稀粪或干、稀粪交替，也有排粪停止的。肠音不整，盲肠音或左侧的结肠音显著减弱，但即使在重症病马的后期，肠音也不完全消失。口腔变化不太明显，食欲减退，但不完全废绝。全身症状轻微，即使病后十天半月，也往往见不到体温、脉搏和呼吸的明显变化，但病马逐渐瘦弱。病程 1～3 周，且病愈后容易再发。

直肠检查　盲肠体或盲肠底便秘，可于右肷窝部及肋骨弓部摸到，如排球大，结粪的硬度面团样或稍坚硬、表面凸凹不平，在盲肠体后侧还可感到由后上方向前下方延伸的后纵带。盲肠位置固定，但有时稍向前下方沉坠。

（5）左下大结肠便秘　可在左腹中下部摸到，由膈走向盆腔前口，但后端常偏向右侧，呈粗长的扁圆形，比暖瓶稍粗；硬度与便秘的盲肠相似，表面不平整，可感到有多数肠袋和 2～3 根纵带。

（6）胃状膨大部便秘（通常由不全阻塞逐步发展为完全阻塞）　症状较骨盆曲便秘稍轻，全身症状发展较慢，有时继发胃扩张，后期完全阻塞时继发肠臌胀。病程 3～10d。

直肠检查　位于体中线右侧，盲肠底的前下方，便秘的胃状膨大部如排球大、呈半球形（因前半部不易触及），一般不太硬，表面光滑，随呼吸而前后移动。

（7）直肠便秘（完全阻塞）　腹痛轻微病马不断举尾，做排便姿势，但不见粪便排出。有的肠音不整，偶尔增强。全身症状发展较慢，后期可能继发肠臌胀。

直肠检查　在直肠膨大部或狭窄部，可触到阻塞的粪块，呈圆球状，直肠黏膜水肿，黏膜面粗糙，往往粘有粪渣。经过时间较长的，往往在小结肠内堆积一长串拳头大的干硬粪球。

（三）诊断

要做到早期发现病马，马刚患肠便秘时有以下表现：一是精神不好，吃草喝水少；二是排粪数量减少，排零星粪球，粪球干硬、大小不均、附有黏液，或者粪便稀软、松散，含草棍和谷粒；三是马回头瞧，前肢蹄刨，身躯摇晃，表现不安，采食中退槽，翻举上唇。这些都是肠便秘的前期症征兆，要迅速采取防控措施。

根据腹痛、排粪减少或停止、肠音减弱或消失以及口腔干燥等肠便秘的综合症状，形成初步诊断。通过直肠检查，检验初步诊断，确定秘结的部位。当由于客观条件（如马体较小）而不能实行直肠检查时，也可根据发病的缓急、全身症状的轻重、病程的长短、腹痛的程度和继发症的不同，推断便秘的部位和程度。

如发病较急，腹痛比较剧烈，排粪很快停止，肠音迅速消失，且发病12～24h以内，全身症状已十分明显或重剧，通常是完全阻塞，秘结部位可能在小肠、骨盆曲和小结肠。若伴有胃扩张症状，往往是小肠便秘；若继发肠臌胀而腹围膨大，往往是小结肠便秘或骨盆曲便秘。

如发病较缓慢，腹痛轻微，病后1d以上还能少量排粪和吃草，而且腹围不大、全身症状不明显，通常是不全阻塞，往往是盲肠便秘、左下大结肠便秘或胃状膨大部便秘初期。

（四）治疗

1. 肠便秘的治疗原则和方法

肠便秘用通（疏通）、静（镇痛）、减（减压）、补（补液和强心）、护（护理）的综合治疗原则，争取做到早期治疗。

（1）疏通　即排除积粪、疏通肠管，促使肠管由阻塞转化为疏通的条件是恢复肠管蠕动和软化秘结的粪块。疏通是治疗肠便秘的根本措施。只要阻塞的肠管疏通了，腹痛、脱水和心脏衰弱等，都可迎刃而解。

疏通肠管的方法主要是电针疗法、水针疗法、直肠按压、深部灌肠、内服泻剂和开腹按压。这些方法，应根据病情和实际情况选用。

①电针疗法。这种方法容易掌握，治疗马肠便秘时，疗效快、成本低。电针疗法治疗马的消化不良、肠痉挛、胃扩张、肠臌胀、感冒等常见疾病，也有较好的疗效。

穴位：关元俞。位于第18肋骨后缘，距背中线约12cm处的背最长肌与髂肋肌的肌沟中，左右各1穴。

针具及针法：用6～9cm长的针。针刺前，穴位部剪毛消毒。针与皮肤垂直，向内下方刺入6～7cm（刺入深度依马体大小而定，以刺入肾脂肪囊为宜，不得刺入肾实质）。

电针刺的使用方法：只要频率和电压是连续可变的电针器均可使用。针刺入穴位后，把电针器上的两个输出电极连在两侧穴位的针柄上，接通电流，使电压逐渐升高到最高点（要注意马的耐受量，一般不超过160V），再由最高点逐渐降至最低点（60V左右）。由低到高约5min，由高到低也需5min，这样反复2～3次。

频率和电压一样，也必须由慢到快。开始频率60次/min，逐渐增加到140次/min，最高可达200次（最高频率只能维持5s左右），然后降低。频率快慢持续的时间同使用电压的时间一致，一般说来，升高电压时加快频率，但也可高电压、低频率，低电压、高频率。

电针时间一般为 25～30min。但对顽固性肠便秘或老龄马，可适当延长电疗时间或增加电疗次数。

如果没有电针器，可以用干电池装置简易的电针器代替。

电针反应：通电后腹壁出现节律性收缩，约 10min 后肠管分泌增多、肠蠕动加快、肠音增强，出现放屁、排粪、排尿等现象，而对呼吸、心跳等影响很小。

如果在电针 25～30min 后，腹痛消失，饮食欲开始恢复，直肠检查结粪位置移动、变形、软化或破碎，即可认为治愈。为了迅速恢复胃肠机能，停针后应牵遛 1h 左右。

②水针疗法。

穴位及注射用药：穴位在耳根后方偏上部的凹陷处。目前常用药液是 15％当归液或 25％葡萄糖液。一次注射量为 25mL 左右。如无以上药液，也可用温开水，每次注射量 50～100mL。

操作方法：在耳根后上方剪毛消毒后，一手抓住马耳，另一手持长约三指的针头，在耳根后方偏上的凹陷处刺入皮下，使针头紧贴耳郭软骨基底部向对侧鼻孔方向进针，至耳根后方偏下的凹陷处，刺入两指至两指半深。然后，接上注射器，边拔针头边注射药液。

疗效观察：一般病马在耳穴注射后 10min 左右，肠音开始增强，针后 1h 肠音最强。肠音原来已经消失了的这时可以出现肠音，增强的肠音可持续 5h 左右。一般在注射后 3～5h 内腹痛消失，排出结粪，食欲恢复。小结肠便秘及早期大结肠便秘 2h 左右可以痊愈。如增强的肠音逐渐变弱，而结粪仍未排出，可再次在耳穴上注射药液。

③直肠按压是最常用的方法。通过按压，秘结的粪块发生变形或出现凹沟，肠内积滞的气体和粪液，可沿着秘结粪块与肠壁之间的空隙向后移送，胃肠臌胀随即缓和，肠管蠕动得以恢复，秘结的粪块逐渐软化，直至破碎而达疏通之目的。故此法是小结肠、骨盆曲和小肠便秘的主要疏通措施，效果迅速而确实。

④深部灌肠。即经直肠灌入大量（15 000～40 000mL）微温水（按 1％比例加入食盐，效果更好），深部灌肠的作用在于软化积粪和兴奋肠蠕动，并有补充水分、缓解脱水和缓解自体中毒的作用。

此法适用于大肠便秘，尤其对胃状膨大部及盲肠便秘，疗效更为确实。通常在灌肠后 2～6h 开始排粪。

⑤内服泻剂。常用的有食盐、液状石蜡及植物油等。

硫酸钠 300～500mL、大黄末 60～80g、温水 6 000～10 000mL，一次内服。此方适用于大肠便秘早期及中期，通常在灌药后 4～6h 排粪。

在实践中，以食盐代替硫酸钠，治疗早中期大肠便秘效果良好。其方法：食盐 300～400g、温水 6 000～8 000mL，溶解后一次内服。根据体格大小酌情增减。投药后适当牵遛，勤给饮水。通常在灌药后 3～4h 排粪。

液状石蜡或植物油 500～1 000mL、矿物油 5～10mL、温水 500～1 000mL，一次内服。此方适用于小肠便秘。灌药前应导胃。

⑥开腹按压。上述措施未能疏通时，可施行开腹按压。

镇痛的目的在于恢复大脑皮层对全身机能、特别是对胃肠机能的调节作用，并为诊疗操作创造安全而方便的条件。常用三江、分水、姜牙等穴。也可用 30％安乃近溶液 20mL

皮下注射。

（2）补液强心　目的在于维护心脏机能，缓解脱水和缓解自体中毒。主要用于重症肠便秘或肠便秘的后期。通常以复方氯化钠液或5％葡萄糖盐水1 000～2 000mL，加罗米非定0.04～0.12mg/kg静脉点滴注射。根据病马的脱水程度和心脏机能可多次应用。

（3）护理　目的在于加强病马的内在抗病能力，促进全身机能的恢复，并防止各种继发症。应派专人负责护理，着重注意两点：腹痛不安时，防止滚转，可适当漫步牵遛，以防摔伤和继发肠变位；肠管疏通后，应逐渐恢复正常饲养，以防再发或继发肠炎。

在肠便秘的早期，肠腔刚刚阻塞，脱水等其他病状还未出现或者比较缓和，应全力进行肠管的疏通，可不必采用其他措施。但是，当肠便秘发展到后期，胃肠臌胀、脱水、心脏衰弱等一系列病态已威胁病马生命时，应积极采取镇痛、减压、补液强心等措施，以缓和病情，然后再解决疏通问题。在这种情况下，如果只抓疏通而不顾阵痛、减压和补液强心，病马可能在疏通措施尚未来得及发挥作用之前，就死于心力衰竭或胃肠破裂。

2. 各部肠便秘的治疗要点

（1）小肠便秘　以疏通减压为主，同时积极配合镇痛和补液强心。一般先导胃，并内服水杨酸钠10～50g，以镇痛制酵，然后施行电针疗法或直肠内按压；如十二指肠前部秘结而不能施行按压时，可应用液状石蜡或植物油，并反复导胃和补液强心；如灌药后6～10h仍未疏通，且全身症状逐渐加剧时，应迅速开腹按压。

（2）小结肠便秘和骨盆曲便秘　便秘早期，采取一般疏通措施，均能迅速奏效。可以施行电针疗法、或直肠按压、或捶结术；可以应用食盐或硫酸钠；也可以肌内注射安乃近20mL。

便秘中期，主要用直肠按压或捶结术；也可用食盐等。腹围显著膨大的，可穿肠减压；腹痛剧烈的，可用电针疗法或水合氯醛、安乃近等镇痛。

便秘后期，应穿肠减压并补液强心，此时内服泻剂效果往往不大，盐酸毛果芸香碱更不宜用。疏通主要靠直肠按压或捶结术。如秘结部在小结肠前端或秘结肠段前移下沉，不便于按压和捶结时，应开腹按压。

（3）盲肠便秘　便秘早期，内服食盐或硫酸钠，均能疏通；便秘中后期，积粪比较干硬且肠管高度弛缓，此时除内服泻剂外，应用大量的（25 000～40 000mL）1％温盐水深部罐肠，如积粪开始软化但仍停滞，第二天可再内服1％温盐水10 000～15 000mL，或5％～7％碳酸氢钠液200～300mL，并配合直肠按压。

在护理上，开始两三天不喂草料，但应勤饮温盐水。为保证营养，可每天静脉注射25％葡萄糖液500～1 000mL，以后可喂给少量青草或麦麸粥等容易消化的饲料。适当地牵遛运动。积粪排出后，应逐步恢复正常饲喂，以防复发。

（4）胃状膨大部便秘　电针疗法、内服各种泻剂或大量温盐水深部灌肠，都能达到疏通目的，配合直肠按压及用9％氯化钠1 000～2 000mL静脉注射，效果更好。腹痛剧烈时可镇痛，继发胃扩张时应导胃。

（5）直肠便秘　早期迅速施行直肠掏结即可治愈。如病程稍长，直肠黏膜发炎、水肿，可用5％～10％硫酸镁液300～500mL，反复灌肠。如直肠黏膜高度肿胀，掏结困难，并在小结肠内堆积一长串干硬粪球时，应开腹按压或切肠取粪。

灵活采取"三针一掏四把盐"的治疗方法，即用30％安乃近液20～40mL皮下注射，耳穴水针或电针疗法，皮下注射毛果芸香碱或灌服食盐水（300～400g）。

3. 中兽医辨证施治　结症属于实证，由于肠内粪结不通、气血凝滞而发剧烈腹痛。由于腹内积热、津液耗损出现燥症，并伴发全身功能障碍，主要表现口舌干燥、有黄白苔、口色红，脉沉而淤滞不畅，肠音减弱或消失，腹痛起卧滚转等症状。重危时，病马精神极度沉郁，口色青紫、干燥、无光泽，舌苔灰黄粗糙，脉细数。治应通肠攻下、消积导滞、清热止痛为主，对老龄瘦马病马应采用攻补相兼的治疗方法，方用通结汤、当归苁蓉汤等。

通结汤：本方有通肠消积、滑肠破气、清热止痛等作用，适用于各种体质和各种类型的结症病例。

【处方】芒硝100g　大黄50g　麻仁40g　乳香30g　没药30g　枳实30g　厚朴25g　神曲50g　醋香附30g　木香20g　木通30g　连翘30g　栀子20g　当归20g

除芒硝、乳香、没药、神曲外，其余煎0.5～1h，纱布滤过，加入其余四味，候温灌服。本方治愈率97%以上，配合针灸效果更好。

当归苁蓉汤：本方为润燥滑肠、理气导滞的方剂，适用于前结或结症初起，以及老龄、瘦马病例。

【处方】当归40g　肉苁蓉200g（黄酒浸制）　番泻叶30g　广木香30g　厚朴20g　炒枳壳30g　醋香附50g（另研）　瞿麦20g　炒神曲50g　通草20g

以上除另研者外，共为末，开水冲，慢火煎10min，候温加入生麻油（或其他食油）250g为引，稍加冷水成稀粥状灌服。

加减：体瘦气虚者，加黄芪30g；孕畜减瞿麦、通草，加炒白芍30g；鼻头凉者，加升麻30g；脉细弱、心气衰微者，可先用黄芪、党参各100g、炙附子100g、肉桂20g，水煎灌服以回阳救逆。

对肠便秘的原因、症状、治疗原则及护理可以概括为以下歌诀，以助学习。

歌　　诀

马患急症为哪般，饲养不良是根源。

饮喂失时饥饱乱，草料不佳消化难。

狂暴不安多前结，中结趴卧回头观。

频频努气尾揭起，应是粪积直肠间。

通肠破气为治则，静补减护想周全。

防趺防滚多注意，防肠变位保安全。

六、急性胃扩张

急性胃扩张是由于采食过多和胃后输送机能障碍引起的胃急剧扩张。按其原因，可分为原发性和继发性，原发性胃扩张又有气胀性和食滞性两种。

急性胃扩张是马的多发病，经过急剧，发现过晚或延误治疗，往往造成死亡。因此，必须加强饲养管理，防止本病的发生。对已发病的马，应做到早期发现、迅速确诊、及时抢救。

1. 原因

（1）原发性胃扩张　主要原因是采食大量不易消化的、容易膨胀和发酵的精饲料。通常发生于下列情况：

①饲喂不及时，过度饥饿之后过早地或过多地添加精料，马狼吞虎咽，贪食过多。

②休闲马突然运动时，大量加喂精料，或舍饲马突然转为放牧时，采食了大量豆科植物及幼嫩的青草。

③偶有因马厩值班制度不严，马脱缰后偷吃大量精料而发病的。

（2）继发性胃扩张　通常继发于小肠便秘、小肠变位、胃状膨大部便秘及肠膨胀的过程中。原理是：胃受压迫或小肠阻塞，胃内容物不能后送而停滞；胃液和小肠液大量分泌；小肠逆蠕动，使大量小肠液和部分肠内容物返回到胃内。

在正常情况下，进入马胃内的食物，不断消化，不断后送，维持着动态平衡。当采食量超过胃的容量或采食量虽不太多，但在剧烈运动或消化不良等经过中，胃消化机能减弱时，进入胃内的大量食物、特别是容易发酵的食物，强烈刺激胃壁引起胃消化紊乱，幽门痉挛，胃后送机能障碍，导致胃内食物积聚而发病。可见，过量采食、幽门痉挛所造成的胃后送机能障碍，是急性胃扩张的根本原因。如堆积的食物牵张胃壁，刺激胃黏膜，可使胃肌强烈痉挛和胃液大量分泌，引起腹痛和脱水；接着，积聚的食物腐败发酵，产生大量气体和分解产物，进一步牵张胃壁，加剧胃膨胀，进一步刺激胃黏膜，加剧胃肌痉挛和胃液分泌，使腹痛和脱水加重。

剧烈的腹痛又可使交感神经兴奋，肾上腺素分泌增多，幽门更加痉挛，从而激化胃后送机能障碍这一根本原因，使病情急剧地发展下去。

由于胃膨胀压迫膈，使膈的位置前移，胸内压增高，不但引起呼吸困难，而且阻碍血液循环，加上剧烈的腹痛和严重的脱水，往往引起心力衰竭。严重的胃扩张，由于胃高度膨胀，胃肌强烈痉挛，并向前压迫膈，可导致胃或膈的破裂。

2. 症状　原发性胃扩张通常在采食后不久突然发病。其临床特点是：

（1）腹痛　病马初期呈中等程度的间歇性腹痛，但很快变成持续性剧烈腹痛，不断卧地滚转、快步急走或直往前冲，有时马疼痛平躺。

（2）全身状态　结膜潮红或暗红，脉搏增数，呼吸促迫，但腹围变化不大。

（3）消化系统症状　肠音减弱或消失，初期排少量粪便，以后则排粪停止。

多数病马在左侧第14～17肋间、髋结节水平线上听诊，可听到短促而高亢的胃蠕动音，如沙沙音、金属音、流水音等，每分钟3～5次。导胃排出胃内容物后，这种音响逐渐减弱或消失。

不少病马有嗳气。嗳气时，在左侧颈静脉沟可看到食管逆蠕动波，听到含漱样蠕动。个别病马发生呕吐。呕吐时，病马低头伸颈，鼻孔开张，腹肌强力收缩，由鼻孔流出酸臭的食糜。

3. 诊断

（1）胃管探诊　可感到食管松弛，阻力较小。胃管插入胃内后，可排出大量酸臭气体及粥样食糜（气胀性胃扩张）；或仅排出少量气体，导不出食糜（食滞性胃扩张）。随着胃内容物的排出，腹痛立即减轻，呼吸也变得平稳。

（2）直肠检查脾脏后移，后缘可转到髋结节垂直线处。在左肾前下缘经常可摸到膨大的胃盲囊，触之紧张，且有弹性或呈面团样硬度，随呼吸而前后移动。

继发性胃扩张，先有原发性表现，以后才逐渐出现嗳气、呼吸促迫、胃蠕动音等胃扩张的主要症状。全身症状重剧，脉搏细弱而快。插入胃管时喷出多量黄褐色的液体和酸臭的气体。排出胃内容物后，腹痛只是暂时减轻，不久之后又加重。胃内容物胆色素检查阳性（检查方法：滴 4～5 滴未经滤过的胃液于滤纸上，再滴上 1 滴稀薄美蓝液，出现淡绿色，表示有胆色素存在）。

急性胃扩张病马，如不及时治疗，往往在数小时之内因心力衰竭或胃、膈破裂而死亡。

胃破裂的特点：腹痛多半在剧烈骚动或滚转后突然减轻或消失，而全身症状迅速加重。病马表现紧张惊恐，全身出冷汗，肌肉震颤，口唇松弛下垂，站立不动或卧地不起，脉搏细弱，心跳很快（每分钟百次以上）。体温低下，腹围膨大。腹腔穿刺液混有草渣等食糜。血液检查的变化为红细胞总数迅速增加，血沉迅速减慢，白细胞迅速下降，中性粒细胞减少，淋巴细胞相对增多。

膈破裂的特点：全身症状迅速加重，突然呈现高度呼吸困难。

4. 治疗 胃扩张在治疗时首先应进行导胃，排出胃内集聚的气体、胃液和部分饲料。导胃后，为了解除幽门痉挛、缓和疼痛、制止胃内容物腐败发酵，皮下注射芬太尼，一次用量为 0.02～0.04mg/kg。也可选用下列处方：

①乳酸 10～20mL 或醋酸 30～60mL，温水 500mL，一次内服。

②醋姜盐合剂：醋 250mL、姜（切碎）100g、盐 100g，同调灌服。

③食醋 500mL 或酸菜水 1 000mL 灌服。

当重症或病的后期，病马精神沉郁、心脏衰弱、脱水和自体中毒时，应及时进行强心补液（方法详见肠便秘的治疗），或应用 10% 食盐水 200～300mL；也可用布托啡诺酒石酸盐，一次静脉注射为 0.01～0.2mg/kg。

应用电针疗法，电针关元俞，疗效也很好。

在继发性胃扩张，上述治疗措施都是治标，根本疗法在于解除肠阻塞（详见肠便秘及肠变位），治疗原发病。

不论原发性或继发性胃扩张，当腹痛剧烈而影响导胃和洗胃操作时，可首先应用镇静剂。当血液浓稠、心脏衰弱时，可应用强心剂补液。

（1）护理 注意事项与肠便秘相同。但应特别注意不使病马滚转或摔倒，以免造成胃、膈破裂。病马不需要牵遛。

（2）中兽医辨证施治 由于饮喂不当、贪食过多，胃肠功能减退，酸败草料停滞胃中，而发大肚结症。以嗳气、腹痛急剧、急起急卧、犬坐姿势等为主症。属里实证。治应消积破气、化谷宽肠为主。不应大量使用攻下药物，否则，反而增加胃的负担。一般用调气攻坚散煎剂灌服。调气攻坚散具有消导、疏通、制酵等作用，适用于大肚结初期、病马体质壮实者。

【处方】醋香附 30g 广木香 25g 藿香 30g 炒枳壳 30g 焦槟榔 30g 郁仁 25g 醋青皮 30g 醋三棱 30g 醋莪术 30g 炒莱菔子 30g 生姜 30g

共为末，以适量水煎 15min，滤过，取药液 500mL 为限，加麻油 500mL，醋 250mL 为引，同灌。

加减：胃中气胀较甚者，重用莱菔子，加乌药、砂仁；胃中积液较多者，减莱菔子、郁仁，加大腹皮、泽泻等；胃中积料过多者，加焦三仙。

七、肠臌胀

肠臌胀是吃了大量容易发酵的饲料，肠内产气过盛、排气不畅、郁气停滞，致使肠管过度膨胀的腹痛病。临床上以腹围急剧膨大及剧烈腹痛、经过短而急为特征。

肠臌胀在我国西南和西北高原地区发生较多，占腹痛病的 16%～60%。

1. 原因

（1）原发性肠臌胀　通常是由于吃了大量幼嫩的青草或豆类精料而引起。黄土高原马多发肠臌胀，一般认为与气压低、氧不足和过劳有关。

（2）继发性肠臌胀　多见于大肠变位和大肠便秘的经过中。

2. 症状

（1）原发性肠臌胀　通常在吃了容易发酵的饲料后数小时内发病，其临床特点是：

①腹痛。病初表现间歇性腹痛，并迅速转为剧烈而持续的腹痛。

②全身症状。腹围急剧膨大，肷部隆突，呼吸高度困难，脉搏增数，可视黏膜暗红，全身出汗。

③消化系统症状。病初肠音增强，甚至连绵不断，带金属音；以后肠音逐渐减弱，最后消失。病初多次排少量稀软粪便并混有气体，以后排粪和排气完全停止。

④直肠检查。除直肠和小结肠外，全部肠管均充满气体，腹压增高，检手活动困难。触摸肠管充满气体，紧张而有弹性，位置发生变化。骨盆曲往往进入骨盆腔或向右侧移位，左下大结肠上移到左肾下方，而左上大结肠移位于左下大结肠的内侧或下方。

原发性肠臌胀的病情发展迅速，往往数小时内马由于窒息，或膈、肠破裂而死亡。

肠破裂的特点是，在剧烈骚动或滚转后腹痛突然消失，全身症状急剧恶化（同胃破裂）。

（2）继发性肠臌胀　先有原发性症状，以后才出现腹围膨大、呼吸促迫等肠臌胀的症状。

3. 治疗　肠臌胀发展迅速、病程短急，延误治疗病马可能因窒息、膈破裂或肠破裂而迅速死亡。因此，必须做到早期确诊，尽快解决肠内产气过程和排气过程不相适应这一致病因素。临床上通常采用排气减压、镇痛解痉和清肠制酵的综合治疗原则。

（1）排气减压　为促进肠内气体排出，根据肠臌胀的程度，在疾病初期肠臌胀不太严重、病马腹围不太大时，可用 1% 温盐水，多次少量灌肠；电针关元俞或针刺后海、气海俞、大肠俞等穴，疗效都较好。通常在针刺后 15min 就不断排气，经 2～4h 痊愈。随着疾病的发展，肠管过度臌胀，病马腹围显著膨大，呼吸高度困难时，应尽快穿肠放气。放气完毕，可由穿刺针孔注入适量制酵剂，制止继续发酵。

肠臌胀经过中，如肠管因互相挤压，位置发生改变，阻碍积气排出时，进行直肠检查。用检手轻轻晃动肠管，往往能促进肠内积气排出。

（2）镇痛解痉　病马腹痛剧烈，为解除肠管痉挛，可适当应用水合氯醛等镇静剂。（详见肠便秘）

（3）清肠制酵　制止肠内容物继续发酵，可内服制酵剂。人工盐 250～300g、水 2 000～3 000mL 混合内服。也用浓茶水 500～1 000mL，一次内服。一般在 20min 到 2h 痊愈。

（4）对症处置　心脏衰弱时，适当应用强心剂；继发胃扩张时，插入胃管，排出胃内积气和胃内容物；继发性肠臌胀，主要是治疗原发病，必要时可穿肠放气。

（5）护理　专人守护，防止病马因滚转造成肠、膈破裂；治愈后2～3d内适当减少喂饲量，以后再逐渐转为正常饲养。

（6）中兽医辨证施治　胀肚是肠内积气引起腹胀的腹痛病。由于饲喂潮湿、霉败或易发酵草料，加之运动不当，发生脾胃功能障碍，胃不消化，脾不运化，草料于肠内腐败发酵，大量郁气滞于肠中，以致气血不通、肚腹作痛。以口色深红，气促喘粗，腹痛起卧，㽲腹臌胀为主证。属里实证。治应消胀破气、宽肠通便为主，方用丁香散或牵牛子散，并配合针刺及按摩疗法。若为结症继发者，当治结症。

【丁香散】丁香40g　木香30g　藿香30g　青皮30g　陈皮30g　槟榔30g　生二丑30g

共为末，开水冲，麻油250mL为引，内服。

加减：腹痛较剧者，加乌药、香附；小便不通者，加木通、泽泻；阳气衰微、耳鼻发凉、脉细弱者，先以党参、黄芪、附子、肉桂煎汤内服。

【处方】黑丑50g　陈醋250g　干姜30g　食盐（炒）50g　葱白3支　白酒150g
同调内服。

八、肠痉挛

肠痉挛是因肠平滑肌痉挛性收缩引起的腹痛病。不论舍饲或放牧，均可发生。病程较短，及早治疗，容易痊愈。

1. 原因

（1）外因　主要是寒冷刺激和饲料不良。如全身出汗后被雨淋，寒夜露宿，风雪侵袭，气温骤变，剧烈运动后暴饮大量冰冷的水，吃了带霜、冰冻或不洁的、容易酸败的饲料等。

（2）内因　主要是慢性消化不良时，肠壁神经的敏感性增高；前肠系膜根发生的动脉瘤压迫内脏神经丛，使肠管的机能紊乱等。

2. 症状

（1）腹痛　由于肠管痉挛性收缩，病马表现中度或剧烈的阵发性腹痛。发作时倒地滚转，起卧不安，持续5～15min后，进入间歇期。在间歇期内，病马安静站立，能吃能喝，经10～30min，腹痛又发作。一般情况，随着病程的延续，间歇期越来越长。但在良种病马，腹痛表现比较剧烈，间歇期内也往往不吃不喝，诊断时应注意。

（2）排粪　由于肠蠕动加快，肠液分泌增多，病马不断排少量稀软粪便，酸臭味较大，并常混有黏液。

（3）肠音　大小肠音均增强，连绵不断，音调高朗，往往在数步以外也能听到，由于液状内容物在紧张而含气的肠腔内移动，有时出现金属性肠音。

（4）其他　病马耳、鼻发凉，口腔湿润，体温、呼吸、脉搏等全身状态变化不大。

经过数小时以后，腹痛往往逐渐缓和以至消失。如果腹痛持续而剧烈，肠音迅速减弱，且全身症状突然加重，可能是继发了肠变位或肠便秘等，应当注意。

3. 治疗　肠痉挛治疗的基本原则应当是解除痉挛和清肠止酵。

（1）护理　主要防止病马滚转而继发肠变位。对病马进行牵遛运动或短途骑乘，有时可使肠痉挛自行解除而痊愈。

（2）解除肠痉挛　主要应用电针疗法和镇静剂。

①电针疗法是制止肠痉挛、缓解腹痛的最好方法。针刺三江、分水、姜牙3穴或三江、分水、耳尖3穴均可。临床实践证明，针刺后1h左右，绝大多数的病马腹痛消失而痊愈。此法简便易行，效果良好。

②对针刺后腹痛仍不减轻的病马，可应用镇静剂。如30％安乃近溶液20～40mL，皮下注射；美沙酮静脉注射，注射量为0.05～0.15mg/kg。内服白酒，疗效也很好。通常用白酒250～500mL，加水500～1 000mL，一次内服，用药后1h左右，腹痛消失。

（3）清肠止酵　当腹痛消失、肠痉挛解除后，如果由于吃了不良的饲料、消化障碍所引起的痉挛，则应清肠止酵，用桂皮酊1 000mL、温水1 000mL，一次内服。

（4）中兽医辨证施治　冷痛是胃肠寒气太盛的疾病。由于外感寒邪或内伤阴冷，致使胃阳衰弱，脾不运化，冷气积于肠中，引起腹内气滞血凝，胃肠痉挛疼痛。脉沉迟或沉而有力，口色青、凉滑，属里寒证。治应温中散寒、和血顺气为主，方用橘皮散，并用通关散或米椒散吹鼻，配合或单用电针疗法。

【橘皮散】陈皮30g　青皮30g　槟榔25g　细辛20g　当归30g　茴香30g　白芷30g　木香25g　元胡20g　木通25g

共为末，水煎，加炒盐15g、黄酒150g灌服。

【米椒散（辣椒散）】米椒（或辣椒）30g　白头翁50～250g　滑石粉50g

研成细末，每次用少许吹入鼻孔内。

【通关散】麝香3g　胡椒10g　瓜蒂5g　半夏5g　藜芦3g　皂角末10g

研成细末，每次用少许吹入鼻孔内。

九、肠变位

肠变位是肠管位置改变，致使肠腔闭塞的重剧性腹痛病。常见的有肠扭转、肠嵌闭和肠套叠等病型。

①肠扭转是肠管沿其纵轴或以肠系膜为轴扭转，前者多发生于左下大结肠，后者多发生于空肠。

②肠嵌闭。肠管掉进腹腔内的破裂孔或嵌入与腹腔相通的孔穴内，使肠管受压挤而闭塞。如小肠或小结肠嵌入腹股沟管或肠系膜的破裂孔。

③肠套叠。一段肠管套入邻接的肠管内。常见于马驹。

1. 原因　肠变位的根本原因是肠管位置发生改变引起肠腔机械性闭塞。由于肠腔不通，闭塞的前部胃肠液大量分泌，引起脱水；内容物停滞，腐败发酵，引起胃肠臌胀；腐败发酵产物被吸收后，引起自体中毒；变位部的肠管受挤压，肠系膜被牵引，引起剧烈腹痛。脱水、胃肠膨胀、自体中毒和剧烈腹痛等一系列症状，均可使心脏负担加重，进而引起心力衰竭。

变化的肠胃管及其肠系膜互相挤压而发生淤血、出血性浸润和坏死，血液成分渗漏到腹腔内。肠道微生物也往往进入腹腔而继发腹膜炎。由于腹痛剧烈，肠壁出血、坏死，闭塞的前部胃肠膨胀和液体的大量分泌，加上食物腐败发酵产物、肠壁组织坏死产物心及腹腔炎性产物的吸收，机体脱水、自体中毒和心力衰竭的程度较严重，而且出现很早、发展很快。肠变位时全身症状重危，病情发展急剧。

2. 症状

（1）腹痛表现　腹痛剧烈，呈持续性或有短暂的间歇期，病马急起急卧，左右滚转，前冲后撞，极度不安，即使应用大剂量的镇痛剂，腹痛也不明显减弱；到后期，虽有腹痛，但病马表现想卧而不敢卧，卧下之后也不敢滚转，往往拱腰呆立，强拉着走，则小心谨慎地小步移动。

（2）消化系统症状　口腔干燥，肠音减弱或消失，排粪停止。大肠变位继发肠臌胀时，腹围膨大。小肠变位继发胃扩张时，多数有嗳气，并能听到食管逆蠕动音和胃蠕动音，插入胃管则有大量黄褐色酸臭液体流出。继发腹膜炎时，触诊腹壁紧张而敏感。

（3）全身症状　数小时内迅速加重，病马全身出汗，肌肉震颤，脉搏细弱而急速，呼吸促迫，结膜暗红，且多数病马体温升高（39℃以上）。

（4）腹腔穿刺　有大量液体流出。病初穿刺液混浊，为淡红黄色，约经6h，则变为红色如血水样。

（5）直肠检查　直肠空虚，有较多的黏液；有局部气肠；肠系膜紧张，呈条索状或向一定方向倾斜；某段肠管的位置、形状或走向发生改变，加以触压或牵引，病马剧烈骚动，疼痛不安。由于肠变位的病型不同，肠管位置改变的形式也不一样。

对肠变位应根据剧烈的腹痛、迅速加重的全身症状、腹腔穿刺的血样液体以及直肠检查的结果，进行综合分析，进行确定诊断。如果可疑而难以确诊时，可开腹探查。

3. 治疗　尽早施行手术整复、严禁投服一切泻剂是肠变位的基本治疗原则。马肠变位的治愈率很低，手术整复存活率迄今不过20%。

手术整复。为了提高整复手术的疗效，应早诊断，并施行镇痛减压、补液、强心等维持疗法，以缓和病情，为整复手术创造条件。

马主要腹痛病鉴别诊断见表5-1。

表5-1　马主要腹痛病鉴别诊断表

项目	肠便秘		胃扩张	肠臌胀	肠痉挛	肠变位
	小肠	大肠				
腹痛	初间歇、后持续、剧烈	轻微而间歇，小结肠较剧烈	中等或剧烈	剧烈	间歇性	持续而剧烈
腹围	正常	继发肠臌胀时膨大	变化不大	显著膨大	正常	大　肠变位膨大
排粪	很快停止	初干少，后停止	初排少量，后停止	初排少量稀粪，后停止	不断排少量稀粪	停止
肠音	很快消失	初弱，后消失	减弱或消失，可听到胃蠕动音	初增强、带金属音，后逐渐消失	明显增强，带金属音，	初弱，后消失
口腔	干燥	干燥	口臭，嗳气	稍干燥	湿润	干燥
全身状态	重剧	不全阻塞时轻，完全阻塞时较重剧	重剧（呼吸促迫）	重剧（呼吸困难）	不明显	重剧，体温常增高

（续）

项目	肠便秘		胃扩张	肠臌胀	肠痉挛	肠变位
	小肠	大肠				
直肠检查	鸭卵状或香肠状阻塞物	拳头大至排球大阻塞物	脾后移可摸到胃	肠管胀满	正常	肠系膜紧张，局部气肠，肠管位置改变
导胃	继发胃扩张时，能导出液状胃内容物		有气体或食糜			继发胃扩张时导出液状胃内容物
腹腔穿刺						有红黄色或血样液

十、腹膜炎

1. 原因　腹膜富有血管和神经，具有较强的渗出和吸收机能，对于生物学、理化学刺激较敏感，容易发生炎症。发炎后，一方面，腹膜出现大量的浆液性或浆液纤维素性渗出物，引起肠管和腹膜粘连，使腹痛加剧；另一方面，由于细菌毒素及炎性产物的吸收，常使病马发生自体中毒或败血症。

继发性腹膜炎，见于腹壁透创、腹壁疝手术、腹腔穿刺术、剖腹术及肠管手术等并发感染，也继发于肠炎、肠变位、肠穿孔或骨盆腔炎症。一般病程较急，如救治失时，往往导致死亡。

2. 症状

（1）局限性腹膜炎　全身症状较轻微，触压腹壁时病马腹肌紧张，特别是触压发炎局部的腹壁，病马抗拒或躲避触压，表现敏感、疼痛。

（2）弥漫性腹膜炎　全身症状重剧。病马精神沉郁，头低耳耷，体温升高到40℃或以上，脉搏细数，呼吸浅表增数、呈胸式呼吸；病马为了缓解疼痛，常拱腰屈背，四肢集于腹下，运步小心、迈小步，想卧又不敢卧，或卧下后很快立起；病马不断回顾腹部；腹围不同程度膨大，腹腔穿刺往往流出多量渗出液；血液检查，白细胞数增多。实践证明，由于胃肠破裂所引起的腹膜炎，外周血液内白细胞数减少，而腹腔穿刺液内白细胞数增多。

3. 治疗　治疗原则是抑菌消毒、制止渗出，增强全身机能，防止败血症。

（1）抑菌消毒　抗生素、磺胺疗法。若腹腔内有大量积液时，可进行腹腔穿刺排液，排液后，向腹腔内注射青霉素1 000万～2 000万 U，效果更好。

（2）制止渗出　静脉注射5％葡萄糖氯化钙液1 000～3 000mL，每天1次。

（3）防止败血　头孢噻吩15～35mg/kg，肌内或静脉注射，每天2～3次。林可霉素注射液10mg/kg，肌内注射，每天2次。

（4）增强全身机能　强心、补液、补碱、缓泻，以改善心脏机能、防止脱水、缓解酸中毒、清理胃肠。

（5）根治原发疾病　彻底处理创口，防止再感染，促进愈合。

（6）防止肠管和腹壁粘连　每天适当运动，或经直肠轻微晃动肠管。

十一、直肠脱出

1. 原因 主要是由于肛门括约肌弛缓或腹内压增高，如慢性便秘、下痢和难产时，直肠末端一部脱出肛门，严重病例直肠可全部脱出。体弱的幼龄、老龄马较多发。

2. 症状 一般多在排粪后，直肠末端黏膜立即脱出，呈暗红色半圆球形，脱出较久的黏膜，由于炎性水肿，体积增大。长期暴露于体外、肿胀的黏膜干裂，并流出水肿液，或形成灰褐色纤维素性薄膜附在表面。肿胀的黏膜常发生损伤，引起感染和坏死。

严重病例直肠全部脱出，体积大、呈圆柱状，由肛门垂下且向下弯曲，往往发生损伤、坏死，甚至直肠壁破裂，有时引起小结肠脱出。直肠脱出常伴发套叠，此时表现为圆柱状的肿胀物向上弯曲，手指沿直肠脱出物和肛门之间可向内插入。

3. 治疗

(1) 整复脱出物 对新发生的病例，应用高渗盐溶液或2％明矾水热敷，热敷后将脱出的黏膜或直肠还纳入肛门内。同时应用补中益气汤，有良好效果。

【处方】黄芪50g 白术30g 陈皮30g 升麻30g 柴胡25g 党参30g 当归30g 甘草20g

共研末，开水冲，候温灌服，每天1剂。

(2) 剪取莲花穴 术前先以温水洗净患部，继以微温的防风汤（防风、荆芥、薄荷、苦参、黄柏各20g，花椒5g，上药加适量水煎两沸，去渣，候温洗患部），也可用2％明矾水或0.1％高锰酸钾液冲洗；之后用手指捏破肿胀、坏死的黏膜，并用适量的明矾粉末揉擦，挤出水肿液；然后剪净捏破了的黏膜碎片，直至黏膜面出血；最后轻轻把脱出的直肠末端送入肛门内。术后1～2d内，可能有少量凝血块随粪排出。

(3) 固定肛门 经还纳直肠仍继续脱出的病例，可行肛门袋口缝合，给病马留出二指的排粪口，经7～10d可拆除缝线。也可在距肛门边缘1～2cm处，分左、右、上三点，每点皮下注射10％氯化钠液15～30mL或1％利多卡因酒精液10～30mL（利多卡因1mL，96％酒精加至100mL），使局部皮下发生炎性水肿，以防再脱出。

(4) 手术切除 脱出的直肠发生坏死时，应立即手术切除。手术前，对套叠的肠管进行整复，先经后海穴注射3％利多卡因液30～50mL，缓缓整复套叠处，或切开脱出直肠的外壁将粘连部剥离后进行整复，然后再进行手术。切除方法：清洗、消毒脱出的肠管，麻醉后在靠近肛门处的健康肠管上，用消毒的两根封闭针头或新针，相互垂直呈十字刺入以固定肠管。在距离固定针1/2cm处切除坏死的肠管，充分止血，对环形两层断端肠管一般施行相距0.5cm的结节缝合。缝合时，因缝合针经过肠道，容易被污染，每缝合一针后，必须对所有用过的缝针进行消毒（用酒精棉球消毒或于0.1％新洁尔灭液内浸泡）。缝合完毕，用0.1％高锰酸钾液或0.1％新洁尔灭液冲洗，除去固定针，还纳直肠。

术后喂柔软饲料，防止病马倒卧，根据病情采取阵痛、消炎、缓泻等对症疗法。

十二、直肠破裂

1. 原因 本病多在直肠检查中病马突然骚动和努责，而将肠管戳破；偶有因尖锐粗硬的物体直接刺透直肠等原因所引起。直肠破裂较为少见，但全部破裂时，由于肠内容物大量进入腹腔，往往使病马死亡。

2. 症状　直肠破裂以直肠与小结肠交界的狭窄部位多发。直肠破裂分为不全破裂和全破裂。根据病马的表现、直肠内出血及损伤程度确诊。

（1）直肠不全破裂　为直肠黏膜及肌层的损伤。黏膜损伤出血较少。肌层损伤、尤其是撕裂面积较大时出血较多，病马表现不安，排粪时出现疼痛症状。通过直肠检查，一般可感知黏膜和肌层破裂的创缘局部粗糙，有的形成创囊，蓄积有血凝块和粪便。时间较久者，局部肿胀。

（2）直肠全破裂　为穿透直肠全层的损伤。多为受伤当时发生，也可因直肠狭窄部大面积肌层撕裂时，由于粪便大量积聚于浆膜上或创囊内而继发。病马不安，经常取排粪姿势，有时排出混有血液的粪便、血凝块。直肠检查可清楚地发现破裂口；通过破裂口可直接摸到腹腔内的肠管和腹壁；有时可在破裂口处摸到进入直肠的小结肠，甚至小结肠从肛门脱出。肠内容物进入直肠周围组织内时，往往发生蜂窝织炎和脓肿；进入腹腔则引起弥漫性腹膜炎和败血症。此时病马精神沉郁，全身出汗，肌肉震颤，呼吸促迫，腹壁紧张敏感。经数小时后，出汗及肌肉震颤的症状逐渐减轻，呼吸困难也稍微缓解，而脉搏变得细弱，甚至不感于手，心跳急剧加速。结膜呈蓝紫色，体温升高。

3. 诊断　血液检查见白细胞数急剧下降，中性粒细胞减少，淋巴细胞相对增多。直肠不全破裂、直肠前部上壁或后部全破裂，比直肠前部下壁全破裂预后稍好，因为直肠前部下壁破裂时，肠内容物往往大量落入腹腔内，常由于休克、弥漫性腹膜炎和败血症而引起死亡。

4. 治疗　本病应根据病马的全身状态、直肠损伤的部位和程度决定治疗方法。

（1）一般处理　应做到及时保护破裂口，使病马安静和减缓肠管的蠕动，严防肠内容物落入腹腔。

在直肠检查中，有直肠破裂可疑或发现直肠出血时，应立即检查是否破裂，当全破裂创口在下壁和有粪便落入腹腔危险时，应顺手捏住裂口，立即进行抢救。出血较多应静脉注射全身止血剂，如静脉注射维生素 K 100～300mg。为使病马安静，可静脉注射罗米非定 0.040～0.120mg/kg；为了减缓肠管蠕动，也可酌情应用吗啡（肠便秘病马除外），然后根据病情及时处理。一旦决定手术，应立即进行，不得拖延。

（2）白及糊剂疗法　对直肠不全破裂的病马，应用局部或全身止血剂彻底止血后，可用白及糊剂涂敷方法。白及糊适量（白及烤干研成细末）用 80℃ 热水冲成糊状，候温至 40℃ 时，用纱布蘸取白及糊剂，涂敷于直肠损伤部，每天 7～8 次，有较好的效果。当有粪便蓄积时，应及时掏出，以减少对损伤部的刺激和压迫。

对直肠前部上壁或后部创口狭小（1～2cm）的全破裂，加强护理，进行对症处置，并应用白及糊剂进行治疗，也可收到较好的效果。

（3）手术疗法

①直肠内缝合法适于直肠后部、狭窄部至后方全破裂的缝合，或对直肠任何部位较小破裂口的缝合。缝合前，应根据情况，进行耳针麻醉、全身麻醉或传导麻醉。也可经后海穴注射 3% 利多卡因液 30～50mL，使肛门和直肠弛缓。

直肠内缝合时，由于使用的缝合针不同，其操作方法也不一样。

普通弯针缝合法：对直肠后部的破裂口，将手伸入直肠内进行连续缝合，或用开腔器打开肛门后，在电筒光线照射下缝合，效果确实。

对直肠内较小的穿孔，可于直肠内行袋口缝合或连续缝合。

对直肠全破裂且裂口较大，尤其是位于狭窄部附近时，直肠内缝合往往比较困难。但只要认真操作，还是可以缝合的，缝合时准备小、中全弯针或短直针、长长的缝线。术者将针线带入直肠，线的另一端留在体外，由术者一手固定。直肠内的手以拇指和食指持针尖部，针身藏于手心，用中指和无名指触摸创缘，并夹住破裂口一端创缘的全层，拇指和食指将针尖部于距创缘1～1.5cm处从黏膜进针，用无名指和掌心顶住针尾部，使针从浆膜层穿出，此时再用拇指和食指将针拔出。用同样手法，于相对应的另一侧创缘从浆膜进针、从黏膜穿出。然后，将针线轻轻地拉出体外，进行体外打结，先结一扣，用拇指或食指将结送入直肠内直至入针处，再结一个扣送至直肠内入针处，此时直肠内就形成一针结节缝合。以后再以同样手法对创口进行全层连续缝合，每缝一针都要把缝线拉紧，这样循环往复，直至将破裂口缝完，最后一针做结节缝合固定。用消毒过的小手术剪或指甲刀、折叠式剪刀将直肠内的缝线余端剪断，取出体外。缝合后，术者应检查缝合效果，如有缺陷，可进行缝合弥补，若能配合白及糊剂涂布于缝好的创口上，效果更好。

长柄全弯针缝合法：长柄全弯针由针柄和全弯针构成。针柄长约55cm，全弯针弧度的直径3cm左右，在针头内弧面上有挂线针孔，距针尖约0.6cm。所需缝线的长度约为肛门到破裂口远端距离的4倍。

操作方法：在缝线全长约1/4处打一滑行结，套在针柄前端。将套有滑行结的长柄缝针前端及其余3/4缝线放入手内，带入直肠破口远端，用手指捏住两侧创缘并掌握入针的部位和方向。另一手转动针柄，使针尖穿过破口两侧的肠壁，将缝线挂在挂线孔内，再回转针柄，把缝线经入针孔带出。然后使滑行结向下滑至针尖，将针和缝线一起经滑行结内拉出，此时摘下缝线并拉紧。以后按上述入针、挂线、回针、摘线和拉紧的方法，循环往复进行连续缝合，直至创口完全闭合，在体外按连续缝合最后一针打结法结束，并剪除余线。检查缝合效果，涂敷白及糊剂。

②腹腔内直肠缝合法是剖腹后于腹腔内进行直肠缝合的方法，适于直肠狭窄部破裂创口的缝合。术部的选择，应以尽量接近直肠破裂处为原则，可在髋结节稍前方左侧腹壁切开，或在此切口上于膝襞处再做一横切口。病马仰卧保定后，在乳房左侧剖腹。助手的手伸入直肠内，术者在助手引导与配合下，在马腹内进行破裂口全层连续缝合。往往因操作较困难而缝合不确实，应引起注意。

目前，对本病的治疗，尤其对肠内容物落入腹腔的病例治疗，尚未有更好的解决方法。

（4）术后护理　使病马安静。禁食2～3d，静脉注射25%～50%葡萄糖液1 000mL，每天3次，可喂些豆浆，不限饮水。2～3d后，可喂米粥等流动饲料，当创口愈合后，可给予柔软饲料。控制感染，应用抗生素每8h一次，连用6d。每天掏出直肠内宿粪7～8次，并每天于损伤处涂白及糊剂2～3次。经常检查病马，及时采取防治腹膜炎和败血症的措施。

十三、马急性结肠炎

1. 原因　急性结肠炎是指大结肠尤其下行大结肠的水肿、出血和坏死为主要病理特征的一种急性、超急性、高度致死性、非传染性疾病。一般认为，马匹急性盲结肠炎发病与肠道菌群失调，即重感染有关；是马在应激状态下，肠道内革兰氏阴性菌过度增殖所引起的内毒素血症和内毒素休克状态。其病理发生发展过程大体如下：

在突然饲喂高淀粉饲料（尤其是玉米）、气候骤变、过度疲劳、极度兴奋（如车船运输）以及手术、妊娠、分娩等应激因素的影响下，或在流感、传染性贫血、烧伤、骨折、呼吸道感染等各种疾病的经过中，马匹处于应激状态，交感神经反应增强，儿茶酚胺等缩血管物质分泌增多，腹腔血管收缩，肠管血液供应减少，以致肠道屏障机能及内环境发生改变，肠道内常在菌群数量比例失常、菌群失调；或者由于滥用抗生素，特别是内服或注射土霉素、四环素等广谱抗生素，使肠道微生态环境发生改变，大多数常在菌被抑制或死亡，而某些耐药菌株或过路菌大量繁殖取而代之，造成肠道菌交替症（即重度菌群失调）。

内毒素最大的致病作用是能多方面地同时激活参与凝血过程及纤溶过程的各种酶类或因子。一开始，血液凝固性增高（高凝状态），诱发弥漫性血管内凝血；以后则进入血液凝固性降低期（低凝状态），出现消耗性出血。微血栓在心、脑、肝、肾等重要器官内形成时，轻则引起该器官的机能不全，重则导致死亡。

典型病例变化：盲肠、大结肠（主要为下行大结肠）淤血、水肿、出血和坏死，肠腔内有大量恶臭的泡沫状血性液体，各组织器官淤滞，出现微血栓，往往普遍出血；心、肝、肾等实质脏器变性。

2. 症状 突然起病，重剧性腹泻，进展急速的休克和短急的病程。各年龄段的马均可发生，2～10岁的青壮年马居多。常年零散发生，有时群发并流行。

病马精神高度抑郁，肌肉震颤，局部或全身出汗，皮温降低，耳、鼻、四肢以至全身发凉，体温升高（39～42℃），可视黏膜发绀，呈红紫色、蓝紫色乃至紫黑色，呼吸浅表而快速，脉搏细数乃至不感于手。

病马表现严重而典型的大肠功能紊乱：食欲废绝，口腔干燥，多无明显的口臭，也无黄厚的舌苔；小肠音沉衰，大肠音亢进，有金属性流水音，腹围下侧方增大，触诊腹壁可感到肠内有大量液体潴留。多数病马暴发腹泻，粪便粥状稀软或糊状水样，恶臭以至腥臭，常夹杂未消化谷粒或混有潜血、脓球、黏液和泡沫。但有约10%的病马不出现腹泻，其大小肠音沉衰，伴有不同程度的腹痛表现，个别马排粪迟滞，并因肠内积液积气（肌原性肠弛缓）而表现腹胀。

3. 诊断

（1）肠道菌群失调 刮取直肠黏膜或粪便涂片，革兰氏染色，可见密集而单一的革兰氏阴性小杆菌，革兰氏阳性菌极少乃至绝迹。必要时，做粪便内细菌计数或做分离鉴定，进行肠道微生态评价。

（2）内毒素血症 白细胞总数减少，中性粒细胞比例降低，并出现中毒性颗粒；腹腔液、血液乃至脑脊液鲎试验呈现阳性反应。

（3）脱水 血液黏稠而色暗；红细胞压积容量增高可达40%～70%；血浆总蛋白增多，可达80～120g/L。

（4）酸中毒 血乳含量显著增高，可达3.33～5.55mmol/L（30～50mg/mL）；血浆CO_2结合力降低，可低至40%～20%；血液pH下降，常低于pH 7.3，严重的接近pH 7；尿呈酸性，pH 6左右。

（5）肾衰竭 血尿素氮增高，可达14.3～21.44mmol/L（400～600mg/mL）；尿少色浓乃至无尿；尿蛋白和潜血试验呈阳性反应；尿沉渣镜检，可见红细胞、白细胞、各种上皮乃至管型。

病程及预后：病程很短，发展极快，一般在24h内死亡，也有个别拖延3～5d的，预后大多不良，病死率70%左右。耐过的病例，常遗留心功能障碍（心肌营养不良乃至心肌炎）和消化障碍（肠道菌群失调），且往往复发。

检验血液、尿液、腹腔穿刺激、脑脊髓液及粪便的各项指标，显示疾病发展各阶段的相应改变。

鉴别：早期结肠炎常被误诊为一般的胃肠炎。依据笔者临床实践体验，这两种病在早期还是能够鉴别的，应着眼于以下3点：

①在口部症状上。一般肠胃炎尤其是胃和小肠炎症为主的，口症很明显，主要反映在口臭和舌苔上。口腔臭味较大，且多为恶臭。舌苔灰黄而厚腻，甚至龟裂并落屑。口色多偏红，齿龈部常无淤血带。而急性盲结肠炎，口症很轻微，但口色多青紫，齿龈部恒有淤血带。

②在休克危象上。一般胃肠炎多在病的中后期即起病24h后开始出现微循环淤滞，重症末期才陷入休克危象。而急性结肠炎，在起病后的数小时内、至多10h前后即出现微循环淤滞乃至休克危象，表现精神极度沉郁，下唇常常弛垂，可视黏膜发绀，微血管再充盈时间大大延迟，四肢末端及耳鼻皮温发凉甚而厥冷，心悸如捣，胎儿心音，脉细数乃至不等。

③在脱水与腹泻的关系上。一般胃肠炎的脱水体征与腹泻的程度直接相关，早期腹泻不重剧时脱水体征并不明显。急性结肠炎则否，其脱水早于腹泻、重于腹泻。即早在腹泻较轻（粥样粪）甚至未见腹泻的情况下，就出现血液浓缩、皮肤弹力减退、眼窝塌陷。这种情况下的脱水，如前所述，显然并非单纯由于腹泻而造成大量血浆丢失，主要是由于内毒素血症造成的体液分布失常，即由于循环淤滞、血管通透性增强、血浆外渗、胃肠腔内积液所致。

4. 治疗　治疗原则包括控制感染、复容解痉、解除酸中毒和维护心肾机能。

（1）控制感染　控制肠道内革兰氏阴性菌继续增殖并防止全身感染，是治疗本病的根本环节。头孢噻吩静脉注射，每次注射量每千克体重15～35mg，加入葡萄糖1 000～2 000mL内输注，每天2～3次。

（2）复容解痉　输注液体以恢复循环血容量，应用低分子右旋糖酐和血管扩张剂以疏通微循环是抗休克治疗的核心措施。切记扩容在前，解痉继后，不能颠倒！实施输液时，要注意掌握补液的数量、种类、顺序和速度，严密监护补液效应，并适时应用扩血管药。

（3）解除酸中毒　本病经过中伴有酸中毒且进展极快，及时大量补碱，输注5%碳酸氢钠液十分必要。本病的酸中毒是微循环淤滞和组织缺血缺氧的结果。因此，补碱只是治标，要从根本上解除酸中毒，还必须着力于疏通微循环，改善组织的血液供应。

（4）维护心肾机能　可静脉注射毛花苷丙、黄夹苷、铃兰毒苷等。但维护心、肾机能的根本措施，同解除酸中毒一样，在于复容解痉，改善心、肾的血液灌注，解决心、肾组织的缺血和缺氧。

第三节　呼吸系统疾病

马通过呼吸作用摄入外界环境的氧气并传递到身体各个组织和细胞，同时能够将体内的CO_2排出体外，这是保证马匹具有大运动量的前提。另外，马匹的呼吸系统还具有调节体温和发挥嗅觉的功能。呼吸系统由鼻腔、咽、喉、气管和肺等器官组成。呼吸系统由骨或软骨作为支架，构成中空的管道，以便空气顺利通过（图 5-4）。

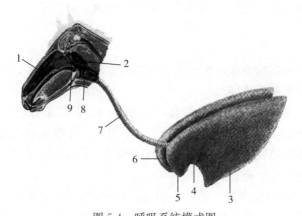

图 5-4　呼吸系统模式图

1. 鼻腔　2. 喉囊　3. 心膈叶　4. 心切迹　5. 尖叶　6. 肺　7. 气管　8. 喉　9. 咽

一、感冒

1. 原因　感冒是由于寒冷刺激引起马的以上呼吸道炎症为主的急性全身性疾病。没有传染性，早春、晚秋多发。

2. 症状　病马精神沉郁，头低耳聋，眼半闭，食欲减退或废绝，皮温不整，耳尖、鼻端发凉，结膜潮红，有的轻度肿胀，怕光流泪，呼吸加快，脉搏浮数，体温升高到 39.5～40℃或以上。病马往往咳嗽，流水样鼻液。听诊时，肺泡音增强，有的可听到水泡音；心音增强，心跳加快，心搏动加强。

3. 治疗

（1）血针疗法　通常以玉堂、血堂（对重症病马，可放血 300～500mL）为主穴，蹄头、耳尖、尾尖为配穴，或以降温为主穴，通关、玉堂为配穴。一般针刺后第 2 天，体温降至正常，精神、食欲恢复。

（2）药物疗法　病的初期应用解热剂，多能收到良好的效果。常用解热剂有 30%安乃近注射液 10～40mL 或复方氨基比林注射液 20～50mL，肌内注射，隔天 1 次。柴胡注射液 30～40mL 每天 2 次。为了防止继发感染，在应用解热剂体温仍不下降时，可适当应用抗生素头孢噻吩、青霉素、链霉素等。

（3）中兽医辨证施治　感冒是马匹外感风寒，病邪由体表或口鼻侵入而发病。由于病邪在表，正邪相互斗争，风寒化热，表现发热、怕冷、咳嗽、流鼻涕、食欲减退或废绝、脉浮数、口色红等症状，属于表证。病马的具体症状随外界条件（如季节、气候等）和个体（如体质等）的不同而有差异。一般见有发热轻、怕冷重、耳鼻发凉、肌肉震颤的偏寒；发热重、怕冷轻、口干舌燥、眼红眵多的偏热等不同类型。治应发表解热为主，方用桑菊银翘散，并随症加减变化。

【处方】桑叶 30g　菊花 30g　双花 30g　连翘 30g　杏仁 30g　桔梗 40g　甘草 25g
薄荷 30g　生姜 30g　牛蒡子 30g

共为末，开水冲服。

加减：偏寒者，减双花、连翘，加麻黄、桂枝、细辛、防风；偏热者，加知母、石膏、花粉、麦冬；喉头肿痛者，重用牛蒡子，加玄参、射干；高热不退、邪热入里者，轻用桑叶、菊花，重用双花、连翘，加栀子、黄芩、生地、丹皮等。

二、鼻炎

鼻炎为鼻腔黏膜表层的炎症，主要病变是鼻腔黏膜充血、肿胀，以分泌浆液性、浆液黏液性或黏液脓性的鼻液为特征。

1. 原因 鼻炎主要由寒冷刺激所引起，长期舍饲、锻炼不够的马，由于气候骤变或寒夜露宿，鼻腔黏膜遭受寒冷刺激而引起发炎；另外，由于吸入刺激性气体和化学药物以及粗暴地使用胃管刺激鼻腔黏膜，也往往成为本病发生的原因。在鼻疽、腺疫、颌窦炎、咽喉炎等经过中，也常发生鼻炎。

2. 症状 病初鼻腔黏膜潮红、肿胀，病马常打鼻喷。随后即由一侧或两侧鼻孔流出鼻液，鼻液初呈透明的浆液性；随着炎症的发展，鼻腔黏膜上皮细胞脱落，黏液增多，变为浆液黏液性鼻液；后期，由于混有白细胞，流黏液脓性鼻液。下颌淋巴结肿胀，有的病例伴发急性结膜炎。

治疗不及时，转为慢性鼻炎时，长期流鼻液。有的病马鼻孔下的皮肤由于长期受鼻液侵蚀，以致局部糜烂。

3. 治疗 一般情况，除去发病原因，拴于温暖厩舍内，改善饲养管理，不用药物可自行恢复。对鼻液较多的病马，可用温水或1‰碳酸氢钠溶液冲洗鼻腔，冲洗鼻腔时，应使患马低头，以免药液误入气管。

中兽医辨证施治 鼻炎又叫火鼻汁，由于鼻腔受寒冷和不良气体的刺激，致使病马鼻流清涕、脉浮身热，这是病邪初侵体表，尚未入里，属于表证，治疗应用发表解热药，可用桑叶、薄荷等药。如病邪已经入里，侵犯肺部，"肺开窍于鼻"即兼见肺热症候，病马精神沉郁、口红脉数、鼻流脓涕，属于里热证，治宜清肺热、祛痰，方用清肺凉膈散。

【处方一】清肺凉膈散 知母40g 栀子30g 贝母30g 天冬30g 麦冬30g 冬花40g 桔梗40g 花粉40g 黄柏30g

共为末，开水冲，候温灌服。

【处方二】霜桑叶250g 水煎，加蜂蜜200g，姜200g（切碎）内服。

【处方三】苍耳子250g 水煎，加蜂蜜200g，灌服。

【处方四】薄荷叶熬水，放置鼻前，使病马吸入蒸汽。

三、颌窦炎

本病为颌窦黏膜的炎症。中兽医称脑颡黄、脑颡黄汁，认为是慢性脑颡（颌窦）蓄脓病。

1. 原因 本病常因马抵抗力降低，鼻腔内常在菌侵入窦腔繁殖，或草料残渣、麦芒等异物进入窦腔，引起窦腔黏膜发炎，以致化脓。颜面部挫伤、骨折，鼻黏膜炎症，上白齿齿槽骨膜炎及龋齿等疾病的过程中，也可能继发本病。中兽医认为：多因内伤正气，又感风寒，久则化脓成疮，逐成本病。由于窦腔内脓汁潴留，排出不畅，则可引起黏膜溃疡、坏死、颌窦鼻骨膜炎，甚至骨组织发生坏死，病程较久，有时窦内增生大量病理性肉芽组织。

通常为一个颌窦发病，但也有同时侵害两侧的，因颌窦与额窦相通，故某一窦腔发炎后，可能互相蔓延，使颌窦、额窦同时发病。

2. 症状 本病的主要临床特点是出现大量鼻液，呼吸困难，局部发生不同程度的肿胀和疼痛。

（1）鼻液 通常从一侧或两侧鼻孔不断流出鼻液。初期为浆液性或黏液性，无臭味，以后逐渐变为脓性，白色而有臭味。当病马低头或强力呼吸、咳嗽、头部剧烈运动时，则流出多量鼻液。当窦孔被发炎组织或黏稠脓汁堵塞时，可能不见脓汁排出。

（2）呼吸困难 初期，对呼吸影响不大，但由于窦内分泌物潴留及长期刺激鼻腔黏膜使其肥厚，引起呼吸困难，并发出鼻狭窄音。

（3）局部变化 病程继续发展时，由于黏膜炎症而继发骨膜炎和骨炎，此时可使窦腔的骨骼膨隆，幼驹更为明显。触诊局部感觉过敏、增温，骨质软化时指压有时有颤动感。叩诊患部一般呈浊音。但在病初窦内渗出物潴留量少时，浊音不明显。

（4）其他 重症病马患侧下颌淋巴结肿胀，可以移动，若窦腔的炎症波及鼻腔黏膜时，可引起鼻泪管堵塞，继发结膜炎，病马怕光、流泪，并有黏液性分泌物。

3. 治疗 本病多取慢性经过，病程较长，但也不固定，如及时排脓，除去坏死组织和异物，细心护理，可缩短病程而治愈。因此，必须注意早期发现，及时治疗。辛夷散对本病疗效良好，发病初期疗效更为显著。有多量脓汁潴留和发生骨质坏疽时，应配合手术疗法。

（1）中药疗法 以滋阴降火、疏散上焦风热为主，方用辛夷散。

【处方】辛夷 50g 酒知母 50g 酒黄柏 30g 沙参 40g 木香 30g 郁金 30g 明矾 20g

共为细末，开水冲，候温灌服。

加减：病初，可加荆芥、防风、薄荷等；热盛加双花、连翘等；脓多、腥臭，加桔梗、贝母等；局部肿痛，加乳香、没药等。

本方具有解热杀菌、消炎收敛作用。重症时应重用辛夷，可加 1 倍药量。其他药物也酌量增用。据经验良方，用下列处方对本病也有一定疗效。

【处方】玄参 100g 辛夷 50g 苍耳子 50g 酒黄柏 30g 升麻 30g 薄荷 25g 白芷 30g

良方每天 1 付，1 付煎 2 煎，早晚各服 1 煎。10～15 付为一个疗程。

（2）手术疗法 如有大量脓汁潴留时，为了排脓，除去增生病理性肉芽组织，如上颌骨骨折的碎片落入窦内时，可实行圆锯术。锯开窦腔后，用连接胶管的注射器吸出窦内潴留的脓汁，彻底除去坏死组织和异物，然后用氟苯尼考 5mL，加蒸馏水 500mL 进行洗涤。再用注射器吸出残余洗涤液，并向窦腔注入鱼肝油或松碘油膏 20～30mL。上述处置，在初期每天 1～2 次，排脓停止后，可每天 1 次或隔天 1 次。应用手术疗法的同时，并用辛夷散效果更好。

实践证明，初期脓汁不多时，配合应用 25％硫酸镁溶液 100mL 静脉或肌内注射，每天 1 次，一般 4～5 次为一个疗程，效果良好。根据病情的需要，可适当应用青霉素、恩诺沙星或磺胺类药物。

四、喉炎

喉炎为喉黏膜表层的炎症，以剧烈咳嗽和喉头部感觉过敏为特征。是马的常发病，多取急性经过。

1. 原因　急性喉炎的发病原因与鼻炎相似，主要为受寒感冒和化学、温热、器械的刺激所引起。邻近气管炎症，如鼻炎、咽炎、气管炎、支气管炎等蔓延至喉，也能继发喉炎。此外还见于腺疫、血斑病等的经过中。

2. 症状　咳嗽为本病的主要症状，初期渗出物不多时，发生痛性的干性咳嗽；伴随渗出物的出现，则变为持续的湿性长咳。在早晚受寒冷刺激或采食粉状饲料和剧烈运动时，咳嗽一时加剧，往往呈痉挛性咳嗽。

喉部触诊，病马表现疼痛，躲避检查，并发生连续强烈和带痛的咳嗽。

喉部听诊，渗出物黏稠时，能听到干性啰音，声音尖锐，类似笛音；渗出物稀薄时，能听到大水泡音；喉头剧烈肿胀而高度狭窄时，往往在数米远可听到喉狭窄音，病马表现头颈伸展，吸气性呼吸困难。

有时由鼻孔流出浆液性、黏液性和黏液脓性的鼻液，下颌淋巴结呈中等程度的急性肿胀。

轻症喉炎，全身状态多无明显变化。重症喉炎，表现精神沉郁，体温升高，脉搏增数，结膜呈蓝紫色，呼吸困难，甚至引起窒息。

3. 治疗　治疗原则主要是加强护理，消除炎症。

(1) 护理　除去发病原因，注意厩舍通风，给予容易消化的柔软草料，多饮清水，减少对喉黏膜的刺激。

(2) 消除炎症　为了促进局部血液循环，加速渗出物的吸收，用10%高渗盐水温敷喉部（用厚层棉花或纱布浸湿，贴敷于局部，外面再包以油纸，以绷带固定之），每天2次，每次1h。肌内注射青霉素800万~2 000万U，每天2次。

(3) 祛痰止咳　频发咳嗽，分泌黏稠的渗出物时，可应用氯化铵15mL、人工盐30g，混于饲料中喂给；也可用氯化铵15mL、杏仁水35mL、远志醇30mL、温水500mL，一次灌服。

(4) 中兽医辨证施治　喉炎中兽医称桑黄，由于内伤和外感，引起患马气血过盛、热积心肺，传于咽喉，以致喉头肿胀、咳嗽、流涎、伸颈。口色红、脉洪数，属于热证。治宜清热解毒，止痛消肿。

【处方】黄连40g　双花30g　栀子30g　连翘20g　冰片20g　射干30g　麦冬30g　通大海20g

共为末，开水冲，候温内服，每天1次。

【桔梗散】桔梗50g　远志30g　款冬花30g　甘草30g

共为末，开水冲，候温内服，每天一次。

此外，栀子、雄黄、龙骨、黄柏各等份，复方醋酸铅散适量，用常醋或卤水调成糊状，敷于患部，也有消炎作用。

五、支气管炎

支气管炎是支气管表层黏膜的炎症，根据病程长短，分为急性与慢性两种。

1. 原因

（1）寒冷刺激　是主要的原因。如外出训练或寒夜露宿，受风雪侵袭，特别是早春晚秋气候多变，马全身发汗后，没有牵遛运动，也未将马体擦干，均易发生感冒、支气管炎或支气管肺炎等。

（2）机械因素或化学因素的刺激　如吸入尘埃、真菌孢子、刺激性气体（氨气等），或水剂投药操作错误使药液误入气管内，刺激呼吸道黏膜而发生本病。

（3）继发性支气管炎　常由于肺的疾患、腺疫、鼻疽或上呼吸道炎症蔓延而致。

2. 症状

（1）急性支气管炎　咳嗽是本病的主要症状，初期呈带痛干咳、短咳，以后呈湿咳。病初流浆液性、以后流黏液或黏液脓性鼻液。胸部听诊，当支气管黏膜肿胀和分泌黏稠的渗出物时，可听到干啰音；当支气管内有多量稀薄的渗出物时，可听到湿啰音。全身症状轻微，体温正常或稍升高，呼吸增数。

细支气管发生炎症时，病马全身症状较重，食欲减退，体温升高 1～2℃，结膜呈蓝紫色，呼吸高度困难，呼气用力，有弱痛咳。肺泡音增强，并可听到小水泡音，胸部叩诊音较正常高朗。

发生腐败性支气管炎时，病马除全身症状重剧外，呼出气体带恶臭。

（2）慢性支气管炎　病马常发生干咳，尤其夜间或早晨气温较低时咳嗽较明显，气候剧变时加重。胸部可长期听到干啰音。

3. 治疗　治疗原则是加强护理、消除炎症、祛痰止咳。

（1）护理　厩舍要清洁通风，注意保温，给马适当牵遛运动，多晒太阳。喂给柔软易消化的饲料，最好多喂青草，勤饮清水。

（2）消除炎症　为促进炎性渗出物的排出，内服碳酸铵一次 5～10g；补充体液、消炎、排出渗出物可静脉注射 5％葡萄糖 1 000～2 000 mL；或氯化钠 1 000 mL 和青霉素 1 000万～2 000万 U 混合静脉注射。

（3）祛痰止咳　频发咳嗽、分泌物黏稠不易咳出时，应用溶解性祛痰剂；频发痛咳，分泌物不多时，可适当应用镇咳剂，可用复方甘草片，内服 20～30 片，每天 3 次。呼吸困难时，可肌内注射氨茶碱，每次用量 1～2g，每天 2 次。

六、支气管肺炎

本病为肺小叶或肺小叶群的炎症，多数病例支气管与肺小叶同时发病，故称为小叶性肺炎或支气管肺炎。

1. 原因　与支气管炎相同。受寒感冒、吸入刺激性气体以及由于饲养管理和运动不当，饥饿和过度疲劳的马，机体的抵抗力降低，肺炎球菌及各种病原微生物乘虚而入，致发本病。

支气管肺炎也继发于腺疫、鼻疽或上呼吸道炎症的蔓延。

2. 症状　马病初呈支气管炎的症状，但全身症状重剧，精神沉郁，食欲减退或废绝。呼吸困难，其困难程度随肺脏发炎的面积而不同，发炎面积越大，呼吸越困难。体温于发病 2～3d 内升至 40℃以上，呈弛张热型。

3. 诊断

（1）胸部听诊　在病灶部位，病初肺泡音减弱，可听到捻发音；之后随着炎性渗出物性状不同，可听到干啰音或湿啰音；当各小叶肺炎灶互相融合，肺泡和细支气管内完全充满渗出物时，则肺泡音消失，出现支气管呼吸音；健康部肺脏，肺泡音增强。

（2）胸部叩诊　呈小片浊音区，多在肺脏的前下三角区域内出现。但是，发炎的部位不同，叩诊的变化也不一样，如果炎灶位于深层肺组织，表面被覆健康肺组织时，叩诊可能变化不大或出现鼓音；如果肺炎灶互相融合，则叩诊可能出现大片浊音区；如果一侧肺脏发炎，则对侧肺脏叩诊音高朗。

4. 治疗　治疗原则是消除炎症、祛痰止咳、制止渗出和促进炎性渗出物吸收。

（1）护理　与支气管炎相同。应根据条件补喂一些富含维生素的饲料，最好多喂青草。

（2）消除炎症　临床常用磺胺制剂及抗生素。

常用的磺胺制剂：磺胺嘧啶，一次内服量为每千克体重 140～200mg；磺胺对甲氧嘧啶内服首次量为每千克体重 50mg，维持量为每千克体重 25mg，每天 1 次。

常用的抗生素：青霉素肌内注射，每次 1 000 万～2 000 万 U，每 8～12h 一次。对重症病马，同时以青霉素 1 000 万 U，溶解后加入复方氯化钠溶液或 5％葡萄糖盐水 500mL，缓慢静脉注射，效果显著；链霉素肌内注射，每次 800 万～1 000 万 U，每天 2 次。

呼吸困难时，可肌内注射氨茶碱，每天 2 次。

（3）制止渗出和促进炎性渗出物吸收　可静脉注射 10％氯化钙液 100mL，每天 1 次。也可配合应用利尿剂。为防止自体中毒，可静脉注射 10％葡萄糖 1 000～2 000mL 或氯化钠 1 000～2 000mL 补充体液。

（4）中兽医辨证施治　支气管炎及支气管肺炎中兽医称风寒咳嗽或肺热咳嗽。由于外感风寒或内伤劳役，病邪初侵体表，风寒化热，肺热上攻，表现发热、咳嗽、流鼻液、口色鲜红等主症。风寒咳嗽发热轻、流清鼻液、脉浮数，仍属表证；治应发表解热、祛痰止咳为主，方用桑菊银翘散（见感冒），加知母、贝母等。肺热咳嗽发热重、流黏稠鼻液、脉洪数，全身症状较重，属于里热证；治应清热降火、祛痰止咳为主，方用款冬花散。

【款冬花散】款冬花 50g　知母 40g　贝母 30g　马兜铃 30g　桔梗 30g　杏仁 30g　银花 30g　桑皮 30g　黄药子 30g　郁金 30g

共为末，开水冲，候温灌服。

加减：痰和鼻液量多者，加苍耳、辛夷、枯矾；口腔干燥者，加天冬、麦冬、花粉；喉头肿痛者，加牛蒡子、玄参、射干、没药等。

七、坏疽性肺炎

坏疽性肺炎（肺坏疽）是肺组织发生坏死的炎症过程。发病虽少，死亡率较高。

1. 原因　通常在破伤风、咽炎、腺疫等病经过中，吞咽机能障碍，异物误咽入肺；水剂投药操作不当，药液进入气管；继发于胸疫和坏死杆菌病。因此，预防坏疽性肺炎，主要在于及时治疗咽下机能障碍疾病和坏死杆菌病。水剂投药时严格按照操作规程进行，防止药液误入气管内。发现病马有误咽可疑或药液确已进入气管内时，应立即把马头放低，使病马借着咳嗽的力量，将大部分药液咳出。

2. 症状　主要是呼出气体腐败恶臭，两侧鼻孔流多量污秽不结灰绿色和灰褐色的鼻液，病马咳嗽或低头时鼻液量增多。胸部听诊肺泡音增强，有明显的啰音和空瓮性呼吸音（类似轻微地吹瓶口的声音）。胸部叩诊，病变部靠近胸壁时，呈鼓音。呼吸困难，脉搏微弱增数，体温升高达 40℃ 以上，呈弛张热型。

鼻液内可见到肺组织腐败崩解而来的弹性纤维，其特点是成双重轮廓、发亮、屈曲如羊毛状。取鼻液与等量 10% 苛性钾溶液混合，煮沸至呈均匀的液体后，离心沉淀，镜检沉淀物，即可见到弹性纤维。血液变化，如为异物进入肺内而引起，在病初白细胞下降至 3 000～4 000 单位，中性粒细胞减少，淋巴细胞相对增多。当肺组织发生坏疽后，则白细胞数增多，中性粒细胞增多，淋巴细胞减少。

3. 治疗　发病后，即应用大量的抗生素，通常用青霉素 1 000万～2 000万 U，链霉素 2 000万～3 000万 U，肌内或气管内注射，每天 2 次。

如因异物进入气管时，初期可皮下注射毛果芸香碱注射液 3mL，注射后使马低头，由于气管内分泌物增多，可促使异物排出。为防止渗出，可静脉注射 10% 氯化钙液 100mL。

中兽医辨证施治　中兽医认为肺坏疽是肺壅（或肺痈）的一种。为肺经壅积热毒所致，多因异物呛肺引起。治应清热解毒、祛痰排脓为主，后期体虚者，应加滋补强壮药。方用加减百合散。

【百合散】百合 40g　贝母 30g　大黄 30g　甘草 30g　花粉 30g　桔梗 30g　芦根 50g　桃仁 30g　薏仁 30g　冬瓜子 30g　黄芩 30g　双花 30g　连翘 30g

共为末，冲服或水煎服。

八、胸膜炎

胸膜炎是胸腔内积有渗出液和胸膜上沉积有纤维素的炎症过程。

1. 原因　多由于大叶性肺炎、肺坏疽等炎症蔓延而发生，也可继发于鼻疽等传染病的经过中。

2. 症状　体温升高，热型不定。呼吸浅表急速，多呈腹式呼吸。疾病初期，触压胸壁病马表现疼痛，常取站立姿势。

3. 诊断

（1）胸部听诊　疾病初期和渗出液消散期，可听到明显的胸膜摩擦音；随着渗出液的积聚，胸膜两叶被渗出液隔开，胸膜摩擦音消失。往往在浊音区上缘出现支气管呼吸音，浊音区的中下部肺泡音减弱或消失；健康部肺泡音增强。

（2）胸部叩诊　病马表现疼痛，有时发生咳嗽；随着渗出液的积聚，胸部叩诊出现大片浊音区，浊音区上界呈水平状。

（3）胸腔穿刺　胸腔内渗出液大量积聚时，穿刺时流出大量渗出液。如渗出液内混有多量脓汁或坏死组织碎片，腐败臭味，表示病情恶化，胸膜已发生化脓坏死，应特别注意。

（4）血液变化　白细胞数增多，中性粒细胞增多，淋巴细胞减少；有并发症而预后不良的病马，则白细胞数减少。

4. 治疗　本病治疗原则是消除炎症、制止渗出、促进渗出液吸收和防止自体中毒。

为促进渗出液吸收，可适当应用强心剂、利尿剂或缓泻剂。胸腔积液过多、呼吸高度困难时，可进行胸腔穿刺，排出积液，排液后可用0.1％新洁尔灭等消毒液冲洗胸腔，然后再往胸腔内注射抗生素，通常一次注射青霉素1 000万～2 000万U。

中兽医辨证施治　中兽医认为本病属于肺痈，有胸水渗出时，则称前膈水（或称悬饮），为肺经热证。治以清热润肺、化痰利水为主，方用归芍散。

【归芍散】当归40g　白芍30g　白及30g　桔梗25g　贝母30g　寸冬30g　百合30g　黄芩30g　花粉30g　滑石30g　木通25g

共为末，开水冲，候温灌服。

加减：热盛加双花、连翘、栀子。喘甚加杏仁、葶苈子、枇杷叶。痰涎多加前胡、半夏、陈皮。胸水多加猪苓、泽泻、车前子。胸痛甚加乳香、没药。后期气虚加黄芪、党参等。

九、肺充血及肺水肿

肺充血是肺脏毛细血管内血液量异常增多。肺水肿是肺内血液量异常增多，血液的液体成分渗漏到肺泡及支气管内。

1. 原因　肺充血主要是由于炎热季节过度运动，车船运输途中过度拥挤，以及吸入热空气或刺激性气体引起。肺充血的原因持续作用可引起肺水肿。

正常情况下，由于肺脏的血管分支多，容易舒张，能容受较大量的血液，具有一定的代偿力，经常训练的马这种代偿能力更强，流入肺脏的血液量增多，流出的血液量也相对增多，维持着动态平衡，不致发病。但是，马在上述不良外因因素刺激下，流入肺脏的血液量过多，超过了肺循环的代偿耐受量，就易发生肺充血。由此可见，肺充血的根本原因是流入肺脏的血液量增多，与肺脏的代偿耐受量不相适应。发病与否，主要取决于马内在的机能状态。

由于肺脏毛细血管充血、肺循环障碍、肺动脉压升高，增加右心负担而引起不同程度的心脏衰弱；由于肺脏毛细血管过度充满，通透性增大，血液中的液体成分渗漏到肺泡及支气管内，往往很快发生肺水肿，使肺脏呼吸面积减少而引起不同程度的缺氧。

2. 症状　肺充血及肺水肿的共同症状是：呈现高度的混合性呼吸困难，呼吸用力，呼吸数显著增多，可达每分钟100次左右。静脉怒张。结膜潮红或蓝紫色。其不同点是：

（1）肺充血　无鼻液，肺泡音增强，叩诊音无变化或轻度鼓音。体温39～40℃，脉搏细数。经过充分休息后，体温、脉搏逐渐恢复正常，而相当长的时间内，呼吸仍频数（50～60次/min）、浅表、无节律。由于心脏机能障碍而不是剧烈运动所引起的肺充血，体温一般无变化。

（2）肺水肿　从两侧鼻孔流出大量浅黄色或无色的细小泡沫样鼻液。胸部听诊有广泛的水泡音。叩诊时，肺泡充满液体，呈浊音；肺泡内既有液体又有气体、肺泡弹力减退时，呈鼓音。浊音多出现于肺脏的前下三角区，鼓音多出现于肺脏的中上部。

3. 治疗　治疗原则是加强护理、缓解肺循环障碍和防止渗出。

（1）护理　发现肺充血的病马应立即牵到通风良好的荫凉处休息。如马在运动中发病，应根据当地条件，设法遮阳，保持马体凉爽。

（2）缓解肺循环障碍　病初可根据马体大小和营养状态，放血2 000～3 000mL，放血后最好输入同量的液体，有肺水肿可疑或已发生肺水肿的，最好不输生理盐水，以免钠离子渗到肺泡内，加重肺水肿。

（3）防止渗出 可适当选用钙剂，静脉注射 10％氯化钙液 100～150mL 或 20％葡萄糖酸钙液 100～150mL，每天 2 次。心脏急剧衰弱时，应及时选用强心剂，毛花苷丙肌内注射全效量为 0.3～0.6mg，维持量为全效量的 1/2。病马不安时，适当选用镇静剂，如咖啡因、地西泮、赛拉嗪等。

（4）中兽医辨证施治 本病按症候归类，属于气喘病。由于心主血、肺主气，在天气炎热，运动过量时，气血运行失调，心肺气血壅积，发生呼吸困难而气促喘粗。病马脉洪数，舌鲜红，为里实热证，属于热喘或实喘。治应清热泻肺、降气定喘为主，可放颈脉血，内服葶苈散。

【处方】葶苈子 40g　马兜铃 30g　桑白皮 30g　百部 30g　杏仁 40g　川贝 40g　大黄 30g　花粉 30g　枇杷叶 40g　沙参 40g　甘草 25g

共为末，开水冲，候温灌服。

加减：里热过盛者，加双花、连翘、栀子、生地等。痰涎过多者，加桔梗、枯矾、瓜蒌、车前子、泽泻、木通等。口干舌燥，粪干尿少者，重用大黄，加朴硝。粪软以后，减大黄、朴硝，重用花粉、沙参，加天冬、麦冬、玄参、生地等。

十、肺泡气肿

肺泡气肿是肺泡内空气增多、肺泡过度扩张、肺泡弹力减退的一种疾病。有急性和慢性肺泡气肿两种，长期过度运动和老龄马多发。

1. 原因 长期过量运动是本病发生的主要原因。老龄马肺泡弹力减退，运动过剧，更易促使慢性肺泡气肿发生。慢性肺泡气肿常继发于慢性支气管炎、上呼吸道狭窄等。

2. 症状

（1）急性肺泡气肿 胸部听诊肺泡音多增强。胸部叩诊呈过清音，尤其肺脏后下缘叩诊音更为响亮，叩诊界可扩大到肋弓。原因除去，疾病很快恢复。

（2）慢性肺泡气肿 主要表现呼气性呼吸困难，呈两段呼气，沿肋骨与肋软骨接合部形成一条明显的沟，称为喘沟。胸部听诊，气肿部肺泡音减弱，健康部肺泡音增强，并发支气管炎时，可听到啰音。胸部叩诊呈过清音，叩诊界向后扩大 1～4 个肋间。病马运动能力降低，容易疲劳出汗。

3. 治疗 在促进肺泡弹性回缩力的恢复上，目前尚无理想的治疗办法。因此，对慢性肺泡气肿，主要是适当减轻运动，对症处理。呼吸高度困难时，可用 1％硫酸阿托品注射液 1～3g，皮下注射。并发支气管炎时，可适当选用抗生素。维护心脏机能和提高消化能力，可适当选用强心剂、健胃剂。

中兽医辨证施治 本病又称肺胀，是一种虚型的气喘病。老龄、瘦弱马或慢性气喘长期不愈者多见。由于久病脾胃阳气不足，命门火衰，肾虚不能控制肺气，而发虚喘不止。病马口色暗红、脉多沉细，属里虚证，称为虚喘。治应补气养血、滋阴补肾、润肺定喘为主，方用定喘散，有缓解气喘的功效。

【处方】熟地 50g　山药 30g　沙参 30g　党参 40g　五味子 25g　紫苑 30g　何首乌 30g　麦冬 30g　杏仁 25g　前胡 30g　白芍 25g　丹参 30g　葶苈子 30g　苏子 20g
水煎服。

第四节　循环系统疾病

循环系统疾病主要包括心力衰竭、急性过劳、中暑、高山病、颈静脉炎、休克、败血症等。病程急、发展快，临床症状相似，治疗原则基本相同。高山病只见于高原氧不足地区；而心力衰竭与急性过劳则全国各地都可发生，有时又与中暑或高山病互相并发，不易诊断。循环系统负责运输血液往返身体各组织，将从肠内摄取的营养物质以及从肺吸入的氧气运送到身体各个组织，再将机体组织、细胞的代谢废物和产生的二氧化碳排出，并运送至排泄器官。

一、心力衰竭

1. 原因

（1）原发性急性心力衰竭　过剧运动，特别是马在平时训练不够或长期休息后，突然剧烈运动是发生急性心力衰竭最常见的原因。由于马在剧烈运动时，各组织、器官需血量和静脉血液回流都增多，且在剧烈运动中，全身肌肉收缩压迫血管，外周循环阻力增大，为了满足各组织、器官血液的需要，心脏过度收缩，容易发生急性心力衰竭。

（2）继发性急性心力衰竭　多见于马胸疫、急性马传染性贫血、血孢子虫病、胃肠炎及中暑等病经过中，因毒素直接侵害心肌而发生急性心力衰竭。

（3）慢性心力衰竭　多继发于引起血液循环障碍的慢性病，如慢性心内膜炎、慢性肺泡气肿及慢性肾炎等，或因长期大量运动，心脏长时间负担增重，心力逐渐衰竭而发病。

2. 症状

（1）急性心力衰竭　主要表现全身血液循环障碍和缺氧的症状，依据病马精神状态、静脉淤血和呼吸困难的程度，心搏动、心音与脉搏的数目和强弱，以及有无肺水肿等变化，分为轻微的、中等程度的和严重的急性心力衰竭三种。

①轻微的急性心力衰竭。病马精神稍沉郁，吃草减少，不耐运动，运动中容易疲劳出汗，呼吸加快；黏膜轻度淤血；心音和心搏动增强，但脉搏细数，60～80 次/min。

②中等程度的急性心力衰竭。病马精神沉郁，吃草大减，轻微运动即呼吸喘粗，肺泡呼吸音增强，疲劳出汗；黏膜淤血，静脉怒张；心搏动增强，振动整个胸壁，心音增强，往往出现杂音和心律不齐；脉搏细数，80 次/min 以上。

③严重的急性心力衰竭。病马精神极沉郁，不吃不喝，黏膜高度淤血、呈蓝紫色，体表静脉高度怒张；全身大出汗；呼吸高度困难，很快发生肺水肿，胸壁听诊可听到广泛的湿啰音，两侧鼻孔流出多量细小无色的泡沫样鼻液；心搏动增强，振动整个胸壁或全身，脉搏极细弱，往往不感于手；严重的，病至后期，心搏动和心音逐渐减弱乃至消失，数分钟内病马倒地，痉挛死亡。

（2）慢性心力衰竭　慢性心力衰竭的发生、发展缓慢，病程持久，病马精神沉郁，不愿运动，运动时容易疲劳出汗，吃草喝水减少。黏膜淤血，静脉怒张，多数病马发生心性浮肿，常于胸下、腹下及四肢发生对称性浮肿，触诊呈面团状硬度，无热无痛。轻微的慢性心力衰竭病马，浮肿早晨明显，适当运动后减轻或消失。心音多减弱，脉搏微弱，脉数增多。往往出现心律不齐和心内杂音（瓣膜相对闭锁不全性杂音）。慢性心力衰竭经过中，特别是右心衰竭时，体循环淤血，可引起胸腔、腹腔、心包腔等体腔积水及实质脏器淤血。脑淤血时，可引起脑组织缺氧，发生意识障碍。胃肠淤血时，可引起慢性淤血性消化不良，病马逐渐消瘦。肝脏淤血时，肝脏肿大，肝功能发生变化，呈现黄疸，重症的甚至引起肝硬化（心性肝硬化），以致门脉循环障碍，使腹水增多。肺淤血时，往往发生慢性支气管炎，肺脏听诊有啰音。肾脏淤血时，尿量减少，尿液浓稠色暗，尿内可能出现微量的蛋白质、肾上皮细胞和管型。

3. 治疗　心力衰竭特别是急性心力衰竭，病情重、发展快，治疗不及时或用药不当，易引起死亡。在治疗中，要适时应用强心剂和恰当地适时静脉输液。因为应用强心剂后，虽能改善心肌功能，有利于心脏机能的恢复，但也会使心肌能量过多地消耗，加剧病情。静脉输液的用量适当、速度适中，对改善血液循环效果显著；而用量过大、速度过快，突然增加心脏负担，反而会导致病马很快死亡。因此，治疗心力衰竭的基本原则是加强护理，减轻心脏负担，增强心肌功能，增加心脏射血量。

（1）减轻心脏负担　可根据病马体质、静脉淤血程度以及心音和脉搏的强弱，酌情放血2 000～3 000mL后，静脉缓慢输入25％～50％葡萄糖液500mL，对减少循环血液量、减轻心脏负担、恢复心脏功能，有较好的效果。

（2）强心肌功能　为了增强心肌营养、改善心肌功能和血液循环。缓慢静脉注射25％葡萄糖液500mL，每天1～2次，或缓慢静脉注射25％葡萄糖液250mL、5％葡萄糖液500～1 000mL，每天1～2次，对增强心肌营养、维护心脏机能效果良好。

（3）应用强心剂　在心脏代偿机能开始衰竭时，即病马心率过快，100次/min以上，心搏动和第一心音增强，而第二心音和脉搏减弱时，为维护心脏功能，应适当选用强心剂。临床上常用的强心剂有：①咖啡因能兴奋中枢神经系统和心肌，扩张冠状血管和肾动脉，兼有改善心肌营养和利尿的作用，在伴有全身性水肿的慢性心力衰竭中用之适宜。持续应用无毒性反应。内服5～10g。②樟脑能兴奋心肌，在急性传染病及中毒经过中，血管弛缓、脉搏微弱，而静脉淤血及呼吸困难较轻微、没有水肿时用之适宜。常用20％樟脑油10～20mL，皮下注射。

乙酰丙嗪片剂一次内服，每千克体重0.1mg；其注射液肌内一次注射或静脉注射，每千克体重0.03～0.05mg；地西泮片剂一次内服，每千克体重0.2～0.6mg；其注射液一次静脉注射，每千克体重0.1～0.25mg。

（4）对症处理　慢性心力衰竭经过中，出现淤血性消化不良时，可根据病情选用适当的缓泻剂或健胃整肠剂；出现浮肿时，应用利尿剂。乙酰丙嗪片剂内服，每千克体重0.1mg；其注射液，肌内注射或静脉注射每千克体重0.03～0.05mg。地西泮（安定）片剂内服，每千克体重0.2～0.6mg；其注射液，静脉注射每千克体重0.1～0.25mg。

（5）护理　为了减轻心脏负担，应让病马立即休息，特别是急性心力衰竭病马，更要安静休息。不少轻微的急性心力衰竭病马，适当休息不用药物即可恢复。厩舍通风要良好，多次少量喂给柔软易消化的草料。适当限喂食盐，对发生浮肿及体腔积水的慢性心力衰竭病马，禁止喂食盐。

（6）中兽医辨证施治　心力衰竭是因心阳不足、气衰力弱，以致循环机能衰竭，常表现运步无力，运则气喘、出汗、心跳加快、易疲劳等症。口色淡红或稍带紫，脉细数，病属虚证中的气虚证。治宜补气助阳、活血散瘀，方用养荣散。

【养荣散】当归 40g　白芍 35g　党参 30g　茯苓 30g　白术 30g　甘草 25g　黄芪 30g　五味子 30g　陈皮 30g　远志 30g　红花 30g

共为末，开水冲药，温服。

本方适用于慢性心力衰竭，每天 1 付，7 付为一个疗程。

加减法：出现四肢浮肿时，加泽泻 25g，猪苓 25g、木通 25g；淤血严重时，重用红花。

二、急性过劳

急性过劳，马在平时都可发生。在高原山岳丛林地区作业的马更为多见。本病发展急剧，如不及时抢救，有的几分钟至几十分钟内死亡，或转为慢性过劳，日渐瘦弱，丧失运动能力。

1. 原因

（1）劳役不均　马平时的使役不经常，不普遍。听驾驭、好骑乘的马连续过度使役，或长期休息的马突然服重役，都容易发生急性过劳。

（2）训练不当　不按规定用马，不注意步度配合，特别在山区，山高坡陡，道路崎岖，气温高，马体力消耗多，往往促使过劳发生。有些马爬一个长坡，十分吃力，气喘吁吁，全身大出汗，当爬至距坡顶约 50m 处，驭手急于爬上坡顶，突然扬鞭驱赶，刚到山顶，马随即倒地，发生急性过劳，因心力衰竭而死亡。

上述原因，只是发生急性过劳的外部条件，发病不发病还取决于马内在的机能状态。实践证明，同一环境、同样运动条件下，只是那些心脏机能不全、体质衰弱和对环境、训练不适应的马发生较多。这是因为心脏机能不全的马，加大运动，血液循环即发生障碍，血液供给肌肉不足，容易疲劳；缺乏训练和体质衰弱的马，其循环、呼吸的储备力很低，加大运动，心脏即强力收缩，气喘吁吁，全身发汗，容易过劳；对环境不适应，不常运动的马，便精神紧张、四肢发抖、不敢迈步或用力过猛，易发过劳；这几类马由于对环境和训练不适应，可能在同样的训练条件下，其体力消耗就多，容易发生过劳。

2. 症状　马急性过劳，不分地区和季节，一半多在连续重剧训练中突然发病。除具有急性心肺机能障碍的共同症状外，还表现全身出汗，体温升高（40℃左右），结膜潮红黄染，有的病马结膜有出血点。轻症的，休息 2～3d，逐渐恢复。重症过劳的，经过中往往伴发肺水肿、消化不良、蹄叶炎及膈痉挛等。当伴发过劳性肌炎时，病马站立不稳，四肢发抖，触诊肌肉紧张，表现疼痛，重剧的卧地不起。

3. 治疗　本病的治疗原则是加强护理，缓解心肺机能障碍，解毒补碱和清肠健胃。

（1）为缓解循环障碍，减轻心肺负担，全身静脉高度淤血时，首先应根据病马体质，放血 1 000～2 000mL。放血前，最好先皮下注射强心剂。放血后，立即补液。通常用复方氯化钠注射液或 5％葡萄糖 1 000～2 000mL，每天 1～2 次，持续数日，效果显著。

（2）当心脏急剧衰竭，心跳微弱，脉搏不感于手，而无肺水肿可疑时，可用黄夹苷注射液，一次静脉注射量 0.08～0.18mg，根据病情可于 4～12h 后再注射一次，但 24h 内不宜超过两次。

（3）当心跳急速，心搏动高度增强时，可适当应用镇静剂。毛花苷丙注射液肌内或静脉注射全效量 0.3～0.6mg，维持量为全效量的 1/2。

（4）民间经验，灌服白酒 250～500mL；或红糖 500～1 000g，茶叶 10～15g，加水适

量，煎汁候温灌服，也能收到良好效果。

（5）解毒补碱，为了增强肝脏解毒机能，消除酸中毒，常用10％～25％葡萄糖液300～600mL 或5％碳酸氢钠液300～800mL 静脉注射，或灌服碳酸氢钠100～200mL，每天1次。

（6）清肠健胃，为了调整胃肠机能，清理肠内容物，增进食欲，可内服人工盐200～300g，以后再给予其他健胃剂。

（7）血针疗法　主穴为通关、颈脉，配穴为玉堂、血堂、降温、百会。轻症的，放通关、玉堂血，针刺降温穴；重症的，放颈脉或血堂穴，强刺百会穴。放血后应适当补液。

（8）护理　立即停止运动。轻症的，多给饮水，加喂食盐，最好喂给青草或质量良好、容易消化的干草，一般休息2～3d，不需用药多能自愈。重症病马，应灌服加有适量食盐的米汤、面汤等。加强病马刷拭，可用草把摩擦体表，促进血液循环。如病马不能站立，要厚垫褥草，经常翻转马体，防止发生褥疮。

病马治愈以前，不能运动。否则，容易复发，或转为慢性过劳。

（9）中药疗法　远志散，治马心经壅极、眼赤如砂、不食水草。

【处方】远志40g　党参30g　当归30g　玄参30g　白芷30g　甘草30g　黄连30g　山药30g　木通30g　茯苓30g　白芍25g

共为末，开水冲服，生姜30g为引，候温灌服。

三、中暑

1. 原因　暑热季节运动，烈日直接照射马的头部，车船运输时过度拥挤或厩舍过于闷热，都容易引起体热蓄积，全身过热而发病。特别在暑热季节，气温高、湿度大（日温常在32℃以上，相对湿度在75％～95％），妨碍体热散放。马运动量大，且饮水和喂盐不足时，常发生中暑。

实践证明，在同一季节、同样运动、同样外因的作用下，易发中暑的是那些皮肤卫生不良、肥胖、心脏机能不全、缺乏热适应能力的马。因为心脏机能不全，在烈日照射下，血液循环容易发生障碍，极易引起脑膜及脑充血；肥胖的马皮下脂肪过多；皮肤卫生不良的马皮垢多，这些均阻碍体热的散发。

2. 症状　通常在暑热季节剧烈运动过程中，或拴在潮湿闷热的厩舍内突然发病。病情重剧，除具有心肺机能障碍的共同症状外，还表现全身大出汗，体温显著升高（42℃以上），触摸体表烫手，病马兴奋或沉郁，结膜暗红，静脉高度怒张，呼吸高度困难，120～150次/min 以上，往往伴发肺水肿。

根据病史（暴晒或厩舍闷热，或在烈日下运动等）和症状特点（突然发病、高热、高度呼吸困难、血液循环机能障碍等）容易确诊。但早期发现病马比较困难。在运动中，气喘、全身出汗、步态不稳，特别走到路旁林荫处不愿行进的马，多是中暑的早期症状，对这些马应加以注意。

3. 治疗　中暑虽然病势发展快、症状严重，但及时抢救绝大多数病马都能治愈。本病的治疗原则是加强护理，尽快促进体热散放，缓解心肺机能障碍。

（1）药物疗法　要着重缓解心肺机能障碍，及时维护心脏机能。铃兰毒苷注射液，静脉注射，全效量为0.07～0.2mg，维持量0.03mg；也可用"补心散"治疗。但要注意特别早期放血。

(2) 血针疗法　主穴为太阳、颈脉，配穴为通关、玉堂、降温、百会、尾尖。轻症的，放太阳、通关、玉堂血；重症的放颈脉血，强刺百会。

(3) 护理　立即停止运动，将病马牵到荫凉通风的地方休息，无自然遮阳条件时，可用青草遮盖马体。同时不断用冷水浇马的头部，冲洗马体，用冷水灌肠，并大量喂饮含食盐的冷水，促进体热散发。病马刚恢复的当天，不喂料，尽量多喂青草，以后适当增喂一些麸皮等饲料。精神完全恢复正常时，再逐渐过渡到正常饲养。

(4) 中药疗法　中兽医认为中暑是感受暑邪、心肺积热、气血升腾而致，治以清热、凉血、安神为主。常用急救水、香薷散或茯神散。

【急救水（十滴水）】樟脑 20g　薄荷 20g　大黄 50g　陈皮 50g　木瓜 50g　黄连 25g　桂皮 30g

将诸药浸入 65％酒精 2 000mL 内 1 周，滤过备用。用法：每次内服 50～100mL。

【香薷散】香薷 40g　黄芩 30g　黄连 30g　花粉 25g　栀子 30g　连翘 30g　薄荷 30g　菊花 30g　知母 30g

共为末，开水冲之，候温内服。

【补心散】柏子仁 30g　党参 30g　酸枣仁 25g　当归 30g　五味子 25g　天冬 20g　麦冬 15g　丹参 15g　玄参 15g　生地 30g　桔梗 15g　远志 25g　朱砂 5g（另包冲服）

共为末，开水冲调，候温一次灌服。

四、高山病

1. 原因　海拔 4 000m 以上的高原地带，空气稀薄，氧分压低，有些马一时不适应，出现一系列缺氧症状，叫高山病。其特点是发生突然、发展急骤，表现急性心肺机能障碍。不及时采取急救措施，死亡率较高。

2. 症状　本病多见于初到高原的马，在训练中突然发病。除表现急剧的心肺机能障碍的共同症状外，体温正常或稍升高（39.5℃左右），结膜高度蓝紫色。心音增强，心律不齐，多能听到心内杂音，多数病马出现明显的颈静脉搏动，有的搏动可高达耳根部。病马倒地，四肢强直性痉挛或呈游泳姿势。最快的，可在 5～10min 内死亡。

突然死亡的病马，往往见肺动脉破裂，心包及胸腔内有多量暗红色凝血块；心脏体积扩大 1.5～2 倍，心内膜、心外膜及冠状沟有弥漫性出血点或出血斑，心肌混浊变性，实质脆弱。肺脏淤血，肺气肿、体积膨大，支气管内有多量泡沫样液体。

3. 治疗　治疗原则与方法，与急性过劳基本相同，但应着重于补氧急救，缓解呼吸困难。应立即使病马安静休息，就地进行急救，症状未消除，不宜转移和训练。重症的，条件许可时，应迅速给予氧气吸入，或氧气皮下注射；或静脉注射 3％过氧化氢液，用量及用法详见心力衰竭的治疗。

五、马麻痹性肌红蛋白尿病

马麻痹性肌红蛋白尿病是糖的代谢紊乱，以后躯运动障碍和排红褐色肌红蛋白尿为主要症状的急性病。

1. 原因　本病的发病原因较多。一般认为，是马匹在休闲期饲喂含糖多的谷物饲料过多，肌糖原大量蓄积，而在休闲后突然剧烈运动中，因肌肉内乳酸大量蓄积而发病。

氧的供应情况是促使肌肉内肌糖原或葡萄糖分解途径互相转化的重要条件。经常训练的马，氧充足时，肌糖原及葡萄糖以有氧分解为主；反之，训练不够、休闲后突然剧烈运动的马，由于肌肉的耗氧量大大增加，氧供应不足时，则肌糖原或葡萄糖由有氧分解转化为无氧分解为主，肌糖原大量酵解，产生大量的丙酮酸和乳酸。过多的乳酸，除一小部分随血液运至肝脏，在肝内合成肝糖原外，大部分乳酸在肌肉内积聚，使肌肉内酸度增高，一方面使肌纤维变性，肌肉肿胀变硬，肌红蛋白从肌纤维内游离，经肾脏随尿排出，出现肌红蛋白尿；另一方面，肌肉内的乳酸大量进入血液，血液乳酸也增多，很快发生酸中毒。不仅如此，由于病马后躯不能负重，长期躺卧，如果护理不周会发生褥疮，极易感染而发生败血症。因此，预防本病，主要在于加强马的饲养管理，坚持训练，保证一定的运动量；休闲期应适当减喂谷物饲料；休闲后运动时，开始应慢步行进，逐渐增加强度。

2. 症状

(1) 运动障碍　通常是马匹在休闲后，突然剧烈运动，且多在运动后数分钟或 1~2h 内发病。轻症的，病马战栗，全身出汗，两后肢运动不灵活，有的仅仅侵害一侧后肢或者只侵害股部肌肉。严重的，后躯负重困难，常用蹄尖着地，呈半蹲姿势。更严重的，病马倒地，不能起立，有的病马反复挣扎试图起立，可能短时间内呈犬坐姿势，以后又复倒下。这种运动障碍，轻症的可于数周内消失，严重的可经数月乃至几年。触诊臀部及股部肌肉肿胀、硬固、如木板样。皮肤感觉减退，针刺反应迟钝，但前肢及头颈部肌肉多无变化。

(2) 尿液变化　病初，一般在 2~4d 内，尿中出现肌红蛋白，尿液呈红褐色或暗红色；经过 5~7d 后，多数病马肌红蛋白尿消失，尿色恢复正常。但轻症的，不一定出现肌红蛋白尿。病情严重的，尿呈酸性反应。尿沉渣检查往往见数量不等的红细胞、白细胞、肾上皮细胞，甚至出现管型。

(3) 全身状态　病初，病马的精神、食欲、体温、脉搏及呼吸，一般无明显变化。但长期躺卧，由于外周血液循环阻力增大，心脏负担加重，出现呼吸、脉搏加快。发生酸中毒和败血症时，则精神沉郁、食欲减退或废绝，全身症状重剧，体温升高，脉搏、呼吸加快，结膜呈蓝紫色。

3. 治疗　治疗原则是安静休息，增强氧化还原过程，防止酸中毒和败血症。

(1) 防止酸中毒和败血症　防止酸中毒，可内服大量碳酸氢钠。第一天 150~300g，以后每天 50~250g，同时静脉注射 5%碳酸氢钠液 1 000mL，开始前 3d 上、下午各 1 次，下午减 1/2，以后每天 1 次。也可静脉注射 10%氯化钙液（不能与碳酸氢钠液混合静脉注射）50~100mL。防止败血症，可适当选用抗生素或磺胺制剂。

(2) 对症处置　根据病情，可适当应用强心、健胃或缓泻剂，增强全身机能。

(3) 护理　使病马安静休息，给予柔软的干草，多饮水。能勉强站立的，配合吊马带辅助站立；不能站立的，要厚垫褥草，每 4~6h 翻转马体一次，对脱毛的部位可用酒精轻轻擦拭，促进局部血液循环，防止发生褥疮。发生褥疮的，在褥疮面上涂擦龙胆紫等消毒药，防止继发感染。排尿困难的，实施导尿。增强氧化还原过程可皮下或静脉注射 5%维生素 B_1 液 20mL，5%维生素 C 液 20~40mL，均每天 1 次，连用数天，效果显著。维生素 B_1 和维生素 C 液不能与碳酸氢钠混合静脉注射。

(4) 中兽医辨证施治　本病多由于马匹长期休闲、肉满膘肥、体质虚弱，一旦突然运动过量，气血流行太过，淤血积于腰肾，热毒凝于肌肉，久而热极生风，发生后躯或两后肢麻痹瘫痪。病马口红脉数，属于热证（血热）。治疗当用清热、解毒、凉血药物，方用清热活血散。

【清热活血散】生地 40g　当归 30g　白芍 25g　桃仁 20g　连翘 30g　柴胡 30g　红花 30g　大黄 30g　炙乳香 20g　炙没药 20g　土虫 20g

加减：热盛者，重用生地、连翘，加双花、栀子等。伴发血尿者，加瞿麦、车前子、地榆、蒲黄等。体虚多汗者，加黄芪、防风等。肌肉萎缩者，加破故纸、巴戟、芦巴、牛膝等。

六、血斑病

血斑病是各组织器官发生浆液—出血性浸润，其特点是在体表出现界限明显的肿胀，可视黏膜、肌肉、内脏出血及坏死的急性病，也称出血性紫癜。在马多为继发病。

1. 原因　皮肤及内脏肿胀，即鼻黏膜、眼黏膜等发生出血后不久，很快于鼻唇部、眼睑、胸腹侧、四肢以及胸腹下等处出现水肿。肿胀的特点是周缘呈堤坝状，与健康组织界线明显，常常左右对称（典型的病例）。在病初的短时间内，触诊有轻微的热痛，以后无热无痛，触压硬固、如木板样。有的肿胀部渗出少量微黄色黏稠浆液，干燥后形成痂块。头部，特别是唇部、鼻梁等处肿胀严重时，颜面轮廓不清，往往妨碍采食和咀嚼。四肢剧烈肿胀时，关节轮廓不清，形同棍棒，往往妨碍运步。

2. 症状　血斑病的特点是可视黏膜出血、坏死以及皮肤、皮下肿胀。病初，可视黏膜出血，多见于鼻黏膜、眼结膜和口腔黏膜，其特点是呈斑块状且很快发生坏死。鼻黏膜出血出现较早，程度也较重。起初在上鼻翼内侧皱襞的黏膜中，以后在鼻中隔见有散在的小出血点，不久变成血斑，并逐渐融合，连成大片，有时弥漫于整个鼻腔，很快发生坏死，严重的甚至形成溃疡，流污秽恶臭混血的鼻液。眼结膜出血呈线条状或斑块状，也有弥漫于全眼结膜而流大量血样泪液的，有的病马眼睑肿胀。口黏膜出血呈斑块状，有时呈圆形的疱状，散在或密布于唇黏膜及舌下黏膜，其表面隆突，周缘暗红，中央部呈黄白色而稍凹陷，不久即坏死而形成烂斑。

各内脏器官发生肿胀和坏死时，可出现相应的机能紊乱；鼻、喉黏膜出血和肿胀时，可引起吸气性呼吸困难，甚至窒息；肺脏出血坏死时，常发生坏疽性肺炎；咽和食管出血、坏死和肿胀时，可引起咽下障碍；胃肠出血和坏死时，可引起胃肠炎，常伴有腹痛，甚至引起肠穿孔，病马突然死亡；肾出血坏死时，可排血尿、蛋白尿，尿中出现肾上皮细胞等。

全身状态：轻度的病例，全身症状不明显，仍能采食，多在数日内痊愈；严重的病例，全身症状重剧，高热稽留或弛张，多继发败血症而于 1 周左右死亡。

马血斑病多继发于腺疫、胸疫、传染性贫血、胃肠炎以及多种化脓坏死性疾病的经过中或痊愈以后。其发病的本质还没有完全弄清楚，一般认为是一种变态反应性疾病。即血斑病是在上述原发病经过中，机体受微生物毒素或组织坏死产物的作用，使机体致敏，以后再受到这些物质作用时，产生一种变态反应，血管通透性增大，并很快发生坏死。

3. 治疗　治疗原则是脱除敏感，制止出血和降低血管通透性，防止感染和败血。

（1）脱除敏感　为脱除敏感，可及时选用抗敏感药物。10％维生素 C 液 10～20mL，加入葡萄糖液内静脉注射，每天 1 次，连续 2～3d。

（2）制止出血和降低血管通透性　为制止出血，降低血管通透性，可用 10％氯化钙注射液 100mL，静脉注射，每天 1 次，持续数天；条件许可，最好实施输血疗法，每次输血 1 000～2 000mL，每天或隔天 1 次，连续 5～7d，输钙化血（10％氯化钙液 1mL，血液 9mL）效果更好。

（3）防止感染和败血症　可用抗生素或磺胺制剂。

（4）对症处置　心脏衰弱时，应用强心剂；胃肠机能紊乱时，缓泻后整理胃肠；有窒息危险时，迅速施行气管切开术。

（5）护理　对头部肿胀明显的病马，应将笼头取下，以免压迫发生坏死。对尚能采食、饮水的病马，喂给柔软易消化的草料，多给清洁的饮水，最好在饮水 15～20L 中加入稀盐酸 10mL。对采食、咀嚼、吞咽障碍的病马，静脉注射 10％～20％葡萄糖液 1 000～15 000mL；直肠内灌注 1％食盐水，每次 15～20L，每天 2 次，补足病马的需水量。对卧地不起的病马，要厚垫褥草，并经常翻转马体，防止发生褥疮。

（6）中兽医辨证施治　中兽医称大头瘟或紫癜。是热毒侵入血液，使血热妄行，溢于肌肤，而成血斑，病属热证。治宜清热解毒，凉血止血。

【处方】金银花 40g　连翘 30g　桔梗 30g　生地 30g　玄参 30g　白茅根 50g　赤芍 30g　丹皮 30g　阿胶 20g　焦山栀 30g　焦山楂 30g　焦神曲 30g　焦大麦 30g

共为末，开水冲，候温灌服。

七、荨麻疹

荨麻疹是马体受内在的或外在的刺激所引起的一种过敏性疾病。其特征是在病马的皮肤上出现许多圆形的或扁平的界线明显的丘疹块。

1. 原因

（1）毒素刺激　用霉败的或有毒的饲料饲喂马时，有毒物被胃肠道吸收；胃肠病经过中，胃肠内腐败分解的有毒物质被吸收；寄生虫病和传染病的经过中（马蛔虫、马胃蝇蛆、胸疫、腺疫、传染性贫血等），由于对毒素过敏而发生荨麻疹。

（2）外在的刺激　昆虫的刺蜇，荨麻的刺激，皮肤上涂擦芥子泥、松节油、石炭酸等刺激剂；马在大发汗后突然遭受寒冷刺激，都可以反射引起皮肤血管运动神经的机能障碍，而发生荨麻疹。

此外，有的马对某些饲料的敏感性高，虽然饲料的质量完全良好，也有发生荨麻疹的；注射免疫血清、鼻疽菌素点眼或内服某些药物后，由于机体的过敏反应，也能发生荨麻疹。

2. 症状　病马的头部、颈部、胸侧壁及臀部突然发生许多丘疹块。这种丘疹块呈圆形或半球形，指头大至核桃大，迅速增多、变大，遍布全身，甚至互相汇合而形成大面积肿胀。疹块发展迅速，消散也快，有的反复发生。由于丘疹部剧痒，病马站立不安，常用劲在墙壁或木桩上磨蹭。有时于丘疹的顶端发生浆液性水疱，并逐渐破溃，形成薄的痂皮。

若口腔、鼻腔及眼发生病变时，则伴有口炎、鼻炎、黏膜炎及下颌淋巴结肿胀等。此外，有的病例，在发生荨麻疹的同时，出现体温升高、精神沉郁、食欲减退、消化不良等。

3. 治疗　对荨麻疹的治疗，主要是除去发病原因，脱除敏感。

（1）除去发病原因　针对发病原因的调查结果，对能引起荨麻疹的一些因素，应尽力排除。如为霉败饲料所引起的，应停止饲喂发霉酸败的饲料，迅速清理胃肠，制止发酵，排出胃肠内容物，具体治疗措施详见消化不良。

（2）脱敏疗法　乳酸钙片剂，内服 10～30g；苯海拉明注射液，肌内注射量每千克体重

0.5～1g，每天2次；10％维生素C 10～20mL与15％葡萄糖1 000mL，一次静脉注射。

（3）自家血液疗法　对顽固性荨麻疹，应用自家血液疗法也能收到较好的效果。

（4）对症治疗　病马剧痒不安时，可内服溴化钠或溴化钾15～20mL，必要时可用石炭酸2mL、水合氯醛5mL、酒精200mL，混合成溶液后，涂擦皮肤。

（5）中兽医辨证施治　中兽医称遍身黄或肺风黄。"肺主毛皮"，如心肺积热、气血过盛，外受六因之邪的干扰，致使遍身发生瘙痒性扁平的黄肿，"遍身黄病肺家风，浑身瘙痒不安宁"。本病属于里热证，治宜清热解毒、祛风止痒。

【处方】

①金银花60g、苦参30g、白藓皮50g，水煎服（鲜品加倍）。

②生麻黄40g、乌梅肉30g、生甘草30g，水煎服。

③白藓皮30g、威灵仙30g、苦参30g、甘草30g、当归20g、蛇床子30g，共为细末，开水冲服，候温灌服，日服1～2次。

第五节　运动系统疾病

马的运动系统包括两方面，分别是骨骼系统和肌肉系统。

马的骨骼由各种不同的骨头组成，这些骨头是马运动系统中的杠杆和支柱。在马体中骨骼有三个重要作用：保护内脏器官、维持体型和支持体躯。马体约有205块骨头，主要分为两大类，即中轴骨（包括头骨、脊柱、胸廓）和四肢骨（肩、前肢骨、骨盆、后肢骨）。马的骨骼总数不等，有些马如阿拉伯马比其他马少1个胸椎、1对肋骨和1个腰椎，有些马因个体发育不同，尾骨数量相差多枚。

马匹具有强而有力的肌肉，全身共由200多块肌肉组成，肌肉外部有结缔组织薄膜，可以将肌肉彼此隔开。马体中的肌肉可以分为头部肌、躯干肌和四肢肌（图5-5至图5-10）。

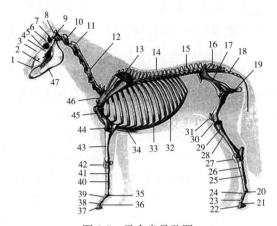

图5-5　马全身骨骼图

1.颌前骨　2.上颌骨　3.鼻骨　4.颧骨　5.泪骨　6.额骨　7.颈骨　8.顶骨　9.枕骨　10.环椎　11.枢椎　12.颈椎　13.肩胛软骨　14.胸椎　15.腰椎　16.荐骨　17.髂骨　18.尾椎　19.坐骨　20.近侧籽骨　21.远侧籽骨　22.蹄骨　23.冠骨　24.系骨　25.第4跖骨　26.第3跖骨　27.跗骨　28.胫骨　29.腓骨　30.股骨　31.膝盖骨　32.肋软骨　33.肋骨　34.胸骨　35.近侧籽骨　36.远侧籽骨　37.蹄骨　38.冠骨　39.系骨　40.第4掌骨　41.第3掌骨　42.腕骨　43.桡骨　44.尺骨　45.臂骨　46.肩胛骨　47.下颌骨

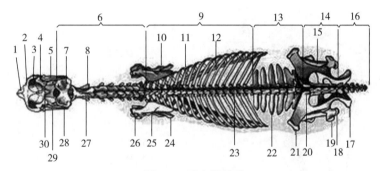

图 5-6　马中轴骨骼

1. 鼻骨　2. 额骨　3. 顶骨　4. 颞骨　5. 下颌骨　6. 颈椎　7. 环椎　8. 枢椎　9. 胸椎　10. 肩胛骨　11. 肋骨
12. 肋软骨　13. 腰椎　14. 荐骨　15. 髋骨　16. 尾椎　17. 坐骨结节　18. 大转子　19. 中转子　20. 荐结节
21. 髋结节　22. 横突　23. 棘突　24. 肘突　25. 肩胛冈　26. 大结节　27. 枢椎嵴　28. 环椎翼　29. 枕骨鳞部
30. 枕嵴

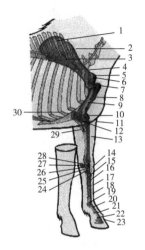

1. 肩胛软骨	11. 桡骨隆起	21. 冠骨
2. 锯肌面	12. 尺骨	22. 远侧籽骨
3. 肩胛下窝	13. 桡骨	23. 蹄骨
4. 肩胛骨	14. 腕骨	24. 第 3 腕骨
5. 肩胛结节	15. 掌骨隆起	25. 第 2 腕骨
6. 乌喙突	16. 第 3 掌骨	26. 中间腕骨
7. 臂二头肌沟	17. 第 2 掌骨	27. 桡侧腕骨
8. 圆肌结节	18. 第 2 掌骨下端	28. 副腕骨
9. 臂骨	19. 近侧籽骨	29. 前臂骨间隙
10. 内上髁	20. 系骨	30. 肘结节

图 5-7　马前肢骨内侧

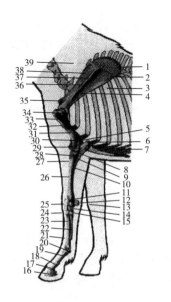

1. 肩胛软骨	15. 第 3 腕骨	28. 桡骨隆起
2. 肩胛骨后角	16. 蹄骨	29. 臂骨外上髁
3. 冈下窝	17. 远侧籽骨	30. 外上髁嵴
4. 肩胛骨	18. 冠骨	31. 臂肌沟
5. 肘窝	19. 系骨	32. 一角肌隆起
6. 肘结节	20. 近侧籽骨	33. 臂骨
7. 肘突	21. 第 4 掌骨下端	34. 臂骨大结节
8. 尺骨	22. 第 4 掌骨	35. 肩胛结节
9. 前臂骨间隙	23. 第 3 掌骨	36. 肩胛冈
10. 桡骨	24. 掌骨隆起	37. 冈结节
11. 中间腕骨	25. 腕骨	38. 冈上窝
12. 副腕骨	26. 前臂骨	39. 肩胛骨前角
13. 尺侧腕骨	27. 外侧韧带结节	
14. 第 4 腕骨		

图 5-8　马前肢骨外侧

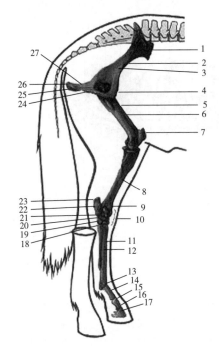

1. 髂骨翼	15. 冠骨
2. 腹肌结节	16. 远侧籽骨
3. 髂骨	17. 蹄骨
4. 趾骨	18. 第 3 跖骨
5. 小转子	19. 第 2 跖骨
6. 股骨	20. 中央跖骨
7. 膝盖骨	21. 距骨
8. 胫骨	22. 跟骨
9. 内踝	23. 跟结节
10. 跗骨	24. 骨盆联合
11. 第 3 跖骨	25. 闭孔
12. 第 2 跖骨	26. 坐骨结节
13. 近侧籽骨	27. 坐骨
14. 系骨	

图 5-9　马后肢骨内侧

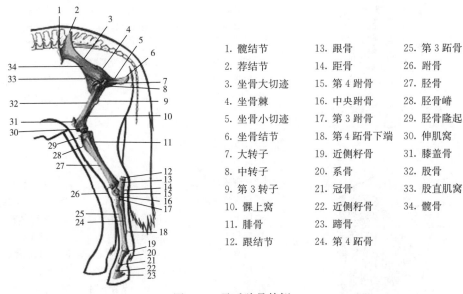

1. 髋结节	13. 跟骨	25. 第 3 跖骨
2. 荐结节	14. 距骨	26. 跗骨
3. 坐骨大切迹	15. 第 4 跗骨	27. 胫骨
4. 坐骨棘	16. 中央跗骨	28. 胫骨嵴
5. 坐骨小切迹	17. 第 3 跗骨	29. 胫骨隆起
6. 坐骨结节	18. 第 4 跖骨下端	30. 伸肌窝
7. 大转子	19. 近侧籽骨	31. 膝盖骨
8. 中转子	20. 系骨	32. 股骨
9. 第 3 转子	21. 冠骨	33. 股直肌窝
10. 髁上窝	22. 近侧籽骨	34. 髋骨
11. 腓骨	23. 蹄骨	
12. 跟结节	24. 第 4 跖骨	

图 5-10　马后肢骨外侧

一、关节扭挫

1. 原因　关节扭挫是在直接和间接外力的作用下，关节韧带、关节囊和关节周围组织的非开放性损伤。例如，滑走、踏着不确实、失步踏空，一肢嵌留于洞内而急速拔出，以及跳跃、跌倒等，使关节过度伸张、屈曲或扭转，引起关节韧带的部分断裂或全部断裂。关节受到直接的打击、冲撞、蹴踢等，也常引起本病。关节扭挫常见于球节、冠关节、腕关节、肩关节、跗关节和膝关节等部位。

2. 症状

（1）一般症状

①轻度扭挫。于受伤当时出现轻度跛行，站立时患肢屈曲，蹄尖负重。以后由于局部的炎症反应，触诊患部有热、有痛并有轻微的肿胀，跛行有时稍增重。仅关节韧带受伤时，于侧韧带的起止部出现明显压痛点。当关节受到直接外力作用时，患部皮肤及被毛常有致伤痕迹，如被毛逆乱、脱落或皮肤擦伤。四肢上部关节扭挫时，由于有厚层肌肉覆盖，局部肿胀常不明显。进行关节被动运动使受伤韧带紧张时，出现疼痛反应；使受伤韧带弛缓时，疼痛反应轻微。

②重度扭挫。关节韧带、关节囊及关节周围组织受伤严重，机能障碍非常明显。站立时，患肢仅以蹄尖稍接地，或完全不敢负重而提举；运动时，呈中度跛行或重度跛行。触诊患部，增温明显，疼痛剧烈。肿胀的程度因组织受伤的情况而不同，关节扭伤的肿胀，最初比较轻微，以后可出现较大面积的炎性水肿；关节挫伤的肿胀，于受伤后立即出现，其肿胀的大小取决于组织内出血量的多少，当关节腔内有多量血液积存时，关节轮廓不清，外形发生变化，关节囊紧张，出现波动现象。被动运动时，疼痛剧烈，有时发现受伤关节的活动范围比正常时增大，这是关节侧韧带发生全断裂的现象。

（2）不同关节扭挫的症状

①球节扭挫。轻度扭挫时局部肿胀、疼痛较轻，呈轻度支跛。重度扭挫病马站立时球节屈曲、系部直立，以蹄尖轻轻接地减少负重；运步时球节伸展、屈曲不完全，以蹄尖接地前进，呈中度支跛或以支跛为主的混合跛行。触诊球节内外侧韧带或受挫部疼痛剧烈、肿胀明显。

②腕关节扭挫。多发生于腕关节的前面。轻症仅伤及皮肤及皮下组织，重症能伤及肌腱、韧带、关节囊及骨骼，有时皮肤及其他组织出现缺损而形成挫创，有时伤及皮下黏液囊出现腕前皮下黏液囊炎。于多数情况下，患部皮下结缔组织中出现血肿或淋巴外渗，患部肿胀、柔软、有波动，呈轻度或中度混合跛行。腕骨受伤时疼痛剧烈，呈重度跛行。

③肩关节扭挫。患部肿胀，肩关节正常轮廓改变，触诊患部有热有痛。站立时，稍将患肢伸向前方，以蹄前负缘轻轻着地，重度挫伤时患肢完全不敢着地。动步时，出现不同程度的混合跛行。

④膝关节扭挫。病马突然发生混合跛行，患肢高举悬垂或以蹄尖接地。触诊膝关节侧韧带、特别是内侧股胫韧带，可发现明显肿痛。重度扭挫时，膝关节腔内因积聚多量浆液性渗出物或血液而显著肿胀。被动运动时出现剧烈疼痛反应。

3. 治疗 治疗原则是制止出血、促进吸收、镇痛、消炎、舒筋活血，防止结缔组织增生，避免遗留关节机能障碍。

（1）制止出血 可包扎压迫绷带制止出血，或于发病后短时间内施行冷却止血，如用冷水浇注、冷蹄浴或用碱式醋酸铝溶液冷敷。

（2）促进吸收 当急性炎症缓和后，应用温热疗法，如温敷、温蹄浴（40～50℃温水，每天2次，每次1～2h），能使出血迅速吸收。如关节腔内积聚多量血液不能吸收时，可进行关节腔穿刺排出腔内血液，但须严密消毒，以防感染。

（3）镇痛、消炎　安乃近，肌内注射每千克体重 4～8mg。为了加速炎性渗出物的吸收，可适当进行缓慢的牵遛运动。水杨酸钠注射液一次静脉注射 10～30g。患部涂擦碘甘油、甲紫等刺激剂，加快血液循环，消除炎症。

（4）中兽医疗法

①针刺疗法。前肢关节扭挫可针刺抢风、冲天、天宗、膊尖、前三里、乘重、前缠腕、前蹄头等穴；后肢关节扭挫可针刺百会、巴山、路股、大胯、小胯、阳陵、邪气、汗沟、丹田、肾堂、后三里、后缠腕、后蹄头等穴。

②水针疗法。前肢抢风，后肢百会。可用利多卡因 10mL 注入穴位，用利多卡因 10mL 加入青霉素 100 万～300 万 U 注入穴位，或用 30% 安乃近 20mL 注入穴位。每隔 1～2d 一次，3～4 次为一个疗程。

③中药疗法。

【跛行散】当归 40g　红花 30g　乳香 30g　没药 30g　土虫 30g　自然铜 30g　骨碎补 20g　地龙 20g　大黄 30g　甘草 35g　血竭 30g　制南星 30g

前腿痛加桂枝 40g、川断 30g；后腿痛加杜仲 30g、牛膝 40g。

共为末，加黄酒 250 克为引，开水冲调，候温灌服。

【血竭散】血竭 40g　当归 30g　乳　香 30g　没药 30g　红花 30g　自然铜 30g　川断 40g　骨碎补 40g　龟板 30g　麻黄 30g　丹皮 30g　土虫 30g　大麻子 30g　桔梗 40g　黄药子 30g　全蝎 30g　大黄 30g　炙马钱子 30g

共为细末，黄酒 250g 为引，开水冲之，候温灌服。

隔天一剂，共 3～5 剂。

【舒筋活血散】当归 40g　骨碎补 40g　羌活 40g　延胡索 40g　秦艽 40g

共为细末，开水冲服，每天 1 次，连用 4～7d。

二、关节脱位

在外力作用下，关节两骨端的正常结合被破坏而出现移位时，称为关节脱位。

1. 原因　当外界暴力直接（打击、冲撞、蹴踢等）或间接（关节过度屈曲、伸展）作用于关节，使关节韧带、关节囊牵张或断裂时，即可发生关节脱位，有时甚至伴发关节内骨折。关节脱位可分为全脱位和不全脱位。前者为相对的两关节面彼此完全不接触，后者则有部分的接触。

2. 症状

关节变形：表现为脱位关节骨端向外突出，在正常时隆起的部位变成凹陷。当关节被厚层肌肉覆盖，或因严重地损伤周围组织而引起很大的肿胀时，关节变形常不很明显。

异常固定：脱位的关节由于周围软组织、特别是未断裂韧带的牵张，两骨端固定于异常位置，此时既不能自动运动，被动运动也显著受到限制。患肢延长或短缩：与健肢比较，一般不全脱位时患肢延长；全脱位时患肢缩短。肢势变化，一般在脱位关节以下的肢势发生改变，如内收、内旋、外展、外旋、屈曲和伸张等。机能障碍，于受伤后立即出现，由于疼痛和骨端移位，患肢运动机能明显障碍或完全丧失。常见关节脱位有以下类型。

（1）髋关节脱位 全脱位时，突发高度混合跛行，患肢不能站立负重。由于股骨头移位的方向不同，临床表现也有差别。

上外方脱位较多发生，此时髋关节变形，大转子显著突出。站立时患肢变短，呈内收及伸展肢势，肢的前面转向外方。蹄尖向外而跟骨端向内，受伤跗关节较健侧跗关节高出数厘米。运步时，患肢拖拉向前同时向外划弧。

（2）膝盖骨脱位 多发生上方脱位和外方脱位。

①上方脱位。膝盖骨转位于股骨内侧滑车嵴的顶端，被膝内直韧带的张力固定，不能自行复位，使膝关节固定成为伸展状态，不能屈曲，因此，患肢强拘向后方伸张，虽加外力也不能使其屈曲。运步时，患肢以蹄尖接地，拖拉前进，并高度外展，或以三肢跳跃前进。触诊可发现膝盖骨向上转位和膝直韧带过度紧张。

②外方脱位。因内侧股膝韧带或膝内直韧带被牵张或断裂，而使膝盖骨固定于膝关节上外方所致。因股四头肌的机能被破坏，患肢呈极度屈曲状态。站立时，膝关节和跗关节均屈曲，患肢稍伸向前方；运步中，于患肢着地负重时，除髋关节外，所有关节皆高度屈曲，呈典型的支跛；触诊可发现膝盖骨向外方转位，在其正常位置处出现凹陷，同时膝直韧带向上和向外倾斜。

（3）球节脱位。全脱位时，患肢不敢负重，以三肢跳跃前进；不全脱位时，呈显著支跛。球节外形改变，随后出现明显的炎性肿胀。触诊可发现骨端转位的情况，有时出现关节活动范围明显增大。临床所见的球节脱位，常伴发关节创伤。

在临床实践中，关节脱位易与关节部骨折混淆，因为二者都表现高度的机能障碍、关节部外形改变和患肢肢势。关节脱位出现明显的异常固定，而关节部骨折出现明显的异常运动；被动运动时，关节脱位有时出现弹性样抵抗，关节部骨折有时出现骨摩擦音；触诊时，关节脱位可触到移位的关节骨端，关节部骨折有时可触到骨折端和骨折线；关节部骨折的疼痛及机能障碍比关节脱位更为严重，且延续时间较长。

3. 治疗 治疗原则是早期整复，确实固定，促进断裂韧带的修复，恢复患肢机能。

（1）整复 整复前先行麻醉（全身麻醉或传导麻醉）以减少肌肉、韧带的张力和疼痛引起马的抵抗。整复时，先将脱位的远侧骨端向远侧拉开，然后将其还原于正常位置。整复正确时，则关节变形及异常固定症状消失，自动运动和被动运动完全恢复。

髋关节上外方脱位的整复比较困难，可行试验性整复法，即健侧横卧保定，全身麻醉，用绳向前及向下牵引患肢，术者用力从前方向后推压股骨头进行整复。

膝盖骨上方脱位的整复可试用后退运动，趁膝关节伸展时，使其自行复位；无效时，可在患肢系部缚以长绳，再绕到颈基部，并向前上方牵引患肢使膝关节伸展，同时术者用力向下方推压脱位的膝盖骨，使其复位；仍无效时，可行横卧保定（患侧向上），全身麻醉，采用公马阉割术后肢前方转位的方法，用力牵引患肢，同时术者以手从后方向前下方推压膝盖骨，即可使其复位。

膝盖骨外方脱位的整复：术者从前外方向前方推压膝盖骨即可复位。

球关节脱位的整复：于患肢蹄部拴绳，沿肢轴方向牵引患肢，同时用手指压迫转位的骨端即可复位。

（2）固定 整复后，为了防止再发，应及时加以固定，下部关节可应用石膏绷带或夹板绷带固定，装着时间为 3 周左右。绷带拆除后，应适当牵遛，以便恢复机能。对上部关节不便装着石膏绷带的，可适当休息。或于髋关节周围组织内分数点注射灭菌的 5‰食盐水，引起关节周围组织的炎症，达到固定关节的目的。

三、关节创伤

关节创伤是关节囊、关节韧带以及关节部软组织的开放性损伤。有的也伴发关节内软骨和骨的损伤。最多见的关节创伤是挫创、踢创、刺创和裂创，且多发生于跗关节、腕关节、球节、肩关节和膝关节。关节创伤根据关节腔是否与外界相通分为透创和非透创。

1. 原因 由于致伤作用和组织损伤的情况，可分为几种：①擦伤是因肢体皮肤与地面或其他物体强力摩擦所致的损伤。②刺伤是由于尖锐细长物体刺入关节内所发生的损伤。③切创是由于各种锐利切割器物所致关节创伤。④挫伤是由钝性外力的作用或动物跌倒在硬地上所致的关节损伤。⑤裂伤是由尖锐物体，如铁钩、铁钉等所致的关节伤。⑥踢创因马匹互相踢而导致关节创伤。

2. 症状 由于组织损伤的程度不同，关节创伤的临床表现也不一样。关节创伤时有明显的出血、疼痛和创口裂开。特别当挫创及裂创时，可出现皮肤缺损、皮肤与皮下组织分离，并于创口下部形成创囊，创内存有异物、挫灭组织或被撕裂的组织。此种创伤极易感染化脓。

关节非透创，只具有关节软组织损伤的症状，因为关节囊未完全穿透，故不见有关节内滑液的流出。

3. 治疗 治疗原则是防止感染，增强机体抵抗力，早期处理创口，尽量制止关节活动，促进组织迅速修复。

（1）创伤处理 创缘及创围剪毛、清洗、涂布碘酊；除去创内异物及凝血块；彻底止血；小心切除破碎组织，消除创囊，用防腐液彻底清洗创腔内部。注意不可向创内强力冲灌，以免将病原菌带入关节腔内。

（2）局部用药 关节透创必要时可行关节腔穿刺，彻底冲洗关节腔，用稀碘酊棉球塞住关节囊创口，再向关节腔内注入青霉素 400 万 U，进行局部消炎防止感染。

对新鲜创伤，伤口用碘伏消毒，用纱布绷带包扎。于关节透创时，外面再装石膏绷带，既能确保受伤关节安静，制止滑液外流，又能防止再伤害、再感染，而且对创伤的愈合有良好作用。如不出现急性炎症（热、痛、肿、重度跛行）、绷带松弛或被分泌物浸润等现象，一般不必更换石膏绷带。

（3）全身用药 为了有效地防止感染，对关节透创的病马，应早期应用抗生素疗法，特别对体温升高和局部有感染可疑时，更应尽早使用广谱抗生素，如头孢噻呋等。此外，还可使用碳酸氢钠疗法等。

初期防止受伤关节活动，当关节囊创口愈合后，应使受伤关节适当运动，防止愈后关节机能障碍。

四、腱鞘炎

腱鞘炎多发生于指（趾）部腱鞘、跗部腱鞘，有时也见于腕部腱鞘。临床上根据有无脓汁分为非化脓性腱鞘炎和化脓性腱鞘炎。

1. 原因　由腱的过度牵张或腱鞘本身发生外伤（如挫伤、创伤）所致。最初于腱鞘壁上出现浆液性炎症，继则炎性渗出物和滑液同时蓄积于腱鞘腔内，使腱鞘腔内压增加，外形膨胀。以后于渗出物中出现纤维素。经过良好时，随着急性炎症的消散，腱鞘腔内的渗出物可被吸收。若腱鞘发生化脓性感染，炎性渗出物显著增多，于较短时间内即可充满腱鞘腔，渗出物最初呈浆液性而混浊，以后变为脓性。当腱鞘腔内蓄积大量脓汁而不及时排出时，则腱鞘壁可能发生溶解而破溃。

2. 症状

（1）非化脓性腱鞘炎　根据腱鞘内渗出物的性质可分为浆液性、浆液纤维素性和纤维素性三种。渗出物为浆液性的病例，临床上比较多见，于急性经过时，腱鞘呈局限性肿胀，有热、有痛、有波动，并出现机能障碍；取慢性经过时，则热痛不明显，但肿胀增大，有明显波动，一般不出现机能障碍。渗出物为浆液纤维素性的病例也常见发生，局部肿胀虽不如前者明显，但热痛比较剧烈、机能障碍明显；触诊时有的地方出现捻发音，有的地方出现波动感。渗出物为纤维素性的病例比较少见，取慢性经过，患部热痛不明显，触诊时腱鞘壁显著肥厚而坚实。

（2）化脓性腱鞘炎　患部呈剧烈的炎性肿胀，热痛非常明显，机能障碍显著。腱鞘腔内蓄积脓汁时，可发现波动。当腱鞘有破口与外界相通时，可见流出混有滑液的脓汁。病马体温升高。

3. 治疗

（1）非化脓性腱鞘炎　原则是制止渗出，促进吸收，消除积液，防止感染，防止粘连和恢复机能。急性炎症的早期，可用2%醋酸铅液冷敷，用硫酸镁或硫酸钠饱和液湿敷，或装压迫绷带，以便减少炎性渗出。急性炎症稍缓和以后，为了消散炎症，可将山栀子粉用醋或用酒调敷，山栀子粉与复方醋酸铅散用醋调敷，山栀子粉和大黄粉用醋调敷，都有良好效果。

当腱鞘腔内渗出液过多无法吸收时，可行腱鞘腔内穿刺，抽出渗出物，然后注射2%～4%利多卡因青霉素液（10～50mL），注射后运动15～20min，跛行即消失。以后配合热敷2～3d，如仍未痊愈，可于第3天、第7天再抽注一次。

【处方】花粉40g　姜黄30g　南星30g　厚朴25g　陈皮30g　黄芩30g　黄柏30g　大黄30g　栀子30g　大葱3根

共为细末，用酒调敷，每天一次。

另外，还可用氢化可的松50～200mg加青霉素200万～300万U注入腱鞘腔内，每隔2～6d注射1次，共注2～4次。

（2）化脓性腱鞘炎　一旦发现化脓，应立即穿刺（或切开）排脓，用生理盐水洗涤。

五、屈腱炎

屈腱炎是指（趾）浅屈肌腱、指（趾）深屈肌腱与系韧带发生的炎症。通常前肢比后肢多发，一条腱单独发炎者较多，有时也可以见到两条或三条腱同时发炎。在三条腱中，指深屈肌腱炎、特别是其副腱头的炎症比较多见，指浅屈肌腱炎次之，系韧带炎较少。由于马的功用不同，三条腱在肢体运动过程中的紧张度有差别，一般指深屈肌腱炎多发生于挽马及驮马，而指浅屈肌腱炎和系韧带炎常见于乘马。

1. 原因   屈腱炎常是屈腱腱束部分断裂后的一种病理过程，腱束部分断裂常因在运动中屈腱过度的紧张和牵张，超过了屈腱弹性与韧性的生理范围，偶尔可因屈腱受到外伤（如挫伤、踢伤、勒伤）和邻近炎症的蔓延所致。腱束发生部分断裂后出现炎症，以后急性炎症消失，断裂的腱组织由结缔组织生成而修复。但当炎症反复发生或转慢性时，则局部有较多的结缔组织生成，受损伤的腱增厚，柔软性减低，弹性减退，甚至与腱鞘发生粘连。在严重的情况下，由于增生结缔组织的化生而使屈腱骨化，甚至引起指关节的腱性挛缩。

2. 症状

（1）共同症状   病马站立时，患肢蹄尖着地，系部直立，球节掌屈。运步时，一般呈轻度或中度支跛，球节下沉不充分，屈腱不敢伸张；快步时，容易跌跤，跛行随运动而加重，内侧回转时跛行显著。检查屈腱见有肿胀，初期肿胀稍柔软，出现指压痕，以后稍变硬，背屈球节使屈腱紧张时，疼痛显著。在检查病马时，凡发现有上述临床表现的病例，可以初步诊断为屈腱炎，但究竟是哪一条屈腱的炎症，是哪一条屈腱的哪一部分的炎症，则必须根据各条屈腱发炎的特殊性，运用屈腱的局部解剖知识，对患部进行详细、周到的局部检查（触诊与视诊）才能确定。

（2）各条屈腱炎的特点

①指深屈腱炎。病马站立时，常将蹄尖接地，运步时一般呈支跛，但副腱头（腕腱头）炎时，则可能出现以支跛为主的混合跛行。指深屈肌腱炎的热痛性肿胀常位于掌部后面的上半部，这是因为在该部指深屈肌腱没有被指浅屈肌腱完全包围的缘故。

副腱头炎的热痛性肿胀，位于掌部后面上半部靠内侧（相当于腕腱头的解剖位置），有时整个腕腱头出现热痛性肿胀，有时则仅于腕腱头的起始部出现炎性反应，有时腕腱头单独出现炎症，有时腕腱头与指深屈肌腱主干同时出现炎症。于屈腱弛缓肢势时，触诊腕腱头炎最为方便。

②指浅屈肌腱炎。病马站立时，常将患肢伸于前方，热痛性肿胀位于腕关节和球节之间的掌后部，且多局限于掌部后面下 1/3 处（上籽骨的直上方），从侧方观察，可见肿胀呈弓形隆起。弛缓肢势检查屈腱时，可摸到肿胀仅限于指浅屈肌腱的范围，而深部的指深屈肌腱无异常。上部副腱头炎较少见，热痛性肿胀位于前臂下 1/3 处、前臂骨内侧缘的后面，跛行常不容易消失。

③系韧带炎。病马站立时，患肢伸于前方，跛行多较轻微。由于系韧带炎多发生于系韧带的内外两个分支上，所以炎性肿胀位于掌部下端靠近球节的一侧或两侧。屈腱紧张及弛缓时进行检查，都易发现。

必须注意，当屈腱炎取慢性经过时，患部热痛不明显，跛行轻微，慢步时往往不显跛行，但球节运动不灵活、下沉不充分；快步时则显跛行，且容易跌跤；时间较久者可见患肢的蹄变狭窄。触诊患部硬固、无痛、肥厚、弹性减退，与周围组织粘连，在系韧带的分支上，有时出现骨化现象，该部皮肤失去可动性，甚至发生显著的结缔组织增生。

3. 治疗   治疗屈腱炎时，应抓紧时机，在急性炎症阶段及时治疗，使其迅速吸收消散，防止转为慢性。病的初期，为了制止出血和减少炎性渗出，可于发病后短时间内用冰块冷敷。

急性炎症稍缓和以后，为了消散炎症和促进炎性渗出物的吸收，可用卤水或醋调制的复方醋酸铅散涂布或复方醋酸铅散加鱼石脂涂布。也可用利多卡因液环状封闭。

【醋膏药】乳香、没药、血竭、大黄、花粉、白蔹各 1 份，白及 3 份，研细加醋调成糊状，贴敷患部，隔天加醋 1 次，共加 3 次。

【二黄栀子粉】大黄、黄芩、栀子各等份，研成细末，加蛋清调匀贴敷。

六、骨软症

骨软症是钙磷代谢障碍，骨组织发生进行性脱钙，骨质疏松、肿胀及骨髓纤维化的慢性疾病。马不分性别、年龄、地区、季节都可发生。

1. 原因

（1）饲料内钙、磷含量不足或钙、磷比例不当　是发生骨软症的主要外因。草料内必须有一定数量的钙和磷，且比例要得当［钙和磷的比例为（1.5～2∶1）］，否则，影响骨盐的沉积，促进本病发生。若磷多钙少，则过多的磷与钙结合，形成不溶性磷酸钙随粪便排出体外；反之，钙多磷少，容易造成缺磷，骨盐也不能沉积。马饲料内稻谷、高粱、豆类、麸皮等含磷较多；谷草、干草等含钙较多，稻草含钙较少。饲料调配不当或饲养方法不当，马长期采食过多的精料，钙、磷相差悬殊，易发本病。我国马骨软症的发生多由于磷多钙少。

（2）饲料内植酸盐、蛋白质及脂肪过多　植酸盐在马骡肠道内不易被水解，与钙结合成不溶性化合物，不能吸收利用（每 10g 植酸盐可影响 7g 钙不能吸收）。植酸盐在豆类和麸糠类中含量较多。饲料内蛋白质过多时，在代谢过程中产生大量的硫酸、磷酸等，可促使骨质中的钙脱出；脂肪过多时，产生大量脂肪酸，与钙结合形成不溶性钙肥皂，随粪便排出。故草料内植酸盐、蛋白质及脂肪过多时，马常缺钙并引起本病发生。

上述外因能否引起骨软症，主要取决于机体的状态。如胃肠机能紊乱、慢性消化不良、维生素 D 含量不足等，均直接影响钙、磷的吸收与利用。胃肠机能紊乱、慢性消化不良时，吸收机能障碍，即使草料中钙磷充足、比例得当，也无法吸收利用。维生素 D 能使肠道内的酸度增高，有利于磷酸钙、碳酸钙等钙盐的溶解吸收（当马运动不足及日光照射不足时，机体皮肤的维生素 D 原，不能转变成为维生素 D，使维生素 D 储备不足，容易发生本病）。

2. 症状　初期，病马喜卧，背腰僵硬，站立时两后肢时时交替负重。运动时，步样强拘，步幅短缩，出现不明原因的一肢或数肢跛行。跛行常常转移，且时轻时重、反复发作。病马容易出汗，不耐训练。

疾病发展到中后期，跛行加重，运步困难。由于骨骼不断脱钙和骨髓纤维化，致使骨骼肿胀变形，尤以头骨显著。常见下颌骨肿胀增厚，下颌间隙变窄。上颌骨、鼻腔肿胀隆起，颜面变宽，鼻腔狭窄，呼吸困难。整个头骨肿胀，有"大头病"之称。齿槽肿胀，牙齿松动甚至脱落，牙齿脱钙易于磨灭，咀嚼困难，病马常一面采食，一面吐草。四肢各关节肿胀变粗，肩关节突出，四肢骨及脊柱弯曲变形，呈现鲤背。肋骨平坦，胸廓变扁而窄。骨质疏松变脆，容易发生骨折，穿刺颌骨时容易刺入。

在整个病程中，病马表现异嗜和消化不良，如啃墙吃土、啃咬缰绳，或舔食冷冻物体和带粪尿的垫草等，经常见到便秘与腹泻交替发生。尿液一般透明。如无并发症时，体温、呼吸、脉搏等变化不大。

临床上鼻浮面肿、骨骼发生变性的病马，不难诊断。为了早期发现病马，可配合应用骨软症穿刺针穿刺额骨。不明原因的慢性跛行并伴有消化不良和易出汗的病马，如果用一般腕力能将穿刺针刺入额骨并能固定，即可初步诊断为骨软症。

3. 治疗

（1）药物疗法　补充钙剂。石粉 100～150g，每天分 2 次混入饲料内给予；内服碳酸钙 30～50mL。10％氯化钙液 100～150mL 或 5％葡萄糖酸钙液 200～300mL，一次静脉注射，每天 1 次。为了促进钙盐吸收，可肌内注射维生素 D 10～15mL。

（2）对症治疗　为缓解病马的疼痛，可用安乃近注射液。为调整胃肠机能，可应用各种健胃剂。

（3）中兽医辨证施治　骨软症，中兽医称翻胃吐草。由于饲养和使役不当，病马脾胃衰弱，中气不足，日久形成面骨肿大、四肢疼痛的一种慢性病。脉沉迟，口色暗红，属里虚证。本病应早期治疗，骨质改变后则较难恢复，所以中兽医有"松骨连腮肿，传经四肢疼，翻胃加吐沫，何药效能成？"的说法。治应健脾暖胃，补肾助阳，活血通经为主。方用益智散或通关散。

【益智散】（本方着重补脾胃）

益智 40g　肉豆蔻 30g　五味子 25g　槟榔片 30g　当归 40g　川芎 30g　白芍 30g　厚朴 30g　肉桂 25g　白术 30g　陈皮 30g　甘草 30g

共为末，开水冲，候温灌服。大枣 50g，生姜 30g 为引。

【通关散】（本方着重补腰肾）

当归 40g　川楝子 25g　茴香 25g　巴戟 30g　藁本 30g　葫芦巴 25g　木通 30g　白术 25g　破故纸 30g　黑丑 30g　红花 25g

共为末，引用黄酒 250g，开水冲服。

加减：消化不良者，加陈皮、枳壳、焦山楂、焦神曲、焦大麦；气血虚弱者，加党参、益智、熟地、首乌；腰胯后肢痛者，加牛膝、川断、木瓜；出汗不止者，加黄芪、炙甘草、五味子、龙骨、牡蛎等。

以上两方可以合并加减应用。

七、肌肉风湿病

1. 原因　风湿病是由于运动以后，身热出汗，遭受风吹雨淋；远行乘热而渡河，或带汗揭鞍；以及夜卧于寒湿处所等，致使风寒湿邪乘虚侵入皮肤、肌肉以及经络，发生气血凝滞，以致关节、肌肉表现游走性疼痛的疾病。按侵害的肌肉部位不同，可分为颈风湿、背腰风湿、四肢风湿等。

2. 症状　肌肉风湿病可分为急性和慢性。急性的，发病后数天或 1～2 周，症状即可消失，但容易再发，触诊患病肌肉表现疼痛、紧张，有坚实感，体温升高，食欲减退，口色红，脉沉数。慢性的，可持续数周或数月，患病肌肉弹性降低，肌肉萎缩，病马容易疲劳，全身症状不明显。肌肉风湿病的特点是突然发病，肌肉疼痛，有转移性，反复发作等。根据发病部位的不同，其症状表现各有差异。

颈风湿：颈部一侧肌肉发病时，由于患部肌肉发生反射性挛缩，颈向患侧弯曲，表现斜颈。颈部两侧肌肉同时发病时，则头颈伸张，僵直不屈，低头难。若侵及咬肌，则咀嚼障碍。

背腰风湿：背腰强拘，板硬，凹腰反应减弱或消失；步行时，后肢常以蹄尖拖地前进；转弯时，背腰不灵活，卧地后起立困难。

四肢风湿：患肢提举困难。步样粘着，步幅短缩，表现运跛。跛行随运动而减轻或消失。另外，详细询问病史，常有时而前肢跛行，时而后肢跛行，或者时而左肢跛行，时而右肢跛行的转移现象。卧地后起立困难。

3. 治疗 治疗原则是消炎镇痛，祛风除湿，通经活络。

在护理方面，既要让病马适当休息，注意保温，防止受寒受潮，又要让病马每天有一定量的运动，才能增强机体抗病能力，加速疾病痊愈。

常用的疗法有针灸、水杨酸制剂、中药与温热疗法等。

（1）针灸 颈风湿时，针九委穴；背腰风湿时，针百会、肾俞、肾棚、肾角等穴；前肢风湿时，针抢风、冲天、天宗、膊尖等穴；后肢风湿时，针巴山、大胯、小胯、阳陵、邪气、汗沟等穴。

（2）醋酸甲基泼尼松 125mg，百会或抢风穴注射，隔天 1 次，用 3～5 次后停药观察，如患马无不良反应时，可继续使用。

（3）酒糟炒热后装于布袋内，患部热敷，每天 1～2 次。如结合火针百会穴，再以醋炒麸皮（麸皮 5 500g，醋 4 500g，充分混合，炒至烫手装于麻袋内）灸腰部，并将患马拴于温暖厩内，使之发汗，则疗效更好。

（4）醋酒灸法（火鞍法） 将病马确实保定之后，在鬐甲后方至百会穴前侧肘头水平线以上的部位，用温醋湿透被毛，盖以浸醋的报纸或草纸（纸应小于被毛湿润部），其上均匀地洒以白酒或 70％酒精，然后点火燃烧。醋干浇醋，酒干浇酒，边烧边浇，直到患马颈部、耳根等处出汗，乘火尚未熄灭时，盖以麻袋，用绳子将麻袋捆绑住，将马牵到温暖的厩舍内，以防感冒。在操作过程中，最好使用密闭的小口容器装酒，洒酒要缓慢，防止被酒精火焰烧伤。此疗法适用于冬季、春初、秋末。瘦弱、衰老，体温高、怀孕的马禁用此法。

（5）中药疗法 治以祛风渗湿、通经活络为主。方用通经活络散。

【处方一】黄芪 50g，木通、巴戟、藁本、破故纸、泽泻、薄荷各 30g；当归、白芍、木瓜、牛膝各 25g。

共为末，开水冲，候温灌服。

加减：前肢痛，加桂枝、杜仲；后肢痛，加川断、杜仲，重用牛膝；腰痛，重用木瓜，加川断。

【处方二】牛膝 50g 黄柏 30g 血藤 50g 桑寄生 50g 勾藤 50g 两面针 50g 四方藤（舒筋藤）50g 石菖蒲 50g 小榕叶（生）500g

加水煎服，每天 1 次。

（6）水杨酸制剂疗法 10％水杨酸钠液 100mL、5％葡萄糖酸钙液 250mL，分别静脉注射，每天 1 次，可连用 5～7 次。若长期应用水杨酸制剂无显著疗效时，可改用碘化钙治疗。

八、腰扭伤

1. 原因 引起本病的原因主要是管理不当，运动不合理，以及保定时违犯操作规程等。如马匹突然滑到，翻车时车轮冲撞或挫压，险路行走踩空而突然坐倒，挣断缰绳突然坐倒及保定不确实等。

2. 症状 腰扭伤是由于外力作用引起的腰椎椎间关节及其他软组织的损伤，由于外力作用的强弱、受伤组织器官的种类及程度不同，临床表现不一样。

（1）轻度腰扭伤 包括关节韧带或肌肉受牵张，通常局部变化不明显，但后躯无力，运动时腰部发硬，两后肢运步不灵活，有时打晃，后肢及转弯均困难。叩打腰椎棘突，有时有疼痛反应。腰椎棘突或横突骨裂时，局部肿胀，触诊温度稍高，表现疼痛不安。若发生全骨折时，则症状较明显。

（2）重度腰扭伤 包括关节韧带完全断裂导致椎骨间关节脱位，或椎体骨裂及骨折，由于脊髓发生严重损伤，患马突然出现后躯麻痹或不全麻痹，卧地不起，呼吸、脉搏加快，腰部及腹股沟部发汗，粪尿失禁，阴茎脱出，尾弛缓无力，损伤的后部呈界限明显的皮肤感觉丧失，针刺不见反应。腰椎椎体骨折，直肠检查可以摸到骨折的部位。当关节韧带完全断裂或骨折较轻时，在较瘦弱的躺卧马匹，有时提举马尾就可发现异常的患部。

若仅腰椎椎体发生骨裂时，通常动物尚能站立，运动时仅呈轻度扭伤的症状。但是，此种不全骨折，如果护理不当常会转为全骨折，应特别注意。

3. 治疗 轻度腰扭伤，最好将患马放于保定栏内吊起，安静休息。可用复方醋酸铅散患部涂敷，或用热酒槽或樟脑酒精等热敷。疼痛明显时，可肌内注射镇跛痛或安乃近注射液。

针灸及中药疗法：可针刺百会、肾俞、腰后、腰中、八窌、雁翅等穴，并内服跛行散。据经验用下方效果较好。

【处方】 当归 15g　红花 15g　炙乳香 15g　炙没药 15g　杜仲炭 15g　木瓜 20g　藁本 15g　大黄 15g　木通 15g　土虫 15g

共为末，引用黄酒 250g，加水煎沸，候温灌服。

本方适用于腰扭伤马用人工抬起后，两后肢能负重，二便不失禁者，连用 8～10 付。

第六节　泌尿系统疾病

生命活动过程会产生很多的废弃物，机体需要排出这些废物来更新代谢，主要通过泌尿系统进行排泄。马的泌尿系统一般包括肾、输尿管、膀胱和尿道。

马的肾炎、膀胱炎，以继发性的居多，临床上容易被忽视。肾炎和膀胱炎，临床症状类似，都有一定程度的腹痛表现和排尿障碍；肾炎经过中，治疗失时，容易转成慢性肾炎。"肾与膀胱相表里"，肾脏和膀胱之间，以输尿管彼此连接，肾或膀胱一旦发病，往往相互影响、相继发病。因此，既要注意它们的共同症状，又要掌握各自的特点，比较鉴别，适时治疗（图 5-11、图 5-12）。

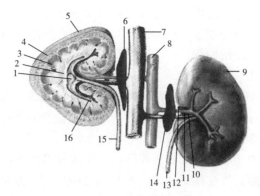

图 5-11　肾结构模式图

1. 肾盂　2. 髓质　3. 中间区　4. 皮质　5. 右肾　6. 右肾上腺　7. 后腔静脉　8. 腹主动脉　9. 左肾　10. 肾动脉　11. 肾静脉　12. 肾门淋巴结　13. 输尿管　14. 左肾上腺　15. 输尿管　16. 末端隐窝

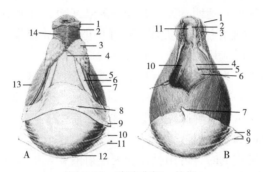

图 5-12　膀胱背侧、外侧

A　1. 坐骨海绵体肌　2. 尿道肌　3. 前列腺　4. 雄性子宫　5. 输精管膨大部　6. 精囊腺　7. 输尿管　8. 尿生殖褶　9. 输精管　10. 膀胱脐侧褶　11. 膀胱圆韧带　12. 膀胱顶　13. 膀胱体　14. 膀胱颈

B　1. 坐骨海绵体肌　2. 射精管口　3. 尿道肌　4. 输尿管褶　5. 输尿管口　6. 输尿管柱　7. 膀胱脐中褶　8. 膀胱脐侧褶　9. 膀胱圆韧带　10. 膀胱三角　11. 精阜

一、肾炎

肾炎是肾小体、肾小管或肾间质发炎的统称，在马多为肾小体和肾小管的炎症。按病程的经过，分为急性肾炎和慢性肾炎。

1. 原因

（1）急性肾炎　多继发与一些急性传染病和胃肠病，如传染性贫血、出血性败血症、炭疽及重剧胃肠炎等。各种毒物如砷、汞、磷、斑蝥、松节油的刺激也可引起肾炎。过劳、感冒是促进肾炎发生的因素。

（2）慢性肾炎　多因急性肾炎治疗不及时而转来，或是上述原因轻微而较长时间作用的结果。

2. 症状

（1）外观状态　病马精神沉郁，体温升高，背腰拱起，两后肢叉开，不愿走动，强使行走，则步样强拘，小步行进。用力触压肾区或由直肠内触压肾脏，病马表现疼痛不安。严重的于眼睑、胸下、腹下、四肢下部及阴囊等处发生浮肿（肾性浮肿）。

（2）心脏　血管系统症状，脉搏增强而硬，主动脉瓣第二音增强，这一方面是由于肾小球、肾小管发炎肿胀；另一方面由于急性肾炎时反射性地引起肾血管收缩，使流入肾脏的血液量减少；加之肾素分泌增多，故血压升高，外周血液循环阻力增大，致使左心室强力收缩，主动脉瓣紧张关闭的结果。

（3）排尿及尿液变化

①急性肾炎。因肾小体发炎肿胀，流入肾脏的血液量减少，使血管球滤过机能降低，尿量减少，尿色深黄。尿中含有蛋白质和血液，尿沉渣检查有多量肾上皮细胞、红细胞、白细胞和上皮管型、红细胞管型及颗粒管型等。

严重的急性肾炎，由于血管球滤过机能降低，尿液分泌减少，大量尿素、尿酸等含氮产物蓄积，可发生尿毒症。发生尿毒症时，则病马呼吸困难，衰弱无力，嗜睡甚至昏迷，全身肌肉痉挛，腹泻，甚至呼出气和皮肤带尿臭味。

②慢性肾炎。全身症状多不明显，病马容易疲劳，逐渐瘦弱。初期肾小管回收机能减弱，尿量增多；以后，随着血管球的滤过机能进一步降低，则尿量减少。尿内有多量蛋白质、肾上皮细胞、颗粒管型及透明管型，有少量的红细胞、白细胞。

3. 治疗　治疗肾炎主要在于消除炎症，加强护理，防止复发。

（1）消除炎症　可及时应用抗生素，如青霉素、链霉素等。

（2）利尿及尿路消毒　为促进排尿，可静脉注射 25%～30% 葡萄糖液 200～300mL，或应用利尿剂，如呋塞米一次内服量 0.25～0.5g，每天 2 次。但要注意，肾机能严重障碍时，不宜应用利尿剂，可皮下静脉注射氨茶碱注射液。

尿道消炎可用阿莫西林钠注射液等。

（3）对症治疗　心脏衰弱时，可用毛花苷丙注射液；发生尿毒症、病马痉挛时，适当应用镇静剂，可静脉注射 25% 硫酸镁液 50～100mL。对水肿严重的病马，可静脉注射 10% 氯化钙液 100mL。血尿严重的，可用 1% 仙鹤草素注射液 20～50mL，肌内注射，每天 1 次，连用数天。

对慢性肾炎的治疗，可酌用上述方法，但应着重护理和适当减轻运动。

（4）中兽医辨证施治　肾为水脏，主气化，调节水液，肾病则肾阳衰弱，小便不利。"腰为肾之府"，肾炎时，病马不愿走动，运步时步样强拘，迈小步，触诊腰部表现疼痛。本病初期重用利水消肿止痛之药；慢性期，脾肾阳虚，运化失常，水湿泛滥，溢于肌肤，发生浮肿；阳虚生寒，气血凝滞，见背腰疼痛、弓腰拱背等症。治宜温脾暖肾、利水消肿、止痛。急性肾炎方用防己散，慢性肾炎方用茯苓散。

【防己散】防己 40g　黄芪 30g　白术 30g　陈皮 30g　知母 30g　黄柏 30g　苍术 25g　泽泻 30g　木通 30g　没药 20g　双花 25g　茵陈 30g

共为末，开水冲药，温服。

【茯苓散】党参 50g　白术 40g　陈皮 30g　茯苓 30g　泽泻 20g　巴戟 30g　葫芦巴 30g　破故纸 30g　肉桂 30g　防己 30g　川楝子 30g　没药 30g

共为末，开水冲药，温服。

加减：腰疼严重的，加杜仲炭 30g，木瓜 25g，牛膝 30g；有热的：加双花 40g，连翘 30g，栀子 30g；尿中带血的：加焦栀子 30g，阿胶 30g，白茅根 50g；吃草少的：加麦芽 50g，神曲 40g。

（5）护理　对肾炎病马，应根据肾炎经过中大量饮水、盐潴留以及治疗以后容易再发的特点，护理上应着重改善饲养，防止复发。病初应减食或禁食1～2d，以后给予柔软易消化的草料，不喂食盐，适当限制饮水。为了防止复发，治愈以后应适当减轻训练，防止过劳和感冒。

二、膀胱炎

膀胱炎是膀胱黏膜表层或深层的炎症。

1. 原因 膀胱炎的主要原因是感染，如葡萄球菌、链球菌等，可经血液、尿液或尿道侵入膀胱，刺激膀胱黏膜，发生膀胱炎。邻近脏器炎症的蔓延，如肾炎、尿道炎、阴道炎等病经过中，常可蔓延至膀胱，引起膀胱炎。器械损伤，如导尿时导尿管损伤膀胱黏膜，也可发生膀胱炎。预防膀胱炎主要是及时治疗肾炎、尿道炎等原发病，防止炎症蔓延及继发感染；导尿时按要领操作，防止导尿管损伤膀胱黏膜。

2. 症状

（1）排尿障碍 由于膀胱发炎刺激膀胱黏膜，病马疼痛不安，不断努责，常取排尿姿势，尿液呈点滴状排出（尿淋漓）。直肠内触压膀胱，病马抗拒检查，表现疼痛，膀胱空虚。

（2）尿液变化 尿液混浊，有氨臭味，混有多量黏液、凝血块、脓汁或坏死组织碎片。尿沉渣内有多量红细胞、膀胱上皮和磷酸铵镁结晶。

（3）全身症状 一般变化不大，但出血坏死性膀胱炎时病马表现精神沉郁、食欲减少、体温升高等全身症状。

（4）膀胱麻痹 直肠内触压膀胱无疼痛。膀胱括约肌麻痹时常呈点滴状排尿，膀胱空虚；膀胱平滑肌麻痹而括约肌不麻痹时，尿液充满，手压膀胱大量排尿，停止压迫即停止排尿。

（5）膀胱痉挛 病马腹痛症状明显，常取排尿姿势但无尿液排出，导尿管不能插入膀胱内。

3. 治疗 治疗膀胱炎最常用的方法是膀胱洗涤，将导尿管插入膀胱后，把漏斗用橡皮管连于导尿管上，内盛药液，反复高举、放低漏斗，进行冲洗，最后将药液排出。每次灌注药液量以300～500mL为宜。为提高效果，最好先用微温生理盐水反复冲洗后，再用药液冲洗。常用药液以消毒为目的，可用0.1%高锰酸钾液。慢性膀胱液可用2%～0.1%硝酸银液。

严重的膀胱液，应及时注射青霉素及磺胺类药物，或以青霉素300万～1 000万U，溶于蒸馏水50～100mL内，于膀胱冲洗干净后灌入膀胱内，每天1～2次，效果较好。

根据经验，静脉注射10%硫酸镁液200mL，每天1次，连续数天，治疗膀胱炎效果良好。对尿血较重的病例，为制止尿血，可用1%仙鹤草素注射液20～50mL，肌内注射，每天1次，连用数天，均有良好效果。

中兽医辨证施治 膀胱炎中兽医称尿淋漓（尿淋），病马表现疼痛不安、踏地蹲腰，尿点滴状排出，属于里热证。治宜清利膀胱，降火利水，内服滑石散效果较好。

【滑石散】滑石40g 泽泻30g 灯芯草25g 茵陈30g 猪苓30g 车前子40g 知母40g 黄柏50g

共为末，以灯芯草煎水冲药，候温灌服。

三、血尿

血尿是泌尿器官发生出血性疾病的一种共同病态。

1. 原因 尿液呈茶褐色、深红色或黑色，不透明，静置有多量红色沉淀物，尿沉渣检查有多量红细胞。血尿是一种现象，需确定是肾出血、膀胱出血、或尿道出血？在排出的尿液中全部混有血液要进一步检测研判属于哪一脏器出血。

2. 症状 尿液中常有大量形状、大小不一的凝血块和坏死组织碎片；尿沉渣检查有多量膀胱上皮细胞，有时可能出现磷酸铵镁结晶。

尿液与血液不是均匀地混合，在一次排出的尿液中，仅最初一部分尿液混有血液；尿沉渣检查有多量尿道上皮细胞。主要见肾炎、肾损伤，膀胱炎、膀胱损伤，尿道炎及其他疾病，如炭疽、血斑病等。

3. 治疗

（1）可用仙鹤草素液及呋塞米注射液。也可应用钙制剂。

（2）维生素 K 注射液，一次肌内注射或静脉注射 $100\sim300mg$，每天 2 次，连用 4 天效果显著。

（3）中兽医辨证施治 血尿中兽医称尿血，是由于膀胱积热而引起尿血，"小肠尿血伤心热"，意思是说心和小肠有热移注膀胱，一般采用清热凉血、利尿止血等法。可选用以下处方。

【秦艽散】秦艽 40g 当归 30g 赤芍 25g 炒蒲黄 30g 瞿麦 30g 焦栀子 25g 车前子 25g 大黄 30g 没药 30g 连翘 30g 淡竹叶 30g 灯芯草 25g 茯苓 25g 甘草 30g

共为末，以竹叶、灯芯草煎水冲药，候温灌服。

【瞿麦散】瞿麦 60g 木通 50g 知母 30g 黄芩 30g 龙胆草 30g 柴胡 30g 地骨皮 30g 天花粉 30g 陈皮 30g 槟榔 30g 地肤子 30g

共为末，开水冲，候温灌服。

【处方】川黄连、地龙各 50g

共为末，加黄酒 250g，开水调成糊状灌之。

第七节 中 毒 病

中毒是有毒物质作用于动物机体而引起的疾病。每年因各种毒物中毒的马为数不少，且往往是成群的发生，死亡率也相当高。

一、有机磷杀虫剂中毒

有机磷农药为目前仍在广泛应用的农药，该类农药不仅可用于防治果树、农作物的害虫，在兽医临床上亦用作体内外驱虫药。由于有机磷农药种类繁多、毒性不一，故在兽医临床上往往因使用不当而引起中毒，有机磷农药中毒具有发病快、病情重、病程短、死亡率高等特点。

有机磷杀虫剂除乐果和敌百虫外，一般难溶于水，易溶于有机溶剂。它们在环境中不很稳定，易与水发生反应而分解，且受热和氧化也易分解。各品种的挥发性并不相同，其中敌敌畏挥发性最大，而乐果最小。按农药毒性分级标准可划分为高毒或剧毒类、中毒类、低毒类农药。按作用方式划分为内吸性、触杀性广谱杀虫剂等。

1. 原因　有机磷杀虫剂为毒性较强的接触性或内吸性农药，具有高度的脂溶性，可经消化道、呼吸道和皮肤进入机体，临床上以消化道吸收中毒为多见。

（1）采食、误食或偷食喷洒过有机磷杀虫剂的农作物、蔬菜或牧草等，尤其是在杀虫剂仍处在残留期时，中毒更为严重。

（2）在农业上常用对硫磷、甲拌磷和敌百虫拌种防治地下虫害，用甲拌磷、乙拌磷和棉安磷溶液浸泡种子。如果不慎误食拌过或浸泡过农药的种子可引起中毒。

（3）在兽医临床上常用敌百虫来驱除马体外寄生虫，如果用量过大或马舔食体表的药物可发生中毒。

（4）饮用被有机磷农药污染的水，如在池塘、水槽等引水处配制农药、洗涤装过有机磷农药的器具等。

（5）农药的贮存不当或饲料库中拌种等都有可能污染饲料，引起中毒。

（6）人为投毒。

2. 症状　有机磷中毒后主要表现为胆碱能神经纤维兴奋，引起相应组织器官生理功能的改变，出现毒蕈碱样症状、烟碱样症状和中枢神经系统症状。

（1）毒蕈碱样症状　主要表现为唾液分泌过多，胃肠运动过度而导致剧烈的腹痛、痉挛、呕吐、腹泻、出汗、瞳孔缩小，可视黏膜苍白，因支气管腺体分泌增加，导致呼吸迫促，甚至呼吸困难，严重者可伴发肺水肿。由于此作用颇似毒蕈碱的作用，故称"毒蕈碱样作用"。

（2）烟碱样症状　当支配骨骼肌的运动神经末梢和交感神经的节前纤维（包括支配肾上腺髓质的神经纤维）等胆碱能神经兴奋时，乙酰胆碱的作用和烟碱相似，故称为"烟碱样作用"。主要表现为肌肉震颤，常出现躯体及四肢僵硬，肌肉活动过度，很快转为骨骼肌无力和麻痹。

（3）中枢神经系统症状　凡能通过血-脑屏障的有机磷农药，均能抑制脑内的胆碱酯酶，导致脑内乙酰胆碱含量增高。临床表现为兴奋不安、体温升高、抽搐，严重时呈现昏迷状态。中毒马可表现为饮食废绝，流涎，出汗，站立不稳，出现后退动作，呼吸浅表，困难，甚至窒息，心音增强，肠音大，有疝痛症状，腹围增大，排稀粪，有的表现视力障碍。

3. 诊断　根据病史即临床症状，结合胆碱酯酶活性及有机磷的检验不难确诊。

（1）病史调查　当马发生中毒时，应结合中毒所在地当时使用有机磷杀虫剂的种类进行详细的分析，找出有价值的参考依据。要注意观察中毒马的饲料和饮水，中毒马的胃内容物、呼吸道分泌物和皮肤等有无有机磷杀虫剂的特殊气味。

（2）临床症状　注意流涎、瞳孔缩小、肌肉震颤、呼吸迫促、肺水肿和肠蠕动增强等主要示病症状。

（3）治疗性诊断　静脉或肌内注射治疗量硫酸阿托品注射液，在约 10min 不表现阿托品过量表现（如口干、心跳加快，瞳孔散大），而表现心跳减慢者，可判定为有机磷中毒。

（4）鉴别诊断　氨基甲酸酯类农药中毒与有机磷农药中毒的中毒机制和临床症状相似，但毒物检测结果不同。注射生理拮抗剂对氨基甲酸酯类农药中毒有效，但用胆碱酯酶复活剂无效。

4. 治疗 当马发生中毒时，应立即停止喂饮怀疑被有机磷杀虫剂污染的饲料和饮水，并将马转移到通风良好的安全圈舍中。经皮肤或经口中毒者，立即用1％的肥皂水洗涤皮肤或48％碳酸氢钠溶液洗胃和灌肠，多数有机磷农药可以在碱性溶液中分解失效。但是，在八甲磷、敌百虫中毒时，它们易在酸性介质中分解中失效，故可以用1％醋酸洗涤皮肤。若为对硫磷中毒时，严禁用高锰酸钾洗胃，因为在高锰酸钾存在的情况下，对硫磷可转化为毒性更强的氧磷。为了阻止毒物继续被吸收，促进毒物排出，可灌服活性炭。由于多数有机磷杀虫剂具有高度的脂溶性，因此严禁用油类泻剂。

特效解毒疗法：

（1）生理拮抗剂 硫酸阿托品注射液为M型胆碱能神经抑制剂，治疗中应超量使用，但阿托品只能缓解有机磷中毒的主要症状，不能从根本上解毒。此外，在使用中应防止因用量过大而出现的阿托品中毒。在使用阿托品解毒时常采用多次用药，直至不再出现大量流涎或停止流涎、瞳孔恢复正常或稍大为止（治疗量为0.02～0.05mg/kg，中度中毒用量可加大2～4倍，重度中毒用量可为轻度中毒的5～10倍）。首次静脉注射约30min后不出现阿托品的症候再改为皮下或肌内重复用药，直至出现明显的"阿托品化"症候群后，减少用药次数为1～2h 1次，并减少用量以巩固疗效。

阿托品既不能解除乙酰胆碱对横纹肌的作用，也不能恢复胆碱酯酶的活性，对轻度中毒的病例，单独用阿托品可收到满意的疗效，但对中毒严重的马匹，必须配合应用胆碱酯酶复活剂，方能有效。

（2）胆碱酯酶复活剂 常用的有解磷定、氯磷定、亚甲蓝和亚硝酸钠。这类解毒剂的特点是能使磷酰化胆碱酯酶迅速恢复为胆碱酯酶从而发挥其生理活性作用。对中毒已发生3d以上的动物或由乐果、马拉硫磷引起的中毒无效。

①解磷定微溶于水，只能静脉注射，不易透过血脑屏障，遇碱溶液易转化为剧毒氰化物，维护作用时间1.5～2h，临床治疗时应反复用药。用敌百虫、敌敌畏、乐果、马拉硫磷等疗效更好。

②氯磷定的水解作用比解磷定大，可静脉和肌内注射。本品对乐果中毒无效。对内吸磷、对硫磷、敌百虫、敌敌畏中毒48～72h后无效。

③亚甲蓝注射液，一次静脉注射量每千克体重1～2mg。

④亚硝酸钠注射液，一次静脉注射量每千克体重15～25mg。

5. 预防

（1）加强有机磷杀虫剂的保管和使用。

（2）严禁马食入喷洒过有机磷杀虫剂的青草和作物。

（3）加强对有机磷农药生产厂家的"三废"处理，减少环境污染。

（4）严格按规定使用农药，杜绝和使用剧毒、高残留的有机磷农药。

二、砷中毒

三氧化二砷（砒霜）、砷酸钙、亚砷酸钙、砷酸铅等，都是常用的含砷杀虫剂。这类农药毒性很强，少量进入动物体内，即可引起严重中毒，甚至死亡。马常有发生中毒的。

1. 原因 常因误食了含砷农药处理过的种子，或采食了喷洒过含砷农药的农作物，或喝了被药液污染的水而引起砷中毒。把砒霜拌的谷种子放在地头，马吃了拌有砒霜的谷种子而中毒。

2. 症状 马误食含砷农药后，经 0.5～2h 即呈现中毒症状。首先整个消化道出现炎症，毒物吸收后出现神经症状。

中毒马最初流涎，上下唇不停地震颤和挛缩，反应敏感，惊恐不安；以后则精神沉郁，低头闭眼，口腔黏膜潮红、肿胀，严重的黏膜脱落，形成烂斑、出血。多数病马呈现腹痛，腹泻不止，粪便常混有血液。

随着疾病的发展，逐渐呈现全身肌肉颤动，个别肌群麻痹，针刺无反应，阴茎脱出，运动失调等。病马食欲废绝，呼吸频数，节律不齐，脉搏细数。体温初期升高，而后下降，病马迅速衰弱，如不及时抢救，仅数小时至 1～2d 死亡。

3. 治疗 砷中毒的特点是症状重剧，发展迅速。早期治疗。诊疗中，要争取时间。抢救病马，一般可按以下方法进行治疗。砷化物中毒时，忌用碱性药剂和含钾制剂，以避免形成易溶性亚砷盐酸，提高吸收率，加剧中毒症状。

（1）洗胃 尽早应用 0.1%过锰酸钾液反复洗胃，同时洗口腔，除去残存于口内的毒物（忌用稀盐酸等洗胃，因为碱或酸可以生成可溶性的亚硝酸盐，反而促进吸收）。

（2）应用解毒剂 二硫丙醇是解除砷中毒的特效药。其作用是活性硫基与金属离子有强大结合力，能夺取已与组织中酶系统结合的金属毒物，使成不易解离得化合物，从尿中排出。

（3）全身疗法 对较重的病马，除以上处置外，还必须配合输液及强心等对症治疗。强心剂可用地高辛（内服全效量 0.025mg/kg，维持量 0.011mg/kg）。也可用黄夹苷（一次静脉注射 0.08～0.18mg/kg），但一天内不宜超过两次。

（4）民间验方

①榆树皮粉 250～500g、绿豆 500g。将绿豆研碎，置入清水中，用木棒搅动生沫，取掉其沫，用此液一瓢左右，将榆树皮粉调入灌服。

②绿豆 500g、甘草 60g 同煎灌服。

③榆树皮粉 100g、鸡蛋清 12 个，用温水调榆树皮粉，混进鸡蛋清灌服。

（5）护理 将病马拴在安静的地方，避免刺激，多垫些褥草，饮清凉水。预防方法同有机磷农药中毒的预防。

4. 预防

（1）严格管理含砷农药。严禁在喷洒过的底地边、田埂上和下风地段放牧。处理好用农药拌过的种子，以防动物误食。

（2）用砷剂防腐的木材要妥善保管，防止动物舔食木材而中毒。

（3）医用砷剂，应注意用法用量，以避免动物中毒。

（4）治理砷化物生产工厂及其他用砷工厂附近的三废污染物。

三、醉马草中毒

醉马草，又名醉马芨芨、醉针茅、马尿扫、醉针草等，是禾本科芨芨草属的多年生草本植物。须根柔韧，茎丛生，平滑，高 60～100cm，通常 3～4 节，节下有微毛，基部具鳞芽。花序狭长，花梗短于小穗，小穗呈圆柱形，灰绿色，成熟后变褐铜色或带紫色，外穗厚韧，具芒刺长约 10mm。花果期 7—9 月，多生长放牧过度的高山草原及亚高山的草原较干燥处。在低矮山坡、山前草原及河滩、路旁也广泛生长醉马草在我国主要分布于新疆、内蒙古、青海、甘肃、宁夏、陕西、四川、西藏等地。

1. 原因　醉马草一般在早春开始萌发，当地生长的马，一般多能识别，多数情况下不主动采食，在过分饥饿或与其他植物相混时偶尔误食中毒。外地引入或路过马因不能识别而大量采食，常常会发生中毒甚至死亡。一般采食鲜草达体重的 1％时可产生明显的中毒症状。

2. 症状　马属动物在采食 30～60min 后出现中毒症状，轻度中毒者表现心跳加快（90～110 次/min）、呼吸急促（60 次/min）、精神沉郁、食欲减退、口吐白沫。较严重中毒时，头低耳聋，流泪、闭眼，颈部稍显僵硬，行走摇晃，蹒跚如醉，知觉过敏，有时呈阵发性狂躁，起卧不安，2h 后站立不稳，行走时后肢拖拉，步态踉跄，精神极度沉郁，有时倒地不能站立，呈昏睡状，12h 后排出大量尿液，之后症状开始缓解。严重中毒，除上述症状外，尚可见腹胀、腹痛、鼻出血、急性胃肠炎等症状。

3. 诊断　根据采食醉马草的病史及精神沉郁、心跳加快、呼吸迫促等症状进行诊断。

4. 治疗　目前尚无特效治疗方法。早期应用酸类药物抢救有一定效果，可给中毒马匹内服酸性药物，如稀盐酸 15mL、醋酸 30mL 或乳酸 15mL。亦可内服食醋或酸奶 0.5～1kg，同时静脉注射 500～1 000mL 等渗或高渗葡萄糖溶液以及生理盐水，可缓解症状。为提高疗效，还应采用支持疗法及对症治疗。

5. 预防　对新购进的马，可将幼嫩的醉马草捣碎，混入人尿或马尿，涂于马的口腔及牙齿上，使其厌恶，不再采食醉马草。醉马草返青发芽较早，早春牧草缺乏的时候禁止在有醉马草的地区放牧，对刚学会吃草的幼驹及外来马更应特别注意。

四、蓖麻籽中毒

蓖麻籽中含有两种有毒物质，即蓖麻毒素与蓖麻碱。蓖麻毒素在种子内含量为 2.8％～3％，油饼中含量 1％，是一种毒性强的蛋白质。蓖麻碱毒性较小，主要存在于蓖麻的茎、叶内。当动物采食蓖麻籽、未经处理的蓖麻籽饼或其茎、叶时，可引起中毒。马对蓖麻毒素极为敏感，中毒后症状重剧、发展快，治疗不及时往往引起死亡。

1. 原因　动物采食一定量的蓖麻籽或未经处理的油饼均可引起中毒，马食入 8～12 粒新鲜蓖麻籽（30～50g），就能引起中毒死亡。曾见：用碾过蓖麻籽的磨再碾豆饼饲喂马，使同槽 3 匹马发生中毒；用盛过蓖麻籽渣的桶盛水饮，使 8 匹马同时中毒。用未经处理的蓖麻籽饼喂马，使 28 匹马全部中毒，经积极抢救，死亡 14 匹。从上述实例可以看出蓖麻籽中毒的主要原因是饲养管理中疏忽大意。

2. 症状　马采食蓖麻籽后，一般经过 4～12h 发病，其主要症状是胃肠炎。

（1）消化系统症状　口唇痉挛，头颈伸展，口腔干燥、恶臭，口炎较重的流涎；病马表现腹痛，站立不安，不断回顾腹部，肠音减弱，排粪困难。部分病马肠蠕动音增强，腹泻不止，并混有黏液和血液。

（2）神经症状　病马先精神沉郁，其后极度兴奋，狂暴不安，向前奔跑，以头抵墙，行走不稳，后躯摇晃，全身肌肉震颤。部分病例出现膈痉挛，有的可持续数日。

（3）全身症状　可视黏膜潮红并黄染，体温升高至 39.5℃以上，重病例可达 40℃以上。呼吸增数而困难。心搏动增强，达 80 次/min 以上，脉搏细数，甚至不感于手。

严重的病例，全身机能迅速衰竭，躺卧，以头支地，不能起立，体温至常温以下，有的可到 35℃，于 1～2d 内死亡。

3. 诊断　问诊中发现病马有蓖麻籽中毒可疑时，应进一步调查，如在饲槽中找到蓖麻籽、蓖麻籽壳，同槽马匹在几小时内都突然发病、症状基本相同，其主要症状为消化系统、神经系统、心脏血管系统等的机能紊乱，可建立诊断。

4. 治疗　为了排出胃肠内容物，减少毒物吸收，可应用 3%～5%碳酸氢钠液反复洗胃及灌肠；内服硫酸钠 300～400mL，可同时内服活性炭 100～150mL。

为了维护心血管活动，加强神经机能，可反复皮下注射毛花苷丙和黄荚苷；或用 10%氯化钠 2 000～3 000mL 静脉注射；病情严重而心脏尚不衰竭时，可先静脉放血 1 000～2 000mL，然后静脉注射复方氯化钠液或 5%～10%葡糖糖液 2 000～30 000mL、碳酸氢钠液 300～500mL。

病马兴奋时，可静脉注射地西泮注射液，一次静脉注射量每千克体重 0.1～0.25mg。

实践证明，中毒马的心脏越是衰弱就越需要补液，但补液的速度必须慢，病初输入量最好在 30mL/min 以下，输至一定量后，改为静脉点滴输液。

【民间配方】甘草 15g　山豆根 30g　双花 30g　连翘 15g　生黄芪 15g　雄黄 30g　明矾 30g

护理：注意保持病马安静，避免强烈刺激，给予微温盐水，必要时饲喂面糊或米粥等，直至病马中毒症状消退。

5. 预防　注意饲养管理，不要在种植蓖麻的地区放牧。马通过种植蓖麻的地区时，要严加控制，防止采食蓖麻籽。饲料中绝对不混杂蓖麻籽。

（1）凡是加工处理蓖麻籽的器具，必须彻底清洗干净后，才能作为马的饲养工具。

（2）用蓖麻籽饼作饲料时，应先进行处理，除去毒素。可将蓖麻籽饼煮沸 2h（加入碳酸氢钠效果更好）或高压 30min，因为蓖麻毒素是蛋白性物质，高温下毒素可被破坏。也可以用 10%浓盐水浸泡 6～10h 后，再用清水清洗 1～2 次。为保证安全，以经处理的蓖麻籽饼作饲料时，也要逐渐增加喂量。

五、化肥中毒

马误食化肥中毒的事件时有发生。除了马误食含化肥的饲料或误饮被化肥污染的水而发生中毒外，也有人为因素，如用尿素作为非蛋白氮的补充饲料给马饲喂时，喂量过大可引起中毒。

氮肥在农业生产上使用最广泛，马接触机会最多，因此临床上氮肥中毒最多见。

（一）氨中毒

氮肥中毒的实质是氨中毒，是动物误食铵化物（如硝酸铵、碳酸铵、硫酸铵等）、饮用氨水或圈舍内氨气浓度过高引起的中毒病，多见于马。

1. 原因

（1）由于氮肥保管不严，被马误食或偷食而引起中毒。

（2）圈舍通风不良，舍内粪便清理不及时，含氮化合物分解释放出高浓度的氨，马吸入氨气而中毒。此外用氨气熏蒸马舍后换气不足，也可造成马群氨中毒。

氨气有强烈的刺激性气味，比重较空气大，因此常在厩舍靠近地面处流动。据报道，人可闻出空气中 $15mg/m^3$ 的氨，空气中氨浓度达 $25\sim35mg/m^3$ 时，可刺激人的眼睛，单胃动物和马对胺盐中毒比较敏感。

食入胃内的铵盐，在胃内酸性环境中分解释放出氨而引起氨中毒。氨除了对胃肠黏膜即呼吸道上皮黏膜产生强烈的刺激外还可经肺脏、胃肠吸入血液而作用于机体的重要器官组织。

2. 症状 饮入氨水或食入铵肥时，病马首先出现口炎，口腔黏膜迅速红肿，甚至发生水疱，口腔流出大量的泡沫状唾液，马吞咽困难，声音嘶哑，剧烈咳嗽。其后，口腔黏膜充血、水肿加剧。马口腔黏膜充血、出血、肿胀，有大量出血点和溃疡。浆膜下布满出血斑。胃肠黏膜水肿、坏死，内容物有氨臭味。肝脾肿大，有出血点。肺充血、水肿。支气管黏膜充血、出血。肾小管肿胀，并有坏死灶。

3. 诊断 根据病史、症状和血氨的测定进行确诊。

4. 治疗 铵盐中毒尚无特效疗法。以对症治疗为主。预防应注意化肥的保管和使用制度，防止装氨水的容器泄漏，保持厩舍通风卫生。

（二）尿素中毒

尿素是动物体内蛋白质分解的最终产物，常通过肾脏由尿液排出。尿素是含氮46%的中性高效化肥，除应用于农作物外，还是反刍动物蛋白质的补充饲料，但如果补饲不当，常会引起中毒。

1. 原因 补饲不当，如突然给马补饲大量尿素极易引起中毒。此外，尿素保管不当，被马偷食也常引起中毒。

2. 症状 中毒症状出现时间与食入的尿素量有关。

马在食入中毒量的尿素后，$30\sim60min$ 即出现症状，起初表现为沉郁和呆滞，接着表现不安和感光过敏，呻吟，肌肉抽搐，步态不稳，反复出现强直性痉挛，呼吸困难，脉搏加快，出汗，流涎。后期，马倒地，四肢呈游泳状运动，常因窒息而死亡。血液氢离子浓度指数初期升高，死前下降，伴有高钾血症。严重中毒者可在数小时或数天死亡。无特征性变化，有的仅表现为轻微的肺水肿、充血和瘀斑。胃内容物有氨臭味，口鼻充满泡沫状液体，有的可见到全身性静脉淤血，器官充血，严重肺水肿，胸腔积液，心包积水，肝、肾脂肪变性，有的心内膜和心外膜下出血。

3. 诊断 结合病史（突然饲喂大量尿素或饮用含高浓度尿素的水）、症状（强直性痉挛、循环衰竭、呼吸困难等）和剖检变化（器官充血、水肿，胃内容物有氨臭味）可做出诊断。必要时可进行血氨测定。

4. 治疗 无特效疗法，可采取对症治疗。当发现中毒时，立即停喂尿素。病初可灌腹催吐剂或泻剂。酸化胃内容物，口服大量食醋，效果较好。

5. 预防 加强对尿毒的管理。严防马食入含有尿素的饲料和饮水。

（三）石灰氮中毒

石灰氮又名氰氨化钙、氰氮基钙，是一种碱性氮肥，既具有氮肥作用，又可改良酸性土壤，消灭杂草，杀灭害虫。

1. 原因 施用时防护不严，被马吸入。管理不当，被马误食。施到土壤，尤其是碱性土壤后可形成双氰胺，引起人畜中毒，以马多见。

2. 症状　吸入中毒时，出现咽喉炎、支气管炎等症状，严重时发生肺水肿。内服中毒时，病马表现食欲减退或废绝，流涎，呕吐、腹泻、出汗、痉挛、间歇性疝痛。可视黏膜肿胀和溃疡，有的发生脓肿，结膜发绀，体温升高。

3. 诊断　主要根据与石灰氮的接触史和症状判断，必要时可进行喂饲试验。

4. 治疗　可用氢氰酸中毒的解毒办法治疗。内服氧化镁、淀粉等，注射亚硫酸钠溶液和维生素 C，并且采取必要的对症疗法。

（1）解毒　氯化钠注射液一次静脉注射 1 500～2 000mL，25％葡萄糖液静脉注射 2 000～3 000mL。

（2）阻止毒物进一步吸收　用活性炭 50g、氧化镁 25g、鞣酸 25g，混合调水内服。

（3）对症治疗　氨茶碱（一次皮下注射量 1～2g）每天 3 次。亦可选用中药治疗，食醋 500～1 000mL 灌服；绿豆 1 000g 加水磨浆与鸡蛋清 15 个混合，灌服。严重便血时，用金银花、铁苋菜、半边莲各 130g 水煎内服。

注意：整个疗程中禁用酒和酒精。

5. 预防

（1）管好石灰氮，严防误用和被马误食。

（2）做好防护，防止在施用石灰氮过程中马吸入中毒。

（3）凡用过氮肥的田、土以及有关的水塘、河沟。10 天内禁止放牧、饮水和割草饲喂马匹。

（四）过磷酸钙中毒

过磷酸钙为灰白色或淡褐色粉末或颗粒，有吸湿性，能溶于水，呈酸性反应。

1. 原因　误作驱虫药使用。

2. 症状　表现出血性肠炎的临床症状。初腹泻后便秘，食欲减退或停止，最后衰弱死亡。

3. 诊断　根据病史、症状，结合饲料和胃内容物的毒物检验，可做出诊断。将检材用稀硫酸浸泡过滤，滤液于水浴上浓缩后取 1mL，加入浓硝酸 1mL，钼酸铵试剂 4mL（钼酸铵 15g 溶于水 100mL 中搅拌。倒入比重为 1∶2 硝酸 100mL 中，再加入硝酸铵 15g 即可），微热（40～50℃），观察是否出现黄色沉淀（磷钼酸铵）。

4. 治疗　解毒药为硫酸铜、松节油和高锰酸钾，迅速口服。

解毒后尽快应用盐类泻剂促使毒物排出（忌用油类泻剂即牛奶等，因其可促进磷溶解吸收）。同时配合对症治疗，如应用葡萄糖和胰岛素等。

5. 预防　防止误食，避免在施用过磷酸钙的区域放牧或给马饮水。

六、铅中毒

铅中毒是马直接或间接食入含铅物，引起以流涎、腹痛、兴奋不安和贫血为主要临床特征的一种疾病。铅为蓄积性毒物，小剂量持续地进入体内能逐渐积累而呈现毒害作用。马多发，特别是幼驹和怀孕母马更易发生。

1. 原因　马铅中毒主要是工业污染和意外大量接触所致，常见原因如下：

（1）铅矿污染　植物和土壤中含有微量铅，土壤中含铅平均为 5～25mg/kg，正常土壤可使进入的铅变为不溶解、不活泼的化合物。酸性土壤可以提高其溶解度。

（2）农药污染　草食动物在喷洒过含铅农药（如砷酸铅）的地区放牧，或在喷雾之后的果林放牧，均可引起中毒。

（3）长期使用铅制饲槽和饮水器具或长期饮用铅制自来水管饮水，可致慢性铅中毒。

（4）舔食含铅软膏（醋酸铅）、机油、润滑油，甚至吞食铅粒、漆布而中毒。

（5）汽车尾气　汽油中加有含铅防爆剂四乙基铅，汽车排放的尾气中含有铅。据测定，交通频繁的公路两侧青草含铅量可高达 $255\sim500mg/kg$，马采食后可发生中毒。

（6）油漆和颜料中含有铅化合物　如氧化铅（又称黄丹）、三氧化二铅（又称铅丹）等。马通过舔食油漆物品或吃脱落的油漆、颜料碎片及这些含铅物的废弃物而中毒。

2. 症状　马铅中毒主要表现兴奋不安、肌肉震颤、失明、运动障碍、麻痹、胃肠炎及贫血等，因马品种不同，临床症状有一定差异。

3. 诊断　临床上主要根据发病史、铅污染及铅来源、症状、病理变化进行诊断。

实验室检验：血液检查有贫血特征，血色素降低，嗜碱性粒细胞、网织红细胞及点彩红细胞增多。饲草（料）、血液、被毛、肝脏、肾脏和骨骼铅含量分析及血液中酶的活性和尿液含量的测定，可为本病的诊断提供依据。

以上诊断结合血液、肝脏、饮水、食物和胃内容物含铅量测定结果可作出确诊。

本病有明显的失明、腹痛及神经症状，应与维生素 A 缺乏症、脑灰质软化、低镁血搐搦、神经性酮病、脑炎及其他重金属中毒相鉴别。

4. 治疗　治疗原则是立即断绝毒源，清除胃肠毒物，解毒及对症疗法。

清除胃肠含铅毒物：可用硫酸镁洗胃，促使形成不溶性硫酸铅，并加速排出。马可给予催吐剂加速胃内容物排出。在慢性中毒时，可内服碘制剂使已沉积于内脏的铅质移动，并促使排出体外。

急性中毒马的治疗，静脉注射 10％葡萄糖酸钙，马每次 50mL，可促使血铅回到骨骼，以稳定急性中毒的病情。或口服乳酸钙，每次 10～30g，每天 3 次，连用 2～3d，有相同作用。

（1）乙二胺四乙酸钠钙（即依地酸二钠钙）可与金属铅结合成不解离但能溶解的络合物，从而减弱铅的毒性，且易从尿和胆汁中排泄。剂量：马可用 3～6g，溶于 5％葡萄糖盐水 100～500mL，静脉注射，每天 2 次，连用 4d 后酌情再用。切忌口服，使用时应配合对症治疗。

（2）青霉胺是一种比其他单巯基（如胱甘肽和半胱氨酸）更好的金属络合剂。口服可使尿排铅量增加 4～5 倍。

（3）二硫丙醇可增加铅从尿和粪中排出，缺点是作用时间短，需要重复用药；优点是其作用可达脑部，并可除去红细胞中的铅。剂量：马每千克体重 4mg，第一、二天每 4h 肌内注射一次，3d 后视症状酌减。

对症疗法：如腹痛和兴奋不安时，可给予吗啡。高度呼吸困难的马，可施行气管切开术。

5. 预防

（1）防止在铅矿及其冶炼厂污染地区放牧，防止饮用铅厂附近被污染的水。

（2）限制在交通频繁的公路两侧放牧。

（3）饲槽、圈舍周围动物能舔食到的栏杆、门窗等物体不用含铅油漆及颜料。

（4）圈舍及放牧地区，不要堆放或乱扔铅皮、铅粒、旧电池极板、油毛毡、机油等含铅垃圾。

七、汞中毒

汞中毒是马吸收汞及汞化合物后，刺激局部组织并与多种含巯基的酶蛋白结合，阻碍细胞正常代谢，引起以消化、呼吸、泌尿等系统急慢性炎症为特征的疾病。

1. 原因　无机汞作为各种杀寄生虫软膏和刺激性软膏的成分，如黄氧化汞用作眼膏。红碘化汞、硝酸汞也是常用的汞制剂软膏。氯化汞曾作防腐剂。这些金属汞制剂及无机汞化合物制剂常因误用、用量过大或长期使用导致马汞中毒。

2. 症状　马中毒后发生疝痛和腹泻，重者粪便带血，尿液中出现蛋白、肾上皮细胞、尿路上皮细胞、管型和血尿，严重者少尿或无尿。常伴发支气管炎，肌肉震颤，运动失调，视力减退或失明，后躯麻痹，心跳快弱且节律不齐。汞蒸气中毒的马匹出现咳嗽、流泪和鼻液，随之出现神经症状和急性肾炎综合征。

3. 诊断　根据病史（汞制剂、汞蒸气接触史及环境污染情况），结合临床症状与主要病理变化可做出初步诊断。必要时采取可疑样品、胃肠内容物、肝、尿液等进行毒物分析。

4. 治疗　强心、补液，静脉注射生理盐水，或10％～25％葡萄糖注射液，并加入维生素C注射液，保护胃肠黏膜，缓解腹痛。

八、硒中毒

硒中毒是马采食大量含硒过多的饲草料而引起精神沉郁、呼吸困难、步态蹒跚、脱毛及蹄壳脱落等综合症状的一种疾病。硒可引起各种马中毒。

硒是马机体的必需微量元素，缺乏时可引起多种疾病，如白肌病。但过多时又可引起马中毒，如所谓的"蹒跚病"和"碱病"。

1. 原因

（1）土壤含硒量高　富硒地区的植物吸收土壤中硒，导致生长的粮食或牧草含硒量高，马采食后可引起中毒。一般认为土壤含硒1～6mg/kg，其上生长的饲草，即可引起马硒中毒。我国湖北的恩施县和陕西的紫阳县土壤含硒分别高达7.1～45.5mg/kg和2.22～27.92mg/kg。

除聚硒植物外，有些植物在富硒土壤中可被动蓄硒，其含硒量为生长在同一土壤上专性聚硒植物的1％，即使这样的浓度仍然可使马中毒。如玉米、小麦、大麦、青草等就是被动蓄硒植物。生长在富硒地区的小麦、玉米、甘蓝和洋葱含硒量可达20～60mg/kg。

（2）人为因素　硒制剂用量不当，如用亚硒酸钠防治马白肌病时用量过大，或在马饲料添加剂中含硒过多或混合不均匀。

硒的毒性可因食物中含有砷、银、汞、铜、铅等元素而大大降低。汞、铜、铅在消化道内可与硒形成无毒化合物。亚砷酸钠或砷酸钠可减轻或预防马的硒中毒。但硫化砷无效。

吸收与分布：硒易从胃肠道吸收，尤其是小肠，吸收后可分布于全身，主要分布于肝、肾及脾脏，慢性中毒可以大量分布于毛和蹄内。硒还可以通过胎盘，造成胎儿畸形。

硒不能经完整皮肤吸收，但可穿透损伤的皮肤。可溶性硒盐吸收迅速，元素硒吸收较差。

排泄：摄入的硒主要经尿液排出。硒还可以通过粪便、乳汁、汗液及呼出气体排出。

2. 症状　硒中毒的临床症状可分为急性、亚急性和慢性：

（1）马急性中毒　多由于食入多量高硒植物或使用亚硒酸钠过量所致。主要表现为全身出血，肺充血及水肿，腹水，肝、肾变性。精神沉郁，运动失调，盲目徘徊，不避障碍或呆立，脉快而弱，肌肉震颤，腹痛，黏膜苍白或发绀，后期陷于昏睡，常因呼吸衰竭而死亡。

（2）马亚急性中毒　常称"瞎撞病"或"蹒跚病"。主要见于在高硒牧场放牧的马。表现消瘦，被毛粗乱，离群徘徊，视力减弱，步态蹒跚。进而失明，转圈，不避障碍。流涎，流泪，腹痛。吞咽障碍，最后麻痹、虚脱、呼吸衰竭而死亡。剖检可见各脏器均有变形，肝脏及脾脏损害严重。肝脏萎缩、坏死和硬化。脾脏肿大并有局灶性出血，多有腹水。脑充血、出血、水肿及软化。中毒数周至数月不表现症状，一旦症状出现可于数日内死亡。

（3）马慢性中毒　也称"碱病"。马的鬃毛及尾毛脱落，被毛粗乱，呆滞，精神沉郁，消瘦，关节僵硬，跛行。蹄壳脱落，变形。病马常伴有贫血。剖检变化与亚急性相似，最显著的变化是心肌萎缩、肝萎缩和硬化，并有胃肠炎和肾炎变化。

3. 诊断　马患硒中毒的诊断并不困难。主要依据放牧情况，如在富硒地区放牧或采食富硒植物及有硒剂治疗史，结合临床症状，血红蛋白含量降低，贫血等可初步诊断。

确诊可采集牧草、饲料，病马毛、血、肝或尿液，进行硒含量测定。

4. 治疗　急性硒中毒目前尚无特效疗法。

慢性硒中毒可用砷制剂内服治疗。亚砷酸钠以每千克体重 5mg 加入饮水服用。10%～20%的硫代硫酸钠，以每千克体重 0.5mL 静脉注射，有助于减轻刺激症状。

5. 预防

（1）在高硒牧场的土壤中施入氯化钡，能使植物硒吸收量降低 90% 以上。多施酸性肥料，可减少植物对硒的吸收。

（2）高蛋白饲料对硒中毒有保护作用，如亚麻籽油饼含酪蛋白较多，可减轻中毒；饲喂富含硫酸盐的饲料或加入维生素 B_1、维生素 E 及一些含硫氨基酸，或加入砷、汞和铜元素也可以减轻或预防慢性硒中毒。

（3）饲料中添加对氨基苯胂酸或 3-硝酸-4-巯基苯胂酸，分别以 0.02% 和 0.005% 给予，对含硒 10mg/kg 以下日粮有预防效果。

九、食盐中毒

食盐是马日粮中不可缺少的营养成分，可增进食欲，帮助消化，保证马体水盐代谢的平衡。如果摄入食盐量过多，特别是限制饮水时，常发生食盐中毒。本病以消化道炎症和脑组织水肿、变性甚至坏死等病理变化，以及神经症状和消化紊乱为临床特征。食盐中毒可发生于各个品种的马。

1. 原因

（1）不正确地利用腌制食品　如腌肉、咸鱼、泡菜和乳酪加工后的废水、残渣以及酱渣、食堂残羹等。突然喂量过多或未同其他饲料搭配使用，极易引起中毒。

（2）突然加喂食盐　对长期缺盐（盐饥饿）的马，特别是喂给含盐饮水而未加限制时，容易发生食盐中毒。有时饲料中所添加的食盐未碾碎或混合不均，马一次性采食大量食盐后发生中毒。

（3）饮水不足　如果完全不限制饮水，该病发生的可能性会大大减少。但如严格限制饮水或缺水时，则会发生食盐中毒。又如在自由饮水的条件下，甚至可长期耐受含盐高达13％的日粮。

（4）马体水盐平衡状态的稳定性　直接影响其对食盐的耐受性。如环境温度较高，使机体水分大量散失时，可使马不能耐受冷季的食盐饲喂量。

（5）全价饲料　日粮中钙、镁等矿物质充足时，马对过量食盐的敏感性大大降低，否则敏感性显著增高。

（6）治疗马疝痛时　食盐或硫酸钠的用量过大或浓度过高，如剂量超过350g或浓度超过6％时，可引起中毒。

（7）维生素E和含硫氨基酸等营养成分缺乏，马对食盐的敏感性升高。

2. 症状　马表现为口渴，结膜红潮，齿龈燥红，肌肉痉挛，行走摇摆，严重时后肢不全麻痹或全麻痹，甚至昏迷。

（1）急性食盐中毒　胃肠黏膜充血、水肿、出血，严重者呈纤维蛋白性肠炎，粪便稀薄、色暗，混有血液。

（2）慢性食盐中毒　胃肠病变多不明显，主要病变在脑。除弥漫性脑水肿和椎体棘细胞变性外，比较特殊的是大脑皮层灰质部出现软化坏死灶。

3. 诊断　根据有采食过量食盐（或钠盐）或饮水不足的病史，无体温变化而有癫痫样发作等神经症状及脑水肿、变性、软化、坏死，嗜酸性细胞血管套等病理学变化建立诊断。

必要时可按下列方法检验有无食盐的存在。

将胃肠内容物连同黏膜取出，加多量的水使食盐浸出后过滤，将滤液蒸发至干，可残留呈强咸味的残渣，其中即可能有立方形食盐结晶。取该结晶放入硝酸银溶液中，可出现白色沉淀；取残渣或结晶在火焰中燃烧时，呈现鲜黄色的钠盐火焰。有条件时可作血清钠测定，当血清钠高至180～190mg/L（正常135～145mg/L），脑和肝中钠超过150mg/kg，脑、肝、肌肉中氯化钠含量分别超过180mg/kg、150mg/kg和70mg/kg时，即可认为是食盐中毒。

鉴别诊断：本病的突发性脑炎症状与伪狂犬病、病毒性非特异性脑脊髓炎、马霉玉米中毒、中暑及其他损伤性脑炎容易混淆，可以通过微生物学检验和组织病理学检查进行鉴别。本病所表现的胃肠道症状还与有机磷制剂中毒、重金属中毒、胃肠炎等疾病有相似之处，应通过病史、主要症状和实验室检查进行鉴别。

4. 治疗　目前无特效解毒药，主要是促进食盐排出，恢复阳离子平衡及对症疗法。

立即停止喂饮含盐饲料和咸水，多次少量给予清水，但切忌突然大量给水或任其暴饮，否则，将引起严重的脑水肿，导致马死亡。给马口服油类泻剂促进食盐的排出。排除食盐并不是容易的事，尤其是进入脑组织中的钠，即使给予强力排钠利尿剂也不能完全改变被钠所抑制的糖酵解过程，也不能使钠从脑细胞内排出。

为恢复血液中一价和二价阳离子平衡，可静脉注射 5％葡萄糖酸钙 200～400mL，或 10％氯化钙 100～200mL（马）。氯化钙剂量为 0.2g/kg，每点注射量不得超过 50mL，以免引起局部组织坏死。

为缓解脑水肿，降低颅内压，可静脉注射 25％甘露醇溶液或高渗葡萄糖溶液；为促进毒物排出，可用利尿剂和油类泻剂；为缓和兴奋和痉挛，可用硫酸镁、溴化物等镇静解痉药。

为了促进钠排出，可用呋塞米利尿（一次肌内注射或静脉注射量每千克体重 0.5～1mg），每天 1～2 次。

5. 预防

(1) 提倡有规律地加喂适量食盐，以防止"盐饥饿"，并提高饲养效率。

(2) 保证饮水充足，对于泌乳期的母马尤其需要充分供给饮水。

(3) 在利用含盐的残渣废水时，限制用量，并同其他饲料搭配饲喂。

(4) 管好饲料盐，不使马接近，不同其他物品混杂，以免误用或被马偷吃。

(5) 应用食盐治疗马便秘，应掌握好剂量，并且注意给予充分的饮水。

十、马蕨中毒

根据蕨中毒后病马共济失调的表现，称之为"蕨蹒跚"，在日本称为"腰痿病"。

1. 原因 马及单胃动物蕨中毒的本质是蕨所含硫胺酶使体内的硫胺素遭到破坏而引发的硫胺素缺乏症。

2. 症状 初期呈轻度共济失调，心率减慢并心律失常。随后出现典型的蹒跚症状，四肢运动不协调，前肢交叉或后肢交叉。驻立时四肢外展，低头拱背。严重时肌肉震颤，皮肤知觉过敏。最后卧地不起。末期出现阵挛性惊厥和角弓反张。但直至昏睡之前，病马仍保持食欲及正常体温。濒死期才出现心动过速及体温升高。

3. 诊断 血中丙酮酸水平可从正常的 20～30μg/L 增高至 60～80μg/L，维生素 B_1 水平可由正常的 80～100μg/L 降低到 0.25～0.30μg/L。

心电显示心机能不全。血液学检查可见淋巴细胞减少、中性粒细胞增多。

特征性病理变化为多发性末梢神经炎及神经纤维变性，坐骨神经及臂神经丛尤为显著。神经纤维发生浆液性及出血性浸润，以致神经增粗。此外，尚可见特异性的充血性心力衰竭。

4. 治疗 注射盐酸硫胺溶液疗效卓著，早期使用效果更佳。剂量为每千克体重 5mg，开始静脉注射，以后改为肌内注射，连用 2～4d。口服硫胺素，连续 10d。

十一、马霉玉米中毒

马霉玉米中毒又称马脑白质软化症，是一种以中枢神经机能紊乱和脑白质软化坏死为特征的高度致死性真菌毒素中毒病。马不同年龄都可发生，壮龄和老龄马发病率高，约占 45％以上。本病具有明显的地区性和季节性，在我国主要发生于东北、华北的玉米产区，多发生于玉米收割后的 9—11 月，零星病例可持续到翌年 3—4 月。

1. 原因 马霉玉米中毒是马误食了发霉的玉米，尤其是遭冰雹后的玉米多有串珠镰刀菌，其菌分泌产生毒素，造成马中毒。

2. 症状 主要临床症状是中枢神经机能紊乱。病马或高度沉郁、垂头呆立，或极度兴奋、不断转圈，甚至向前猛冲、顶撞围墙、跳跃畜栏。

按神经症状，可分为兴奋型（狂暴型）、沉郁型和混合型。

（1）兴奋型 病马精神高度兴奋，视力减弱或失明，以头部猛撞饲槽，或盲目地乱走乱跑，步态跟跄，或向前猛冲，直至遇到障碍物时被迫停止，有的抵住或猛撞障碍物，有的就地转圈或顺着墙壁、围栏行走。当失脚跌倒后，频频用力挣扎起立，造成全身多处损伤。被迫卧地后，仍以头碰地或四肢做游泳状划动。

（2）沉郁型 病马精神高度沉郁，饮食减退或废绝，头低耳耷，两眼无神，唇舌麻痹、下垂松弛，吞咽障碍、咀嚼困难，流涎，视力减弱或失明；反应迟钝，常呆立一隅，有的前肢交叉站立，有的四肢广踏，常可固定于某种姿势达数小时之久，还有的交互提举四肢。常不听呼唤，拒绝运动或步态蹒跚，遇障碍物不知躲避以致跌倒，有的陷入昏睡。

（3）混合型 病马有时表现沉郁，有时表现兴奋，前述症状交替出现。

按病程长短，可分为急性型、亚急性型和慢性型。

3. 诊断 根据临床症状、病理变化及饲料中毒素检测进行综合诊断。确诊尚需对玉米样品进行产毒霉菌的培养、分离和鉴定以及生物学实验。

4. 治疗 无特效解毒药和疗法，一般采用对症治疗。首先立即停止饲喂发霉玉米，改饲优质草料，同时内服盐类泻剂，以减少毒素吸收。对于兴奋不安的病马，可应用布托啡诺注射液（一次静脉注射量为每千克体重 $0.02 \sim 0.04\mathrm{mg}$），并防止碰伤或摔伤，保持环境安静，避免声音和光线的刺激。

为促进解毒和排毒，可静脉注射适量高渗葡萄糖溶液和生理盐水。为缓解脑水肿、降低脑内压，可静脉快速注射高渗甘露醇或山梨醇等脱水剂。

第六章 传 染 病

一、马流行性感冒

世界动物卫生组织将马流行性感冒列为B类动物疫病，我国列为三类动物疫病。

1. 病原　马流行性感冒的病原为流感病毒，在分类上属正黏病毒科，分属于A型流感病毒属、B型流感病毒属和C型流感病毒属。其中以A型流感病毒的致病性最强。

A型流感病毒粒子呈多样性，直径20～120nm，也有呈丝状者。核衣壳呈螺旋对称，外有囊膜，囊膜上有呈辐射状密集排列的两种水状突起物（纤突）：一种是血凝素，可使病毒吸附于易感细胞的表面受体上，诱导病毒囊膜和细胞膜的融合；另一种是神经氨酸酶，可水解细胞表面受体特异性糖蛋白末端的N-乙酰基神经氨酸，当病毒在细胞表面成熟时，其可以除去细胞膜出芽点上的神经氨酸以利于病毒释放。

流感病毒对环境的抵抗力相对较弱，高热或低pH、非等渗环境和干燥均可使其灭活。在-70℃稳定，冻干可保存数年。60℃ 20min可使病毒灭活。该病毒对常用消毒剂敏感，尤其是碘蒸气和碘溶液。

2. 流行病学　马流感主要由H7N7和H3N8亚型病毒引起，患马是主要传染源，康复马和隐性感染马在一定时间内也能带毒排毒。病毒随呼吸道分泌物排出外界，通过空气飞沫经呼吸道感染。康复公马精液中长期存在病毒，可通过交配传染。各种年龄、性别和品种的马均易感。天气多变的阴冷季节多发，运输、拥挤和营养不良等因素易诱发。常突然发生，传播迅速，流行猛烈，发病率高达60%～80%，但死亡率低于5%，多发生于秋末至春初季节。

3. 症状　根据病毒型不同，表现的临床症状不完全一样。H7N7亚型所致的疾病比较温和；H3N8亚型致病性较强，并易继发细菌感染。潜伏期为2～10d，多在3～4d后发病。发病的马匹中常有一些临床症状轻微、呈顿挫型经过或呈隐性感染。

典型病例表现发热，体温上升到39.5℃以上，稽留1～2d或4～5d，然后慢慢降至常温，如有复相体温反应，则系发生继发感染。

最主要的临床症状是最初2～3d内表现经常的干咳，随后逐渐变为湿咳，持续2～3周。常伴发咽炎，先为水样后变为黏稠鼻液。H7N7亚型感染时常发生轻微喉炎，有继发感染时才表现喉、咽和喉囊的病症。所有病马在发热时都出现全身临床症状。病马精神委顿，食欲降低，呼吸和脉搏频数，眼结膜充血、浮肿、大量流泪。病马在发热期常表现肌肉震颤，肩部的肌肉最明显，因肌肉酸痛而不爱活动。

4. 诊断　根据流行病学、临床表现等可以做出初步诊断。确诊需依赖实验室诊断，可采取发热初期的鼻液或用灭菌棉棒擦拭鼻咽部分泌物，立即接种于孵化9～11d的鸡胚尿囊腔或羊膜腔内，或接种于马肾、鸡胚细胞培养物上分离病毒。培养5d后，取羊水或细胞培养液做血凝试验。阳性则证明有病毒繁殖，再以此材料做补体结合试验（决定型）和血凝抑制试验（决定亚型）。诊断时，应注意马流感与马腺疫、马胸疫、马支气管炎、马动脉炎、马鼻肺炎等的鉴别诊断。

5. 防控 该病目前尚无有效的治疗药物。一般用解热镇痛药对症治疗，用抗生素或磺胺类药物控制继发感染。

平时应加强饲养管理，保持厩舍清洁、干燥、温暖，防止寒风侵袭，定期消毒。发生该病时，要立即隔离、消毒、治疗，用 20％石灰乳、5％漂白粉或 3％火碱等消毒厩舍、饲槽及用具等。我国已有马流感双价（马 A1 型和马 A2 型）佐剂苗，可以在第一年注射两次，间隔 3 个月，以后每年注射一次；繁殖母马一年注射 2 次，在分娩前 4～6 周免疫一次。

由马流行性感冒病毒引起的呼吸道传染病，以发热、咳嗽和流水样鼻涕为特征，轻症不治即可自然耐过，重病以解热止咳为治疗原则。

【处方】注射硫酸链霉素　　　　1 500 万

　　　　注射用水　　　　　　20mL

用法：一次肌内注射，每天 2～3 次。

【清瘟败毒散】生石膏120g　生地 30g　栀子 25g　桔梗 20g　牛蒡子 30g　黄芩 30g 知母 30g　玄参 30g　大青叶 30g　连翘 25g　薄荷 15g　甘草 20g

用法：水煎一次灌服，每天 1 剂，连服 2～3d。

二、马传染性贫血

1. 病原 本病的病原体是马传染性贫血病毒。病毒对外界抵抗力较强，粪便经堆积发酵 30d 内可将病毒杀死，煮沸立即死亡。在 0～2℃条件下，可保持毒力 6 个月到 2 年。

2. 流行病学 单蹄动物对本病易感，马易感性最强。传贫病马和带毒马、特别是发热期病马的血液和脏器（脾、肝、骨髓、淋巴结等）中，含有多量病毒，是本病的传染源。

本病主要通过吸血昆虫（虻、蚊、刺蝇等）叮咬经皮肤传染，其次通过污染的草、料、饮水等经消化道传染，也可通过污染的医疗器械（采血针、注射器、肝脏穿刺器等）和胎盘而传染。

本病的发生没有严格的季节性，但在吸血昆虫多的夏秋季节发生较多。

3. 症状 本病的潜伏期长短不一，人工感染病例平均为 10～30d，短的为 5d，有的长达 90d 左右。临床分为急性、亚急性和慢性 3 种病型。

（1）共同症状

①发热。病马体温升高，可达 39～41℃或以上，呈稽留热或间歇热，有的出现温差倒转现象。

②贫血及出血。发热时，由于病毒的作用，红细胞大量破坏，血液中胆红素增多，可视黏膜呈黄白色。随着病程的发展，骨髓造血机能降低，贫血症状逐渐加重，可视黏膜由黄白色变为苍白色。在可视黏膜上、特别是舌下面，常出现大小不一的出血点，新鲜的为鲜红色，陈旧的为暗红色。

③心脏机能障碍。心搏动亢进，第一心音增强、节律不齐，常可听到缩期杂音。脉搏增数、微弱，60～100 次/min 或以上。

④浮肿。由于心脏衰弱，血管壁通透性增高以及贫血等原因，体躯下部如胸下、腹

下、四肢下部等处出现无热无痛的面团样肿胀。

⑤全身状况。病马精神沉郁，食欲正常或稍减，逐渐消瘦和衰弱。在病的中后期，多数病马后躯无力而摇晃，步态不稳。

⑥红细胞数。初期红细胞数变化不明显，随着病程的发展、尤其在发热期及退热后的头几天，红细胞数可减少到 500 万以下。

⑦血红蛋白量。随红细胞数的减少而相应降低，常减少到 40% 以下。

⑧红细胞沉降速度（血沉）。病马血沉显著加快，15min 的血沉速度可达 60 刻度以上。实践证明，无热期血沉显著加快往往是再发热的预兆，有热期血沉显著加快是预后不良的表现。

⑨白细胞数和白细胞象。发热初期，白细胞数常稍增加，并出现中性粒细胞的一时性增多，而淋巴细胞相对减少；发热中期及后期，白细胞数趋向减少，在 4 000～5 000 个/mm³；而淋巴细胞增多，成年马可达 50% 以上，幼驹（1～2 岁）在 70% 以上；单核细胞增加，中性粒细胞相对减少至 20% 左右。

⑩静脉血液中出现吞铁细胞。病毒能刺激网状内皮系统（特别是肝、脾等），使网状内皮细胞（如组织细胞）增生。增生的组织细胞吞噬大量红细胞及其碎片，将其中的血红蛋白转变成含铁血黄素。此种吞噬有含铁血黄素的细胞，称为吞铁细胞。吞铁细胞自组织中脱落后进入血流，出现于静脉血液中。此外，血液中的单核细胞、中性粒细胞也能吞噬含铁血黄素，而成为吞铁细胞。病马在发热期及退热后的头几天内，吞铁细胞的检出率最高。

（2）临床特点

①急性型。多见于新疫区的流行初期或是老疫区突然暴发。病程短，高热稽留，或在体温升高数日后降到常温，以后又急剧升高，一直稽留至死亡，临床症状明显。

②亚急性型。常见于流行中期，病程较长（1～2 个月）。主要表现反复发作的间歇热，温差倒转现象较多。临床症状和血液指标随体温变化而变化，即有热期临床症状明显（但程度不如急性）、无热期症状减轻或消失，但心脏机能仍然不正常。

③慢性型。是当前常见的一种病型，常见于本病的常在地区，病程更长，可达数月到数年。其特点虽与亚急性型基本相似，表现反复发作的间歇热，但发热程度不高，发热时间短（一般为 2～3d），且无热期长，可持续数周、数月，温差倒转现象更为多见。有热期的临床症状比亚急性型的轻微，尤其是发热持续期短而无热期很长的病马，临床症状更不明显。

必须注意，传染性贫血病马通常都有高热、贫血、心脏机能障碍等症状，但是具有高热、贫血、心脏机能障碍等症状的病马，不一定都是传染性贫血病马。此外，三型传染性贫血病马的病程并不是静止不变的，随着机体抵抗力的增强或减弱，可以互相转化，或由急性转为亚急性、甚至慢性而逐渐恢复（带毒免疫），或由慢性转化为亚急性、甚至急性而死亡。

4. 诊断

（1）流行病学调查　马传染性贫血的诊断和判定是一项细致而复杂的工作，为此必须首先调查流行情况及既往病史。在调查流行情况时，要注意分析近几年疫病的流行情况及流行规律、死亡原因、死亡率及季节性；调查附近地区马有无本病的流行、该地区马匹中血孢子虫病、锥虫病、媾疫、钩端螺旋体病及鼻疽的流行情况等。在调查既往病史时，要注意了解发病时间，以往有无发热的病史，是否曾与传染性贫血病马接触，可疑病马经用抗生素、化学药品治疗的效果如何等。

（2）临床和血液检查　病马临床症状和血液学变化的特点，随体温的变化而变化。因此，发热是本病临床症状的基础，同时各种病型的病马有一定的热型，所以在诊断传染性贫血时，即要注意病马有无发热病史，又要注意其热型。病马临床症状的另一个特点是呈不定期的反复发作。因此，在做临床和血液学诊断时，被检病马应每日早晚定时测温两次，连续1个月，以观察热型；在有热期每隔2～3d，无热期每隔7～10d，进行一次临床症状和血液学检查，以观察临床、血液变化与发热的关系。检查项目包括全身状况、心脏机能、可视黏膜、浮肿状况、红细胞数、血沉及吞铁细胞。为了与类似的疾病鉴别，必要时可做白细胞数、白细胞象及血红蛋白含量的检查。

（3）肝脏穿刺活体组织学检查　是生前诊断中的一种辅助诊断法。对经过多次系统的临床、血液检查难以确诊的可疑病马，可应用本法。病马肝组织内可出现数量不等的组织细胞、淋巴样细胞及吞铁细胞。

（4）病理解剖学和组织学检查　对自然死亡的病马或在发热期及退热不久扑杀的病马尸体，进行病理解剖学和病理组织学检查，对本病的诊断具有很大意义。但对长期处于无热期的病马的诊断价值较小。

病理解剖学检查：脾脏肿大、边缘钝圆，被膜紧张，呈蓝紫色，脾表面稍显高低不平的颗粒状隆突，并散在有出血斑点。断面呈暗红色或紫红色。脾小体肿大、隆起，呈结节状。肝脏肿大，被膜紧张，呈淡黄红色。断面肝小叶结构模糊，实质脆弱、呈黄褐色或灰黄色，由于肝小叶的中央静脉淤血而使断面呈槟榔切面的花纹。肾脏肿大，被膜易剥离，表面常密布粟粒大的出血点，实质浊肿、脂变、呈灰黄色。心脏纵沟和冠状沟部有点状出血，心内膜特别是左心内膜常见有斑块状出血。心肌变性脆弱，呈黄红色，无光泽，高度浊肿，似被开水烫过的一样。全身淋巴结肿大，呈暗红色，断面充血、水肿和出血。淋巴小结肿大，向外突出，呈灰黄色颗粒状。浆膜和黏膜可见有较多量的针头大出血点或出血斑，特别是盲肠和大结肠的浆膜与黏膜布满出血点，个别病例有出血性肠炎。长骨（股骨等）的红色骨髓增生，红髓区扩大，黄髓区缩小。

以上为马传染性贫血的主要剖检变化。但在急性时，败血症变化明显；而在亚急性和慢性时败血症变化较轻，主要表现贫血和增生性炎症的变化。

病理组织学检查：主要是脾、肝、肾、心脏及淋巴结等脏器的网状内皮细胞增生反应及铁代谢障碍。尤其肝脏的变化更为明显和具有特征性，主要呈现肝细胞变形、星状细胞肿大、增生及脱落，肝细胞索紊乱，在中央静脉周围的窦状隙内和汇管区见有多量吞铁细胞。同时，在肝细胞索间、汇管区的血管和胆管周围，有淋巴样细胞呈弥漫性浸润或灶状积聚。病理组织学检查在马传染性贫血的诊断上具有一定的实际意义。因此，剖解时必须采取上述脏器各两小块，放在10％甲醛溶液或无水酒精中送检。

5. 防控　马传染性贫血防控的重点在马术场和有赛马的地区。

（1）定期免疫，在流行区内每年接种马传染性贫血弱毒疫苗，应在每年蚊虻活动季节前3个月或活动季节结束后进行注射，注射3个月后产生免疫力，免疫期为1年。

（2）发现可疑病马，要迅速诊断，一旦确诊，立即扑杀。

（3）采取以扑杀为主的防控措施。

三、马钩端螺旋体病

1. 病原 钩端螺旋体纤细，呈 S 形，其中间部分为正的紧密相接的螺旋状，类似拧紧成股的绳索，两端弯曲成钩，钩端呈球状膨大。不染色的活菌压片，必须应用暗视野映光法检查，才能看到。姬姆萨液染色呈淡红色。

我国的钩端螺旋体分为 14 个标准型，其中以波蒙那型分布最为广泛。

2. 流行病学 钩端螺旋体对于干燥和化学消毒药的抵抗力不强。0.5%来苏儿或 0.25%福尔马林溶液均能在 5min 内杀死本菌，0.1%盐酸或 0.1%醋酸溶液能立即杀死本菌。

病人、病畜和带菌动物（特别是鼠类、犬和猪）是本病的传染来源。钩端螺旋体多随尿液排出体外，在用马做人工感染试验，两次皮下接种钩端螺旋体培养后，在第 14～30 天内，可从尿中分离到钩端螺旋体。因此，如不及时发现传染来源并正确处理，容易散播病原。

钩端螺旋体多经黏膜和损伤的皮肤传染或经消化道传染。猪、牛、羊、马和犬等都有易感性。

①夏秋季节，雨水很多，带菌的鼠尿等随雨水被冲洗到稻田、池塘、河溪、水沟，适合钩端螺旋体的生存，可扩大病原体的散播。

②水稻成熟季节，鼠类常到田间采食，带菌鼠排出含有钩端螺旋体的尿液，直接污染稻田、池塘和其他水源。

③马接触污染水的机会较多，传染本病的可能性也增多。

3. 症状 本病潜伏期一般为 2～20d。钩端螺旋体侵入马体后，由于各型钩端螺旋体的致病力与马的抵抗力不同，临床症状也有明显差别。

如果马的抵抗力较强，菌株毒力较弱，则只是隐性传染，不表现明显的临床症状。但是，能产生抗体，采血做血凝试验或补体结合试验，常呈阳性反应。在一定时间内能从尿中排菌。根据调查，马的钩端螺旋体病大多数属于这种类型。

如果马体抵抗力弱、菌株毒力强，则钩端螺旋体可在血液和肝脏内繁殖，产生有毒物质，使红细胞和肝细胞遭到一定的破坏，毛细血管通透性增加，以致黏膜黄染、出血，病马体温升高，精神沉郁，食欲减退，下躯浮肿，逐渐消瘦。检查血液，常见红细胞减少，白细胞增多，血沉加快。以后菌体残留于肾脏，可引起肾炎，尿带红色，含有蛋白和肾上皮细胞。后期出现周期性眼炎症状。

4. 诊断 在疫区，根据病马发热，黏膜黄染、出血，周期性眼炎，链霉素治疗有显著效果，结合接触污染的水或在洪水泛滥之后发病等情况，可以初步诊断。

有条件时，可采取尿液，以3 000～5 000r/min 的速度离心沉淀 30min（如用抗凝血，应先以1 500r/min 的速度离心沉淀 5～6min，再取上清液离心），倒掉上清液，取沉渣滴于薄的载玻片上，覆盖玻片后，在装有暗视野集光器的显微镜下检查，检查时先在暗视野集光器上滴一滴常水，使载玻片与水滴接触，调整光源后利用（40～60）×10 倍镜检查。发现闪耀发亮、两端呈钩状并活泼运动的螺旋体，即可确诊。或用上述沉渣抹片，用姬姆萨染色法染色镜检，见到淡红色的钩端螺旋体，也可确诊。

直接镜检法在菌体很少时，较难得到满意的结果。常用的方法是采取病马血清，做凝集试验和补体结合试验。凝集试验比较敏感，无交叉反应，常用于诊断和鉴定菌型。但是，抗原是新培养的活菌，现地应用有困难。补体结合试验常用于流行病学调查时的大批检疫，但是，敏感性较低、有交叉反应，不能用于鉴定菌型。

用以上各种实验室诊断法确诊急性病例时，必须结合临床症状和流行病学资料，进行综合判定。实验室诊断即使为阳性，如无临床症状，仍不能诊断为急性钩端螺旋体病。

5. 防控

①禁止到有污染可疑的水源饮马、洗马和练习泅渡。如必须饮用有污染可疑之水时，应以漂白粉消毒后再用（1m³的水加入含25％活性氯的漂白粉8g）。

②消灭鼠类，保护水源，注意保管草料，防止鼠类在草料中栖息和采食。铲除马厩和水源周围的杂草，填平无水坑，防止粪尿污染草料，把粪便及时堆积发酵。

③在疫区长期活动的马匹或历年常发生本病的马场，应争取定期注射钩端螺旋体多价菌苗（制造菌苗的菌种尽可能与流行菌株相一致），注射剂量和方法可看菌苗使用说明书。

④隔离治疗病马，注意消毒。早期应用链霉素或青霉素治疗，绝大多数病马可以治愈。链霉素的用量为每天5g，分两次肌内注射，连续注射9～10d。必要时，给以强心、保肝和利尿等药物。

四、马流行性乙型脑炎

1. 病原 马流行性乙型脑炎是由乙型脑炎病毒引起的一种急性传染病，是威胁人畜健康的常见病。

2. 流行病学 流行性乙型脑炎病毒除感染马之外，人和牛、羊、猪等也能感染。本病是由蚊虫传播（有的地区蠓也可能传播本病），病毒能在蚊虫体内繁殖，因而，其流行具有严格的季节性。在南方，主要发生于6—9月，以7—8月最多；在北方主要发生于8—10月，但以9月最多。3岁以下的幼驹（特别是当年驹）最易感。其流行形式多为散发。

3. 症状 潜伏期为1～2周。病毒侵入马体后，如果马对病毒的感受性很高，则病毒迅速繁殖，病马初期体温升高（可达39～41℃），精神沉郁，采食缓慢，食欲减退，可视黏膜潮红或轻度黄染，肠音正常或减弱，这时抓紧治疗，较易治愈。否则，病毒侵入中枢神经系统，引起脑组织充血、出血、水肿，神经细胞变性和血管周围圆形细胞浸润等非化脓性脑炎变化，中枢神经机能显著障碍，临床上表现明显的沉郁、兴奋和意识障碍等神经症状。这类病马治愈后，有的遗留精神沉郁、迟钝、视力减弱、口唇麻痹、磨牙等后遗症，经数月后才可恢复。

少数病马表现后躯麻痹为主的症状，不能站立，后躯感觉消失，麻痹部位逐渐向前躯发展，最后出现中枢神经机能障碍的症状。

血液检查，多数病马血沉稍快，白细胞数稍增多，血清中的胆红素稍增量，且多呈直接反应。

4. 诊断 根据病马表现神经症状、体温升高（初期）、肠音和血液变化，结合发病的季节和病马的年龄，一般可以初步诊断。必要时，可采取病马的双份血清（一份为发病初期的血清，一份为发病后 3～4 周的血清），或一份血清（发病后两周左右采血）做流行性乙型脑炎补体结合反应试验，如果恢复期的滴度比发病初期高 4 倍以上，或一份血清的滴度达 16 倍以上，结合临床症状，即可确诊。但是，在老疫区的马常为隐性感染，补体结合反应呈阳性而看不到临床症状。因此，补体结合反应常用于流行病学调查，用其确定病性时，必须结合临床症状。

如有可疑病马死亡，应进行病理解剖。马流行性乙型脑炎除脑膜充血、淤血外，其他脏器往往缺乏特异性病变。因此，要采取脑、肝组织做病理组织学检查。如脑实质呈现典型的非化脓性脑炎，血管周围有大量的圆形细胞浸润、神经细胞变性、神经胶质细胞增生，而其他器官无特异性的组织病变，结合临床症状和流行情况，也可确诊。

5. 防控

（1）治疗

①加强护理。把病马放在阴凉、安静而宽敞的场所，避免音响刺激，并派专人日夜看护，防止发生外伤。有食欲的病马，宜少给精料，多喂青草，勤饮水，并在草料中放少量的人工盐或健胃散。无食欲的病马可注射高渗葡萄糖液或经鼻灌服稀粥、豆浆等，以维持营养。不能站立的病马要厚垫褥草，勤翻身，防止发生褥疮。

②降低脑内压。重症或兴奋狂暴的病马，可从颈静脉放血 1 000～2 000mL（也可从两侧太阳穴各放血 500mL）。放血量要根据马匹的营养状态、体格大小等具体情况灵活掌握。之后静脉注射 10％～25％葡萄糖液 500～1 000mL（补液量不宜过多）；如血液黏稠，还可同时注射 10％氯化钠 100～300mL。为了较快降低脑内压，有条件时可静脉注射 25％山梨醇或 20％甘露醇（不要与氯化钠同时应用），用量每千克体重 1～2mg，间隔 8～12h 再注射一次（在此间隔时间内注射一些高渗葡萄糖液，效果更好）。注射后 2～4h，往往大量排尿（因为山梨醇和甘露醇是一种脱水剂），神经症状减轻。

③调整大脑机能。根据病马中枢神经机能的障碍情况，可选用乙酰丙嗪静脉注射。

④强心。心脏衰弱时，可反复少量应用 25％以上的高渗葡萄糖液静脉注射（沉郁型用）。

⑤解毒利尿。常用呋塞米注射液静脉注射，每天 1～2 次。氢氯噻嗪（片剂，一次内服 0.5～2g，每天 2 次）。膀胱积尿时，应导尿。

⑥防止并发症。常用链霉素、青霉素或磺胺类药物静脉注射。

⑦火烙疗法。先火烙风门和伏兔（风门后 3cm，距鬐下缘 4.5cm 处），再烙大风门和百会穴。火烙时，必须先用鲜菜叶或湿布垫于穴位上，以防烙破皮肤。火烙时间的长短，以病马有痛感为止，每天 1 次，连续 3～4d。在火烙治疗期间，灌服健胃散，调整胃肠机能。也可在上述穴位用白针或火针进行治疗。以后躯麻痹为主要症状的病马，可针刺百会、肾俞、肾棚、肾角和汗沟等穴。

⑧中药疗法。下列处方与上述治疗方法配合应用，有一定疗效。

【石膏汤】生石膏 150g　元明粉 120g　天竺黄 40g　青黛 20g　滑石 30g　朱砂 20g（另包）

水煎二次，候温加朱砂灌服。

加减：马高热不退者，加知母 30g、生甘草 30g，重用石膏；大便秘结者，加大黄 50g，重用元明粉。

方解：本方由"加减白虎汤"改名而来。具有清热、解毒、镇静、解痉等作用。当病马高热神昏、惊狂、抽搐时用之。生石膏性甘寒，功能清热泻火、解肌消痰、生津止渴，为治疗高热自汗、胃肠实热、狂躁不安之要药。朱砂、青黛、天竺黄均可清热凉血、解毒、镇静安神，主治心热风邪等症。本方佐以元明粉、滑石二味，皆有清热解毒之效，并迫使体内邪毒从粪、尿中排出。津液不足者，加玄参40g、生地30g、天冬30g、寸冬20g，轻用元明粉、滑石；高热昏迷者，重用天竺黄、青黛之类；抽搐不止者，加全蝎30g、蜈蚣30g（均另包）；病后体虚者，用当归、党参、白术、熟地、天冬、麦冬、白芍、牡丹等药滋补之。

【双花汤】双花50g 天竺黄30g 栀子20g 黄芩30g 生地50g 花粉30g 郁金50g 玄参50g 白芷20g 石膏50g 蜈蚣4条（去头足） 菊花100g 蝉蜕30g 薄荷30g

水煎两次，一次灌服。

加减：黄疸明显的，去蜈蚣，加茵陈30g、柴胡30g、龙胆50g；精神沉郁的，去蜈蚣、茵陈，石膏减半；嘴唇麻痹、抽搐的，加朱砂20g、炒枣仁30g、琥珀30g、茯神40g；大便干燥的，加大黄50g、芒硝50g。

【地龙散】地龙120g，研为细末，加凉水灌服。

（2）预防

①做好灭蚊防蚊工作。马流行性乙型脑炎是由蚊虫传播的一种疾病，灭蚊防蚊是预防本病的一项重要措施。结合开展消毒工作，因时因地做好灭蚊防蚊工作。

②进行预防注射和药物预防。在经常发生马流行性乙型脑炎的地区，对4月龄至2岁的马，可试用马流行性乙型脑炎弱毒疫苗。注射时间应在每年5—6月间。每次皮下或肌内注射2mL。也可广泛饲喂牛筋草或灌服10%桉叶汤1 000mL，1～2次，有一定预防效果。

③早期发现病马，及时隔离治疗。发生本病后，要对本场马匹进行检疫，每天测温，经常观察马匹。发现体温升高，采食缓慢（或含草不嚼），低头站立，常打哈欠，放牧马不跟群，拉车马不听吆喝等异常现象的可疑病马，应立即隔离治疗，防止扩大传播。

五、马传染性脑脊髓炎

1. 病原 由马传染性脑脊髓炎病毒引起的一种急性传染病。以6～10岁的壮马多发，马驹和老马极少发病，病程短促，死亡率较高。一般认为通过蚊虫和消化道传染，发病无季节性，而以7—9月发病较多，病理变化呈现明显的中毒性肝营养不良，故又有肝脑病之称。

2. 流行病学 本病以散发为主，个别地区也有密集发生的。一旦发病后，如果防疫措施不落实，往往持续较长时间。

3. 症状 病马体温一般正常，结膜明显黄染，精神沉郁，常打哈欠，食欲减退或不食，口腔干燥，肠音稀少或消失。排粪少，粪球干而小，往往被覆少量黏液，尿少而色红黄。及时治疗，大多数病马可逐渐恢复。否则，在病毒的作用下，使肝脏的中毒性肝营养不良加重，肝脏的物质代谢和解毒机能显著降低，氨在肝脏内不能正常处理（正常时，氨经肝脏处理变成尿素，随尿排出），血液中氨含量增多，引起氨中毒；酸性代谢产物积聚，发生酸中毒；加上病毒本身对脑组织的毒害作用，使中枢神经系统受到严重损害，中枢神经机能发生障碍，表现明显的沉郁、兴奋和意识障碍等神经症状。但恢复后的病马无后遗症。

血液检查有明显变化，血液黏稠，血沉很缓慢，红细胞和白细胞数均增多，血清中胆红素量显著增多，并呈直接反应或双相反应（直接反应和间接反应均呈阳性）。

4. 诊断 在疫区根据病马的神经症状、黄疸明显、肠音稀少及血液的明显变化，同时发病的多为壮龄马，又没有长期喂霉败饲料的病史，即可初步诊断为传染性脑脊髓炎。

在新发生本病的地区，要结合病理解剖，采取脑及肝组织等病料，送有关单位做病理组织学检查，才能最后确诊。马传染性脑脊髓炎的主要病理变化是肝脏的中毒性肝营养不良和轻度的非化脓性脑炎。

（1）眼观变化 肝脏初期稍肿大，组织脆弱；后期大部分肝细胞发生坏死，肝脏萎缩，组织柔软；肝表面和切面呈淡黄色或棕黄色，以后变为以红色为主的红黄相间的斑块状。脑软膜充血、淤血、水肿或出血，脑脊髓液增量，脑实质有时有出血点。胃内积食，盲肠和大结肠积留大量的干固粪块。此外，常见黏膜、浆膜和皮下组织明显黄疸，心脏和肾脏实质变性，心内膜和外模出血，肺脏淤血、水肿，膀胱积尿等。

（2）组织学变化 肝小叶结构破坏，肝细胞索紊乱，大部分肝细胞、特别是小叶中心部的肝细胞发生坏死和崩解，小叶周围的肝细胞肿大，呈现明显的脂肪变性。脑实质充血、水肿，神经细胞变性。少数病例于血管周围有少量圆形细胞浸润。

5. 防控

（1）治疗 治疗方法是降低脑内压、调整大脑机能、强心利尿、防止并发症和火烙治疗，由于该病对肝的损伤严重，胃肠积粪，同时由于肝的解毒机能降低，往往发生酸中毒，三者互相影响，互为因果。因此，除前述治疗方法外，保护肝脏、疏通肠道、解除酸中毒是十分重要的治疗原则。

①保护肝脏。除反复注射葡萄糖外，还可反复内服甘草煎剂，即甘草250g，芦苇根250g，芒硝150g，食盐50g，水煎，一次内服。有条件时，可皮下注射维生素B_1、维生素B_{12}和维生素C，效果更好。

②疏通肠道。可用芒硝300g，大黄50g，碳酸氢钠50mL，水5 000～6 000mL，一次灌服。直至积粪基本排尽，肠音基本恢复为止。

③解除酸中毒。可应用5％碳酸氢钠溶液300～800mL静脉注射，或内服人工盐。

④中药治疗。朱砂散与上述疗法配合应用，有一定的效果。

【处方】朱砂20g（另包） 菊花30g 茯神25g 远志20g 天竺黄25g 生地25g 黄连30g 防风30g 薄荷20g 白芷30g 栀子30g 连翘30g

除朱砂外，水煎两次，候温，加朱砂灌服。

加减：热盛体壮者，重用生地，加黄芩、生石膏，减防风、薄荷；黄疸重者，重用栀子，加茵陈；狂躁兴奋者，重用天竺黄、茯神、远志；沉郁昏迷者，重用生地、栀子，加白芍、僵蚕；痉挛抽搐者，加全蝎、蜈蚣；体液耗损，粪干尿少者，重用生地、栀子，减防风、薄荷、白芷，加党参、山药、天冬、麦冬、甘草。

方解：本方以安神定志、清热解毒为主。朱砂、茯神、远志、天竺黄安神宁心，生地、黄连、连翘、栀子清热解毒，凉血泻火。菊花、防风、薄荷、白芷祛风解表、清热止痛。

治疗方案举例：病马表现混合型神经症状、结膜黄染、口干舌赤、粪干尿少、血液黏稠等，处置方法：

A. 从颈静脉或太阳穴放血 1 000～2 000mL。随后静脉注射 5％～10％葡萄糖溶液 1 000～1 500mL（每天 2 次）、10％氯化钠溶液 300～500mL（因传染性脑脊髓炎病马的血液很黏稠，不宜应用山梨醇等脱水剂）。

B. 灌服芒硝、大黄和碳酸氢钠一剂，排除肠道积粪。

C. 灌服朱砂散，每天 1 付，根据病情加减。

D. 火烙风门、伏兔、大风门和百会穴，每天 1 次。

E. 病马出现酸中毒症状时，静脉注射 5％碳酸氢钠 500mL 左右，每天 1 次。

F. 病马高度兴奋时，肌内注射乙酰丙嗪注射液，一次注射量每千克体重 0.03～0.05mg。

G. 膀胱积尿时，及时导尿。

H. 派专人日夜看护。

（2）预防

①防止引入本病的传染来源。不从正在流行本病的地区购马；购入新马和长期外出的马，要隔离观察两周方可混群。

②免疫预防。波纳病和俄罗斯马传染性脑脊髓炎尚无有效疫苗，美洲马传染性脑脊髓炎分为东部马脑脊髓炎、西部马脑脊髓炎和委内瑞拉马脑脊髓炎，需要针对性地应用单价和多价疫苗进行免疫接种。

③早期发现病马，及时隔离治疗。在本病流行期间，要做到四查，即每天查结膜、查精神、查食欲、查粪便。发现结膜黄染、精神沉郁（或兴奋）、食欲不振、粪便干固或不排粪便的可疑病马，立即隔离治疗。

④严格消毒，防止疫病扩散。在本病流行期间，一般禁止马的流动。对病马舍、系马场、饲槽及用具等，要用 3％火碱溶液或 3％～5％来苏儿溶液，或 10％生石灰水消毒。病马的尸体应妥善处理（消毒深埋）。

六、马鼻疽

我国现在基本上控制或消灭了马的鼻疽病。

1. 病原　鼻疽杆菌是一种小杆菌，用碱性美蓝染色时，着色不均，浓淡相间，呈颗粒状，革兰氏染色阴性。鼻疽杆菌对外界因素的抵抗力不强，煮沸几分钟死亡，1％氢氧化钠及 3％来苏儿等消毒药液，都能将其杀死。

2. 流行病学　病马是本病的传染源，特别是开放性鼻疽病马，危害性更大。这是因为病马的鼻疽结节和溃疡中，有大量的鼻疽杆菌，并随着病马的鼻液和皮肤溃疡分泌物排出体外，污染各种饲养管理用具、草料、饮水、厩舍等。因此，当病马与健康马通槽饲喂、同桶饮水或互相啃咬时，经消化道或损伤的皮肤和黏膜而传染；也可经呼吸道传染，个别的可经胎盘传染。

3. 症状　鼻疽的潜伏期为数周至数月。

鼻疽杆菌侵入机体后能否发病，取决于机体的抵抗力。马发病后，由于机体抵抗力强弱的不同，侵入机体内的鼻疽杆菌数量和毒力的差异，其病程的快慢以及疾病的轻重也不一样。因此，在临床上分为急性鼻疽、开放性鼻疽和慢性鼻疽三个类型。但这种情形不是固定的，在一定条件下，这三型可以互相转化。

（1）急性鼻疽　当机体抵抗力较弱时，鼻疽杆菌在各内脏器官、尤其是肺脏及淋巴结内发育繁殖，并形成特异性的鼻疽病变。急性鼻疽病马的临床症状无明显特征，仅表现弛张热，精神沉郁，逐渐消瘦，易疲劳，可视黏膜轻度黄染；胸下、腹下、阴筒、四肢下端等处皮下浮肿。有的病马伴发睾丸炎。

肺脏有较大的肺炎灶或炎症蔓延至胸膜时，病马表现支气管肺炎或胸膜肺炎的症状。

病马的红细胞和血红蛋白量减少；血沉加快；白细胞显著增多，其中以中性粒细胞增加明显，核左移。淋巴球细胞相应减少。单核细胞略有增多。

当机体抵抗力降低、病情恶化时，病变可向其他脏器或体表转移，转为开放性鼻疽。反之，加强饲养管理，合理运动，及时治疗，病程停止发展，病情好转，可转为慢性鼻疽，甚至自愈。

（2）开放性鼻疽　大多数由急性鼻疽转来。当机体抵抗力继续降低时，机体内的鼻疽病变进一步发展恶化，病变中的鼻疽杆菌随淋巴或血液转移至鼻腔和皮肤，形成鼻疽结节和溃疡，并向外界排出鼻疽杆菌。此种病马，除了具备急性鼻疽病马的临床症状外，还出现鼻腔或皮肤的鼻疽症状，前者称为鼻腔鼻疽，后者称为皮肤鼻疽。鼻腔鼻疽和皮肤鼻疽可能同时发生，但以鼻腔鼻疽较多见。

①鼻腔鼻疽（俗称吊鼻）。一般由肺部病变转移而来。初期，鼻黏膜潮红肿胀，由一侧或两侧鼻腔流出灰白色黏液性鼻液，鼻黏膜上有小米粒至高粱米粒大的结节，突出于黏膜面，呈黄白色，周围绕以红晕。结节迅速坏死、崩解，形成溃疡。多数溃疡互相融合，可达指甲大，边缘不整、隆起；溃疡底部凹陷，呈灰白色或黄白色。此时病马流出脓性或血脓性鼻液。

随着病程发展，病变可迅速扩大而加深，并蔓延至整个鼻腔，鼻黏膜高度肿胀，分泌物增多，鼻腔狭窄，呼吸困难，有鼾声（鼻塞音），并流出混有血液和带泡沫的恶臭鼻液，严重时可侵害鼻软骨，造成鼻中隔穿孔。

在发生鼻腔鼻疽的同时，同侧的下颌淋巴结肿胀，初期疼痛，且能移动，以后变得硬固而无痛，表面凸凹不平，如与周围组织愈着，则不能移动，可达核桃大至鸡蛋大。一般很少化脓和破溃。

如果加强病马的饲养管理，适当治疗，则鼻黏膜的溃疡逐渐愈合，形成放射状或冰花状疤痕，鼻液消失，临床症状减轻。

②皮肤鼻疽（俗称飞鼠或鼠疮）。通常由急性鼻疽转移而来，很少有原发性的。主要发生于四肢、胸侧及腹下，尤以后肢多发。先于局部发生有热有痛的炎性肿胀，继而形成硬固的小结节，大小不一，有的达核桃大至鸡蛋大，结节破溃后，排出灰黄色或混有血液的黏稠脓汁，形成深陷的溃疡。溃疡的边缘不整，溃疡底呈黄白色，不易愈合。结节和溃疡附近的淋巴管肿大、硬固、呈绳索状，并沿索状肿形成许多结节，呈串珠状；结节破溃后形成溃疡，溃疡愈合形成疤痕。如病灶不断扩大蔓延，病马后肢由于皮肤高度肥厚，皮下组织水肿而变粗，类似象腿，运动障碍，表现跛行。

（3）慢性鼻疽　是最常见的一种病型，约占90%。病程较长，病状不明显。有的病马一开始就取慢性经过，有的病马由急性或开放性鼻疽转化而来，少数病马的鼻腔黏膜尚留鼻疽性疤痕。如果饲养管理不良、运动和训练不当，机体抵抗力降低时，病情恶化，可再转化为急性或开放性鼻疽。

4. 诊断

（1）临床诊断　对开放性鼻疽病马的诊断价值较大，因为开放性鼻疽病马均具有特异的鼻疽症状，可以此进行确诊。少数开放性鼻疽病马，由于病情恶化，机体过度衰弱，变态反应消失，鼻疽菌素点眼不出现反应。因此，必须依靠临床症状进行诊断。慢性鼻疽病马缺乏明显的症状，临床诊断的价值不大。

在进行临床检查时，应注意鼻腔及皮肤等处有无鼻疽结节、溃疡和疤痕。有无颌下淋巴结肿胀、皮下浮肿、咳嗽、体温时高时低、运动能力降低及消瘦等症状。当发现鼻腔或皮肤有特异性的鼻疽结节或溃疡时，可初步诊断为开放性鼻疽。进一步诊断，须用鼻疽菌素点眼，点眼反应阳性，即可确诊。

（2）变态反应诊断　在马匹感染鼻疽后经过 2～3 周，机体对鼻疽杆菌或其代谢产物产生敏感性增高的现象，这种现象的持续时间较长，有的可达 8～10 年。因此，可利用鼻疽菌素来诊断病马。鼻疽菌素变态反应有点眼反应和皮下热反应两种，应用较多的是点眼反应。

①鼻疽菌素点眼反应。鼻疽病马经用鼻疽菌素点眼后，可出现特异性的脓性结膜炎，是诊断马鼻疽的主要方法。此法操作简便，特异性及检出率较高，无论对急性、开放性或慢性病马，都有较高的诊断价值，适合于大批马的检疫。

尤其是以 5～6d 的间隔反复点眼时，检出率更高。实践证明，鼻疽菌素点眼反应，随点眼次数增加，结膜对鼻疽菌素的敏感性增强，反应出现时间加快，反应持续时间延长，反应程度加剧，可提高鼻疽病马的检出率。因此，每次鼻疽检疫最好点眼 2～3 次，每次点眼相隔 5～6d。但对鼻疽菌素点眼反应的敏感性较低、有眼病的马不能点眼，同时体质衰弱的开放性鼻疽病马点眼时可能不出现反应。这是点眼反应的不足之处。

②鼻疽菌素皮下热反应。该法操作比较复杂，诊断价值不如点眼反应。因此，一般很少应用，仅对因眼病不能点眼的马和补体结合反应阳性而点眼反应阴性的马，才进行皮下热反应。

（3）补体结合反应诊断　马感染鼻疽后，经 10～14d，其血液内出现补体结合抗体，可利用补体结合反应诊断病马。此法的特异性较高，阳性反应的马匹，剖检时有病变的占 95%～99%。但是补体结合反应对慢性鼻疽的检出率不高，这是因为慢性鼻疽病马体内抗体浓度不高的缘故。只有病情恶化、转为急性或开放性时才出现阳性反应。因此，补体结合反应只能检出急性或开放性的鼻疽病马，很少能检出慢性鼻疽病马，只在对点眼反应阳性病马分型时应用，不作一般检疫用。

（4）病理解剖诊断　对生前有鼻疽可疑的尸体，为了进一步确诊，可以进行病理解剖。解剖时，必须做好防护工作，防止人员被感染。

鼻疽的特异性病变最多见于肺脏，占 95% 以上，其次是肝、脾、淋巴结、鼻腔及皮肤等处。在鼻腔、喉头、气管等黏膜及皮肤上可见到鼻疽结节、溃疡及疤痕，有时见到鼻中隔穿孔。

肺脏的鼻疽病变是多种多样的，主要是鼻疽结节和鼻疽性肺炎。肺脏的鼻疽结节因病程不同而不一样。新发生的结节为小米粒大至豌豆大，半透明、浅灰色，周围绕有红晕。

随着病程的发展，在结节的中心发生豆腐渣样坏死，周围形成包膜，继而结节钙化。鼻疽性肺炎，呈现小叶性肺炎灶，初为红色肝变，之后中心部发生豆腐渣样坏死，周围被炎性灶所围绕。有的在化脓菌的作用下，化脓而软化，形成脓肿或空洞；有的肺炎灶因机化而变硬。

尸体检剖时，如在肺脏、淋巴结等处发现有少量的鼻疽结节，不能认为是直接的死因，应全面收集资料，找出真正的致死原因。

由于鼻疽病马的病型不同，临床表现也不一致，在诊断时要应用相应的诊断方法。急性鼻疽病马的临床症状无明显特征，不能作为确诊的依据，但因存在补体结合抗体和变态反应，可用鼻疽菌素点眼反应、补体结合反应，结合临床症状进行诊断；开放性鼻疽病马的临床症状明显，同时会出现变态反应和补体结合抗体，故可根据临床症状，结合鼻疽菌素点眼反应进行诊断，必要时，还可用补体结合反应诊断；慢性鼻疽病马，临床症状不明显，主要用鼻疽菌素点眼反应诊断。

5. 防控

（1）治疗

①盐酸诺氟沙星疗法。诺氟沙星注射液10g稀释于5%葡萄糖注射液1 000mL中使用，静脉滴注，每天2次，连续3d。

②中药疗法。磺胺二甲嘧啶，每千克体重首次量100mg，维持量每千克体重50mg每天2次，经口内服。同时投服下列中药：黄芪、党参各45g，苍术30g，当归、茯苓、陈皮、知母、黄柏、木通、甘草各15g，共研细末，早晚分服。15～20d为一个疗程，也可达到临床治愈。

对鼻疽性渗出性胸膜肺炎病马的治疗，可穿胸排液，每天用25%葡萄糖溶液500mL，一次静脉注射，连用5d、休药2d为一个疗程，共用2～3个疗程。

③中兽医辨证施治。中兽医称鼻疽为肺败或肺劳。由于劳伤过度，肺气耗损，再感受疫邪，常因与病马同槽饲养而发病。以颌下淋巴结硬肿，鼻流脓涕，呼吸不畅，日渐消瘦，口色苍白，脉细弱为主症。至于皮鼻疽，则类似阴毒，中兽医有"阴毒浑身瘰疬"的说法。本病属于里虚证，是肺经衰败的表现，一般较难治愈。轻症时，可以润肺消痰，滋阴补肾为主治疗。方用秦艽散。

【秦艽散】秦艽40g 知母25g 百合30g 甘草30g 贝母25g 大黄30g 栀子30g 紫苑30g 山药30g 黄芩25g 远志30g 麦冬20g 丹皮30g 白及30g 阿胶20g 桑皮20g 苏子30g

共为末，开水冲，加蜂蜜180g，候温灌服。

加减：热盛加双花、地龙、花粉、郁金等。咳嗽痰多加冬花、杏仁、杷叶、白矾等。腰腿肿痛加红花、没药、川断等。鼻脓腥臭者加桔梗、瓜蒌等。

④护理。在治疗的同时，要加强护理，喂给马易消化富有营养的草料，每天适当牵遛。停药以后，继续休息两周左右，使病马复壮。注意隔离消毒，病马厩和饲养管理用具每周消毒一次，诊疗场所随用随消毒。临床治愈的病马，一般只准隔离运动，防止扩大传播。

（2）预防 马鼻疽目前尚无免疫方法和彻底根治办法。必须把好检疫关，做到定期检疫和临时检疫相结合。马鼻疽检疫每年春秋各进行一次，每次检疫对所有的马做一次临床检查，两次鼻疽菌素点眼反应如未发现病马，可结束检疫。对检出的鼻疽病马，立即严格隔离，并及时报请有关部门妥善处理。对同厩的所有马，用临床检查、鼻疽菌素点眼反应和补体结合反应等方法继续进行检疫。

七、流行性淋巴管炎

流行性淋巴管炎是马的一种慢性传染病。其临床特征是在皮下的淋巴管及其邻近的淋巴结、皮肤和皮下结缔组织形成结节、脓肿和溃疡。

1. 病原　流行性淋巴管炎的病原体是囊球菌，主要存在于病变部的脓汁和分泌物中。在脓汁中的囊球菌呈椭圆形或西瓜子状，通常一端或两端尖锐，有双层膜，有时在菌体的一端形成芽状突起。菌体内容物呈半透明状，有时可以看到 1 个或 2~4 个折光性强而运动活泼的小颗粒。

2. 流行病学　我国仅有散发病例。囊球菌对外界环境的抵抗力较强，选用 10% 火碱溶液消毒较好，也可应用 0.2% 升汞溶液消毒。流行性淋巴管炎主要经损伤的皮肤或黏膜传染。外生殖器有病变的公马与母马交配时，也可通过生殖道黏膜传染。实践证明，粗暴刷马、鞍挽具不适合、马匹相互踢咬、马槽上露出钉头和铁丝等，容易使马发生外伤而传染本病。厩舍潮湿、拥挤也是促进本病发生的诱因。

3. 症状　在皮肤和皮下组织发生豌豆大至鸡蛋大的结节。初期结节硬固无痛，之后逐渐化脓形成脓肿；脓肿破溃后，流出黄白色极为黏稠的脓汁，形成溃疡。起初溃疡底凹陷，之后由于肉芽组织赘生，高出于皮肤面形成蘑菇状溃疡（这是本病与皮肤鼻疽区别的特征）。溃疡不易愈合，痊愈后常遗留疤痕。

患部淋巴管变粗、变硬，如同绳索状，在肿大的淋巴管上往往形成许多小结节，呈串珠状，结节破溃后，也形成蘑菇状溃疡。

在马鼻翼周围皮肤发生病变时，鼻黏膜往往发生结节和溃疡。结节扁平隆起、呈灰白色、约黄豆大，破溃后形成稍高于黏膜面的溃疡，但鼻液较少。相应侧的颌下淋巴结常肿大、化脓、破溃。有时唇黏膜、眼结膜、外生殖器黏膜上发生结节和溃疡。

全身症状不明显。由于病马抵抗力的强弱不同，局部症状有轻有重。轻症病例，只在皮肤上发生几个小结节，往往触诊才能发现。破溃后，溃疡面不大，容易治愈。重症病例，于马体各部的皮肤、皮下组织、淋巴管或黏膜，形成较多而大的结节和溃疡，甚至互相连接成片，皮下组织增生水肿，溃疡面不断流脓，逐渐扩大蔓延，病程可持续数月，病马逐渐消瘦，较难治愈。

4. 诊断　一般根据病马皮肤上的蘑菇状溃疡、淋巴管索状肿和串珠状结节等症状，结合病马全身症状不明显等即可确诊。如果病马的症状不典型，为了与类似疾病相鉴别，可采取脓汁、分泌物等，制成压片标本镜检，见到流行性淋巴管炎囊球菌时，即可确诊。

压片标本的制作和镜检方法：取少量脓汁放于载玻片上，加几倍量常水或生理盐水混合稀释，盖上盖玻片后，轻轻按压即成。把压片放在 400~500 倍显微镜下，用弱光检查。

5. 防控

（1）全身治疗

①盐酸诺氟沙星注射液疗法。诺氟沙星注射液 10g 稀释于 5% 葡萄糖注射液 1 000mL 中，静脉注射，每天 2 次，连续 7d 为一个疗程。

②汞溴红疗法。2‰汞溴红酒精（用 75％酒精配成）溶液 30mL 加入灭菌生理盐水 60mL，一次静脉注射，每天 1 次，10 次为一个疗程。

用自家血液皮下注射，配合上述两种方法治疗，疗效较高。

（2）局部治疗

①高锰酸钾粉治疗。洗去患部脓汁后，将高锰酸钾粉撒于创面，然后用纱布棉球研磨。如为脓肿，应先切开排脓，再用高锰酸钾粉研磨。反复几次，即可治愈。

②手术治疗。轻症病例，不必麻醉，局部消毒后，连皮肤和结节（或脓肿）切除即可。重症病例，局部或全身麻醉后，做摘除病变的手术。为了防止复发，应将病灶周围的健康组织切去一部分。如果病变多、面积广，可分期分批摘除。手术后创面涂擦 20％碘酊或 30％大蒜液，以后每天用 1％高锰酸钾溶液冲洗，再涂擦上述药剂，并外敷灭菌纱布。

头部及四肢的小块病变，不便施行摘除手术时，可用烙铁烧烙。

（3）中兽医辨证施治　肺毒疮（流行性淋巴结炎）多由于肺经热毒或感受疫邪，致使经络鼻塞，气血淤滞，营卫失调，日久淤结成疮，以颈、胸、腹或四肢等处发生大小不等的瘰疬肿毒为特征。本病初期以清热解毒、滋阴降火为主，后期则应补养气血。方用济阴散。

【济阴散】当归 30g　白芍 25g　生地 25g　防风 15g　连翘 30g　知母 15g　黄柏 15g　贝母 15g　黄芪 30g　甘草 10g　陈皮 15g　香附 15g　金银花 30g　蒲公英 30g

共为末，开水冲，候温灌服。

加减：本方适用于热盛的病例，若病马瘦弱、气血虚者，减用苦寒性药物，酌加补气养血活血祛痰药物，如党参、白术、乳香、没药之类。

（4）加强护理　将病马放于空气流通、阳光充足的隔离厩舍内，由专人饲养管理，经常刷拭，适当牵遛，搞好厩舍卫生，多给易消化的饲料，增强抗病力，促进本病早期治愈。

（5）预防　注意消除可能发生外伤的各种因素，爱护马，合理训练，按规定的方法进行刷拭，搞好环境卫生，防止厩舍潮湿，增强马的体质。发生外伤后，要及时治疗。长期外出归群的马，要按规定做好健康检查，注意体表有无结节和小脓肿，防止混入病马。

发生流行性淋巴管炎的病马立即隔离治疗。对马厩的马逐个触摸体表，如无异常，隔数周后再重检 1～2 次。被污染的马厩、系马场、饲养管理用具、治疗病马所用的器械和诊疗场所，均应彻底消毒。

八、马腺疫

马腺疫是马的一种急性传染病。典型病例的临床特征是颌下淋巴结呈急性化脓性炎。

1. 病原　本病的病原体是马腺疫链球菌。脓汁中的马腺疫链球菌是由数十个到百多个扁圆形的球菌排列成的弯曲长链，易为一般染料着色（美蓝较好），革兰氏染色阳性。对磺胺、青霉素、龙胆紫等药物较敏感。

2. 流行病学　马腺疫链球菌主要存在于病马的脓汁和鼻液中，随着脓肿的破溃和病马的鼻喷，排出体外，污染空气和草、料、水等。多经上呼吸道黏膜或扁桃体传染。以春秋两季多发。某些健康马的扁桃体和上呼吸道黏膜，有时也存在毒力较弱的马腺疫链球菌，当饲养管理不良、马受凉感冒、长途运输而使机体抵抗力降低时，则呈现致病作用而发生腺疫。以 4 个月至 4 岁的幼龄马最易发病，特别是 1 岁左右的幼驹发病率高。病愈后通常有较强的免疫力，一般不再发病。

3. 症状 本病的潜伏期平均 4～8d，有的为 1～2d。马腺疫链球菌侵入马体后，由于病马抵抗力的强弱不同，在临床上出现三种病型：

（1）一过型腺疫 马体抵抗力强时，即使带菌也不发病；抵抗力减弱，则马腺疫链球菌在侵入的局部发育繁殖，并从鼻黏膜、扁桃体侵入淋巴间隙，沿淋巴管到达附近的淋巴结（主要是颌下淋巴结），引起鼻黏膜的黏液性炎症，以致鼻黏膜潮红，流出浆液性或黏液性鼻液，体温轻度升高，下颌淋巴结轻度肿胀。如加强饲养管理，增强体质，则腺疫链球菌常被消灭，而很快自愈。

（2）典型腺疫 如果马体抵抗力弱，马腺疫链球菌的数量多、毒力强，马体不能在疾病初期战胜马腺疫链球菌的致病作用时，则鼻黏膜和淋巴结的炎症继续发展，全身症状加重，体温高达 39～40.5℃，结膜稍潮红黄染，鼻腔流出黏液性甚至脓性鼻液。当炎症波及咽喉部，引起咽喉炎时，咽喉部感觉过敏，咳嗽，呼吸和咽下困难。

颌下淋巴结继续肿大，汇合成鸡蛋大或拳头大的硬固肿胀，充满整个下颌间隙，其周围炎性肿胀剧烈，甚至波及颜面部和喉部，热痛明显；以后随着炎症的发展，白细胞和局部组织细胞崩解、液化变成脓汁。此时，脓肿的中心部无明显的热痛，被毛脱落，渗出淡黄色浆液，触诊稍有波动，继而破溃，流出大量黄白色黏稠的脓汁，体温下降，全身状况好转。如不发生转移性脓肿或并发症，则创内肉芽组织新生，逐渐愈合。病程为 2～3 周。

（3）恶性腺疫 如果马体抵抗力很弱，加之治疗不当，则马腺疫链球菌可由化脓灶经淋巴或血液转移到其他淋巴结，特别是咽淋巴结、颈前淋巴结、肩前淋巴结及肠系膜淋巴结等，甚至转移到肺和脑等器官，发生脓肿。咽淋巴结脓肿位于深部，触摸不到，破溃后由鼻腔排脓，也可流入喉囊，继发喉囊炎，引起喉囊蓄脓，低头时由鼻孔流出大量脓汁。颈前淋巴结肿大时，可在喉部两侧摸到，破溃后常于颈部皮下或肌间蓄脓，甚至继发皮下组织的弥漫性化脓性炎症。肠系膜淋巴结肿大化脓时，病马消化不良，慢性轻度腹痛，直肠检查可在肠系膜摸到肿大部。血液检查白细胞总数增多，中性粒细胞增加。这类病马的病程长短不定，如不及时治疗，可继发脓毒败血症而死亡。

4. 诊断

（1）典型腺疫 根据恶性化脓性颌下淋巴结炎，结合病马的年龄和病史诊断。

（2）恶性腺疫 由于脓肿转移的部位不同，诊断时有难有易。咽淋巴结、颈前淋巴结和肩前淋巴结的脓肿，可根据临床表现，结合病史而确诊。转移到深部的脓肿较难诊断，除详细收集症状、了解病史外，还应做血液常规检查。如果病马不久前得过腺疫，体温恢复正常后又升高，且食欲不好，日渐消瘦，白细胞总数和中性粒细胞均显著增多，又无马传染性贫血和马鼻疽的病史，即可初步确诊。为了确定脓肿部位，必要时进行直肠检查，有时可以确定脓肿部位。

（3）一过型腺疫 无特殊的临床表现，要结合典型腺疫病例和流行情况，才能确诊。诊断时，要注意与传染性上呼吸道黏液性炎相区别。

5. 防控

（1）治疗

①炎性肿胀期。即发病不久，淋巴结轻度硬固肿胀而未化脓时，为了消除炎症、促进吸收，可于局部涂擦樟脑酒精、鱼石脂或外敷消炎粉、雄黄散。青霉素也有很好的疗效，用量：大马1 000万U、小马500万～800万U，每天肌内注射2次，直至体温恢复正常为止。

②化脓期。如肿胀剧烈、脓肿尚未成熟，可于局部涂擦刺激性较强的10％松节油软膏或鱼石脂或白及拔毒散，促进脓肿成熟。脓肿切开的最好时机是肿胀的中心部变软，皮肤变薄、被毛脱落、触诊有波动时，选择波动点最明显之处切开，充分排出脓汁，按化脓创处理。据实践经验，切开过早，则排脓少而出血多，数天后又在侧方发生化脓点，需要第二三次切开，延长病程，甚至促使脓肿转移。反之，切开过晚，则脓肿过大，也易造成脓肿转移。化脓期最好不用抑菌消炎药，否则，脓肿成熟太慢、病程延长。但也不是一成不变的，如果局部肿胀很剧烈、体温很高、全身状况不好，为了防止败血症和脓肿转移，要应用磺胺类药物或青霉素治疗。

③并发症的治疗。喉部肿胀剧烈影响呼吸时，可于喉部涂敷消炎粉或雄黄散等。呼吸高度困难、有窒息危险时，应及时施行气管切开术。继发咽喉炎时，按咽喉炎治疗。喉囊蓄脓时，可施行喉囊穿刺，排出脓汁，用0.01％～0.05％新洁尔灭溶液冲洗，连续数天。

④自家血液疗法。对发病初期的病马有一定疗效，但发生败血症时不宜应用。此外，根据病情，给予强心、解毒、健胃等药物。

⑤中兽医辨证施治。本病古称三喉症，正气受损，复感热邪，心肺积热，热毒上攻石槽（下颌）咽喉而发病。此外，也可由胎毒诱发。属于里实热证，而以上焦心肺积热为主要矛盾。治宜清热解毒，泻心肺毒火，消咽喉、石槽肿痛。方用黄芪散或牛蒡子散。病初，脓肿未成熟、表证显著者，应着重发表解热。气血衰弱、淋巴结硬肿不溃者，应加用活血药以托里透脓。局部可用雄黄散或白及拔毒散涂敷。

【黄芪散】黄芪40g 当归30g 郁金20g 甘草25g 栀子30g 黄芩30g 黄连30g 知母30g 贝母20g 黄药子30g 双花30g 白药子30g

共为末，开水冲，加蜂蜜120g，候温灌服。

方解：本方以苦寒药为中心，具清热、凉血、解毒、消肿的功效。适用于里热炽盛，颌下淋巴结肿痛、全身症状显著的病马。如淋巴结硬肿、久不破溃者，应重用黄芪，加炮甲片、皂刺、天花粉、白芷、桔梗等以托里透脓，促其速溃。

【牛蒡子散】牛蒡子40g 双花30g 连翘30g 郁金30g 玄参30g 大黄30g 栀子30g 桔梗30g 豆根25g 薄荷30g 黄芩25g 甘草20g 芒硝30g

共为末，开水冲，候温灌服。

方解：本方以清热解毒为主。适用于热盛、炎症蔓延、咽喉肿痛的病马。若病初有发热、怕冷、流清涕等表证者，本方减大黄、芒硝，加荆芥、防风、桑叶、菊花等。（黄芪散和牛蒡子散的药量，适于1～2岁的小马）。

【雄黄散】雄黄、白及、白蔹、龙骨、大黄等份。共研末，醋调外用。

【白及拔毒散】白及30g 白矾30g 雄黄30g 黄连30g 大黄30g 黄柏30g 龙骨30g 青黛30g 白蔹30g 木鳖子20g 姜黄25g

共为细末，用鸡蛋清或冷水调敷。

⑥护理。轻症病例，不需要特殊护理；呼吸、咽下困难的重症病例，要适当地喂一些

稀粥和青草，必要时静脉注射葡萄糖液。

（2）预防

①定期免疫。在流行地区有感染风险时使用，繁殖母马一年注射 2 次，在分娩前 4～6 周免疫一次，周岁马或其他有感染风险的马一年注射 2 次，每 6 个月一次。

②防止扩大传播。在发病季节，要勤检查，及早发现病马，立即隔离治疗。病马厩和用具要进行消毒。新补充的幼龄马应隔离观察两周。

③自家血液预防。根据某些单位的经验，有一定效果。具体方法是在幼驹出生 7d 以后，采自家血 15mL、20mL、25mL，分三次皮下注射，每次间隔 1～3d。离乳时再采自家血 50mL、70mL、80mL，注射方法同上。发生腺疫后，也可普遍注射自家血。

④药物预防。如果已经流行腺疫，对未发病的幼龄马，可用磺胺类药物进行预防。即将磺胺类药物拌入饲料中，连用 3 天，可达短期预防的目的。

九、炭疽

炭疽是一种病程急剧的败血性传染病，发生于马和牛、羊等动物，人也可以感染。这种烈性传染病传播很广，经常出现大规模暴发。

1. 病原　炭疽的病原体是炭疽杆菌。炭疽杆菌是一种长而直的大杆菌，革兰氏染色阳性。在动物体内形成夹膜，在动物体外接触氧气后形成芽孢。炭疽芽孢具有极强的抵抗力，能保持活力数年甚至数十年。煮沸须 15min 才能将其杀死。实践中用 20％漂白粉、0.1％升汞和 2 000～3 000 倍稀释的碘液（用市场销售 5％碘酊稀释 100～150 倍）作为消毒剂。

2. 流行病学　炭疽主要经消化道传染，即在动物采食污染的饲料、饮水或在污染牧地放牧时遭受感染。吸血昆虫特别是虻类，也可传播炭疽。

病马的分泌物和排泄物是炭疽主要的传染来源，特别在其临死前由天然孔流出的血液中，经常含有较多的炭疽杆菌。死亡动物的血液、组织和脏器中存在着许多病原体，当尸体处理不当，例如随意剥皮、分割和丢弃（或浅埋），最易引起大量芽孢形成，长期污染土壤、饲养地和水源，成为危险的疫源地。

土壤中的炭疽芽孢易在多雨季节，特别是洪水泛滥时广泛散布，此时最易暴发炭疽。

3. 症状　炭疽的潜伏期为 1～3d，个别的长达 14d。

炭疽杆菌（芽孢）进入马体内以后，是否引起发病，一方面取决于侵入细菌的毒力和数量，但是更重要的还在于马体本身的抵抗力。例如，注射过炭疽菌苗的马，在用强毒炭疽芽孢进行人工感染试验时，免疫力比未注射菌苗的马高万倍以上。在有高度抵抗力的马体内，侵入的炭疽杆菌迅速被白细胞吞噬或被组织（血液）中的杀菌物质杀灭，不能引起发病。

在抵抗力弱的易感马体内，炭疽杆菌（芽孢）通常在侵入的部位发育繁殖，并且形成保护性荚膜，同时产生毒素，引起组织水肿、坏死和出血性变化，进而侵入血液其他脏器大量繁殖，引起败血症，临床上表现为急性或最急性经过。

急性和最急性炭疽病马，发病急剧，体温升高到 40℃以上，全身战栗、站立不稳，呼吸困难，可视黏膜呈蓝紫色。多数病马出现腹痛症状，有的腹泻，排出带血的稀薄粪便。有的病马于临死前由口、鼻流出泡沫样血液，或由阴门和肛门流出不易凝固的暗色血液。最急性病例多在几小时内倒地死亡，常在放牧、训练中或夜间突然倒毙。

病程较慢的病马，常在颈部、胸前、肩胛或咽喉出现局限性炎性肿胀，有热痛，称为炭疽痈。

4. 诊断 炭疽经过急剧，在没有进行过炭疽预防注射的地区，如果发现原因不明的急死病例或有天然孔出血、痈肿和腹痛症状的急性高热病马，即应怀疑炭疽，须进一步确诊。

炭疽的剖检变化，具有一定的诊断价值，如血液凝固不全、呈煤焦油状，皮下及浆膜下有出血性胶样浸润，脾脏显著肿大，髓质黑红色、软如泥状等。但是为了防止形成大量芽孢，扩大传播，严格禁止进行剖检。如遇可疑炭疽的尸体，可在左侧第 17～18 肋骨间作一垂直切口，采取小块脾脏作为病料，涂片镜检。如果发现带有荚膜的大杆菌，菌端平直，单在、成双或呈短链状排列（不超过 4～5 个菌体），即可确诊为炭疽。对于新鲜尸体（温暖季节不超过 4～5h），此法最为可靠。也可由耳部或四肢末梢采血，涂片检查，但检出率较低，故在涂片中找不到细菌时，还不能完全排除炭疽。由于炭疽杆菌在腐败情况下迅速崩解，而某些腐败细菌在形态上与炭疽杆菌类似，所以镜检不适于腐败材料的检查。

对于腐败材料或当镜检结果可疑时，可用上述病料进行炭疽沉淀反应。此法操作简便，检出率较高，即使已经腐败的炭疽材料，仍可出现阳性反应。沉淀反应也可用于炭疽皮革的检验。在病马临死前的 5～6h，血液内开始出现细菌，此时采取耳部血液进行镜检和沉淀反应，可能出现阳性结果。

5. 防控

（1）治疗 如有炭疽免疫血清，病马可静脉注射 100～300mL，一般在注射后 6h 左右退热，必要时可在 12h 后或第 2 天重复应用一次。

也可应用抗生素或磺胺类药物进行治疗。头孢噻呋可溶性粉（一次用量每千克体重15～35mg）。注射前用生理盐水稀释摇匀，充分溶解后肌内注射和静脉注射，每天 2 次。在病马体温下降后应继续用药 1～2d。免疫血清与青霉素、链霉素或磺胺类药物同时并用，效果更好。

在采用上述疗法的同时，应根据病情进行强心、解毒、利尿和清理胃肠等对症治疗，并加强护理。

中兽医辨证施治 炭疽为癀病的一种，属于恶癀。因病马感受疫疠之气，致使三焦壅热，热极生癀，肿浮于外。也有体表不肿而发生于内脏的，称为内癀，属于里实热证。初期口色赤紫，脉洪而数；后期脉象散乱，神志昏迷，称为走癀。本病发病急剧，预后不良。应早期治疗，以托里清热解毒为主。内用消癀散，外用白及拔毒散。

【消癀散】知母 40g　白药子 30g　栀子 30g　黄芩 25g　大黄 25g　甘草 30g　贝母30g　连翘 30g　黄连 25g　金银花 30g　郁金 30g　芒硝 40g　天花粉 25g　黄药子 20g

上药共为细末，开水冲，候温加鸡蛋清 7 个为引，同调灌服（每天 1 付，灌药 3d）。

【白及拔毒散】大黄、天花粉、川椒各 30g　白及、白芷、白蔹、雄黄、姜黄各 20g

共为细末，醋调涂于肿处。

（2）预防 注射炭疽菌苗，分无毒炭疽芽孢苗和第 2 号炭疽芽孢苗两种。无毒炭疽芽孢苗的用量：1 岁以上马皮下注射 1mL，1 岁以下马皮下注射 0.5mL。第 2 号炭疽芽孢苗不论马匹大小，一律皮下注射 1mL。这两种菌苗均在注射后 14d 产生免疫力，免疫期为 1

年，于每年春季或秋季免疫一次。

如果已经发生炭疽，要迅速了解疫情，调查炭疽发生的时间、数量、地点和范围，划定疫区，实行封锁，同时隔离和治疗病马，深埋或烧毁尸体，用1‰～5‰三合二溶液或20%漂白粉进行消毒，防止病原扩散。

接触过病马的马，必须连续测温1周，如果体温升高，立即隔离治疗。体温正常的马匹，先注射预防量的炭疽免疫血清（30～40mL），2～7d后再注射炭疽芽孢苗。如无炭疽免疫血清，也可直接注射菌苗，但应严密观察，并且做好紧急抢救的一切准备，因为已经感染炭疽的潜伏期病马，可能在菌苗激发下发病。

十、恶性水肿

1. 病原 马恶性水肿的病原体主要是恶性水肿杆菌，其次是水肿杆菌，有时还有产气荚膜梭菌和溶组织杆菌等。这几种细菌都是厌氧菌，菌体较大，两端钝圆，革兰氏染色阳性，在机体内外都能形成芽孢。除产气荚膜梭菌外，都没有荚膜。恶性水肿的病原体广泛存在于表层土壤和人畜粪便中，马患病后局部水肿液和坏死组织中也很多。

2. 流行病学 平时打针、阉割、助产及外伤处理消毒不严时，容易形成厌氧环境，有利于恶性水肿病原体生长繁殖，引起恶性水肿。

3. 症状 恶性水肿的潜伏期通常为1～3d。恶性水肿病原体侵入创伤后，如果机体抵抗力不强，创伤较深，出血坏死较重，局部血液循环障碍，形成厌氧环境，则病原体迅速繁殖，并产生大量的毒素和酶，使血管壁通透性增加，组织发炎坏死，肌糖原和蛋白质分解，产生具有酸败味的有机酸和气体。因此，初期，在创伤及其周围发生有热有痛的炎性肿胀，不久发展为无热无痛的气性水肿，肿胀发展很快，触诊常有捻发音，尤其是肿胀部的上方。切开肿胀部，常流出红黄色的酸臭液体，有时带泡沫，肌肉呈暗褐色。

同时，由于有毒物质（细菌毒素和组织坏死分解产物等）被吸收，病马发生全身中毒，表现为精神沉郁，食欲废绝，呼吸困难，可视黏膜蓝紫带黄，心脏衰弱、节律不齐，脉搏增数，体温升高到40℃以上，有时发生下痢，排出恶臭的粪便。如不及时治疗，常在1～3d内死亡。

4. 诊断 马的恶性水肿根据创伤周围产生弥漫性的气性水肿，肿胀部扩大蔓延迅速，全身中毒症状重剧，经过短急等特点，一般可以确诊。如肿胀部无明显捻发音，可采取水肿液或小块坏死组织涂片染色镜检，有无荚膜、菌端钝圆的大杆菌，或死亡病例于6h内用肝表面涂片，见有微弯曲长丝状的菌体时，也可确诊。

5. 防控

（1）治疗 由于恶性水肿病程短急、全身中毒症状严重，所以，一定要争取时间，进行综合治疗。

①全身治疗。为抑制病原菌的繁殖和转移，应大量注射抗生素。青霉素每次1 000万～2 000万U，每天2～3次；链霉素每次500～800万U，每天1～2次。抗生素与磺胺并用则效果更好。为解除全身中毒，可酌情选用5%～10%葡萄糖溶液2 000～3 000mL、5%碳酸氢钠静脉注射。

②局部治疗。针对恶性水肿病原体厌氧的特点，采取开放疗法。根据肿胀的大小，将肿胀适当切开，以能充分暴露、便于排液和除去坏死组织为原则。切开后，先尽量除去坏

死组织，再用1％高锰酸钾溶液或3％双氧水充分冲洗，并注意引流，及时排出创液。每天处理1～2次，直至坏死组织完全排除，然后按一般化脓创处理。

为了控制肿胀的扩大蔓延，可用青霉素1 000万～2 000万U，于肿胀周围分数点注射；或将3％双氧水用生理盐水稀释3～5倍后，注射于肿胀部周围；有条件时，也可于肿胀部与健康组织交界处进行皮下输氧。

③中兽医辨证施治。中兽医把恶性水肿叫恶癀，多由创伤感染引起。病马精神萎靡，口色红，脉初期洪数，后期细数。肿胀部呈气性水肿并蔓延很快，属于热毒证，治宜清热解毒，方用双花连翘散。

【双花连翘散】双花40g　连翘30g　黄药子30g　栀子30g　黄芩30g　大黄30g　知母30g　生草30g　贝母20g　白药子20g　黄连20g　郁金20g　丹皮20g　芒硝60g

共为末，开水冲，候温灌服。

（2）预防　加强马饲养管理，保持环境卫生和马体清洁；开展群防群治，防止发生外伤，及时处理外伤；手术和注射时注意严格消毒，特别在训练中要做好预防和急救工作。发生恶性水肿后，立即隔离治疗，被污染的物品要彻底消毒，病马尸体要深埋或焚烧，严禁食用。

十一、破伤风

破伤风是一种经创伤感染的人兽共患传染病。

1. 病原　破伤风的病原体是破伤风梭菌，是一种厌氧菌，只能在缺氧的条件下生长发育，并产生痉挛毒素。这种毒素主要作用于运动神经及其中枢，使肌肉发生强直性痉挛。破伤风梭菌能形成芽孢，芽孢的抵抗力很强。破伤风梭菌常存在于粪便和土壤中，能较长时期地保持其生活力，当马发生创伤，被土壤和灰尘污染后，破伤风梭菌的芽孢就可在创伤内生长发育，产生毒素而致病。破伤风都是经创伤感染而发病的。因此在做手术时，应注意严格消毒，以防感染。

2. 流行病学　破伤风的潜伏期一般为1～2周。短的1天（新生幼驹），长的可达40d以上。破伤风梭菌不是一切创伤都可以感染致病的，创伤内必须具备缺氧的条件，如创口小而深、创内发生坏死、粪便等封盖、或与需氧菌共同感染等，都适合于破伤风梭菌的生长发育。在临床上有许多病例，往往找不到创伤，这是因为破伤风梭菌的芽孢进入创伤后，不久创口愈合，病原菌仍在创内生长发育。该病遍布全球，无明显的季节性，多为散发，但在某些地区一定时间里可出现群发。破伤风梭菌广泛存在于自然界，人和动物粪便都可带菌，尤其是施肥的土壤、腐臭的淤泥中。感染常见于各种创伤，如断脐、去势、手术、产后、耳后方及头部正中的笼头勒伤、蹄底或蹄叉的刺伤以及其他伤口小而深的创伤等，在临诊上有些病例查不到伤口，可能是创伤已愈合或可能经损伤的子宫、消化道黏膜感染。

3. 症状　马得破伤风以后，运动神经及其中枢（主要侵害延髓的脑神经核，脊髓腹角的运动神经元及其中枢）在毒素的作用下，兴奋性异常增高，肌肉发生强直性痉挛。因此，出现一系列的临床症状。

发病初期，马运步稍强拘，咀嚼缓慢，易为人们所忽视。以后，随着病程的进展，出现全身肌肉的强直性痉挛。病马开口困难，采食和咀嚼障碍，重的牙关紧闭，咽下困难，流涎，口内发恶臭；两耳竖立，不能转动；鼻孔扩张，呈喇叭口状；头颈伸直，不能灵活转动；背肌坚硬，背腰强拘，肚腹蜷缩；尾根高举，常偏向一侧；站立时，四肢强直、开张，如木马状，运步困难，很难转弯或后退，严重的不能站立。

4. 诊断 破伤风病马的临床症状比较特殊而明显。根据全身肌肉的强直性痉挛、反射兴奋性增高和体温正常，即可确诊。但对经过较慢的轻症病马，要注意同急性肌肉风湿病鉴别。其不同点是，急性肌肉风湿病病马体温升高 1℃ 以上，兴奋性不高，瞬膜不突出，触诊患部肌肉有疼痛。

5. 防控

（1）治疗

①进展阶段（初期）。这一阶段主要矛盾是破伤风毒素的致病作用与机体抵抗力之间的矛盾，其特点是病程发展迅速，一般于病后第 4 天左右达到高峰。因此，中和病马体内的游离毒素，是这一阶段治疗的关键。在治疗中除了中和毒素外，还应注意解痉镇静、消灭病原，并认真护理。为了中和毒素，可静脉或皮下注射破伤风抗毒素，同时静脉注射乌洛托品；为了解痉镇静，可以深部肌内注射氯丙嗪或静脉注射硫酸镁溶液、利多卡因溶液或水合氯醛灌肠；为了消灭病原，可肌内注射青霉素，对创伤进行扩创及消毒处理。

②稳定阶段（中期）。经过 4～7d 的治疗后，由于马体内的游离毒素已被中和，病程转入相对稳定的阶段。这一阶段的特点是病情稳定、停止发展，并有逐渐好转的趋势，但反射兴奋性增高和肌肉强直性痉挛症状仍然存在。治疗中主要应用解痉镇静、解毒、补液等药物，并应注意维护心脏机能，防止继发肺炎。

③恢复阶段（后期）。经过 10～15d 的治疗，转入恢复阶段。此时，病马的反射兴奋性接近正常，肌肉痉挛逐渐缓解，已能采食少量的草料和饮水，但背腰、颈部肌肉仍相当僵硬，四肢运动仍不灵活，由于长期不食，病马衰弱。因此，恢复局部肌肉的机能，恢复体质，便成为这一阶段治疗工作的重点。具体方法是将 25％硫酸镁溶液和 2％利多卡因溶液在肌肉僵硬的部位，分数点注射，并配合针灸疗法，以缓解肌肉的痉挛。此外，还应注意调整胃肠机能，防止继发胃肠炎。每天适当牵遛。

【处方】破伤风抗毒素　　　　　20 万 U
　　　　罗米非定注射液　　　　50mL
　　　　25％硫酸镁注射液　　　100mL
　　　　5％葡萄糖　　　　　　 1 000mL

用法：一次静脉注射，每天一次。

加减：病初疾病发展急剧者，破伤风抗毒素应增加到 40 万 U，以后每天 20 万 U，连续 3d；或一次注射 80 万 U（其中的 10 万～20 万 U 皮下注射），第二天停用（破伤风抗毒素的总用量：大马 80 万～100 万 U，中等马 40 万～60 万 U，初生幼驹 10 万～20 万 U）。在疾病相对稳定的阶段，可减去破伤风抗毒素。

病马兴奋性很高时，可每天 2 次静脉注射 25％硫酸镁溶液 100mL，2 次肌内注射利多卡因 0.25％～0.5％溶液 5～30mL，每次注射的间隔应在 4～6h 或以上。也可火烙（或火针）大风门、风门、百会等穴。

不能采食时，要每天 2 次补糖补液。出现酸中毒症状时，可加用 5％碳酸氢钠注射液

500mL。当体温升高、呼吸困难、出现肺炎症状时，应增加青霉素、链霉素或两者并用。咬肌痉挛、开口困难时，可针刺开关穴、锁口穴，或用10%葡萄糖溶液5～10mL穴位注射。胃肠机能紊乱、粪便蓄积时，可内服健胃散或人工盐等药物，并以温水3 000～5 000mL灌肠。

④中兽医辨证施治。破伤风是外感风邪的疾病。当风邪由表及里，传于肌肉和经络，久则化火，风火邪毒走串经络，传遍全身。病马主要表现牙关紧闭、耳竖尾直、形如木马等痉挛症状。初期风邪在表，口色红、脉浮，属于表证，治应疏风解表、安神解痉为主，方用防风散。中后期邪热入里，津液干燥，脏腑功能衰弱，属表里同病，治疗应滋阴降火、补气养血，可用防风散加减法。

【防风散】防风50g　羌活50g　天麻30g　胆南星30g　炒僵蚕30g　川芎50g　细辛10g　全蝎20g　蝉蜕（炒黄研末另包）50g　姜白芷50g　红花50g　姜半夏50g

服法：

A. 病轻或体格小的用量稍小，病重或体格大的用量稍大。

B. 每剂水煎2次，灌服，每天1剂。

C. 病轻者连服2～3剂，病重者连服3～4剂，以黄酒200mL为引。病势好转可隔1～2d服1剂，以蜂蜜200mL为引。

加减：伤在头部，重用白芷；伤在四肢，加独活30g；瞬膜外露，风邪在表较重，重用防风、蝉蜕；口涎过多，重用僵蚕、半夏；口紧难开，加蜈蚣4～5条、乌蛇25～75g；后期病势稳定，适当加用滋阴药物，如当归、首乌、生地、二冬等。

（2）预防　预防破伤风，平时要防止马受伤，一旦发生外伤，要及时处理，对深的创伤，除做外科处理外，应肌内注射破伤风抗血清，在常发地区，应定期接种破伤风类毒素。对马进行免疫注射使用破伤风类毒素皮下注射3mL，10个月后产生免疫力，免疫期较长，到第3年再注射一次。

破伤风经过较慢，病马兴奋性不太高，能开口二指以上，治疗及时的病例，一般都有治愈希望。病程发展急剧，迅速出现牙关紧闭的；兴奋性很高，惊恐不安，大出汗，应用一般镇静解痉药无明显效果的；不能站立的；以及发现较晚，治疗不及时的病例，往往预后不良，必须积极抢救。如能耐过7～10d，又无并发症，绝大多数可以治愈。

破伤风都是经创伤感染而发病的。因此，如果发生外伤，要及时进行外科处理。做手术时，应注意彻底消毒，以防感染。特别是公马去势手术结束，应立即肌内注射破伤风类毒素，进行预防。兽医人员应遵照防制办法的规定，定期对马进行破伤风类毒素的预防注射。

（3）护理　认真做好护理工作，维护病马的抗病能力，才能收到较好的疗效。护理要做好静、养、防、遛四个方面。

"静"就是要使病马安静。把病马放在较暗的单厩内，除去蹄铁，避免音响，少与生人接触，初期和中期不要遛马，以免病马兴奋，痉挛加重。

"养"就是要喂好病马。能吃喝的病马要照常饮喂；能饮不能吃的病马，要勤饮豆浆、料水、稀粥等（加少量人工盐）；不能吃喝的病马，用胃导管经鼻投食，每天1次或隔天1次。张口不大、不能采食，但能咀嚼和咽下的恢复期病马，饲养人员可以用手向病马口内塞入少量的草料。

"防"就是要防止摔倒、碰伤、骨折，防止继发坏疽性肺炎、胃肠炎和褥疮。具体方法：重病马可用吊起带加以扶持；流涎口臭、咽下困难的病马，要每天用 0.1％高锰酸钾溶液洗口，不要强迫喂给草料；恢复期的病马，要少给勤添，逐渐增加精料。褥疮可涂擦碘酊，促进吸收。

"遛"就是对停药观察的病马，要每天定时牵遛，增加肌肉的运动，促进血液循环，促使早日恢复健康。痉挛已缓解、吃喝较好而不能运动的病马，可每天多次地用草把摩擦四肢，并人工反复屈伸关节。

十二、坏死杆菌病

坏死杆菌病是各种家畜都可发生的一种传染病。马坏死杆菌病的临床特征是四肢下部（特别是蹄冠部和蹄球部）皮肤及皮下软组织发生坏死。本病在马场较多见。

1. 病原　坏死杆菌病的病原体是坏死杆菌，革兰氏染色阴性，是一种厌氧菌，广泛存在于土壤及草食兽的粪便中，抵抗力不强大，一般消毒药物能很快将其杀死，对 4％醋酸较敏感。

2. 流行病学　潜伏期一般为 1～3d，有的仅几小时。本病多呈大批发生，马通过皮肤外伤（尤其是蹄冠外伤）而感染，且主要发生于多雨季节和在低洼潮湿地区放牧、作业的马。护蹄不良。厩舍积粪潮湿，在死水泡子或沼泽中饮马，使蹄冠部皮肤及角质变软，局部血液循环障碍，抵抗力降低，容易发生外伤，同时蹄冠角质与皮肤交界处也容易裂开。

在狭窄或泥泞不平道路上行进，训练的马打盘过紧过密，行走太急，互相拥挤踩踏都易造成四肢下部的损伤，成为发生本病的诱因。坏死杆菌及化脓菌等经外伤侵入后，很快在局部发育繁殖，使局部组织发炎、坏死、破溃、流脓。

3. 症状

（1）局部症状　马发生部位大多数在球节以下，特别是蹄冠和蹄球部。

患肢跛行，局部瘙痒，球节以下肿胀，有热痛。常在蹄冠边缘或系部皮肤出现黄豆大至蚕豆大的脓肿，流出少量黏性渗出物。如及时治疗，3～7d 可治愈。否则，炎症继续发展，跛行加重，脓肿破溃，由破溃处或蹄冠裂隙流出恶臭的黄色脓汁。溃疡面呈污秽赤色。有的溃疡面结痂，痂皮下的组织继续坏死，可侵害蹄软骨、韧带和腱。有的形成瘘管，有的局部呈急性蜂窝织炎，肿胀迅速扩展至球节以上。严重的病例，由于蹄真皮遭受损害，蹄角质多发生变形，甚至发生蹄匣脱落。

（2）全身症状　轻症病例全身症状不明显。重症病例体温升高，精神沉郁，食欲减少或不吃。如果坏死杆菌转移到肺脏，则出现坏死性肺炎的症状，呼出气有恶臭。坏死杆菌也可转移到其他脏器，若抢救不及时，往往导致死亡。

4. 诊断　根据皮肤及皮下软组织的坏死病变及多雨季节大批发病等流行特点，容易与蹄冠外伤、系部皮肤炎鉴别。

5. 治疗　彻底清除坏死组织，直至露出红色创面为止。用 0.1％高锰酸钾或 3％过氧化氢冲洗患部，然后撒消炎粉于创面或涂擦 10％甲醛溶液直至创面呈黄白色为止，或用木焦油涂擦患部，或 5％碘酊涂抹。①用滚热植物油（最好是桐油）适量趁热灌入疱内，再在患部撒上薄薄一层新石灰粉，隔 1～2d 治疗 1 次，一般处理 2～3 次即愈。②红砒 80 份、枯矾 18 份、冰片 2 份，混合研为细粉，除去坏死组织后撒布患部。③雄黄 1 份、陈石灰 3 份，研末，加桐油调匀，塞入患部。

中药可用桃花散、硼砂散、龙骨散撒布患部，或用玉红膏外敷。

【桃花散】石灰 500g，大黄 250g。先将大黄放入锅内，加水 1 碗，煮沸 10min，再掺入石灰面，搅匀炒干，将大黄除去，研为细面，撒于伤处，有生肌、消肿、散血、定痛之效。

【硼砂散】硼砂、黄丹各等份，二药共研为细末，用羊骨髓调匀擦之，患部瘙痒时应用，有止痒、制腐、解毒之效。

【龙骨散】龙骨 30g 枯矾 30g 乳香 25g 乌贼骨 25g

研为细面，撒布伤处，有生肌、止痛、去毒之效。

【玉红膏】当归 60g 白芷 30g 甘草 45g 紫草 20g 白蜡 60g 血竭 30g 轻粉 20g 麻油 500g

将当归、白芷、甘草、紫草放入油内浸 3d，熬枯去渣，加血竭细末 15g，再加入白糖 60g 溶化后，再加轻粉 15g，即成。此膏有去腐、生新、拔毒、收敛等作用。

在治疗中，除积极治疗局部病变外，要注意观察全身症状，防止转移性坏死灶的形成。病马体温升高、精神不好时，要每日两次肌内注射青霉素和链霉素，连用 3～5d，并按病情施行对症疗法。经常保持蹄部清洁干燥。轻症病马可放牧于高处干燥的草地。重症病马应单厩饲养，厩舍要清洁干燥、阳光充足、通风良好；不能站立时，应多铺垫草，使病马卧地休息或用吊带扶持站立；同时适当补充精料，增强抗病力。

6. 预防 保持蹄部清洁干燥，防止外伤，及时治疗。

（1）保持蹄部清洁干燥 及时清除马厩粪尿，保持清洁干燥。放牧马，在多雨季节，应选择高处干燥草地放牧，选择高燥平坦的地点上放牧，尽量不在死水池子饮马。

（2）防止外伤 训练马要做到一线、两慢、三不。即赶马勤吆唤，不打冷鞭，把马赶成一条线；进、出马厩要慢；不走树茬多和不平的牧道，不让马群拥挤过紧，不在棱角石头多或有冰茬的河里饮马。

（3）及时处理外伤 在使役中或多雨季节放牧时，要勤检查四肢有无外伤，如有外伤立即涂擦碘酊或紫药水。最好把随身携带消毒药，便于做到随时发现、随时涂擦。

十三、胸疫（马传染性胸膜肺炎）

1. 病原 病原体是马胸疫病毒，常有化脓链球菌、马巴氏杆菌等继发感染。典型病例呈现纤维素性肺炎（大叶性肺炎）或胸膜肺炎的综合症状。

病马及病愈恢复马是本病的主要传染来源。胸疫病毒主要存在于病马的肺脏、支气管和胸腔渗出液中。

2. 流行病学 潜伏期长短不一，一般为 10～60d。根据临床特点可分两型。马传染性胸膜肺炎病毒，随病马的咳嗽和鼻喷排出体外，健马吸入含病毒的飞沫，即可传染本病；采食被病马污染的饲料或饮水，也可能传染。胸疫一年四季都可发生，但以春、冬季较多，长期舍饲、卫生条件不好或马匹使役过度、感冒等，均可促进本病的发生。胸疫传播缓慢，同一厩舍中发现病马后，一般经过数天，才出现新病例，且很少是邻马连续发病，多呈跳跃式点状散发。流行期较长，常延续数月。

3. 症状

（1）典型胸疫

①热型。病初突然发生高热（40～41℃或以上），绝大多数呈稽留热，持续6～9d或更长时间。以后体温突然降至常温或于数日内逐渐下降。发生胸膜炎时呈不定型热，或降温后有反复发热。

②全身状态。精神高度沉郁，食欲减退或废绝，脉搏增数，呼吸加快，结膜潮红、水肿、微黄染，皮温不整，全身战栗，四肢无力，运步稍强拘。

③呼吸系统症状。病的初期流少量水样鼻液，经数天后流黏液脓性鼻液，中后期则流多量红黄色或铁锈色鼻液。病马初期偶见痛咳，后期变为湿咳。

胸部叩诊和听诊由于病程发展阶段不同，呈现相应的变化。在初期（充血水肿期），叩诊呈鼓音或浊音；听诊肺泡音增强，有湿啰音。在中期（肝变期），叩诊呈浊音；听诊肺泡音减弱或消失，出现支气管呼吸音。在后期（消散吸收期），叩诊又呈现鼓音或半浊音；听诊呈现湿啰音及捻发音。经2～3周逐渐恢复正常。炎症波及胸膜时，有胸膜炎症状（胸膜炎）。

④循环系统症状。初期心音增强，尤其是第二心音增强；中、后期心音减弱，节律不齐，脉细弱。胸前、腹下及四肢下部出现不同程度的浮肿。

⑤消化系统症状。口腔稍干，口黏膜潮红带黄色，有少量灰白色舌苔。长音减弱，粪球干小，并复有黏液；后期有的肠音增强，腹泻，粪恶臭，甚至伴发肠炎。

⑥血液变化。初期，白细胞数不增加，中性粒细胞减少，淋巴细胞相对增多。中后期，因细菌继发感染，白细胞数增多，其中中性粒细胞显著增多，淋巴细胞相对减少。病情好转时，中性粒细胞又减少，淋巴细胞又相对增多。

（2）非典型胸疫　有两种病型：

一种是一过型胸疫。病马突然发热，体温达39～41℃，全身状态与典型胸疫略同，但比较轻微。呼吸道和消化道往往只有轻微的炎症。咳嗽，流少量水样鼻液，肺泡音增强，有的出现啰音。及时治疗，经2～3d后，很快恢复。

另一种病型既不取一过型胸疫的短暂经过，也不像典型胸疫取纤维素性肺炎或胸膜炎的典型经过。热型稽留或弛张不定，常多次反复发热，症状复杂，不规律，并发症较多，肺的病变多种多样（肺炎、肺化脓、肺坏疽、胸膜炎等）。有的肠炎症状很明显。病程很长（几个月），治疗效果往往不明显。追查病逝，大多数发现太晚、治疗不恰当、饲养管理不良等情况。容易误诊，应引起注意。

4. 诊断　根据流行病学和临床症状进行初步诊断。

5. 治疗

（1）对症处置　对伴有消化不良的病马，可清理胃肠，内服缓泻剂（硫酸钠300mL，大黄50mL，碳酸氢钠50mL，加水3 000mL，一次内服）。发生胸膜炎或并发肺坏疽、胃肠炎的病马，可根据病情，参照这些疾病的治疗措施，对症处置。

最好青霉素与链霉素合并应用；也可连续静脉注射10%磺胺噻唑钠溶液100～150mL，每天2～3次。有严重并发症的病例，最好青霉素与链霉素合并应用。对不同类型的病马，应采取不同护理方法。对重病马应有专人饲养管理，安静休息，给马易消化的饲料。对轻病马，要经常刷拭，每天牵遛运动，尽量喂给青草。对初愈病马指定偏僻地区放牧，逐渐复壮。

（2）中兽医辨证施治　胸疫属于瘟疫的一种，肺部的变化很复杂，如肺热（支气管炎或支气管肺炎）、肺黄（纤维素性肺炎）、肺痛（胸膜肺炎）、肺痈（坏疽性肺炎）、前隔水（胸水）等都可见到。临床上应根据病情辨证施治。初期病邪在表或将入里时，可按感冒（桑菊银翘散）或肺热（款冬花散）治疗。对典型病例，即肺黄，或肺黄与肺痛并发，以发热、咳嗽、气喘、流脓性鼻液、胸痛、脉洪数、口色红、卧蚕带黄等为主证，属里实热证。治应清热润肺、止咳祛痰、降气定喘为主，方用清肺止咳散。

【清肺止咳散】当归 40g　知母 30g　贝母 30g　冬花 30g　桑皮 25g　瓜蒌 30g　桔梗 30g　黄芩 30g　木通 25g　甘草 30g

共为末，开水冲，候温灌服。

加减：热盛气喘者，加栀子、黄柏、紫苑、苏子，重用桑皮、知母；鼻液量多者，加双花、连翘，重用贝母、桔梗、瓜蒌；粪干者，加大黄、元明粉，或用蜂蜜 100g；腹泻者，加黄连、郁金，减瓜蒌；有胸水者，加猪苓、泽泻、车前子，减瓜蒌、桔梗，重用木通；老龄瘦马病马，加百合、天冬、秦艽，重用贝母；后期，脾胃、气血虚弱者，减知母、桑皮、黄芩、木通等寒性药物，加滋补强壮药物，如党参、白术、山药、五味子、黄芪、首乌等。

第七章　寄生虫病

一、马胃蝇蛆病

马胃蝇蛆病是常见的慢性寄生虫病，病马常呈现消化不良、瘦弱等症状，对马健康危害较大，特别是在从草原购入的马，由于长期赶运，环境骤变，往往病势加重，甚至死亡。

1. 病原　病原体是马胃蝇的幼虫。马胃蝇的整个生活过程要经过虫卵、幼虫（蛆）、蛹、成虫 4 个阶段，其中仅幼虫阶段寄生在马体内。

2. 生活史　马胃蝇蛆的幼虫必须在马体内寄生。进入口腔后的蝇蛆，逐渐发育成米粒大，利用它头部的两个口钩，钩住齿龈或咽喉部黏膜，引起炎症，病马呈现咳嗽、流涎、咽下和咀嚼障碍，饮水时，水从鼻孔流出等症状。随后蝇蛆向胃肠道移行，用它的口钩牢固地叮在胃黏膜上，有的停在十二指肠黏膜上，发育约 10 个月，逐渐长大，略似花生米状，呈红色或红黄色，长 1～1.5cm，身体分节，每节有 1～2 列小刺。

马胃蝇的成虫只能在自然界生活数天，每年 5—9 月在草原上出现。雌雄交配后雄虫很快死亡。雌虫飞翔于马体周围，不断把虫卵产在马的肩部、前肢、下腹或头部的被毛上，雌虫产完卵后，也就死亡。虫卵呈淡黄色，梭形，长约 1mm，经过 15d 左右，孵化幼虫，幼虫爬到皮肤表面引起痒觉，在马啃痒时被舐进口腔（有的幼虫自动钻入颊部皮肤而进入口腔），马胃蝇蛆就这样进入了消化道。

3. 症状　病马呈现以营养障碍为主的各种症状，如食欲减退、消化不良、腹痛、贫血、消瘦等症状，严重的甚至引起死亡。

4. 诊断　诊断应考虑发病季节，确诊需在皮肤上检出蝇卵和患病期在口腔黏膜上找到幼虫，亦可作驱虫性诊断。

5. 治疗

①定期用伊维菌素驱虫（粉剂，一次内服量 0.05～0.2mg/kg）。

②左旋咪唑（片剂，一次内服量 10mg/kg）。

③芬苯达唑（片剂，一次内服量 25～50mg/kg）。

二、马肠道线虫病

马肠道线虫病是指寄生在马的大、小肠内马圆虫、马蛔虫、马蛲虫所引起的疾病。这三类线虫虽然在形态特征和生活习性上各有不同的个性，但它们又具有共性，都是经口感染，都在肠管内寄生，都能引起消化不良、贫血、消瘦等症状，往往混合感染。

1. 病原

（1）马圆虫　为马最常见的一种寄生虫。寄生在马体的圆虫共有数 10 种，大的近似火柴杆，小的细如毛发，其中普通圆虫致病力最强，虫体灰红褐色，长约 2.5cm，头端钝圆。圆虫卵为椭圆形，卵壳无色透明，内含数个到十个卵细胞。雌虫较长大，尾部较尖；雄虫较小，尾部散开如虾尾。

圆虫成虫主要寄生在马的盲肠和结肠。以头端的口囊吸吮肠壁，损伤黏膜和毛细血管，吸食血液，并分泌毒素，引起肠黏膜发炎、出血、溃疡以及全身性贫血。圆虫幼虫的致病作用也很强，感染性幼虫被马匹吞食进入消化道后，需要在马体内经过一定的移行阶段，才回到肠道内寄生。在其移行发育期间，破坏了许多脏器组织，同时也不断遭到马体各部分组织的包围、溶解而被消灭。肠壁、肝、肺、腹膜等处出现的炎症、水肿、出血、结节等病变，就是虫体所致。

（2）马蛔虫　多寄生于马驹，危害较大，成年马也有寄生。虫卵为圆形，表面有不光滑的黄褐色蛋白膜，里面含有一个球形卵细胞。成虫是一种乳白色或白色的大型虫体，长如筷子，粗似铅笔。

蛔虫成虫主要寄生在小肠，以肠内容物为食，并排出有毒的代谢产物，加上虫体的机械刺激，引起肠黏膜的表层炎症，使消化吸收机能减退，病马日渐消瘦，发育不良。蛔虫寄生数量较多时，有时虫体互相扭结成团，堵塞肠管，甚至引起肠破裂，继发腹膜炎而死亡。蛔虫的幼虫同蛔虫的幼虫一样，也需要移行，经过肝、心、肺等器官，最后回到小肠发育为成虫。幼虫移行中所通过的各种组织和器官，如肝脏、肺脏和肠壁都表现明显的炎性反应或形成寄生虫性结节。

（3）马蛲虫　虫卵为长椭圆形，灰白色，较圆虫卵小，一端有盖，卵内常有一条卷曲的幼虫。成虫是一种灰白色或白色的虫体，雌雄大小差别很大（雌虫长约3cm，雄虫长仅1cm）。剖检时，在肠内最常见到的，大都是雌虫，它的尾部长而尖细，很像绿豆芽，容易与马圆虫区别。

蛲虫成虫主要寄生在结肠和盲肠，雌虫产卵时移向直肠，把虫卵产在肛门周围的皮肤上，形成灰白色或黄绿色干面湖样的卵块。由于产卵时虫体的蠕动和虫体分泌物的刺激，引起患马肛门部瘙痒，经常摩擦尾根，以致尾毛逆立，甚至引起皮炎或擦伤。马吞食了感染性蛲虫卵而被感染，虫卵在胃肠内孵化，幼虫附着在肠黏膜上，约经一个月发育为成虫。

2. 症状　幼虫引起症状是血栓性疝痛，常突然发作，持续时间不等。轻型者，开始时表现为不安，打滚，频频排粪，但脉搏与呼吸尚正常，数小时后，症状自然消失。重型者疼痛剧烈，病马做犬坐式或四蹄朝天仰卧，腹围增大，排粪频繁，粪便为半液状含血液、脉搏、呼吸加快，肠间增强，其后可能减弱以至消失。成虫大量寄生时，可呈急性发作，表现为大肠炎和消瘦，开始时食欲不振，易疲倦，异嗜，数周后出现恶臭的腹泻、腹痛、粪便中有虫体排出，逐渐消瘦、浮肿，最后陷于恶病质而死亡。少量寄生时呈慢性经过，食欲减退，下痢、轻度腹痛和贫血，如不治疗，可能逐渐加重。

3. 诊断　主要根据粪便检查做出诊断。

（1）粪便内虫卵的检查方法

①直接涂片法。本法简便易行，适合各种虫卵检查。但检出率较低，应多检查几个涂片。

在载玻片上滴加清水数滴，由粪球的各个部位取黄豆大的粪块与水混合，用小镊子将粪便在水中翻转几次，然后尽量除去粪渣，留下粪水混合液一滴，加上盖玻片镜检。涂片时所用的水不要过多或过少。过多时，粪水溢出，盖玻片漂浮；过少时，载玻片与盖玻片之间形成空隙，不便于检查。取粪不要过多，涂抹不要太厚，制成的涂片以能透视书报上的字迹为适宜。

②饱和盐水浮集法。取粪便 5～10g，放入杯内，加饱和盐水 10mL 左右，搅碎粪块，再加入饱和盐水 100～200mL（视粪液呈黄色或茶色略能透光即可），用两层纱布滤过，将粪液分装于试管或链霉素空瓶内（管口必须平整、干燥，防止粪液外流），并使液面稍突出于管口，经 5～10min，用载玻片接触液面，蘸取粪液迅速翻转，加上盖玻片，进行检查。

检查蛲虫卵时，可用长镊子或木棒缠上棉花或纱布，制作肛拭子，在患马肛门周围及会阴部皮肤上反复擦拭，将所得的病料用直接涂片法或饱和盐水浮集法检查。

（2）粪便检查注意事项

①粪便必须新鲜，或由直肠内采取。

②检查前，应观察粪便的颜色、稠度，是否混有黏液、血液、未消化的谷粒和虫体等。

③操作时要保持清洁，勿散布粪液，勿污染手指和工作台，特别是大批检查时，检查用具更应保证洁净，以免污染混淆。

④镜检时，先用低倍镜寻找虫卵，发现疑似虫卵的物体时，再换用高倍镜仔细观察，这时应注意不要污染镜头或压破标本。不管是否发现虫卵，都应按顺序看完整个盖玻片。

4. 治疗　马健康检查时，对原因不明的慢性胃肠病的瘦弱马要进行虫卵检查。检出病马，及时驱虫（高度消瘦的马复壮后再驱虫），条件许可时，最好全部马进行驱虫。

（1）驱虫

①伊维菌素是驱除马胃肠道寄生虫最有效的药物，一次内服量 0.05～0.2mg/kg，一次肌内注射量 0.2mg/kg。用法：临用时将伊维菌素粉剂用温水配成药 2%溶液，在清晨喂饲以前，用胃管经鼻投入；也可将 10%～20%伊维菌素溶液洒在 250～500g 的麦麸与干草内，拌匀后逐个喂给，除少数马匹嫌有药味不吃外，大部分马匹经一个多小时就可吃净，为了促使其采食，可少量勤添些精料；也可将伊维菌素加入少量面粉做成舔剂投服。对口腔里的喂蝇蛆，可利用易弯曲的木棒，一端缠上棉花沾上含有 5%伊维菌素的豆油（伊维菌素加入豆油内，加温溶解后即成），涂于咽喉或齿龈部，虫体寄生少的涂一次即可除净，多的两三次可以除净。

②芬苯达唑、奥苯达唑、左旋咪唑等驱虫药，根据说明书使用即可。

（2）驱虫注意事项

①首先了解为什么要驱虫，肠道寄生虫对马匹有哪些危害，驱虫时应注意哪些事情，等等。

②用法详见说明书，并根据马匹体重及体质情况来确定。为了用药安全，应先给少数马匹驱虫，取的经验，再全面铺开。

③驱虫前可根据马匹大小，预先把伊维菌素分别称量出来。由于伊维菌素水溶液容易分解失效，必须现用现配。

④驱虫时，停喂早槽 1 顿，投药 4h 以后可以开始饮喂，驱虫当天最好停止训练。对过于瘦弱的马匹，应适当减少药量，或将 1 次用量分 2 次投予（一天一次）。

⑤驱虫时要避免漏投或重投。

⑥驱虫后应注意观察，大多数马匹呈现肠音增强、排软便，或稀便等现象；用量较大

时，呈现腹痛不安（刨地、喜卧）、流涎、肌肉震颤、呼吸促迫、精神沉郁、后肢无力等副作用，一般经 4～6h 恢复正常。

⑦驱虫后 2～3d 内，应注意观察粪便内有没有虫体，分析驱虫的效果。粪便应尽量收集起来，进行堆肥发酵，消灭感染源。

5. 预防　要每天打扫厩舍、系马场将粪便运到远离厩舍、水源和草场的地方堆积发酵，杀死病原体。在每次倾倒新粪以后，应盖上一层泥土，防止蝇类产卵。驱虫后一周内马粪便要单独堆积 15d 发酵后，方可用作肥料。

在处理好粪便的基础上，还应做到六净，草料净、饮水净、用具净、马体净、厩舍净、系马场净。

三、马媾疫

马媾疫是马在交配时感染了媾疫锥虫所引起的慢性疾病。本病可影响马的繁殖和发展，给马生产带来了一定的损失。

1. 病原　本病主要是通过病畜和健畜交配时发生传染，有时，也可通过未经严格消毒的人工授精器械、用具等传染。所以本病在配种季节后发生较多。

2. 生活史　马媾疫锥虫是一种单形性虫体，长 18～34μm，宽 1～2μm。呈卷曲的柳叶状，前端尖锐，后端稍钝，虫体中央有一个椭圆形的核，并有由后向前延伸的鞭毛和波动膜。锥虫在宿主体内进行分裂增殖，一般沿体长轴纵分裂，由一个分裂为二个虫体。

3. 症状　马匹感染媾疫锥虫后，经 30～90d 的潜伏期而发病，症状的轻重和病程的长短，随机体抵抗力强弱而不同，一般多取慢性经过或仅带虫而不发病，有些马多取急性经过，呈现典型的症状。

（1）生殖器症状　母马阴门肿胀，阴道黏膜潮红外翻，排出黏液性分泌物，尿淋漓。不久在阴门、阴道黏膜等部位出现小结节及水疱，破溃后成为糜烂的溃疡面，很快愈合，在外阴部遗留缺乏色素的白斑。发情不正常，屡配不孕，且易流产。

公马一般先从阴茎前段及龟头等部位开始发生浮肿，逐渐扩展至阴囊、阴茎、腹股沟部，甚至波及腹下。触诊浮肿，无热、无痛，呈面团状硬度。尿道黏膜潮红、肿胀，尿道口外翻，排出黏液性分泌物。在阴茎、阴囊等部位相继出现结节、水疱、溃疡及缺乏色素的白斑。性欲亢进，精液品质降低，屡配不孕。

在生殖器急性炎症发作后的 40d 左右，病马胸、腹、臀部的皮肤出现无热无痛的扁平丘疹，称轮状丘疹，直径 5～15cm，呈圆形、椭圆形或马蹄形，中间凹陷而周围隆起。其特点是突然出现、迅速消失，然后再出现，因此不易发现，容易被忽视。

（2）神经症状　发病后期，病马的末梢神经被侵害，表现为体表的某一区域感觉过敏，有压痛，继则发生麻痹。常见的为腰神经与后肢神经的麻痹，表现步样强拘、后躯摇晃、跛行等症状，时轻时重，反复发作，容易误诊为风湿病。少数病马表现面神经麻痹症状，耳朵下垂，嘴唇歪斜。

（3）全身症状　病初，病马体温升高，精神、食欲无显著变化，随着病程进展反复出现短期发热，逐渐贫血、消瘦，精神沉郁，食欲减退。严重的，后躯麻痹不能起立，可因极度衰竭而死亡。

4. 诊断　虽然马媾疫在临床上有生殖器官浮肿、炎症，皮肤轮状丘疹，神经麻痹症状，但并非所有病例都能见到这些典型症状，所以确诊马媾疫应根据流行病学、临床症状、结合病原检查、血清学检查等进行综合判定。

（1）临床诊断　在疫区，马匹配种后，如果发现有外生殖器炎症、浮肿，皮肤轮疹，耳聋唇歪，后躯麻痹以及不明原因的发热、贫血、消瘦等症状时，可怀疑为媾疫，但应注意与鼻疽、马副伤寒、风湿病等进行鉴别。为了确诊，还应进行虫体检查与血清学检查。

（2）虫体检查　用缠有灭菌纱布条（用灭菌生理盐水浸湿）的金属探子，插入尿道或阴道内刮取黏液。刮时须稍微用力，使刮取物微带血色，比较容易检出锥虫。把采得的黏液洗于生理盐水内，经离心沉淀后，将沉渣做压滴标本或涂片标本检查。也可用装有灭菌生理盐水约 3mL 的注射器，在浮肿部或丘疹部抽取浮肿液做压滴标本或涂片标本检查。因媾疫锥虫数目较少，检查时必须仔细查找，反复进行，否则不易检出。虽找不到虫体，但仍怀疑媾疫时，可采取血清送检验单位，进行血清学诊断。

（3）血清学检查　可进行补体结合反应检查。马感染媾疫锥虫 3 周后，血液中就出现补体结合抗体，而且直到病马治愈后几个月尚保持补反阳性。媾疫与锥虫病有类属反应，在两个病同时存在的地区采血作补休结合反应时，应结合临床诊断、虫体检查加以区别。

5. 治疗　马媾疫的治疗原则与方法同血锥虫病。

【处方】土茯苓 300～500g　花粉 30g　生地 30g　玄参 30g　双花 100g　连翘 30g　甘草 60g　黄柏 30g

蒲公英为引。

以上各药混合捣碎，放入锅内，加清水 4 000 mL，徐徐加温，煮沸 1.5h 至剩水 2 500mL 左右时停火，用纱布滤过（药液冷却后成胶状），候温灌服。一般 3d 服 1 剂，5 剂为一疗程。

用伊维菌素、莫西菌素、呱嗪等口服。按药品说明书，根据马体重确定剂量。

6. 预防

（1）在疫区，配种前对种公马和繁殖母马进行一次检疫，包括临床检查（主要检查生殖器有无浮肿、炎症、缺乏色素的白斑，皮肤轮状丘疹，神经麻痹等症状）和采血进行补体结合反应。阳性或可疑母马隔离治疗，病公马一律阉割，不作种用。对健康种公马，在配种前用安锥赛预防盐进行预防注射。为了检出新感染的病马，至再进行 210～270d 一次检疫，采三次血作补体结合反应，每次间隔 20d。

（2）没有发生过本病的马场，对新调入的种公马或母马，要严格进行隔离检疫。

（3）大力开展人工授精从根本上减少或避免感染机会，配种人员的手及用具等应注意消毒。

四、疥癣

疥癣又称螨病，是一种接触传染的慢性皮肤病，常发生于冬季。

1. 病原　引起疥癣的病原体主要有两种：一种为穿孔疥虫，在表皮深层咬凿虫道，采食组织及淋巴；另一种为吸吮疥虫，寄生在皮肤表面，用口器刺穿皮肤吸吮淋巴。

2. 生活史　健康马疥癣通常发生在严冬和秋末春初，在这些季节里日光照射不足，马毛长而密，特别是厩舍潮湿、马体卫生条件不良、皮肤表面湿度较高，适合疥虫发育繁殖。健康马此时接触病马或被疥虫和虫卵污染的厩舍、用具、鞍挽具等，容易发生疥癣。

夏季，马毛大量脱落，阳光充足，皮温增高，皮肤表面经常保持干燥状态，不利于疥虫的生存和繁殖，大部分虫体死亡，仅有少数疥虫潜伏在耳壳、系凹、蹄踵、腹股沟以及被毛深处等部位。这种带虫马匹，临床上不呈现明显的症状，但到了秋季，随着条件改变，疥虫又重新活跃起来，不但引起疾病的复发，而且是最危险的传染源。

3. 症状

（1）剧痒　是贯穿于整个疾病过程中的主要症状。病势越重，痒觉越剧烈。因为疥虫体表长有很多刺、毛和鳞片，同时由口分泌毒素，当它们在马皮肤采食和活动时，会刺激皮肤神经末梢而引起痒觉。剧痒使病马不停地啃咬患部并借助各种物体用力摩擦，加重患部的炎症和损伤，同时还向周围环境散布大量虫体和虫卵，成为扩大传播的一个因素。

（2）结痂和脱毛　患马发痒处皮肤形成结节和水疱，当病马蹭痒时，结节、水疱破溃，流出渗出液。渗出液与脱落的上皮细胞、被毛和污物相混杂，干燥后结成痂皮。痂皮被擦破或除去后，创面有多量液体渗出，毛细血管出血，又重新结痂。随着病变发展扩大，患部脱毛、皮肤增厚并失去弹性而形成皱褶。

（3）消瘦　由于皮肤发痒，病马终日啃咬、摩擦，烦躁不安，影响正常的采食和休息，胃肠消化、吸收机能降低。在寒冷季节因皮肤裸露，体温大量散失，体内蓄积的脂肪被大量消耗，病马日渐消瘦，体力衰弱，有时继发感染，严重时甚至引起死亡。

穿孔疥虫所引起的疥癣，常由头部、颈部、肩部和体侧等被毛短的部位开始，然后波及全身。

吸吮疥虫所引起的疥癣，经常发生于鬃、鬣、尾根、颌间和股内侧等有长毛或皮肤薄而柔软的部位，然后蔓延至全身。

4. 诊断

（1）病料采集　首先详细检查病马全身，找出所有的患部，然后在新发生的患部与健康部交界的地方，剪去长毛，用锐匙或外科刀刮取表皮，直到稍微出血为止，将刮到的病料收集到容器内准备检查。操作中应防止散布病原。

（2）病料检查　把采到的病料装入试管内，加进适量10％苛性钠溶液（装到试管容量的1/3即可），煮沸，待固形物大部分溶解后，静置20min，由管底吸取沉渣在载玻片上，用低倍镜检查。

在没有显微镜的条件下，可利用扩大镜进行活虫检查。方法是取少量病料，散放在一块玻璃上，病料4周涂少量凡士林，防止疥虫爬散，为促使疥虫活动，可将玻璃在热水上稍微加温，然后把玻璃放在黑纸上用扩大镜仔细观看，如有疥虫，可以看到在绒毛和皮屑之间爬动。这种方法检出率较低，最好反复检查多次。

（3）疥虫特征　穿孔疥虫很小，眼观不易看出，虫体呈圆形，前端中央有钝圆形口器，虫体前部和后部各有两对短粗呈圆锥形的脚。

吸吮疥虫比穿孔疥虫稍大，眼观如针尖大，虫体呈长圆形，口器长而较尖，脚粗大。

镜检中有时能发现疥虫的幼虫和虫卵，幼虫形态与成虫相似，但只有3对脚；虫卵椭圆形灰白色，卵内有不均匀的卵胚或已经成型的幼虫。

5. 治疗　治疗前应详细检查病马，做到"群不漏一匹，马不漏一点"。把找出的所有患部，记载在病历上，以免遗漏。为使药物能与虫体充分接触，将患部及周围3～4cm处的被毛剪去（收集在污物容器内，烧掉或用消毒水浸泡），用温肥皂水彻底刷洗患部及其周围皮肤，除掉硬痂和污物，再用2%甲酚皂溶液液刷洗一次，擦干后即可涂药。大多数治疗疥癣的药物对疥虫的虫卵没有杀灭作用。因此，即使患部不大，疗效显著，也必须治疗2～3次（每次间隔5d），以便杀死新孵出的幼虫。处理病马的同时，要注意场地、用具等彻底消毒，防止散布病原；经过的治疗的病马应放到已经消毒的厩舍内饲养，以免再感染。

常用的治疗药物和处方有下列几种，可根据情况选用：

①皮蝇磷，可湿性粉剂，配成1%的溶液外用。蝇毒磷（乳粉剂，可配成0.025%～0.05%的溶液）外用。

②【狼毒散】狼毒500g　煅制硫黄90g　白胡椒50g

共研成粉剂，用豆油500g煮开，稍凉，加入上述粉剂30g，再加热15min，待温使用。

使用方法及注意事项：用带柄毛刷蘸药，在患部轻刷一次，以一个来回为限，不可反复多次涂擦（因多次涂药会引起局部皮肤破溃）。全身疥癣须分区用药，每隔3～5d涂药一次，每次涂药面积不得超过体表1/3，如个别患部经一次涂药未愈，可再涂药一次，涂药后防止病畜啃咬，以免中毒。

③用伊维菌素注射剂（肌内注射，每次每千克体重0.2mg），也可按总量点状注射在患部。

④野枇杷叶煎剂。在临床上用枇杷叶煎剂治疗90多例疥癣，效果良好。

配制方法：野枇杷叶5kg加常水50kg，煎至7～10kg，煎液呈深绿或褐绿色，再加1/3的常水稀释即可应用（如用作消毒患畜的饲槽、刷拭用具等，可不必稀释）。

使用方法及注意事项：每天涂药1次或隔天1次，效果显著（间隔时间长效果不好），每次涂药面积不得超过体表的1/2，4～7次即可治愈。

涂药中或涂药后，患马有时出现前肢刨地、烦躁不安等，有时拼命摩擦患部，甚至卧地滚转，个别患马全身出汗、发抖，持续30min左右，经短时间牵遛后逐渐减轻、消失。

6. 预防

（1）保持马厩、马体的清洁卫生，修整马厩，做到光线充足，空气流通，清洁干燥，而且不过分拥挤。每匹马固定专用马具（如果限于条件下不能固定，应经常刷洗消毒），做好刷马工作，增强马皮肤抵抗力。经常检查马，发现有皮肤病变或发痒症状时，及时隔离治疗。

（2）一旦发病，病马停止训练和使用，隔离治疗（不可能停止使用时，专用的马具，尽可能不同其他马匹接触），并进行厩舍、用具的消毒，常用的消毒药物为10%～20%石灰乳、5%热火碱或20%草木灰水等。有可疑症状的马匹也应治疗。在病马症状消失后，应继续观察20d，如无再发，用杀虫药物进行最后处理。

五、马过敏性皮炎

马过敏性皮炎是南方多发的一种皮肤病。严重病例，由于剧痒影响运动和训练，且天长日久，马匹逐渐消瘦，严重影响马的健康。

1. 病因　目前认为本病的发生与蠓类等吸血昆虫叮咬有关。蠓，俗称小咬，是一种比蚊子还小的吸血昆虫，滋生于马粪堆、粪水沟、稻田、树洞等处。蠓不喜欢光线，一般在黎明、黄昏前后大量出现，叮咬人畜。

2. 症状 马被叮咬后，皮肤发生大小不一的丘疹，由于剧痒，病马不断啃咬摩擦，甚至打滚，以致局部炎症逐渐增剧，被毛脱落、表皮破溃，露出大片红色湿烂创面，并有淡黄色渗出液，日久形成大片厚痂，皮肤肥厚，久不痊愈。

如丘疹未被擦破，在1～3d内消失。有些较大的丘疹，体积缩小以后形成绿豆大的干痂，干痂脱落形成麦粒至黄豆大脱毛斑点，覆盖白色鳞屑，渐渐生毛而自愈。但由于马遭受反复叮咬，会不断出现丘疹和脱毛斑。

3. 诊断 过敏性皮炎病变多发生于胸腹下、胸前、股内侧、颈部、头部（眼周围及耳）、尾根等部位，症状严重的全身皆可发生。由于剧痒影响马匹的采食和休息，马匹逐渐消瘦，据此进行初步诊断。

4. 治疗

（1）冬瓜茎叶涂擦：每天早上趁冬瓜茎叶饱含水分的时候，摘回卷成筒状，分早、中、晚3次在患处反复涂擦，直至患部布满厚厚一层绿色叶汁为止。

（2）苦楝树胶涂擦：苦楝树胶100g，加水500g，加温溶解，涂擦患部，每天1次。

（3）桃树叶等煎剂涂擦：取桃树叶、松树叶、苦楝树叶等混合一起煎煮，可加入少量硫黄，涂擦患部。此外，草木灰水、芭蕉叶水、废机油等在过敏部位涂擦，也都有一定效果。

（4）伊维菌素、哌嗪、噻吩嘧啶等口服（按说明书使用）。

5. 预防

（1）坚持刷马和洗马制度，保持马体清洁。

（2）铲除马厩、系马场周围杂草，保持马厩清洁（有条件时天天冲洗厩床），马粪送到贮粪池，防止蚊、蠓滋生。

（3）熏烟，用稻草根、半干马粪、青草、锯末、稻壳等作燃料，在蚊、蠓活动季节，做到马厩晚上不断烟，驱赶吸血昆虫。熏烟方法要因地制宜，可在系马场内修建熏烟灶，将烟引入马厩；也可利用破旧铁桶，在桶的下部四周钻一些指头粗的孔，做熏烟桶用，熏烟桶使用方便，可以各放处置。

（4）对重症病马应进行治疗，控制病情发展，促进痊愈。

六、马血孢子虫病

马血孢子虫病又称马焦虫病。病原体为马焦虫和四联焦虫。都需要通过蜱传播。主要临床特征是高热、贫血、黄疸等。马血孢子虫病发生于东北、西北、西南、内蒙古和新疆等地。马血孢子虫如不及时诊断和治疗，死亡率较高。

1. 病原 典型的马焦虫是一个红细胞内有两个梨籽形虫体，以锐端相互联结起来，虫体长度一般大于红细胞半径，每个虫体有两团染色质。典型的四联焦虫是一个红细胞内有四个梨籽形虫体，联成十字形，虫体长度小于或等于红细胞半径。每个虫体有一团染色质。

2. 生活史 马血孢子虫病必须通过蜱来传播。蜱是一种吸血的外寄生虫，呈红褐色或灰褐色，长卵圆形，背腹扁平。腹面有四对肢，芝麻籽大道米粒大。雌虫吸饱血后，虫体膨胀，可达到蓖麻籽大。蜱的种类很多，传播马血孢子虫病的蜱主要是矩头蜱和明眼蜱。矩头蜱的特点是背面有银白色花纹，明眼蜱的特点是腿长、眼大。

带虫马和病马是本病的重要传染来源，蜱在带虫马或病马身上吸血时，把寄生有血孢子虫的红细胞吸入体内。血孢子虫在蜱的体内发育繁殖，通过蜱的卵巢进入卵内，在子蜱体内继续发育繁殖，最后集中到唾液腺内；当子蜱叮咬马体时，血孢子虫随唾液进入马体内。带虫的雌蜱可把虫体传给其第二代，甚至可传给第3代、第4代。马血孢子虫病与蜱有密切关系，因此本病的发生随着蜱的活动，有明显的地区性和严格的季节性，在东北及西北各地，马焦虫病的流行高潮出现在4—5月，有些地方（如新疆）秋季也有少数病例发生；四联焦虫病常在6—7月流行，在南方2月下旬就有少数病例出现

马血孢子虫只能感染马属动物，耐过的马匹在1～2年内，体内残存少量虫体，对于再次感染具有免疫力（带虫免疫）；以后虫体被完全歼灭，免疫力也就消失。常在疫区生活的马匹由于反复遭受感染，产生了一定的免疫力，而新生幼驹很容易感染而发病。

3. 症状 马焦虫病潜伏期为8～15d，随个体差异，有延长或缩短。

初期，病马体温略升高，精神、食欲稍异常，结膜充血或微黄，其他系统变化不明显，若不仔细观察，一般不易发现。

随后，在虫体毒素作用下，病马体温升高到39.5～41.5℃，呈稽留热。精神沉郁，运步不稳。由于虫体在红细胞内分裂增殖，以及虫体毒素的作用，大量红细胞被破坏，血液胆红素增多，可视黏膜显著黄染，其中以直肠黏膜及阴道黏膜最为明显。往往在瞬膜及其他黏膜上出现大小不同的出血点。食欲减退，粪球较硬，附有多量黏液，个别病例发生腹泻。尿呈深黄色，如豆油状，个别出现血尿。心搏动亢进，节律不齐，脉搏细数。呼吸增数。病势发展很快，几天之内，病马显著消瘦。妊娠马发病后，容易流产或早产，有时并发子宫出血，如不及时抢救可引起死亡。

末期，贫血现象增剧，心脏机能逐渐衰弱，伴发肺水肿，呼吸极度困难，鼻孔流出大量黄白色泡沫状鼻液，精神高度沉郁，最后卧地不起，昏迷而死亡。

检查血液，血液稀薄，红细胞急剧减少，血红蛋白量降低，血沉加快。白细胞变动不大，静脉血液中可检出吞铁细胞。

四联焦虫病的急性型，临床症状与马焦虫病基本相同，热型有时为间歇热或不定热；亚急性型病例，症状较轻，发展较慢；慢性型，基本只有带虫现象，体温无变化或稍高于常温，病马逐渐消瘦、贫血。

马焦虫与四联焦虫混合感染时，症状比较重剧，治疗不易收效，并易反复发作，不注意治疗，易引起马衰竭而死亡。

4. 诊断 全面地收集临床症状和流行病学资料，进行综合判断。当临床上遇到具有高热稽留、精神沉郁、急剧贫血、消瘦和明显黄疸等症状的病马时，应该考虑马血孢子虫病。然后结合发病季节、流行情况，以及有无传播马血孢子虫病的蜱，做出初步诊断。必须通过血液检查，发现虫体，根据虫体的典型形态确诊为马焦虫病或是四联焦虫病。虫体检查应在病马发热时进行。一次血液检查未发现虫体，还不能否定血孢子虫病，反复检查或改用集虫法检查。如无条件进行血液检查，也可用特效药进行诊断性治疗，应用台盼兰治疗后，马体温下降、病情好转，确诊为焦虫病。如病马体温不下降，病情未见好转，可再用黄色素进行试治，如取得治疗效果，可确诊为四联焦虫病。

必须注意，如果病马血液检出虫体，但应用特效药物治疗两次后病情未见好转，就要考虑是否马血孢子虫病与马传染性贫血或其他疾病混合感染，应继续隔离，进行马传染性贫血或有关疾病的检查。

对病死的马应做尸体剖检，作为诊断的参考。马血孢子虫病的主要剖检变化是全身黄疸，皮下组织胶样浸润，黏膜和浆膜贫血、出血，肝、肾和心肌变性，肺水肿等。

5. 治疗 病马应停止使役和训练，给予易消化的饲料和清洁的饮水，仔细检查和捕捉体表的蜱，根据病情采取不同的治疗方案。病情较轻的，可立即注射特效药；症状严重的，除应用特效药外，还应进行强心、补液、健胃、缓泻等对症治疗。

（1）特效药治疗 对马焦虫病最有效的药物是台盼兰、三氮脒或咪唑苯脲。

台盼兰：按每千克体重 5g，以生理盐水配成 1% 溶液，加温使之充分溶解，滤过后在水浴锅内煮沸灭菌 30min，静脉注射（一般当年驹用 25～40mL，1 周岁驹用 50～70mL，2 周岁驹用 100～120mL，成年马用 120～150mL，最大量不超过 150mL），注射时应防止漏入皮下。为了减轻副作用，药液温度应保持在 37℃ 左右，注射速度应缓慢，并应注意观察全身反应，如病马出现震颤、发汗或体躯摇晃等现象，应防止跌倒，反应严重的应停止注射，剩余的药液间隔 12h 后再用。注射后体温不降，第 2 天可再注射一次，如体温仍不下降，应考虑是否混合感染四联焦虫或马传染性贫血等其他疾病。

三氮脒，粉针，一次肌内注射或皮下注射量为每千克体重 3.5mg。

咪唑苯脲注射液，一次肌内或皮下注射量为每千克体重 6mg，每日一次。

（2）对症治疗

强心补液：5% 葡萄糖注射液 1 000～1 500mL 静脉注射。对精神沉郁、心脏衰弱的病马，应用 10% 氯化钙液 100～150mL 静脉注射，有较好的效果。

健胃整肠：内服人工盐、健胃散及鱼石脂。

预防继发感染：可应用青霉素、链霉素或头孢菌素类药物等。

预防流产、早产：妊娠马可注射黄体酮等保胎。

此外，也可用龙胆泻肝汤治疗（配合应用台盼兰）。

【处方】龙胆 40g　栀子 30g　黄芩 30g　柴胡 30g　生地（以上均酒炒）泽泻 25g　木通 30g　车前 30g　当归 30g　甘草 20g

共为末，开水冲，候温灌服。

体温高者加茵陈 30g、滑石 30g、石膏 60g。

6. 预防

（1）首先要做好流行病学调查研究。调查了解当地有没有能传播病的蜱，以及蜱的分布地区、活动季节等；还应查明当地有没有该病疫情和表现疑似症状的病例等。如为疫区，应做好防蜱灭蜱工作，并争取用台盼兰或黄色素预防注射（用量及用法同治疗），以防止发病。药物预防的有效期为 30d 左右。

（2）在马血孢子虫病的流行地区，每年应在蜱出现季节之前，做好充分准备。在流行季节大力开展对鬐床、颌间、腋间及会阴等蜱类常叮咬的部位应彻底涂擦。争取做到早发现、早确诊、早治疗。对可疑马匹（精神、食欲有些异常，体表有蜱寄生）应检查可视黏膜，测量体温，发现可视黏膜黄染、体温升高的马匹，应及时进行血液检查或用特效药进行诊断性治疗。

（3）在没有本病流行而有本病传播者——蜱的地区，如果由焦虫病疫区输入马匹，应做好检疫工作，防止引入带虫马；还应做好灭蜱工作，同时防止由外地带入蜱类，引起本病流行。

七、马血锥虫病

马血锥虫病的病原体是血锥虫（又名伊氏锥虫），通过虻、刺蝇等吸血昆虫机械传播，临床特征是发热、消瘦、贫血、黄疸、出血、浮肿和神经症状等。如不及时治疗，死亡率很高。目前本病仅在华东、中南、西南和新疆等部分地区零星散发。

1. 病原 血锥虫为扁平柳叶状单细胞原虫，有活泼的运动性；主要寄生在血浆内，并且随着血液进入各组织器官中，尤其是肝、脾、淋巴结和骨髓等处，在病的晚期还能侵入脑脊髓。在宿主体内进行分裂增殖，一个虫体纵向地分裂为 2～4 个虫体。血锥虫对外界环境的抵抗力弱，遇到常水、干燥、日光直射等作用，很快死亡。

2. 生活史 马易感性最强，一般呈急性发作；血锥虫病的传染来源是各种带虫动物，其中包括未完全治愈的病马。血锥虫主要靠虻、刺蝇等机械地传播。在传播者体内不发育繁殖，只能短时间生存（在虻体内仅能生活 24～44h，刺蝇体内生活 22h），这些吸血昆虫吸食病马或带虫动物的血液，又去叮咬别的动物，便把锥虫传播开来。

本病的发生季节和疫区的扩大蔓延与吸血昆虫的出现和活动范围是一致的。南方气候比较温暖，吸血昆虫几乎四季都有，但以 5—10 月尤其是 7—9 月最为猖獗，所以，这个季节也是本病多发的时期。

此外，在疫区给家畜采血或注射时，不注意器械消毒，也可能传播本病。

3. 症状 马锥虫病潜伏期为 5～11d。血锥虫侵入马体后，经淋巴和毛细血管进入血液，发育繁殖，产生毒素，破坏马的红细胞和造血机能，并侵害神经系统、心血管系统以及各实质脏器。引起发热、贫血、黄疸、出血、浮肿和神经症状等变化。

（1）发热 病马体温突然升高至 40℃ 以上，急性病例多为稽留热或弛张热，慢性病例多为间歇热。体温变化是锥虫病发展过程中的重要标志，发热期症状比较明显，在血液及其他病料中容易查出虫体；在无热期症状减轻，不易查出虫体。

（2）黄疸和出血 眼结膜初期充血，继呈污黄色，后转苍白色，进而呈现黄疸，结膜和瞬膜常有小米粒乃至绿豆大边缘不齐的鲜红色或暗红色出血斑。但这种出血斑时隐时现，并非经常存在。此外，也可发生结膜炎、角膜炎、虹膜炎等症状。鼻黏膜和口黏膜的色彩与出血点同眼结膜一样。

（3）浮肿 体表浮肿是常见的症状，一般出现于腹下、胸下、乳房等部位，通常为局限性，边缘界线明显。后期眼睑和四肢也常发生浮肿。有的病例在发病初期出现荨麻疹。

（4）神经症状 初期精神不振，随着病情的发展出现嗜睡状态，不愿走动，喜伏卧。后期常见的主要症状是运动障碍，表现为两后肢步样强拘、后躯无力、左右摇晃、蹄尖着地，运步困难，严重的突然倒地，起立困难，最后由于后躯麻痹而不能站立。有的病例，特别是复发病例，还出现眼光凝视、兴奋不安、无目的地向前走，或头颈弯向一侧、圆圈运动等神经症状。

（5）全身症状 病马食欲逐渐减退，甚至完全废绝，被毛粗乱，显著消瘦。随着贫血加重，心脏机能减弱，心搏动亢进，脉搏加快，节律不齐。病的末期呼吸困难，肺泡音增强。

（6）血液变化 病马红细胞随病势的发展而逐渐减少。血红蛋白也相应减少，血沉加快。

4. 诊断 血锥虫病的早期确诊特别重要，因为目前的各种特效药物，只有在发病初期以及中期使用，才有较好的效果。

为了做到早期发现病马，注意观察马有无食欲减退，肚腹蜷缩，口色变浅，腹下浮肿，精神沉郁，喜欢睡眠，全身无力，训练中跟不上队，爬坡困难，容易出汗等异常表现。

对于可疑马匹应每天早晚测温，发热马应及时隔离观察，并做详细的临床检查和血液检查。如果一次检查没有找到锥虫，不能否定锥虫病，而应反复采取病料检查，或用集虫法检查，发现虫体，即可确诊。当受条件或时间限制，不能做病原检查或不可能反复检查时，根据病马症状结合当地疫情、流行季节、用特效药进行诊断性治疗的结果（用药后2～3d内病马症状显著减轻），也可确定诊断。

尸体剖检有辅助诊断意义。急性病例，皮下组织黄色浆液浸润，脾脏肿大，各脏器表面及实质内有多量出血点。死后不久立即剖检，可以从血液中找到虫体。慢性病例，全身皮下浮肿，躯体下部更为明显，各浆膜腔液体增多，浆膜和黏膜以及脾、肾的被膜下有出血点，胃肠黏膜呈黏液性炎或出血，心外膜和心内膜出血，心肌变性，肺水肿，脑室扩张，蓄有多量液体，有时有淤血、出血等变状。

此外，还可进行补体结合反应。这种方法常用于确定疫区、确诊带虫马、诊断疑似病例以及审查治疗效果等。需要时可按无菌要求采取血清，送往检验单位检查。

5. 治疗

（1）伊维菌素，粉剂，一次内服量 0.05～0.2mg/kg。

（2）莫西菌素，一次内服量为 0.4mg/kg。

（3）左旋咪唑，一次内服量为 10mg/kg，每日一次。

（4）芬苯达唑，一次内服量为 25～30mg/kg，每日一次。

除使用特效药物外，还应根据病情适当进行强心、补糖（每次静脉注射 10～25% 葡萄糖液1 000～1 500mL）、健胃整肠等对症治疗。尤其重要的是加强护理，改进饲养条件，以增强抗体的抵抗力，促使早日恢复健康。治疗后要注意观察疗效，如果有些病例临床症状和血液指标恢复得慢或未见恢复，常有复发的可能，应及时进行再次治疗。

6. 预防

（1）积极改善饲养管理条件，搞好环境和厩舍卫生，消灭虻、蝇等吸血昆虫。

（2）注意观察马采食和精神等状态，发现异常时，及时进行系统检查（有条件时应进行血液检查），及早发现病马。

（3）长期外出或新购的马匹要隔离观察 20d，确认健康后，方能入群。

（4）预防药物可用安锥赛预防盐，注射一次，有90d左右的预防效力，一般仅用于当年或去年发生过锥虫病的马场。这样既可节约药品，又可避免锥虫对预防药物产生抗药性，具体方法如下：

①配制方法。应用灭菌好的葡萄糖盐水瓶，盛灭菌蒸馏水 100mL，然后加入安锥赛预防盐 23g，用力震荡约 10min，使成为无颗粒的乳状液，备用。注射时，应随用随振荡。

②用法及用量。体重 150～200kg 的马 10mL；体重 200～350kg 的马 15mL；350kg以上的马 20mL。颈侧中央部皮下注射，防止注入血管内。有的马注射预防盐后有副作

用，出现腹痛、发汗、呼吸促迫和心搏动亢进等症状。为了减轻副作用，可在注射前10～15min，在对侧颈部皮下注射0.5%利多卡因液80～100mL。一旦发生锥虫病马，首先进行药物预防注射，并对所有马进行临床调查，直到不再出现疑似病马为止。

八、马泰勒虫病

1. 病原 病原为泰勒属的马泰勒虫，感染马、斑马。病原广泛分布于非洲、欧洲、亚洲和美洲的许多国家和地区。在我国也有类似报道。

2. 生活史 过去归于巴贝斯属，称马巴贝斯虫。现证实本种像泰勒虫一样，在马体内有裂体增殖阶段。将子孢子接种给体外培养的马成淋巴细胞系的组织细胞获得成功，并能连续传代。因此，将其重新命名为马泰勒虫。

红细胞内虫体较小，不超过红细胞半径，有圆形、阿米巴形、梨籽形（但同一个红细胞内的两个梨籽形虫体不会形成两尖端相连的成对排列）、十字架形。十字架形由4个小梨籽形虫体组成，一般是梨籽形虫体的尖端向外，排列成正方形，有时也可见到梨籽形虫体尖端相向排列的情况。寄生于淋巴细胞的裂殖体分为大型裂殖体和小型裂殖体两种类型。

3. 症状 病初马体温升高，精神沉郁，食欲不振，眼睑水肿、流泪，下颌淋巴结肿大，最具特征性的症状是黄疸，有时出现血红蛋白尿。急性病例可在发病后1～2d内死亡，死亡率一般在10%以下，但有时可达50%。慢性病例病程较长，有时可持续60～90d，然后病情加剧或转为长期带虫者。

4. 诊断 应结合流行病学资料、症状、病原体检查综合做出诊断。虫体检查一般是采血涂片经染色后镜检，发现虫体即可确诊，也可以免疫学方法进行辅助诊断。

5. 治疗

（1）三氮脒，一次肌内注射或皮下注射量为3.5mg/kg。

（2）台盼蓝，一次静脉注射量配成1%溶液5～10mg/kg，在使用杀原虫药物治疗的同时，结合使用对症疗法，加强护理，可提高治愈率。

九、马球虫病

1. 病原 主要由艾美耳科艾美耳属的球虫引起，有3种：鲁氏艾美耳球虫、奇蹄兽艾美耳球虫、单蹄兽艾美耳球虫。

2. 生活史 马球虫主要寄生于马的小肠，潜隐期15～33d，世界性分布，但不普遍。生活史与其他动物的艾美耳球虫相似。

3. 症状 马球虫病临床病例尤其罕见。曾有病例报告马严重感染鲁氏艾美耳球虫时，出现腹泻，体重减轻，甚至死亡。剖检可见小肠有病变，但还需进一步证实。鲁氏艾美耳球虫卵囊卵圆形，平均大小为（75～88）μm×（50～59）μm，囊壁粗糙，有卵膜孔，无卵囊余体和极粒。孢子囊长形，有孢子囊余体和斯氏体。

4. 诊断 应根据症状、流行病学和病理剖检变化及粪便虫囊检查和肠黏膜病变部位刮片检查等。在临床症状的基础上，用肠道镜观察肠道的浆膜面。

5. 治疗 氨丙啉或百球清治疗（按说明书使用）。

第八章　产科病

母马生殖器官主要有卵巢、输卵管、子宫、阴道、前庭、阴唇、阴蒂以及乳房（图8-1、图8-2）。

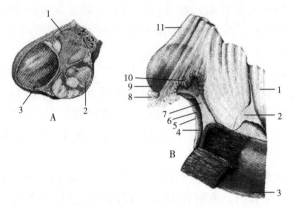

图 8-1　卵巢和输卵管

A　1. 黄体　2. 生长卵泡　3. 近成熟卵泡

B　1. 子宫阔韧带　2. 子宫圆韧带　3. 子宫角　4. 输卵管子宫口　5. 卵巢固有韧带　6. 卵巢囊　7. 输卵管系膜　8. 输卵管伞　9. 卵巢　10. 输卵管　11. 卵巢系膜

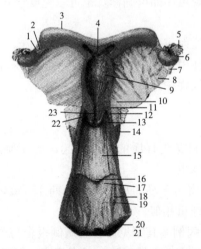

图 8-2　马的子宫、阴道和尿生殖前庭

1. 卵巢固有韧带　2. 输卵管　3. 子宫角　4. 子宫底　5. 输卵管伞　6. 卵巢　7. 卵巢系膜　8. 子宫阔韧带
9. 子宫体　10. 子宫颈内口　11. 子宫颈　12. 子宫颈阴道部　13. 子宫颈外口　14. 膀胱　15. 阴道　16. 阴瓣
17. 尿道外口　18. 前庭背侧腺口　19. 前庭腹侧腺口　20. 阴唇　21. 阴蒂　22. 阴道穹窿　23. 子宫颈管

一、马流产

1. 原因　妊娠马发生流产的原因，就其性质来说，可分为特殊原因与一般原因。此

250

外，某些疾病的经过中也能发生流产。

（1）特殊原因　主要包括马流产沙门菌和病毒性流产。马流产沙门菌是两端钝圆的多形性小杆菌，多单在，革兰氏染色阴性，对各种消毒药液的抵抗力较弱，一般消毒药液都能在短时间内将其杀死。马流产沙门菌不仅能引起妊娠马流产，也可使公马和幼驹发病。

马流产沙门菌的传染源是病马和带菌马。在病马流产时，大量的马流产沙门菌随同流产胎儿、胎衣、羊水和阴道分泌物排出体外，形成传染源，同时有病公马的精液和带菌马的胆管内常有马流产沙门菌，都可散布病原。

（2）一般原因　对妊娠马饲养管理不当，饲料中维生素 E 缺乏，钙、磷等矿物质不足，运动不当，喂霉败草料，喝冰茬水，吃霜冻草，机械性刺激，如踢、咬、挤等，气候骤变时防护不好等，都可引起流产。

2. 症状　马沙门菌性流产、马病毒性流产和一般性流产的症状基本相同。

流产前，病马往往出现轻微腹痛，频频排尿，乳房肿胀，阴道流出血样液体，有时战栗、出汗，继而发生流产。但有的不表现明显症状突然发生流产。流产时通常胎儿和胎衣一起排出，很少有胎衣停滞的现象。流产胎儿多为死胎，有的流产胎儿虽然活着，但是很衰弱，往往在短时间内死亡。

流产后，有的病马体温升高达 39～40℃，从阴道流出带红色的黏液，以后逐渐变为灰白色。伴发子宫内膜炎或继发感染时，病马体温升高达 40℃ 以上，精神沉郁，食欲减退，结膜潮红，呼吸加快，脉搏增多，阴道常流出污秽不洁红褐色的腥臭液体，护理得当，治疗及时，一般均可治愈。否则，个别重病马可因败血症而死亡。

3. 诊断

（1）马流产沙门菌的诊断

①流行病学及临床诊断。马沙门流产菌性多为散发或呈地方性流行，有时暴发。在马群中，如有大批妊娠马发生流产，尤其是第一次妊娠的母马发生流产，且多发生于秋末冬初和春季；初生幼驹和离乳前后的幼驹中，有的发生腹泻、关节炎或肺炎，有的体躯出现局部性肿胀；根据这些特点，可以初步诊断为马沙门菌性流产。如果马群中，仅妊娠马发生流产，其他马匹不发病，难以确诊时，应对流产胎儿进行病理解剖，并采取病母马的血液做凝集反应，进行确诊。

②病理解剖诊断。马沙门菌性流产时，多为死胎，流产胎儿、胎膜和羊水具有特殊的病理变化。其特点是：胎膜水肿、增厚，有散在的出血点，表面附有糠麸样物质，部分胎膜呈灰红色坏死；脐带水肿、增粗；胎儿的皮肤、黏膜、浆膜及实质脏器，出现黄染和出血性败血症变化，个别脏器发生坏死；羊水混浊，呈淡黄色或紫红色。根据这些病理变化的特点，参照流行情况和临床症状，可诊断为马沙门菌性流产。

③凝集反应诊断。马患流产沙门氏时，在血液中产生凝集素，流产后 8～10d，凝集素的滴度达最高点，通常可持续 30d 左右，有的达 1 个月以上，之后逐渐下降。因此，在病马流产后 8～10d，采血做凝集反应最适宜。目前常用试管凝集反应进行诊断。

但应当注意，在健康马血清中具有一定量的非特异性的凝集素，而有些病马的血清凝集价却较低。此外，凝集反应呈阳性的妊娠马不一定发生流产，而呈阴性反应的妊娠马却可能发生流产。因此，不能依靠凝集反应来判定该马能否流产，只有结合临床症状，才能确定。因而，凝集反应通常只用作流产后或出现临床症状病马的辅助诊断方法。

（2）马病毒性流产的诊断　病毒性流产是马的一种急性传染病。在我国发生较少，仅个别马场有发生。其病原体是马流产病毒，通过呼吸道、消化道和损伤的黏膜传染。各种年龄、性别的马匹均能感染发病，传播较快。妊娠马发生流产，体温升高，呼吸道及肺脏发生黏液性炎症。流产胎儿的肝脏有大小不一的小坏死灶；在细支气管的上皮细胞内，能检出包涵体；采集胎衣组织分离细菌为阴性；用病马血清做马流产沙门菌凝集反应为阴性。根据这些特点，可诊断为马病毒性流产。

（3）一般性马流产的诊断　排除马沙门菌性流产和马病毒性流产后，根据临床症状、饲养管理情况和病马的膘情好坏，即可诊断。

4. 治疗　根据病马的具体情况，分别进行治疗。

（1）流产母马的治疗　对流产母马，应采取全身疗法和对症疗法相结合的办法进行治疗。体温升高时，应用抗生素治疗。每天肌内注射链霉素 500 万～800 万 U，连续应用 5d、休药 2d 为一个疗程，共治疗 2～3 个疗程。病马阴道有恶露流出时，应用 0.5% 高锰酸钾溶液或新洁尔灭溶液 5 000～10 000mL 冲洗子宫和阴道，每天 1 次，直至阴道无分泌物流出时为止。伴发子宫内膜炎时，可用金霉素胶囊 2～3 个放于子宫内，或投服下列中药。

【处方】当归 50g　川芎 30g　白芍 30g　赤茯苓 30g　丹皮 40g　双花 30g　连翘 30g　红花 30g　桃仁 20g　土虫 15g

共为末，开水冲，候温一次内服，每天 1 次，可连用 5 付。

（2）公马沙门菌病的治疗　应用抗生素治疗，用量和用法同流产母马的治疗。发生睾丸炎时，每天应用复方醋酸铅散加常醋调成糊状，涂擦睾丸肿胀部，直至消肿为止。如睾丸肿胀时间较长且较坚硬，可用 10% 松节油软膏涂擦 1～2 次，再用复方醋酸铅散加适量卤水调成糊状涂擦，效果也好。鬐甲部瘘管可按照外科瘘管疗法进行治疗。

5. 预防

（1）增膘抓壮、防流保胎　加强饲养管理、增膘抓壮是防止流产的重要措施。马流产的发生，每年主要有 3 次。

第一次是当年的配种季节，马怀孕初期胎儿着床不稳，常因赶群过急、进出圈拥挤、管理不当、互相踢咬等而引起流产。加强配种期的放牧管理，使妊娠马保持中等以上的膘情。做到上坡慢、下坡稳，防止急骤奔跑，可避免早期流产的发生。

第二次是秋末冬初发生中期流产，此时正是牧草枯黄、营养价值降低，有的妊娠马营养跟不上，再加上气候骤变等外因的影响而发生流产。增强妊娠马体质，选择低洼背风的草场夜牧，不饮冰茬水，不吃霜冻草，随时注意气候变化，及时转移草场或留圈补饲，对防止中期流产有很大作用。

第三次是来年的春季发生末期流产，此时胎儿生长发育快、需要营养多。同时天气严寒，妊娠马消耗能量大，如草料供应不足、妊娠马膘情下降，易发生流产。经验证明，此时补饲，增喂骨粉、食盐、胡萝卜、大麦芽等，适当增加运动，防止妊娠马久卧雪地，可以减少流产。

发现妊娠马有流产预兆时，立即将妊娠马饲养于安静马厩内，用黄体酮 100mg 一次肌内注射。同时肌内注射 30% 安乃近 20mL，可以预防流产。

（2）定期预防注射　使用马流产沙门菌弱毒冻干菌苗，每年两次。每次注射 2 次，间隔 7d，第一次颈部皮下注射 1mL；第二次另侧颈部皮下注射 2mL，免疫期可达半年，成年马和幼驹均可使用。

注射菌苗后，有的马反应较重，注射局部肿胀达鸡蛋大，几天后才能消失；个别马有化脓现象，但无明显的全身反应。

应当注意，注射马流产沙门菌菌苗后，马的血清中会产生较多的凝集素，能持续 6～8 个月。在此时期内注射过菌苗的马匹不能再用凝集反应进行诊断。

（3）定期检疫　种公马应在配种前，采血送检疫单位做马流产沙门菌凝集反应检查，呈阴性反应的，方能参加配种。拒绝阳性马参加配种。马流产沙门菌凝集反应检查阴性，精液经细菌学检查，确无马流产沙门菌时，再酌情考虑作为种用。新购入的马，应隔离观察 30d，并进行马流产沙门菌凝集反应检查，确认健康后，方能合群。

（4）隔离消毒　病马应隔离治疗，划区放牧。病愈马单独组群饲养。病愈后的母马可用人工授精配种，或指定公马配种。

被病马污染的马厩、马场及饲养管理用具等，均须应用 10％～20％石灰乳或 5％来苏儿溶液或 5％热火碱溶液等，进行彻底的消毒。对流产胎儿、胎衣、羊水等，均须深埋或焚烧。病马的粪尿堆积发酵后利用。

二、马难产

1. 原因

（1）产道　检查者的手臂消毒后伸入产道，主要检查产道、骨盆腔是否狭窄，子宫颈是否完全开张，有无捻转现象，同时还要检查产道是否干燥、水肿，有无损伤等情况。

（2）胎位　检查者手伸进胎膜内检查胎儿进入产道的程度，正生或倒生，胎势、胎向及胎位，以及胎儿的死活等情况。

2. 症状

（1）正生和倒生　胎头及两前肢对向产道为正生，两后肢对向产道为倒生。一般产驹时多正生，倒生很少。这两种情况都是正常现象。

（2）胎势　正生时，马驹头和前肢或倒生时后肢伸直进入产道，如果进入产道的头颈或四肢是弯曲的，是引起难产的异常姿势。

（3）胎向　胎儿背部对着母马背部，是上胎向，属正常胎向。胎儿背部对向母马一侧腹壁或腹下，分别为侧胎向和下胎向，均有可能造成难产。

（4）胎位　胎儿的头尾与母马的头尾平行的称为纵胎位，是正常胎位（包括正生、倒生）。胎儿近于横卧或竖立于子宫内，分别称为横胎位和竖胎位，都是引起难产的胎位。

（5）胎儿的死活　胎儿的死活对于选择助产方法有重要意义。当正生时可把手伸入胎儿口腔轻拉舌头或轻压眼球或牵拉前肢，仔细注意其有无生理性活动；也可触摸颈动脉或注意胸部有无搏动和心跳。倒生时可牵拉后肢，或将手指伸入肛门内或触摸脐带血管，以判别有无生理性活动。但在胎儿濒于死亡时，虽然没有反射活动，但在使用尖锐器械刺激引起剧痛时可表现活动。所以，判定胎儿死亡时，必须确认生理性活动全部消失，才能下结论。

如果胎儿皮下发生气肿、触摸皮肤有捻发音、有腐败气味以及胎毛大量脱落，则胎儿一定死亡。

3. 助产　尽管难产的种类较多，助产的方法也略有区别，但基本方法是大致相同的。

（1）助产的准备

①保定。难产母马如能站立，行站立保定；不然可以进行横卧保定。横卧保定时要使胎儿的异常部分处于上侧，以免受压迫不利矫正；同时尽量垫高母马后躯，以减轻腹压。

②器械。一般简单的难产，用手整复即可。比较复杂的难产可以使用器械，产科器械有专门器械箱。

③消毒。将母马尾巴缠好拴向一边，外阴部及臀部洗净、消毒。助产者的手臂也要进行消毒，避免感染产道引起产后疾病。如果产道较干燥，可向产道和子宫内灌温肥皂水3 000～5 000mL，也可用灭菌而无刺激性的油类润滑产道。

（2）助产的基本方法

①推进胎儿。要想顺利地拉出胎儿，首先必须推进胎儿。方法是用手或产科梃顶在胎儿的适当部位，趁母马不努责时，用力推回胎儿。使用产科梃时，助产者必须用手固定顶端，以防滑脱而损伤子宫。如果母马努责过强无法推回时，根据情况可行全身浅麻醉。

②矫正胎儿。一般情况下，主要是设法拉正胎儿异常部位。方法是用手推进胎儿的同时，拉正异常部分，或者借助铁圈将产科绳套在胎儿的异常部位，助产者推进胎儿的同时，由另一人拉绳以拉正胎儿。

③拉出胎儿。当胎儿已成正常胎势、胎向及胎位时，即可将其拉出。拉出时可用手握住蹄部，用不上力时可拴绳子，同时要用手拉住胎头。拉出时应随着母马的努责进行。

4. 常见的几种难产

（1）胎头不正　胎头不正可分为胎头侧转、胎头下弯和胎头后仰等，助产方法大致相同。其中胎头侧转最常见。

①诊断要点。胎头侧转时从阴门中伸出一长一短的两前肢，不见胎头露出。在骨盆前缘或子宫内，可摸到转向一侧的胎头或胎颈，通常是转向伸出较短前肢的一侧。

②助产方法。头颈侧转较轻的，将两前肢推向子宫，将头摆正，矫正胎位。用手握住胎唇或眼眶，稍推胎头，就可以拉正胎头。也可用手推胎儿的颈础部，腾出一些空间后，立即转握胎唇或眼眶拉正胎头。

该法无效或头颈侧转较重的，可用单绳套拉正。方法是在助产者的手的中间三指套上单绳套带入子宫，将绳套套住胎儿下颌拉紧，在推胎儿的同时，由助手拉绳以拉正胎头。

当胎儿死亡时，也可用带绳子的短钩，钩住眼眶或耳道。助产者用手保护母马产道的同时，由助手拉正胎头。

（2）前肢和后肢不正　前肢不正又分为腕关节弯曲和肩关节弯曲，倒生时后肢不正多为跗关节弯曲。临床实践中以腕关节弯曲最为多见。前肢和后肢的助产方法一样，但在胎儿倒生时，应设法迅速拉出胎儿，因为在胎儿腹部通过骨盆腔时，脐带会受到胎儿本身的压迫，若拉出缓慢，容易发生胎儿窒息。

①诊断要点。一侧腕关节弯曲时，从产道伸出一前肢；两侧同时弯曲时，前肢均不伸出产道。产道检查时可摸到正常的胎头及弯曲的腕关节。

②助产方法。首先垫高母马后躯，使胎儿前移，这样容易矫正胎儿。在推胎儿入子宫的同时，用手握住弯曲肢的掌部，一面往里推，一面往上抬，再趁势下滑握住蹄部，在尽力上抬的同时，将蹄拉入产道。

如果该法有困难，可设法将产科绳绕于弯曲的前肢，做成单绳套套住系部。在用手握住掌部上端向上并向里推的同时，由助手拉绳子，可将弯曲肢拉直。当拉到一定程度时，助产者可转手握蹄，协助拉正。

有时矫正有困难，胎儿又不过大，可将弯曲的腕关节尽力拉入子宫，使其伸直变为肩关节弯曲，然后拉头及另一肢，也可能将胎儿拉出。

对肩关节弯曲，有时不矫正也能拉出胎儿。如有困难时，可先拉前臂部下端，尽力上抬后拉，变成腕关节弯曲，然后再按腕关节弯曲方法矫正。

（3）胎向不正　胎向不正有侧胎向及下胎向两种。

①诊断要点。从产道伸出蹄底向着侧方的两前肢，在产道内可摸到胎头夹在上下两前肢之间。

②助产方法。首先用绳分别拴好两前肢，助产者以手拉胎儿下颌的同时，两助手分别牵拉绳子。将上侧肢向胎儿腹壁的侧方拉，并多用力；拉下侧肢要少用力，并稍向胎儿的背部方向拉。往往在胎儿通过产道时就可以转成上胎向，继而被拉出。在拉胎儿的过程中，用手握住下侧肢的前臂部向上抬，更有利于胎儿转变方向。

（4）胎位不正　胎位不正有横背位、横腹位、竖背位和竖腹位四种。实践中这几种难产都很少见，如发生也多呈斜位。其助产方法相同，如竖腹位（犬坐姿势）时，可尽力握住前肢及胎头，推回两后肢；有困难时可握住两后肢，推回胎头及两前肢。即拉胎儿的前躯、推入它的后躯，或者拉后躯、推入前躯。

（5）截胎术　当胎儿已经死亡，而且无法矫正拉出时可采用截胎术。实施截胎术时，需要使用锐利器械，而且要用手摸索着进行，需要小心谨慎施术，防止损伤母马产道和子宫。

头颈部手术：为了缩小头部，可将产科凿放在中央门齿之间，将下颌骨凿断；为了矫正姿势异常的前肢，可将颈部留下而将头截掉；头颈弯曲时，可用绳锯（或产科凿）将颈椎锯断。

前肢和后肢手术：截除前肢或后肢的方法相同。可用指刀或隐刃刀沿前肢的肩关节或腕关节、后肢沿髋关节或跗关节周围，反复切割皮肤、肌肉及韧带，彻底切开后可用力扯断。如指刀、隐刃刀达不到目的，可用产科凿打断。有绳锯时，可借助导绳器将锯条套在所要切割的关节上，然后锯断。

（6）剖腹产术　发生难产时，由于骨盆严重狭小、子宫扭转、无法矫正胎儿或无法施行截胎术时，可进行剖腹产手术。近几年来，一些马场使用剖腹产术均取得了良好效果，不但挽救了母马，有时还可以保全幼驹。

①保定方法。如人员较多、条件较好时，采用六柱栏内站立保定为佳。如母马不能站立，可采取横卧保定。

②手术方法。按剖腹术方法切开腹壁。为了便于取胎，术部应选在左侧肷部，由髋关节直下 14cm 处开始，沿肋骨弓方向从后上方向前下方切开腹壁 35cm。开腹后腹压较高，为防止肠脱出，由助手以大纱布覆盖并压迫创口两侧。

术者用一手或两手通过创口伸入腹腔，首先确定孕角，然后隔着子宫壁握住胎儿弯曲的两前肢腕部（或后肢跗部），将子宫及胎儿缓慢地拉向创口，并使子宫壁及胎儿前肢或后肢一部分突出于创口外 5～6cm，由助手以大纱布块及薄塑料布将子宫与腹腔隔离，这样能有效地防止切开时胎水流入腹腔。当胎肢拉出创口外时，由助手握住胎肢固定，制止子宫及胎儿缩回。

在子宫的大弯纵切 25～30cm，迅速扯破胎膜并排出胎水。此时由助手从两旁用手固定子宫壁创口两侧，术者先导出胎儿一肢，再导出另一肢及头，最后缓慢地拉出胎儿，扯断脐带，进行护理。

取出胎儿后，应将胎衣剥离去掉，用肠线全层连续缝合子宫；再以丝线行浆膜及肌层的内翻连续缝合；然后以温盐水洗净子宫壁后，送还于腹腔原位；最后闭合腹壁创。

手术结束后，首先要检查产道及子宫，发现有损伤时要进行外科处理。出血较多时，宜注射子宫收缩剂，如垂体后叶素 8～10mL。为了防止产后感染，必要时可向子宫内投入金霉素胶囊 2～3 个（500～750mg），或注入青霉素 400 万～1 000万 U（加生理盐水 10～20mL）。若伴有全身变化，如精神沉郁，体温升高，呼吸、脉搏增数等，要采取相应措施，如强心、补液等。

三、子宫脱

子宫的一部分或全部翻转，脱出于阴道内或阴道外称为子宫脱。因产后子宫颈未完全闭锁引起，本病多在母马产后数小时内发生。

1. 原因　引起子宫脱的主要原因是母马怀孕期间运动不足、体质衰弱，胎儿过大或胎水过多，因子宫过度伸张和子宫肌弛缓而发生。此外，产道干燥迅速拉出胎儿以及胎衣不下时强拉胎衣也容易造成子宫脱。有时顺利产出胎儿，由于子宫、产道弛缓和努责过强，也可发生子宫脱。

2. 症状

（1）子宫套叠　通常是子宫角套叠于子宫、子宫颈或阴道内，外表往往不易发现。但母马产后常表现不安、努责，有轻度腹痛现象。当进行阴道检查时，能发现子宫角套叠的突出部分。

（2）完全脱出　是从阴门脱出不规则的长椭圆形的袋状物，表面光滑、呈紫红色，往往下垂到跗关节上方。其末端有时分两支，有大小两个陷凹。母马疼痛不安、滚转或急剧起卧，容易将脱出的子宫损伤，甚至引起大失血而死亡。

3. 治疗

（1）子宫套叠　整复前术者必须清洗和消毒手臂，然后伸手进入母马阴道及子宫内，轻轻向前推送套叠部分。必要时，将并拢的手指伸入套叠部的陷凹内，左右摆动向前推进，使其复原。

（2）完全脱出　母马发病后，首先要保持安静，防止急剧起卧、滚转而造成子宫损伤。天气寒冷时，应防止发生冻伤。整复时，尽量使母马行站立保定。如横卧保定应垫高母马后躯。用温 0.1%高锰酸钾溶液或 2%明矾溶液等彻底洗净脱出部分，然后涂上碘甘油或复方碘溶液。脱出部分有损伤时涂上碘酊，有出血或裂口时必须结扎或缝合。整复时最好行全身浅麻醉，或用利多卡因 0.1%～0.5%溶液 30～50mL，于后海穴注射进行麻醉。

整复时，应由助手用毛巾或纱布将子宫兜起与阴门同高，术者用纱布包住拳头，然后顶住子宫角的末端，趁母马不努责时，小心向阴道内推压，直到完全推进为止。若子宫黏膜肿胀不易整复时，可从子宫基部开始，术者用两手从阴门两侧推压，一部分一部分地缓慢推回。在换手时，助手应压住已推入的部分。

子宫已被送入阴道后，必须进一步用手将子宫完全推送到腹腔，使之恢复正常位置。随后向子宫内投送金霉素500～750mg。

整复后为防止重新脱出，应进行固定。即在阴门上角至中部做3～4个圆枕缝合，也可做袋口缝合。2～3d后母马不努责时便可以拆线，如努责过强应镇静。将子宫整复和固定后，可内服枳实或枳壳粉200～250g，加水灌服，每天1剂，连服2～3剂。

若脱出的子宫发生严重损伤、破裂、坏死或不能还纳时，为了挽救母马，应考虑施行子宫切除术。手术前可行后海穴麻醉。为促进子宫收缩，可以注射垂体后叶素。手术方法是先在一侧子宫角基部作一切口，检查其腔内是否有肠管及膀胱，若有则将它们推回。可用直径2mm的细绳在阴道前端作双套结，然后进行分束结扎，再于结扎后方3cm处将子宫切掉。为防止出血，断端可烧烙。

四、乳房炎

母马乳房分为左右两半。每一半乳房又分为前叶和后叶。每一半乳房下面有一个乳头，每1个乳头有2个（极个别情况是3个）乳头管。每一叶都有独立的腺胞、输出管和乳池，最后与乳头管相通。乳房是由实质、结缔组织、血管、淋巴管及神经所组成。乳房实质包括腺胞及输出管。腺胞是制造乳汁的地方，输出管是乳汁通过的道路，乳池则是在乳头壁处所形成的腔，是贮存乳汁的场所。

1. 原因　马乳房炎通常是乳腺实质（输乳管及腺泡）的黏液性或化脓性炎症。乳房炎多发生在产驹后的泌乳期，有时也发生于离乳前后，多由幼驹咬伤乳头或因其他外伤或冻伤后感染引起。此外，产后幼驹不能吃奶或幼驹离乳后大量乳汁停滞不能排出，也可引起乳房炎。

2. 症状　母马患乳房炎时，患侧乳房肿胀、硬固、增温，用手触摸时有疼痛。母马往往不让幼驹吃奶，有时患侧后肢步样异常。挤奶时，可发现乳汁稀薄，含有絮状片、凝块或脓汁。全身症状轻微或有时体温升高。急性乳房炎如不及时治疗，可能变成乳房脓肿，即乳房内发生一个或几个大小不同的脓肿，触诊时有热痛及波动。脓肿在深部时，必须穿刺出脓汁才能确诊。

3. 治疗　急性乳房炎时，应挤净患侧乳房的乳汁，然后用青霉素300万U，溶于0.9％氯化钠液30～50mL中，用注射器通过乳头导管注入乳房内，每天1～2次，可收到良好效果。也可不通过乳头，从乳房基部与腹壁之间的腔隙注入。

为了消炎，可用复方醋酸铅散加适量的常醋，搅拌成泥膏状，涂于乳房表面。

在治疗期间，应经常挤奶，以排出渗出物和减轻对乳房的压力。乳房发生脓肿时，可于乳头管平行方向切开排脓，之后按脓肿治疗方法处置。

另外，也可用下列中药治疗：

【处方一】乳香、瓜蒌各60g共为末，一次内服。

【处方二】当归、红花、蒲公英、桃仁、乳香、甲珠、连翘、金银花各30g，共为末，开水冲服，每天1剂。

第九章　马肢蹄护理

一、马裂蹄

裂蹄就是蹄壁角质发生裂缝。裂缝发生的部位和深浅不同，症状也各有其特点。例如，蹄壁角质仅出现浅的裂缝，对肢蹄运动影响不大，此时，不易引起注意，往往也得不到及时治疗。裂缝逐渐扩大成为深层裂，损伤真皮，发生跛行，并常常在运动时从裂缝中流出血液才被发现，如感染化脓，裂缝内见有脓汁（图9-1、图9-2）。

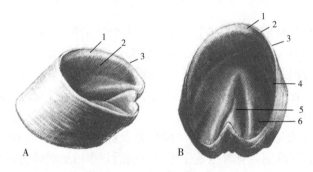

图9-1　蹄匣侧视、内视

A　1.蹄冠沟　2.角质小叶　3.蹄缘角质

B　1.蹄冠沟　2.角质小叶　3.蹄缘角质　4.蹄底角质　5.蹄叉嵴　6.蹄支

1. 原因

（1）蹄部受粪尿长期侵蚀或受风寒，蹄角质过干或干湿急变，角质失去弹性。

（2）马缺乏训练，环境突然改变，一时不能适应。同时，长期在不平道路或硬路上运动，蹄受地面的过度冲击和偏压。

（3）蹄铁改装不及时，蹄角质过长，削蹄不平，蹄形不正，如一侧蹄踵狭窄、举踵、倾蹄等蹄一侧受偏压；体质衰弱、气虚血亏的马角质脆弱。

（4）当蹄冠某一部分发生创伤，蹄冠真皮受到损伤时，生长的角质比较脆弱，不能适应外力的冲击、震荡。

以上情况，都可能是裂蹄发生的条件。能否发病取决于蹄角质的抵抗力，蹄角质抵抗力减弱，就可能发生本病。

图9-2　马前蹄裂

2. 症状

当病蹄负重时，角质裂缝常被压开，不能自行愈合。因此，蹄壁角质可能由部分纵裂发展为全纵裂，由浅层裂发展为深层裂。虽然，蹄壁真皮不断地生长新角质，但又不断地被裂开的角质所破坏，所以，角质仍然出现裂缝，这是裂蹄不易治愈的基本原因。

3. 治疗

裂蹄的治疗方法虽多，但归纳起来有3种基本方法：手术方法，在裂缝上缘进行刮削或在裂缝两头造沟；用压迫或胶粘的方法，使裂缝闭合；进行特殊的装削蹄。临床实践中，应根据不同的情况，采用不同的治疗措施。

当蹄冠发生深层纵裂时，应在蹄冠部进行刮削，以切断新生角质与裂开角质的联系。首先进行削蹄和剪掉裂缝上缘的蹄冠毛。此时，为了使角质软化、便于刮削，可用温水泡蹄。然后用消毒水冲洗患部，再用蹄刀在患部裂缝的周围刮削成半圆形，并由周围向裂缝渐次加深，削到裂缝消失或稍渗出血液为止。刮削的范围，宽 2～3cm，沿裂缝的方向长 1.5～2cm，同时修整裂缝，进行消毒，撒布磺胺粉，用松馏油麻丝或棉花压紧裂缝部，并打松馏油绷带。装蹄时，在裂缝下缘的蹄负面与蹄铁之间削出空隙。蹄侧裂、蹄踵裂时，在裂缝后下方削出空隙，以减轻患部的负重。

为了防止角质裂缝两头延长，可在裂缝两头造沟。沟长 15～20mm、沟宽 5～8mm，深度至裂缝消失为止。修整裂缝后，涂松馏油。

为了减少裂口的张力、防止角质继续裂开，可应用环氧树脂胶将裂口封住，操作简单，疗效快，效果好，符合要求。环氧树脂胶的配制见表 9-1。

表 9-1 环氧树脂胶的配制

	名 称	用量比例	一个裂口用量
1	环氧树脂（6101）	100g	5g
2	磷苯二甲酸二丁酯（增缩剂量）	15～20mL	0.75mL
3	乙二胺（固化剂）	夏天 20℃以上 6.5～7mL	0.35mL
		冬天 0℃以下 8～9mL	0.45mL
4	滑石粉（加固剂）	50～70g	2.5～3g

配制注意事项：

①按表 9-1 序号顺序加入药品。在环氧树脂中加入磷苯二甲酸二丁酯后拌均匀再加乙二胺；加乙二胺时一定要点滴加入，边滴边搅拌，以减少乙二胺的挥发而影响配胶质量；拌匀后再加滑石粉。

②磷苯二甲酸二丁酯和乙二胺不能共用一个量器，必须严格分开。

③乙二胺的用量，一定要根据气候严格按比例配制，以免夏天因量少胶质过软、冬天因量多胶质过硬，起不到作用。

④现用现配，配胶后 0.5～1h 用完。

用法：

①配胶前，先行局部处理，即用蹄锉将裂口周围蹄壁锉出粗糙面，对贯通裂蹄和乘马裂蹄，锉面要宽些。

②配好胶后，立即把胶薄薄地涂于锉好的部位，并封死裂口；然后将拌好胶的脱脂棉敷在上面，再粘上一层纱布（粘紧）；再涂一层胶，再粘一层纱布，共三四层。

③粘完后，经 4～6h 将马牵走。胶完全固化要 7d 左右，所以在此期间要经常检查是否脱落，个别脱落的重粘一次，一般半月后照常运动和训练。

二、蹄叶炎

蹄叶炎是蹄壁真皮弥散性无败性炎症，又称蹄壁真皮炎。特别是蹄前半部真皮的散漫性无菌性炎症。突然改（加）喂高碳水化合物饲料和长期喂给多蛋白饲料，易引起消化紊乱而导致真皮发炎。常见两前蹄或两后蹄同时发病，也有四蹄同时发病的，一蹄发病的较少。本病常突然发生，症状明显，如不及时治疗，往往转为慢性，影响马的运动和乘骑能力。

1. 原因

（1）料伤　喂料多，运动少，外强中虚，消化障碍，以致料毒积滞体内，气血不得畅通，蹄部受料毒所伤而引起。如突然多喂豆类饲料，引起消化障碍，蛋白分解产物刺激血管，造成血管通透性增加，末梢淤血，发生本病。结症、胃肠炎等疾病发展过程中，也可能继发本病。

（2）走伤　长期不训练的马，肉满膘肥，骤然大量运动，或过多骑乘，奔走太急，容易过劳，使气血凝滞。如马长期服重役，组织中乳酸和二氧化碳增多，吸收到血液后，刺激血管，使末梢血管淤血，引起真皮发炎。

（3）败血凝蹄　马匹膘肥肉重，多立少骑，久栓久系，血沥蹄头；或因护蹄不好，蹄角质延长变形，蹄受扁压；或因一肢疼痛，对侧肢负重多，蹄真皮受到压迫刺激，易发生本病。

（4）继发于其他疾病　如风寒感冒，引起体质衰弱，可能继发本病。母马妊娠末期或分娩后也可能继发本病。

以上各种情况，只能看成是本病发生的一个条件。决定因素在于机体本身抵抗力的强弱。当机体抵抗力减弱时，在上述致病因素作用下，即可能发生本病。

在蹄病发展过程中，由于炎性渗出物的渗出，以致大量渗出液积聚在真皮小叶与角小叶之间，压迫真皮，引起剧痛。如病程继续发展，即能破坏真皮小叶与角小叶的结合，造成蹄骨变位、下沉，甚至蹄底穿孔。蹄尖壁的蹄冠出现凹陷，蹄尖壁蹄轮密集，蹄尖翘起，淡黄线变宽，蹄踵部蹄轮的距离变远，形成蕉蹄。

2. 症状　蹄壁真皮炎分为急性和慢性，由于病变发生在前蹄或后蹄，病马的肢势变化各有其特点。抓住肢势变化的特点，再检查蹄部和全身变化，即可确诊。

（1）急性期症状　肢势的变化：两前蹄发病，站立时为了缓解疼痛，两前肢伸向前方，以蹄踵负重，蹄尖翘起，高抬头颈，两后肢前伸，如站立时间较长，常想卧地。强迫运动时，步子急速短促；如病情增重时，不敢行走，常卧地不起。

两后蹄得病，头颈下低，两前肢后踏，两后肢稍前伸。运动时步样紧张，并出现腹部向上紧收的现象。

四蹄同时发病，四肢频频交互负重，肢势常无一定，最初病马四肢向前挺出站立，终因站立不住而卧倒。病情较重时，卧地不能站立，勉强扶起，站立不稳。

蹄部变化：病蹄（趾）动脉搏动强盛，蹄温增高，蹄尖壁疼痛显著。

全身变化：急性期症状，由于疼痛剧烈，常引起颤抖、出汗、体温升高（39～40℃）、脉搏增加、呼吸促迫等全身症状。因其他疾病引起的，则还有原发病的症状。

（2）慢性期症状　发病初期如得不到及时合理的治疗，由急性转为慢性，此时病蹄增温、疼痛症状减轻，呈轻度跛行。时间再久，形成蕉蹄。病马消瘦，喜欢卧地，运动能力降低，甚至不能运动。

3. 治疗

（1）急性期的疗法

①泻血疗法。对体壮的马，根据体格的大小，可泻血2 000～4 000mL，发病立即泻

血，效果较好。

②放蹄头血。用大宽针在蹄头放血，同时可扎胸堂、肾堂等穴。

③冷敷和温热疗法。发病最初 3d，用冷水对患蹄进行冷敷，淋洗或蹄浴。每天两次，每次 1～2h。3～4d 后可用温水加醋酸铅进行温蹄浴，也可以用热酒糟（40～55℃）或醋炒麸皮包敷，每天 1～2 次，每次 1h，连用 5～7d。

④用利多卡因封闭指（趾）神经，封闭后，可做短时间的牵遛运动，以改善蹄部血液循环，促进炎性渗出物的吸收。

⑤指（趾）静脉内注射利多卡因液：前肢在指总动脉或内外指动脉，后肢在跖背外侧动脉注射 1％利多卡因液 10～15mL，临用前可在利多卡因液内加入青霉素 5 万～10 万 U。一般隔天 1 次，可用 2～3 次。

⑥由料伤引起的蹄壁真皮炎，可内服硫酸钠等泻下剂，清理胃肠。

⑦中草药疗法

A. 因走伤引起的可内服茵陈散。

【茵陈散】茵陈 40g　当归 30g　川芎 30g　桔梗 30g　柴胡 25g　红花 25g　紫苑 25g　青皮 25g　陈皮 25g　乳香 30g　没药 30g　杏仁去皮 30g　白芍 25g　白药子 25g　黄药子 25g　甘草 20g

共为末，饲后水冲灌之。有逐瘀、和血、止痛之效。

B. 由料伤引起的可内服红花散。

【红花散】红花 40g　没药 40g　神曲 30g　炒麦芽 30g　焦山楂 30g　莱菔子 30g　白药子 25g　黄药子 25g　桔梗 30g　当归 30g　炒枳壳 30g　川厚朴 30g　陈皮 30g　甘草 25g

共为末，开水冲，候温饲后灌之。有消食、和血、解毒、止痛之效。

护理：急性蹄壁真皮炎病马的护理工作非常重要。先除去蹄铁，将病马放在温度适宜的地方，厚垫柔软的干草，让病马躺卧。对不能站起来的病马，每天翻转马体数次，防止发生褥疮。并应保持垫草干燥，给病马吃一些青草或优质干草，少喂豆类、麸皮。病马如能站起来，可让马在软地上自由活动。

（2）慢性期的疗法　蹄匣尚未变形时，可进行温蹄浴。对已形成的蕉蹄可采用蕉蹄的矫正装蹄。方法是：削去蹄尖下方翘起部分，适当削切蹄踵负面，少削或不削蹄底和蹄尖负面，在蹄尖负面与蹄铁之间留出约 2mm 的空隙，以缓解疼痛。修配蹄铁时，应注意不要压迫蹄底，下钉稍靠后方。也可以装橡胶掌。

三、蹄底真皮炎

蹄底真皮炎又称蹄底挫伤或蹄血斑，是真皮的局限性急性渗出性炎症。

1. 原因　致病内因是对蹄真皮的压迫和挫伤，如广踏、狭踏、前踏与后踏、外向与内向等不正肢势，窄蹄、倾蹄、弯蹄、平蹄、丰蹄等不正蹄形；蹄角质抵抗力和弹性降低；蹄软骨骨化。

致病外因有削蹄不当，如蹄踵部切削不均，或一侧蹄壁外缘过度切削，或蹄底过削，蹄铁构造不良或不适合；在不平的道路上长期过度运动。

2. 症状

（1）蹄底真皮无败性炎　轻度挫伤无明显跛行，仅在硬地上出现轻度跛行。蹄踵发热，检蹄钳压迫时有痛感，指（趾）动脉脉搏亢进。切削角质可见点状或片状弥散性出血。

（2）蹄底真皮化脓性炎　患蹄有热痛，指（趾）动脉脉搏亢进，跛行严重，脓汁积留并上溢时，蹄球肿胀并形成脓肿。

3. 治疗　无败性蹄底挫伤，找出并除去病因，不治即愈。化脓性蹄底真皮炎，可按化脓性炎症一般治疗法处置。

四、蹄叉腐烂

1. 原因　蹄叉腐烂是指蹄叉角质腐烂分解的同时，引起蹄真皮的炎症。当厩舍不洁，蹄叉角质长期受粪尿侵蚀时，引起蹄叉角质腐烂分解而发生本病。蹄叉过削、蹄踵过高、蹄踵狭窄、延长蹄以及运动不足等，都会妨碍蹄的开闭机能，使蹄叉角质抵抗力减弱，易发生本病。

2. 症状　蹄叉角质腐烂通常由蹄叉中沟开始，角质出现裂隙，形成分叶状，或烂成大小不同的空洞，由腐烂部排出腐臭的黑灰色液体。角质腐烂尚未侵害真皮时，一般不表现跛行。病变侵入真皮发生炎症时，患部有带恶臭的分泌物流出。此时患肢出现跛行，特别在软地上运动时跛行加重。经过较久的蹄叉腐烂，炎症常蔓延到蹄冠真皮，在蹄踵部出现特异蹄轮，与原来的蹄轮不平行。

真皮暴露时易出血，同时可能继发蹄叉"癌"。

3. 治疗　蹄叉角质腐烂时应清除腐烂角质，用消毒水洗涤后，填充松馏油麻丝（棉花），或用熬开的豆油灌注患部，装普通蹄铁，或装带底蹄铁（薄铁片、橡胶片、帆布片均可）。

蹄叉角质腐烂侵害到蹄叉真皮甚至露出真皮时，应彻底挖除腐烂角质，洗涤后，撒布高锰酸钾粉。并用松馏油麻丝（或棉花）压紧患部，装带底蹄铁。如跛行症状消失即可使役和训练。

蹄叉腐烂也可用中药治疗，挖去腐烂角质，用白酒洗患部，撒布等量的雄黄、枯矾末（内加少量的发灰），用蜡封患部。

出现蹄叉"癌"时，可应用水杨酸硼酸合剂治疗。方法是取水杨酸2份、硼酸1份，研成细末，混合均匀。使用时，先用棉花或纱布将患部擦干净，将药末填入患部缝隙内，药末盖过赘生组织2～3mm，盖上棉花纱布，装带底（铁片）蹄铁，隔2～3d换药一次。病情好转，可延长换药日期。

五、蹄软骨骨化及坏死

蹄软骨骨化是指马蹄软骨的一部或全部因钙盐沉积而形成骨样组织，常由蹄软骨骨膜炎或蹄骨骨炎蔓延所致。

1. 原因　蹄软骨坏死多继发于蹄冠踩伤、蹄冠或趾蜂窝织炎、蹄角质全层裂、化脓性蹄真皮炎。

2. 症状

（1）蹄软骨骨化　病初症状不明显，随着病程的发展，病马在硬地上踏着不确实，铁尾上面的钩状磨灭多不明显。以后，可见蹄软骨骨部稍凸隆，触诊蹄软骨弹性消失，蹄踵狭窄，蹄轮明显，蹄角质干燥，在硬地上出现轻度支跛。X线检查有助于确诊。

（2）蹄软骨坏死　病初可在蹄冠部见到硬固肿胀，温热、疼痛，跛行明显，甚至有全身症状。脓肿溃破后流出污灰色脓汁，腔内逐渐充满不良的肉芽组织，探诊易触及化脓坏死的蹄软骨，但窦道往往探测不清。转为慢性后疼痛减轻，但长期不易愈合，蹄踵部的蹄冠陷没，蹄轮不正，出现树皮状蹄角质。

3. 治疗　对蹄软骨骨化迄今尚无有效疗法。目前主要采用装削蹄方法，即在蹄踵负面与蹄铁之间设空隙。为了减少地面的反冲力，可在蹄负面与蹄铁之间垫上橡胶或革片，或用连尾蹄铁、橡胶蹄枕，但要使横支接触蹄叉。

蹄软骨坏死可采用保守疗法或手术疗法。保守疗法仅限于新发而无并发症的病例，即创道内灌注腐蚀剂，如10％石炭酸、25％硫酸铜或10％硝酸银溶液等，每周1～2次，周围皮肤表面用凡士林保护，以免受腐蚀。

六、蹄冠外伤

1. 原因　蹄冠外伤较常见，多由于马蹄互碰或互踩而引起。也可因被尖锐物体刺伤或被石头碰伤而引起。道路不平或蹄角质软化时，容易发生蹄冠外伤。此种外伤常具有挫伤、挫刺创或挫裂创的性质，并经常被感染。如不及时治疗，损伤轻的能出现蹄冠和蹄球皮肤的表在化脓性炎症，损伤重的化脓性炎症侵害到皮下组织继发蹄冠蜂窝织炎或继发坏死杆菌病。为了预防本病的发生，要从多方面着手采取有效措施，如对有碰蹄、踩蹄毛病的马可按碰蹄、踩蹄装蹄，对步样异常的马冬季可装橡胶掌，避免马相互拥挤，防止外力对蹄部的伤害等。

2. 症状　由于致伤作用、组织损伤程度和病理过程的不同，其临床症状也不一样。

蹄冠挫伤时，由于组织内出血，患部迅速出现肿胀和疼痛，运动时呈明显支跛，受伤部位常可发现致伤的痕迹。

蹄冠创伤时，轻度皮肤擦伤常不出现跛行；较重的挫刺创，创口较小而创缘不规整，有时在患部皮肤和角质交界处出现软化和角质轻度剥离现象，局部肿痛及跛行明显；严重的挫裂创，创伤较大，创缘不整，有时呈破碎状，局部肿痛及跛行显著；蹄冠创伤感染化脓时，蹄冠部肿胀明显，疼痛剧烈，蹄温增高，创内出现脓汁，并常积聚在角质剥离部，炎症有时侵害到蹄球，形成化脓性蹄球炎。站立时患肢减负体重，运动时呈明显支跛。蹄冠创伤经久不愈时，常引起肉芽赘生。以后由于蹄冠部角质受损害，破坏蹄质的正常生长，出现蹄轮不正、粗糙无光泽的角质，或造成蹄壁缺损。

继发蹄冠蜂窝织炎时，沿蹄冠出现横带状肿胀，热痛剧烈，表现重度跛行，体温升高，病程恶化可引起败血症。如肿胀逐渐软化形成脓肿，脓肿破溃后流出黄灰色脓汁，周围组织变松软，蹄冠缘角质剥离，全身症状好转，跛行减轻。

3. 治疗　治疗原则是保持蹄部清洁，清创，防止感染，促进创伤愈合，维护角质正常生长。根据组织损伤的情况和疾病的过程，分别采用不同的方法加以治疗。

首先清除蹄部污物，剪去伤部被毛，以肥皂水和消毒液清洗指（趾）部，患部涂布碘酊。对蹄冠挫伤要镇痛消炎，可涂敷复方醋酸铅散或应用2％～3％来苏儿液温蹄浴等。

对新鲜蹄冠创伤，创围消毒后，用防腐液清洁创口，除去异物，细心切除破碎、死灭组织。然后撒布氨苯磺胺碘仿混合粉（8∶2）或碘仿硼酸混合粉（1∶9），装保护性蹄冠绷带。也可用利多卡因环状封闭。

对继发感染化脓的病例，主要是消除脓腔，防止角质对创面的压迫。为此可切开创囊，彻底除去脓汁和坏死组织，用过氧化氢液清洗创伤，切除剥离的角质或削薄靠近蹄冠缘的角质，以减少对创面的压迫。然后于创内撒布卤碱粉或其他防腐粉剂，并装着绷带。

对继发的蹄冠蜂窝织炎，患部用消毒水洗涤后，除去脓痂或切开排脓。用药棉浸 5%～7%福尔马林大蒜酊进行外敷或用 10%福尔马林酒精液外敷，缠上绷带。3d 换药一次。如绷带没有松脱，把药液从上口倒入。如有全身症状，可用抗生素疗法。

〔附〕大蒜酊的配制：大蒜 250g 捣碎，放在 95%酒精 1 000mL 内，浸泡 2 周即成。此时大蒜无味，酒精变为黄色。

5%福尔马林大蒜酊的配制：大蒜酊 95mL、福尔马林 5mL。

七、钉伤及蹄底刺创

1. 原因　钉伤及蹄底刺创主要表现为蹄真皮受到尖锐物体的损伤，它们在发生情况、受伤部位和组织损伤的程度上虽然不同，但临床症状和治疗方法却极相似。

钉伤有直接钉伤和间接钉伤。装蹄下钉时，蹄钉直接刺入蹄壁真皮，叫做直接钉伤；钉身过度靠近蹄壁真皮或钉身弯曲压迫蹄壁真皮，叫做间接钉伤。装蹄时，蹄铁修配过狭、钉刃放反、钉尖方向偏内、蹄壁过直或缺损等，都容易发生钉伤。

蹄底刺伤是因尖锐物体（如钉子、树根、竹茬等）刺入蹄底或蹄叉，损伤蹄底真皮或蹄叉真皮，甚至损伤深部的蹄骨、屈腱和下籽骨黏液囊。蹄部长期被雨水、泥泞或粪尿浸泡而使蹄底及蹄叉角质变软，装蹄时蹄底及蹄叉过削，以及在工地和丛林地区作业的马，容易发生蹄底刺创。

钉伤，特别是蹄底刺创容易被细菌感染，发生化脓性或坏死性炎症，要提高装蹄技术，经常检查蹄底，做到早期发现、及时治疗，防止本病的发生和病情恶化。

2. 症状　直接钉伤通常在装蹄当时即能发现，因有的在下钉时蹄钉刺伤蹄壁真皮，马立即出现疼痛反应。有的在造钉节时出现疼痛反应。拔出蹄钉时，钉尖常附有血迹或由钉孔流血。直接钉伤时，一般在装蹄后即出现支跛，有的在拔出蹄钉后几天才出现跛行。

间接钉伤，装蹄当时马出现疼痛反应，常于 2～3d 后由于钉身的压迫作用使蹄壁真皮发生炎症才出现支跛。此时叩打患部钉节或钉头、钳压患部时出现疼痛反应。

蹄底刺创，患马突然发生支跛，其程度根据刺创部位和组织损伤的轻重而不同。检查蹄底有时可发现刺入异物或刺入孔。有时因异物脱落或折断于组织内而看不到异物或刺入孔。此时彻底清洁蹄底后，用检蹄钳对蹄底、蹄叉进行钳压，必要时进行削蹄，可发现存留于组织内的异物或刺入孔。

钉伤或蹄底刺创感染化脓时，蹄温增高，指（趾）动脉搏动强盛，运步时呈重度支跛，叩打和钳压患部时疼痛剧烈。钉伤化脓时，于钉孔内流出灰黑色的稀薄脓汁，甚至脓汁沿蹄壁转移，发生蹄冠蜂窝织炎、蹄软骨坏死等；蹄底刺创化脓时，于刺入孔内流出脓汁，深部组织化脓，有时在蹄球间沟及蹄球部出现热痛性肿胀，以后破溃排脓。在钉伤及蹄底刺创化脓较严重的病例，病马体温升高、食欲减退、精神沉郁，此时应注意防止败血症的发生。

3. 治疗　治疗原则是拔出刺入物，防止和消除感染，保证炎性渗出物排出，防止败血症的发生。

钉伤治疗：发生钉伤应立即拔出蹄钉，在患部涂灌碘酊或填入高锰酸钾粉。不可在原孔下钉。钉伤发生化脓时，取下蹄铁，用 2％～3％来苏儿液进行温蹄浴。在钉孔处削一凹坑，直到真皮，洗净脓汁后涂碘酊。用松馏油棉花塞紧患部，装蹄绷带，用帆布片包裹患蹄，防止沾水。根据情况 2～3d 后更换绷带。化脓停止、跛行消失时，患部填充松馏油纱布，装带底蹄铁。

蹄底刺创治疗：首先用消毒水清洗蹄底，涂布碘酊，取出刺入物。如刺入物取出困难时，可在刺入物周围削一凹坑使其暴露后拔出。然后用 1％高锰酸钾液冲洗，向创内灌注碘酊，用松馏油或碘酊棉球填塞，装着蹄绷带或装带底蹄铁。

对无异物的刺入孔，特别是对化脓的刺入孔，为了消除感染和通畅排液，应沿刺入孔将角质切削成一较大的漏斗状凹坑，直达创底真皮，然后按上述方法处理。以后如跛行减轻、体温不升高时，可经 3～4d 更换绷带；如跛行不减轻、体温升高时，应及时更换绷带，重新仔细检查，必要时进一步扩大创口，清除坏死组织和脓汁，重新换药。对待有明显全身症状的病例，应及时应用抗生素等全身疗法。

八、肢蹄病的预防

1. 管理

（1）严格执行管理规章制度，加强责任心，防止马脱缰、挤压笼头、互相咬踢，杜绝事故的发生。

（2）经常保持马厩和系马场的清洁、干燥、平坦，及时清除粪尿、污物，清除残钉、断桩。

（3）注意防寒、防暑，多雨季节防止泥水长期浸泡马蹄，严寒季节防止马踏入地裂。避免过度密集和拥挤，以免互相踩踏。

（4）做好护蹄工作，定期削蹄、装蹄，及时补装蹄钉、蹄铁（图 9-3）。保持蹄部清

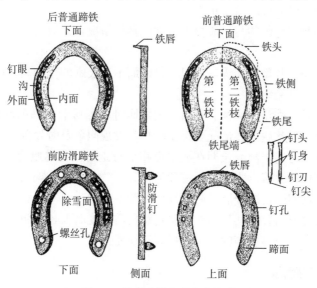

图 9-3　蹄铁和蹄钉的各部名称

洁，注意清除、洗刷蹄底污物。

2. 饲养 贯彻饲养制度，保持饲料、饮水及用具清洁。积极创造条件提高饲料质量，因地制宜地合理调制饲料，提高饲料利用率。必要时，定期补喂骨粉或石粉，以增强马的体质，提高抗伤抗病能力。

3. 训练

（1）注意马的调教训练，建立人马亲和，熟悉马匹特性，使马适应乘、驮、挽用的要求，避免因马不驯服引起的人马损伤，但训练时应注意防止过度疲劳，影响马匹健康。

（2）经常进行训练，做到天天练、经常练，练马又练人，借以增强马体质，提高马的运动能力，提高骑乘、驾驭技术，适应丛林、山地、水网地带的要求。

4. 运动 合理的运动是预防肢蹄病的关键。为此应做到：

（1）严格执行有关运动的规章制度，做好人员、马、鞍挽具等的准备工作，详细了解道路和完成的时间。

（2）注意马匹运动的强度、速度和时间。根据马体力适当调整运动量，行进中要快慢配合，注意休息，防止急跑和过度劳累。

（3）提高骑乘技术，遵守骑乘规则，防止上马一溜烟，下马一身汗，到后即拴系，不管风和寒。

九、护蹄与装蹄基本知识

（1）保持马厩、系马场的清洁，经常清除蹄底污物。

（2）定期改装蹄铁，一般30～45d装蹄一次，最多不超过60d，以防蹄角质过长（超过2cm）形成延长蹄或变形蹄。

（3）在运动前、中、后，要检查蹄铁、蹄钉是否松动、脱落，有无蹄病、外伤，做到早发现、早处理。尤其在运动几天后应检查蹄铁、蹄钉有无松动、脱落，装防滑蹄铁时，要检查防滑钉有无松扣和折断。

（4）加强运动，以促进蹄角质正常生长。

（5）在干燥或湿润地区的马，应根据各地区具体情况，采取防干、防湿措施，以防发生裂蹄和蹄叉腐烂。

（6）经常进行马举肢敲蹄训练，对只让敲蹄而不让装蹄的个别马，应加强假装蹄动作的训练，以达到不上桩能装蹄。

（7）马通过板桥、铁路、丛林、石路、裂缝地时，容易卡住马蹄和蹄铁，引起蹄铁、蹄钉的松动或脱落。因此遇上述情况要慢步牵行，发现问题及时处置。

（8）训练中遇到有连阴雨或长期在泥水道路上行走时，马蹄匣容易泡软而失去弹性；蹄铁、蹄钉也容易松动脱落，应及时紧钉和加钉。

护蹄工作应根据实际情况开展，防止发生肢蹄疾病。

装蹄是护蹄的重要内容，其目的在于防止蹄角质过度磨灭，预防肢蹄疾病；防止和矫正变形蹄；配合临床对肢蹄疾病的治疗，提高运动能力。

十、马肢势与蹄形

马的肢势与蹄形是马在发育、成长、运动过程中形成的。由于马的体质，育成地的干燥或湿润，装蹄和削蹄以及运动情况的不同，可以形成不同的肢势和蹄形。马的肢势分为正肢势与不正肢势，蹄形分为正蹄形与不正蹄形，判断肢势与蹄形时，要从前面、侧面和后面进行全面观察和比较。

1. 正肢势和正蹄形（图 9-4）

（1）前肢　从侧面看时，由肩胛冈最高突起点引一垂线，将肢、球节前后等分，并微触蹄球后方而落地。从前面看，两肢是垂直的。由肩端引一垂线，通过肢前面、球节和蹄尖壁的中央，将肢蹄内外等分。

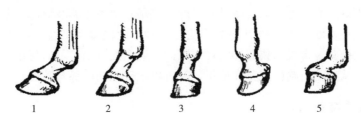

图 9-4 系 部

1. 卧系 2. 正系 3. 立系 4. 突球 5. 熊脚

（2）后肢　从侧面看，由臀端引一垂线，微触跗关节后缘，落于蹄球的稍后方。从后面看，从臀端引一垂线，将全肢内外等分。正肢势形成正蹄形。正蹄形的外表形状是：蹄球及蹄冠的内外侧高低一致。蹄尖壁的角度，前蹄 40°～50°，后蹄 55°～60°。蹄负面外缘的外形，前蹄为卵圆形，后蹄为尖卵圆形。

2. 不正肢势和不正蹄形（普通蹄形，图 9-5）

（1）外向肢势　前肢从腕关节、后肢从跗关节或系部以下转向外方。内向肢势则相反。外向蹄，是外向肢势形成的，外蹄尖和内蹄踵壁倾斜直立，负面弯度小；内蹄尖和外蹄踵壁倾斜缓，负面弯度大；内蹄踵负重多，运步时划外弧线前进，易发生左右蹄互碰，重度的外向易引起举蹄、蹄踵狭窄及裂蹄等。内向蹄的形状与外向蹄相反。

（2）广踏肢势　左右两肢蹄踏在垂线的外方。狭踏肢势则相反。广踏肢势与重度狭踏肢势都容易发生碰蹄。严重的后肢狭踏肢势，运步时易发生捻转步样。内狭蹄是广踏肢势形成的。体重偏压于蹄内侧，内蹄侧壁比外蹄侧壁短而直立。外狭蹄由狭踏肢势形成，形状与内狭蹄相反。内狭蹄和外狭蹄称半广半狭蹄。内向蹄和外向蹄又称为对角蹄。重度的内狭蹄、外狭蹄容易形成偏蹄。

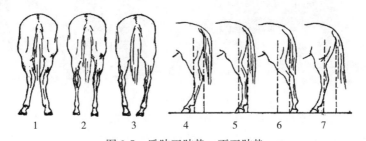

图 9-5 后肢正肢势、不正肢势

1. 外弧 2. 正常 3. 内弧 4. 刀状 5. 正常 6. 后踏 7. 前踏

（3）前踏肢势　从侧面看肢蹄踏在垂线的前方。后踏肢势则相反。

低蹄是前踏肢势形成的。蹄踵低，系部较长，持久力较差。高蹄由后踏肢势形成，蹄踵较高，系部较短，缓和地面反冲力的作用较差。前肢后踏，后肢前踏易发生踩踏。

（4）假性内向肢势　前肢严重的外向兼广踏，形成假性内向蹄。假性内向蹄，蹄尖向内，好像内向蹄，但蹄下面的形状又和外向蹄相似。外蹄尖负重多。此蹄形多见于挽马。

（5）卧系高蹄肢势　形成卧系高蹄，蹄尖壁角度大，两蹄踵距离较远，蹄叉大，蹄底窝较深。装蹄铁的马，铁头部磨灭较多，应注意及时改装蹄铁。

（6）广蹄及狭蹄　蹄壁角度小于45°，蹄壁下缘广，蹄叉大，蹄叉沟及蹄底窝都浅。广蹄的蹄角质脆弱，容易崩损，低湿地区的马多见。狭蹄的形状与广蹄相反，蹄角质较硬，蹄叉发育不好，高燥地区的马多见。广蹄和狭蹄一般不影响肢势。以上是由一种肢势形成的蹄形，但在实践过程中所见到的往往有两种以上的复合肢势形成的复合蹄形。例如，广踏兼外向肢势，形成内狭兼外向蹄。因此，应全面认识肢蹄的变化关系，抓住从侧面看蹄踵高低，从前面看蹄的广狭和偏正，就可以正确判断肢势与蹄形。

十一、马的装蹄方法

1. 装蹄前的马匹检查　进行运步检查时，主要观看步样有无异常和跛行；站立检查时要全面正确地观看蹄的踏着状态和蹄形；搬蹄检查时，检查蹄铁的磨灭情况及蹄底面的形状。

2. 装蹄的原则

（1）蹄铁适应蹄形，蹄形适应肢势，蹄与系的方向一致。

（2）踏着平坦，运步灵活。

（3）对可以矫正的变形蹄，应逐渐进行矫正。

3. 举肢保定法　不上桩装蹄要搞好人马亲和及举肢调教训练。保定时除按要领接近马匹外，要掌握一摸、二推、三提举、四固定的要领进行保定。

一摸：举肢前用手由上到下或由前到后抚摸马体，使马安静，不要突然搬蹄（图9-6）。

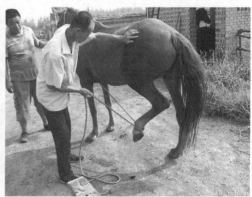

图 9-6　举肢保定

左手夹住髋结节、提举左后肢的初步姿势。用绳拴左后肢系部提举姿势。

二推：抚摸后，用靠近马体的手及肘部轻推马体（提举后肢时，站在马髋结节的稍前方，内侧手扶髋结节，外侧手抓住马的尾巴），使马的体重移向对侧肢，以便提举。

三提举：在推动马体的同时，外侧手迅速将肢蹄搬起。

四固定：在搬起马体的同时，内侧腿迅速将肢蹄固定在腿上，内侧手搬起蹄壁即可进行操作（图9-7）。

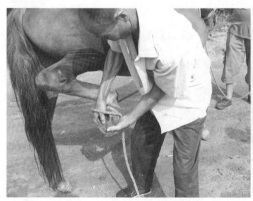

图9-7　保定蹄子
用绳套左后蹄；把后蹄夹放在左膝上检查。

　　总之，提举肢蹄时，应顺着肢蹄的方向，不要搬得过高或过低，更不要外拉肢蹄，同时要注意防止马抽腿和压人。此外，对肢蹄有病的马或老马举肢时间不要过长，可根据情况休息一下，再行提举。

　　4. 取出旧蹄铁　取出旧蹄铁时，通常用装蹄锤锤打钉节刀，展开钉节，然后用剪钳夹蹄负面与旧铁之间反复松动，将蹄铁和蹄钉一起取下。取出旧蹄铁应注意以下三点。

　　（1）不要向蹄的外方强行拔掉旧蹄铁，以防发生蹄壁损伤。

　　（2）要仔细检查蹄壁内有无残留旧钉，如有立即拔出，以防损坏削蹄工具和发生钉伤。

　　（3）取下的旧蹄铁应放在安全的地方，不要乱甩乱放，以防发生人马外伤。

　　5. 削蹄　削蹄是装蹄重要的一环，不仅可削去延长的角质，而且能修正蹄形（图9-8至图9-10）。

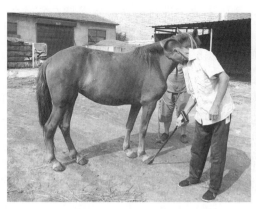

图9-8　站立修蹄

　　削蹄工具主要有蹄铲、蹄橇、蹄锉、镰形刀、剪钳等。削蹄应掌握"平、正"二字，即负面要削平，蹄形要修正。削蹄要领及注意事项：

　　（1）用手指测量马蹄尖壁和蹄踵壁的长度。一般蹄尖壁的长度（80～84mm）为4指，小蹄（74～78mm）为3指，大蹄（84～88mm）为四指半到五指。在正常情况下，

图 9-9　削蹄（1）

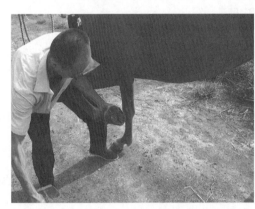

图 9-10　削蹄（2）

左手抓右前蹄；把蹄固定在术者右腿上，并放在木凳上修蹄。

蹄尖壁与蹄踵壁长度的比例，前蹄 2.5∶1，后蹄 2∶1，削蹄时以此为标准。

（2）削切过度延长蹄时，除使用蹄铲外，还可用剪钳进行剪切。要保持左右蹄大小一致。

（3）削切蹄负面时，要注意观察蹄角质颜色的变化。颜色变淡，淡黄线增宽，说明蹄底角质很薄已接近真皮，应停止削切。

（4）削切蹄叉时，要削出蹄叉的固有形状，一般要求削到与蹄负面同高或稍高。侧沟和蹄支角的连接部一定要削开，以防影响蹄的开闭作用。

（5）削切蹄底时，要削成比负面稍低，以不受压迫为合适。

（6）蹄支要少削，两蹄支同高，以防蹄踵狭窄。

在缺少工具的情况下，可因地制宜，就地取材，利用民间器材或代用工具（如工具刀）进行削蹄。

6. 修配蹄铁　蹄铁主要有普通蹄铁和防滑蹄铁两种，此外还有橡胶、塑料、尼龙掌。马蹄铁大小分为 1～8 号，1 号小，8 号大。修配蹄铁，要适合马的蹄形，就是给马穿上合适的"鞋子"。修配的方法有四种：直打弯、弯打直、宽打窄、窄打宽。修配的基本要求是：

（1）蹄铁要平整，钉孔必须对准淡黄线。

（2）正蹄形蹄铁的修配，应在蹄踵后部留出 3～5mm 的剩尾，在蹄踵外侧留出 1～3mm 的剩缘，蹄铁大小应当适合蹄形。

7. 下钉　下钉是装蹄的重要环节，可分为单人操作和双人操作两种。装钉蹄铁的顺序是敲打钉头、剪断钉身和造钉节。下钉的要领及注意事项如下：

（1）出钉位置在蹄壁长度下 1/3 的上界限。大蹄最浅不少于 2cm，小蹄不少于 1.5cm。

（2）蹄钉斜面向里，并注意蹄壁的角度，以防发生钉伤。

（3）敲打钉头时，要先轻后重，在蹄钉打入蹄壁 1/2 而感到有抵抗力时，再用力将钉身打入蹄壁。

（4）钉尖露出蹄壁后，迅速弯曲钉身，并剪断，以免发生外伤。

（5）将铁头部两个蹄钉钉好后，检查蹄铁有无移位，如有移位立即矫正。然后再依次下钉。

（6）钉节一般为方形或略呈长方形，并要紧贴蹄壁，防止肢蹄碰伤。钉节的高度和间隔力求均等，最后的蹄钉为"主钉"，要钉牢固，以防落铁。

（7）通常一个蹄钉 6 个蹄钉即可。较大的蹄或在不平道路上运动，或逢雨季，可适当增加钉子，但不可将所有的预备钉孔都钉满。

（8）在没有工具的情况下，可使用蹄铁下钉。其操作方法是：一手拿钉，一手握住蹄铁的头部，用蹄铁的外面或上、下面进行下钉。蹄钉露出蹄壁后，用蹄铁上面的钉孔套住露出的钉身拧断。然后用一只蹄铁敲打钉头，另一只蹄铁顶住钉身的断端，用力敲打钉头造出钉节。

下钉时，如蹄钉下到 2/3 冲不出蹄壁时，应用蹄铁将蹄钉夹起（其做法是：将一只蹄铁的上面和另一只蹄铁的下面对在一起，用蹄钉或铁丝固定在一起。用固定点的后面夹住钉头部，即可将蹄钉拔起），以防发生钉伤和闷顶。

拧断钉身时，蹄铁要紧贴蹄壁，以防钉节拧得过大或拧不下来。

8. 装蹄后检查　除逐段进行检查外，还要根据装蹄前的判断，再进行一次全面检查。如发现对运步影响较大时，应立即返工修理，以确保装蹄质量。否则将影响马的运动能力。

十二、常见变形蹄的装蹄法

变形蹄的发生，主要是由于肢蹄疾病、装削蹄不合适或管理或训练不当等，使蹄改变原有的形状，成为变形蹄。要针对发生的原因和变形的程度，采取相应的措施，使蹄形尽量适应肢势，或限制其不再发展，以提高马的运动能力。

1. 栽蹄　栽蹄的特点：蹄尖壁直立（蹄角度不超过 90°），蹄踵较高，有的蹄冠缘向后方上举，蹄踵部蹄轮分散，两蹄踵距离较远。后蹄多见。栽蹄是由于装蹄不当、护蹄不好和卧系高蹄肢势形成的。这种蹄形的蹄踵着地不确实，屈腱紧张，容易疲劳。如不注意矫正，可能转化为滚蹄。

装蹄方法：因肢蹄疾病引起的栽蹄，装蹄时蹄踵可不削或少削，铁头部要突出于蹄尖壁的前方，以增加负重面。为了使肢蹄返回容易，可在铁头部打出上弯。由于装削蹄不当而造成的栽蹄，应逐渐削切蹄踵，使蹄形逐渐恢复正常形状。

2. 偏蹄（倾蹄）　　凡蹄壁超过半广半狭偏斜范围的，称为偏蹄。偏蹄的特点，一侧蹄壁直立（多见于内侧），对侧蹄壁过于偏斜。重度偏蹄的直立侧蹄壁常向下内方偏斜甚至弯曲到蹄底下面，直立侧蹄壁变薄，蹄叉偏向外侧。偏蹄的发生主要是受体重的偏压。常见有两种情况，一种是不按时装削蹄，内外侧削切不均；另一种是肢势不正，如广踏、狭踏、外向、内向等。由于一侧蹄壁受压迫，常为裂蹄发生的原因之一，并易发生挫伤。如不及时矫正，可能转化为弯蹄。装蹄方法：由于肢势不正而形成的偏蹄，装削蹄时应保持系与蹄的方向一致。适当锉削偏斜侧的蹄壁下缘，削切负面的过高部分，使蹄踏着平坦。因装蹄不及时形成的偏蹄，应逐渐锉削倾斜侧蹄壁，使之逐渐恢复应有的形状。

对以上两种不同原因形成的偏蹄，修配蹄铁的方法是：直立侧蹄铁剩缘要广，剩尾稍长。偏斜侧蹄铁剩缘要斜，剩尾稍短。

3. 蹄踵狭窄　　两蹄踵过度接近或一侧蹄踵壁靠近对侧蹄踵壁，这种蹄形称为蹄踵狭窄。其特点是：蹄踵壁负面弧形小，蹄叉细而长，沟较深，有时甚至萎缩。蹄支角向内方弯曲，有时压迫真皮出现跛行。蹄踵狭窄的发生主要是由于蹄的开闭机能障碍而引起。一般内蹄踵狭窄多见。

装蹄方法：削蹄时，少削狭窄部的蹄叉及蹄支，蹄支角与蹄叉的连接部位应充分削开，以促进蹄的开闭机能。两蹄踵的高度要相等，防止蹄踵过高。

装蹄时，狭窄部的剩缘稍宽，剩尾稍长，下钉稍靠前方。并在铁尾上面设外斜面，以促使蹄踵向外开张。如踢踵狭窄发生跛行时，可将狭窄部蹄踵壁角质锉薄（不要超过蹄踵壁厚度的1/2），以减轻对蹄真皮的压迫而缓解疼痛。

4. 蹄壁崩损（崩蹄）　　引起蹄壁崩损的原因是多方面的，但主要是蹄角质脆弱（平蹄、广蹄发生较多）；装蹄技术不熟练，蹄铁装钉不牢固，造成落铁，损伤蹄壁等。在雨水较多的地方，由于蹄在泥水中浸泡较久，以及干湿急变，角质脆弱，容易发生蹄崩损。装蹄的方法是：

（1）蹄壁崩损不大而蹄壁较长时，可削去崩损部，按正常方法进行装蹄。

（2）蹄壁崩损较大，蹄壁较短，但还可以下钉时，应使用旧蹄铁（薄蹄铁），避开崩损部下钉。但要装钉牢固，以防再落铁引起更大的崩损。

（3）蹄壁大部崩损，蹄壁较短，蹄壁太薄或出血时，可进行止血并装蹄绷带，然后用皮片或胶皮片、帆布等包扎，以免继续崩损和损伤真皮。

此外，凡蹄壁崩损，都可以用环氧树脂填充崩损部。

5. 碰蹄　　碰蹄的发生主要是肢势不正（如外向、重度狭踏肢势等）、内侧蹄负面多削、蹄铁过大、钉节太长等引起，延长蹄也能引起碰蹄。其他如道路不平、马匹过劳也能发生碰蹄。

装蹄方法：凡因削蹄、配铁或装钉不合适引起的碰蹄，应适当锉削蹄壁下缘。修配蹄铁时，内铁枝稍窄，钉节要小；因肢势不正、运步异常发生的碰蹄，应将碰蹄的部位（即内铁枝的下缘）打出或锉出下斜面，或将铁枝修窄不留剩缘，下钉要避开碰蹄部位，钉节要小，并要紧贴蹄壁。

6. 踩蹄　　踩蹄是在运步时（特别是快步时）马后蹄蹄尖或铁头踩碰前蹄铁下面的铁尾、蹄球等处，常造成前蹄落铁和蹄冠、蹄球的损伤。

踩蹄的发生主要是肢势不正，如前肢后踏、后肢前踏或前蹄铁剩尾过长、后蹄尖过长等而引起。

装蹄方法：由于削蹄、配蹄不注意造成的踩蹄，前蹄踵要适当削低，后蹄踵少削或不削。配铁时，前蹄铁剩尾要短或不留，后蹄铁铁头应稍向后方。如因肢势不正造成的踩蹄，除前蹄踵削低外，后蹄踵要加高。有条件时，将前蹄铁尾端锉成下斜面，后蹄铁铁唇要打平，铁头部可锉出下斜面。

附 图

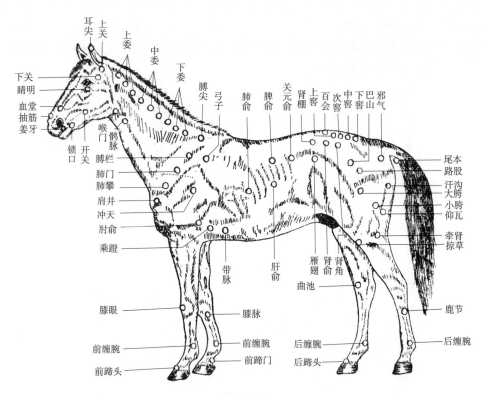

马体表穴位

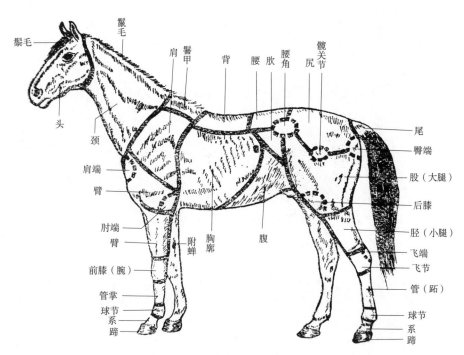

马体表各部位名称

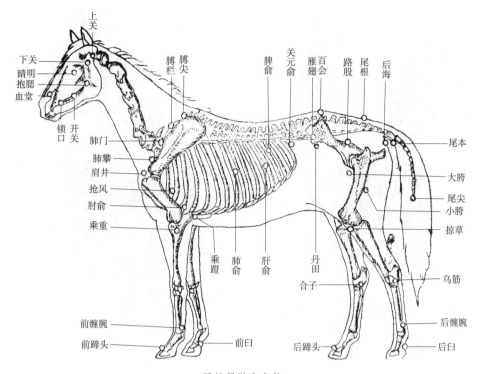

马的骨骼和穴位

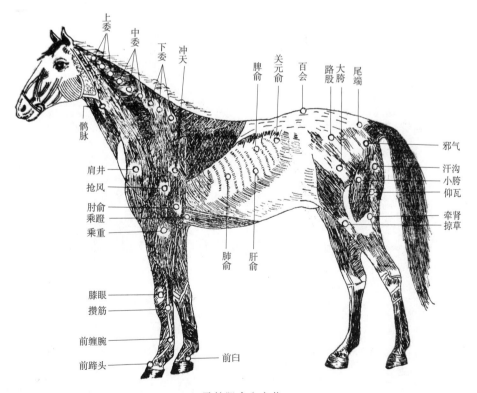

马的肌肉和穴位

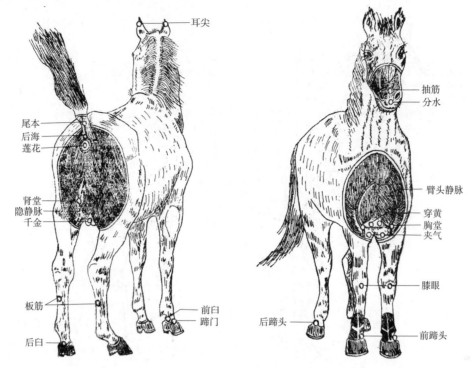

马前、后面穴位